普通高等教育“十二五”规划教材
电子科学与技术专业规划教材

半导体物理学简明教程

孟庆巨　胡云峰　敬守勇
陈　卉　张梅玲　曹亚安　编著

U0526072

電子工業出版社
Publishing House of Electronics Industry
北京·BEIJING

内 容 简 介

本书以简明的形式介绍了半导体的基本物理现象、物理性质、物理规律和基本理论。内容包括：晶体结构与晶体结合、半导体中的电子状态、载流子的统计分布、电荷输运现象、非平衡载流子、半导体表面、PN结、金属-半导体接触、半导体的光学性质等。

本书可作为高等学校微电子学、光电子学等电子科学与技术各专业的教材，也可供有关专业研究生和从事微电子、光电子等专业的研究人员和工程技术人员参考。

图书在版编目（CIP）数据

半导体物理学简明教程 / 孟庆巨等编著. —北京：电子工业出版社，2014.6
电子科学与技术专业规划教材
ISBN 978-7-121-22630-4

Ⅰ. ①半… Ⅱ. ①孟… Ⅲ. ①半导体物理学－高等学校－教材 Ⅳ. ①047

中国版本图书馆 CIP 数据核字（2014）第 045285 号

责任编辑：韩同平
印　　刷：河北虎彩印刷有限公司
装　　订：河北虎彩印刷有限公司
出版发行：电子工业出版社
　　　　　北京市海淀区万寿路 173 信箱　　邮编：100036
开　　本：787×1092　1/16　印张：15.25　字数：400 千字
版　　次：2014 年 6 月第 1 版
印　　次：2025 年 7 月第 15 次印刷
定　　价：59.90 元

凡所购买电子工业出版社图书有缺损问题，请向购买书店调换。若书店售缺，请与本社发行部联系，联系及邮购电话：（010）88254888。

质量投诉请发邮件至 zlts@phei.com.cn，盗版侵权举报请发邮件至 dbqq@phei.com.cn。

服务热线：（010）88258888。

前　　言

半导体物理学是研究半导体的物理现象、物理规律、物理性质和理论的科学。高等学校本科生开设半导体物理学课程的目的是为学生后续学习半导体器件、微电子器件和光电子器件等课程准备必备的基础知识。半导体物理学也是从事电子科学与技术相关专业的工程技术人员和研究工作者必备的基础知识。打好或者说提供这两个基础，应该就是大学半导体物理学的课程目标。

本书编者们通过多年来在不同院校讲授本科生和研究生半导体物理学课程的教学实践，以及对一些一、二、三本不同类型的高等院校半导体物理学课程教学情况的了解，深切地感觉到随着高等学校教学改革的不断深入，在本科生半导体物理学教学中，教师和学生越来越迫切地希望有一些能够适应教学和教改实际需要的、教师能够教得明白、学生能够学得懂的简明的半导体物理学教材出现。所谓简明：

第一，教材应该强调和突出对半导体的**基本物理现象**、**基本物理性质**、**基本物理规律**和**基本理论**（**四个基本**）的介绍。

第二，在内容选取上，应该求需而不求多，避免包罗万象；面对半导体物理学的教学学时日减（目前绝大部分院校该课程为 56～64 学时）的实际情况，在尊重传统的半导体物理学教材的知识系统性的同时，本书没有编入那些较为专题性的内容。这些内容对于很多院校的学生来说，将来在实际工作中很少涉及或基本上不涉及。有些内容将由专门的后续课程介绍，没有必要重复。

第三，应该便于教师教和学生学。“便于教师教”，就是便于教师确定“教什么和怎么教”，有助于教师确定全书乃至每一节的教学内容，明确教学重点。“便于学生学”就是便于学生明确“学什么和怎么学”，有助于学生明确每一节的学习内容和学习重点。还要有助于学生自学和检验学习效果。基于这一点考虑，本书每节开头提出了教学要求。教学要求以条目列出了本节的基本内容以及应该掌握的程度[分为了解、理解（熟悉）和掌握三个层次]。教师可以根据教学要求确定讲授的内容和教学重点，学生可以根据教学要求检查自己的学习质量（不同院校，不同专业可灵活确定教学要求的内容）。每节后面给出本节的小结。小结提炼出了本节的知识点，使本节所学内容和重点一目了然。在小结中基本上给出了教学要求中所列举的问题的答案，以便于学生检验学习效果。此外，教材结构应力求严谨、合理，表达应力求准确、正确。

以上几点就是编者编写本教材所遵循的原则和追求的目标，也正是为了贯彻上述指导思想，本书命名为《半导体物理学简明教程》。

本教材中安排了较多的例题。这些例题的目的在于帮助学生对“**四个基本**”的理解和训练。每章给出的思考题和习题的目的也是如此，不求难度和深度。

本书由吉林大学（电子科技大学中山学院）孟庆巨，电子科技大学中山学院胡云峰、陈卉，深圳大学敬守勇，兰州理工大学张梅玲，南开大学曹亚安编著，全书由孟庆巨教授统编定稿。

参加本书部分编写工作的还有：空军航空大学孟庆辉教授，吉林大学张大明教授、刘海波教授、孙彦峰副教授、陈长鸣博士、吴国光博士和五邑大学李阳副教授等。

由于本书编写时间仓促，许多细节尚需推敲，加之编者水平所限，书中难免有错、漏之处，恳请读者和有关专家不吝指正。

本书编写过程中，吉林大学电子科学与工程学院张宝林教授提出了很好的建议，电子科技大学中山学院副院长刘常坤教授给予了的热情鼓励和支持，电子科技大学中山学院教务处周艳明、池挺钦、沈慧、符宁，电子信息学院副院长杨健君等同志为本书的编写提供了良好的条件，在此一并表示衷心的感谢。

编著者

本书文字符号说明

A	面积，复振幅
a	晶格常数
$\boldsymbol{a}_1, \boldsymbol{a}_2, \boldsymbol{a}_3$	元基矢量
C	真空中的光速，电容
C_D	扩散电容
C_{FB}	归一化平带电容
C_n	电子的俘获系数
C_{ox}	绝缘层电容
C_p	空穴的俘获系数
C_S	半导体表面电容
C_T	耗尽层电容、势垒电容或过渡电容
D	扩散系数
D_n	电子的扩散系数
D_p	空穴的扩散系数
E	能量
E_A	受主能级
E_c	导带底能量
E_D	施主能级
E_{exc}^n	激子能级
E_F	费米能级
E_{FM}	金属费米能级
E_{Fn}	电子准费米能级
E_{Fp}	空穴准费米能级
E_{FS}	半导体费米能级
E_g	禁带宽度
E_{g0}	0K 时的 E_g 值
E_i	本征费米能级，禁带中央能量
E_{i0}	半导体体内本征费米能级
ΔE	电离能
ΔE_A	受主电离能
ΔE_D	施主电离能
E_t	复合中心杂质能级
E_v	价带顶能量
$\mathscr{E}$	电场强度矢量
$\mathscr{E}_m$	PN 结中的最大电场强度
$\mathscr{E}_S$	半导体表面附近的电场强度
$\mathscr{E}_{ox}$	绝缘体内的电场强度
$\boldsymbol{F}$	力
$f(E)$	费米–狄拉克分布函数
G	载流子产生率，光电导增益因子，电导
g_A	受主能级的基态简并度
g_D	施主能级的基态简并度
g_k	$\boldsymbol{k}$ 空间状态密度
G_L	光生电子–空穴对的产生率
G_n	电子产生率
G_p	空穴产生率
H	哈密顿算符
h	普朗克常数
$\hbar\left(=\dfrac{h}{2\pi}\right)$	约化普朗克常数
$-\dfrac{\hbar^2}{2m}\nabla^2$	动能算符
$\dfrac{\hbar}{i}\nabla$	动量算符
I	电流，光强
I_d	扩散电流
I_D	太阳电池暗电流
I_0	饱和电流
I_F	PN 结正向电流
I_{Fp}	P^+N 结正向空穴扩散电流
I_G	空间电荷区产生电流
I_L	短路光电流
I_n	电子电流强度
I_p	空穴电流强度
I_R	正偏复合电流
$\boldsymbol{j}$	电流密度矢量
$\boldsymbol{j}_n$	电子电流密度
$\boldsymbol{j}_p$	空穴电流密度
$\boldsymbol{j}_{pdif}$	空穴扩散电流密度
$\boldsymbol{j}_{pdrf}$	空穴漂移电流密度
$\boldsymbol{j}_{ndif}$	电子扩散电流密度
$\boldsymbol{j}_{ndrf}$	电子漂移电流密度
$\boldsymbol{k}$	波矢量

K 玻耳兹曼常数
$\boldsymbol{K}_n$ 倒格矢
L 长度
L_D 非本征德拜（Debye）长度
L_n 电子扩散长度
L_p 空穴扩散长度
M 雪崩倍增因子
m 真空自由电子质量
m_c 电导有效质量
m_{dn} 导带能态密度有效质量
m_{dp} 价带能态密度有效质量
m_l 纵有效质量
m_n^* 电子的有效质量
m_n 各向同性电子有效质量
m_p^* 空穴的有效质量
m_{pl} 轻空穴有效质量
m_{ph} 重空穴有效质量
m_r^* 电子和空穴的有效折合质量
m_t 横有效质量
N 晶体总原胞数
N_1, N_2, N_3 沿 $\boldsymbol{a}_1, \boldsymbol{a}_2, \boldsymbol{a}_3$ 三个方向的原胞数
N_A 受主浓度
N_A^- 电离受主浓度
N_c 导带有效能态密度
$N_c(E)$ 导带能态密度
N_D 施主浓度
N_D^+ 电离施主浓度
N_t 复合中心杂质浓度
N_v 价带有效能态密度
$N_v(E)$ 价带能态密度
n 电子浓度，折射率，主量子数
n_0 热平衡状态电子浓度
n_D 中性施主杂质上的电子浓度，中性施主浓度
n_i 本征载流子浓度
n_n N 区多子电子浓度
n_{n0} N 区热平衡多子电子浓度
n_p P 区少子电子浓度
n_{p0} P 区热平衡少子电子浓度
n_S 半导体表面电子密度
n_t 复合中心能级上的电子浓度
Δn 非平衡电子浓度
p 空穴浓度
$\boldsymbol{p}$ 电子的准动量
p_0 热平衡状态空穴浓度
p_A 中性受主杂质上的空穴浓度，中性受主浓度
p_{n0} N 区热平衡少子空穴浓度
p_n N 区少子空穴浓度
p_p P 区多子空穴浓度
p_{p0} P 区热平衡多子空穴浓度
Δp 非平衡空穴浓度
Q_B 空间电荷区体电荷
Q_{ox} 二氧化硅层等效面电荷
Q_f 氧化物固定电荷
Q_I 反型层中单位面积下的可动电荷
Q_{it} 界面陷阱电荷
Q_m 可动离子电荷
Q_M 金属表面空间电荷区单位面积下的电荷
Q_{ot} 氧化物陷阱电荷
Q_S 半导体表面单位面积下的空间电荷
Q_{sp} N 区少子空穴存储电荷
Q_{sn} P 区少子电子存储电荷
q 电荷
$\boldsymbol{q}$ 格波波矢量，声子的波矢
$q\phi_b$ 肖特基势垒高度
$q\phi_m$ 金属功函数
$q\phi_m'$ 金属修正功函数
$q\phi_s$ 半导体功函数
$q\phi_s'$ 半导体修正功函数
$q\psi_0$ 空间电荷区势垒高度
R 电阻，反射系数，复合率，反射率，理查森（Richardson）常数，霍尔系数
R^* 有效理查森常数
$\boldsymbol{R}_m$ 晶格矢量
R_n N 型半导体的霍尔系数，电子的俘获率
R_p P 型半导体的霍尔系数，空穴的俘获率
r 复合系数
S 表面复合速度
S_n 电子激发概率

$\boldsymbol{s}_{n}$	电子流密度
$\boldsymbol{s}_{ndif}$	电子扩散流密度
$\boldsymbol{s}_{ndrf}$	电子漂移流密度
$\boldsymbol{s}_{p}$	空穴流密度
$\boldsymbol{s}_{pdif}$	空穴扩散流密度
$\boldsymbol{s}_{pdrf}$	电子漂移流密度
S_{p}	空穴激发概率
T	热力学温度，透射率
U	净复合率，净俘获率
U_{max}	最大复合率
U_{n}	电子的净俘获率
U_{P}	空穴的净俘获率
U_{S}	表面复合率
$\boldsymbol{u}$	位移
V	电压，体积
V_{R}	反向偏压
V_{n}	半导体的体电势
V_{oc}	开路电压
V_{FB}	平带电压
V_{G}	外加电压，MOS 栅压
V_{T}	热电势，$V_{T}=KT/q$
$V(\boldsymbol{r})$	势能函数，势能算符
V_{ox}	氧化层的电压
V_{TH}	阈值电压
V	静电势
V_{D}	内建电势差
V_{s}	表面势
V_{si}	强反型表面势
$\boldsymbol{v}$	速度
$\boldsymbol{v}_{n}$	平均漂移速度
$\boldsymbol{v}_{th}$	电子的平均热运动速度
W	空间电荷区（耗尽区）宽度
x_{d}	耗尽层宽度
x_{dm}	耗尽层最大宽度
x_{I}	反型层宽度
x_{ox}	绝缘层厚度
α	吸收系数
$\alpha(x)$	电子的电离系数
β	禁带宽度的温度系数，量子产额
$\beta(x)$	空穴的电离系数
ε	介电常数
ε_{0}	真空介电常数
ε_{r}	相对介电常数
ε_{ox}	二氧化硅介电常数
ε_{s}	半导体的介电常数
θ_{n}	电子的霍尔角
θ_{p}	空穴的霍尔角
κ	消光系数
λ	波长
μ	载流子迁移率
μ_{c}	电导迁移率
μ_{l}	纵向迁移率
μ_{n}	电子迁移率
μ_{p}	空穴迁移率
μ_{t}	横向迁移率
ν_{p}	声子频率
ν	光波频率
σ	电导率
σ_{n}	电子的电导率
σ_{p}	空穴的电导率
τ	弛豫时间，寿命
τ_{a}	平均自由时间
τ_{d}	介电弛豫时间
τ_{n}	电子寿命
τ_{p}	空穴寿命
τ_{S}	表面复合寿命
τ_{V}	体内复合寿命
$1/\tau$	散射概率 复合概率
ϕ	费米势
ϕ_{f}	半导体的体费米势
ϕ_{n}	电子的准费米势
ϕ_{p}	空穴的准费米势
ϕ_{m}	金属的功函数电势
ϕ_{s}	半导体的功函数电势
χ	电子亲合能
χ_{S}	半导体的电子亲和能
χ'	修正电子亲合能
$\psi(\boldsymbol{r})$	电子的波函数
Ω	晶体原胞的体积，电阻单位
ω	角频率

目　　录

第 1 章　晶体结构与晶体结合

半导体是指常温下导电性能介于导体与绝缘体之间的材料。半导体按元素组成分为元素半导体和化合物半导体。由一种元素构成的半导体叫做元素半导体，由二种或两种以上元素构成的半导体叫做化合物半导体。现在发现的具有半导体性质的元素大多位于元素周期表中从金属到非金属的过渡区(见图 1.1)，如Ⅳ族元素硅(Si)和锗(Ge)。

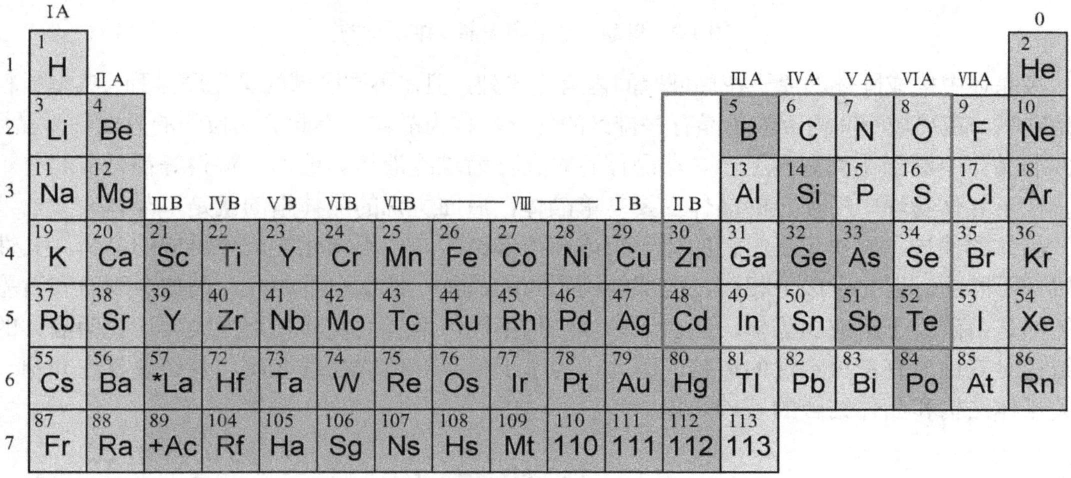

图 1.1　元素周期表

硅是集成电路中最常用的半导体材料，而且应用越来越广泛。由于人们对硅和锗认识最早、使用最广泛，因此称之为第一代半导体材料。

化合物半导体主要有三种组成形式：Ⅲ-Ⅴ族化合物，如砷化镓(GaAs)、磷化铟(InP)、氮化镓(GaN)；Ⅱ-Ⅵ族化合物，如硫化锌(ZnS)、氧化锌(ZnO)；Ⅳ-Ⅵ族化合物，如碳化硅(SiC)等（见表 1.1)。GaAs 是其中应用最广泛的一种化合物半导体材料。20 世纪 70 年代，随着砷化镓单晶制备技术的成熟，其良好的光学性能使其在光学器件中获得广泛应用，同时也应用在需要高频、高速器件的特殊场合。GaAs 被称为第二代半导体材料。

进入 20 世纪 80 年代，宽禁带半导体材料，尤其是氮化镓(GaN)开始日益受到人们的重视，制造出了蓝光发光二极管和激光器。以氮化镓为代表的宽禁带半导体材料被称为第三代半导体材料。

表 1.1　半导体分类和应用

元素半导体	Ⅳ族化合物半导体	Ⅲ-Ⅴ族二元化合物半导体	Ⅱ-Ⅵ族二元化合物半导体	三元化合物半导体
Si、Ge	SiC、SiGe	AlP、AlAs、AlSb、GaP、GaAs、GaSb、InP、InAs、InSb	ZnS、ZnSe、ZnTe、CdS、CdSe、CdTe、ZnO	GaAs-P、InAs-P、Ga-InSb、Ga-InAs、Ga-InP、Cd-HgTe
主要用于集成电路和大多数半导体器件	新兴的半导体材料，用于高温半导体器件、异质结器件等	主要用于高速器件，高速集成电路，发光，激光，红外探测等	主要用于高速器件，高速集成电路，发光，激光，红外探测等	主要用于异质结，超晶格和远红外探测器

半导体物理学主要研究半导体的物理现象、物理规律、物理性质和理论。研究的对象是固体半导体。按照构成固体的粒子在空间的排列情况，固体主要分为晶体和非晶体两类。晶体又有单晶体和多晶体之分。

单晶体的基本特点是原子排列长程有序，具有内部结构的周期性。单晶 Si 就是典型的单晶半导体材料(见图 1.2(a))。

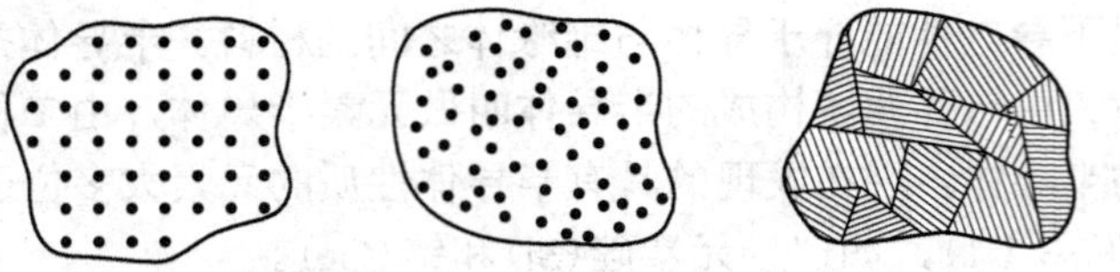

(a) 单晶　　(b) 非晶　　(c) 多晶

图 1.2　单晶、非晶和多晶二维示意图

多晶体中构成固体的原子在局域空间内有序排列，但在不同区域间又无序排列，典型材料如多晶硅等。在局域空间内类似单晶有序排列的部分，称为晶粒；不同的晶粒间的界面称为晶界。

非晶体中原子排列完全无序。非晶体有时又称为过冷液体。玻璃、塑料等都是非晶体。

在半导体物理中所涉及的晶体主要是单晶体，后面所说的晶体指的就是单晶体。

晶体的性质主要决定于它们的化学组成和内部结构。由不同化学成分组成的晶体，其性质固然是不同的。但化学成分相同，内部结构不同的晶体，性质也不相同。例如金刚石和石墨，虽然都是由碳原子组成的晶体，但由于晶体结构不同，两者的性质差别很大。这说明晶体的内部结构对其性质有着决定性的影响。因此，为了了解半导体的物理性质，有必要首先介绍一些有关晶体结构和晶体结合的基础知识。

1.1　晶 体 结 构

教学要求

1. 掌握空间点阵、晶格、晶胞和原胞等概念，了解描述晶体结构的三种方法及其相互关系。
2. 了解晶体结构和晶格的区别。
3. 正确画出面心立方格子的晶胞和原胞。
4. 了解晶体的平移对称性。

晶体的主要特点是原子的排列是长程有序的，或者说原子的排列具有周期性。按照晶体的定义，晶体只能是一个理想的概念。因为晶体的定义意味着：晶体中原子是固定不动的；晶体中不存在杂质和缺陷；晶体是无穷大的，没有边界。否则就不能满足原子排列的“长程有序”的条件。实际上，在一定温度下，实际晶体中的原子都在其平衡位置附近振动着；实际晶体中也不可避免地存在着杂质和缺陷；此外实际晶体的大小总是有限的，不可能是无穷大的。考虑到这些实际因素(非理想因素)，晶体只是一个理想的概念。但是这种理想的假设抓住了晶体结构的主要方面——原子排列的周期性，使得易于搞清晶体结构。这些非理想因素的影响可以在搞清晶体结构的基础上进行讨论。

1.1.1　晶格和晶胞

晶体中的原子是规则地、周期地排列起来的，因此整个晶体可以看做是由构成晶体的原子、离子、分子或某些基团等基本的结构单元沿三个不同的方向周期性地重复堆积的结果。这些“构成晶体的基本结构单元”简称为基元。经过长期的研究，在 19 世纪提出了布拉维空间点阵学说。空间点阵学说认为晶体的内部结构可以概括为一些相同的点子——阵点在空间有规则地做周期性的无限分布。阵点就是基元的代表点。每个基元的代表点，可以选择在基元中的同类原子上，也可以选择在基元的重心上。阵点的总体称为空间点阵。点阵中的每个阵点与一个结构的基元相对应：阵点是基元的代表点，基元是阵点的内容物。图 1.3 分别画出空间点阵、基元和实际晶体的示意图。

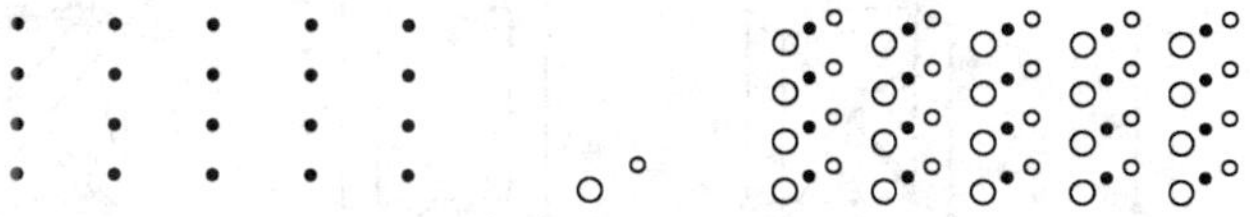

（a）点阵　　（b）基元　　（c）实际晶体

图 1.3　晶体组成示意图

通过点阵中的阵点画任意三组平行直线就可以得到一个空间格子，称为布拉维格子(Bravis lattice)或简称为晶格(为了方便，在有些书中不区分点阵和晶格，通称为晶格)。在晶格的概念中，阵点称为结点或格点。空间点阵或晶格完全反映了晶体内部结构的周期性。

值得注意的是，晶格和晶体结构是两个不同的概念。晶体结构是指晶体中的原子排列，而晶格则是指基元的代表点在空间的分布。

在晶格中，一个以结点为顶点，以三个独立方向上的周期(称为晶格常数)为边长构成的平行六面体叫做晶胞(亦称为单胞)。晶胞是晶体中的一个小体积。它是晶体中的一个周期性重复单元，是晶体内部结构的一个缩影。晶胞的无限、无缝、重复堆积就可以得到整个晶体。可见，一个晶胞包含了有关原子排列的全部信息，因而也可以用晶胞来描绘晶体结构。

晶胞的三个棱线叫做晶轴，用 x、y、z 轴表示，如图 1.4 所示。晶轴的单位矢量叫做基矢量，简称为基矢。基矢的长度分别等于晶胞的三个边长。三个轴之间的夹角分别用α、β、γ表示。a、b、c、α、β、γ为单胞的六个参数。线度 a、b、c 称为晶格常数。

对晶体的分析研究表明，根据晶体的六个参数可以将晶体分为七个晶系：

（1）立方(等轴)晶系　$a=b=c$，$\alpha=\beta=\gamma=90°$

（2）正方(四方)晶系　$a=b\neq c$，$\alpha=\beta=\gamma=90°$

（3）正交晶系　$a\neq b\neq c$，$\alpha=\beta=\gamma=90°$

（4）三角(菱形)晶系　$a=b=c$，$\alpha=\beta=\gamma\neq 90°$

（5）六角(六方)晶系　$a=b\neq c$，$\alpha=\beta=90°$，$\gamma\neq 90°$

（6）单斜晶系　$a\neq b\neq c$，$\alpha=\gamma=90°\neq\beta$

（7）三斜晶系　$a\neq b\neq c$，$\alpha\neq\beta\neq\gamma\neq 90°$

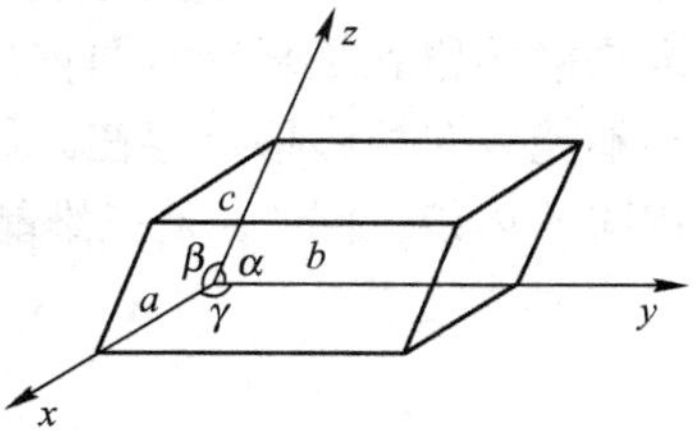

图 1.4　晶轴

在七个晶系的晶胞中，原子存在于晶胞的顶点上。但是原子也可以存在于晶胞的侧面中心、底中心或体中心。把这些情况考虑在内，七个晶系则有简立方、体心立方、面心立方；简正方、体心正方；三角；六角；简正交、面心正交、底心正交、体心正交；简单斜、底心单斜；简三斜等 14 种空间格子即 14 种布拉维格子，如图 1.5 所示。

布拉维格子是空间格子的基本组成单位，只要知道了格子形式和单位平行六面体的参数，就能够确定整个空间格子的一切特征。

一些半导体的基本结构是立方晶系晶体结构，其中，简立方体的八个角顶各有一个原子，体心立方是在简立方的中心加进一个原子，面心立方则是在简立方的六个面的中心各加有一个原子。

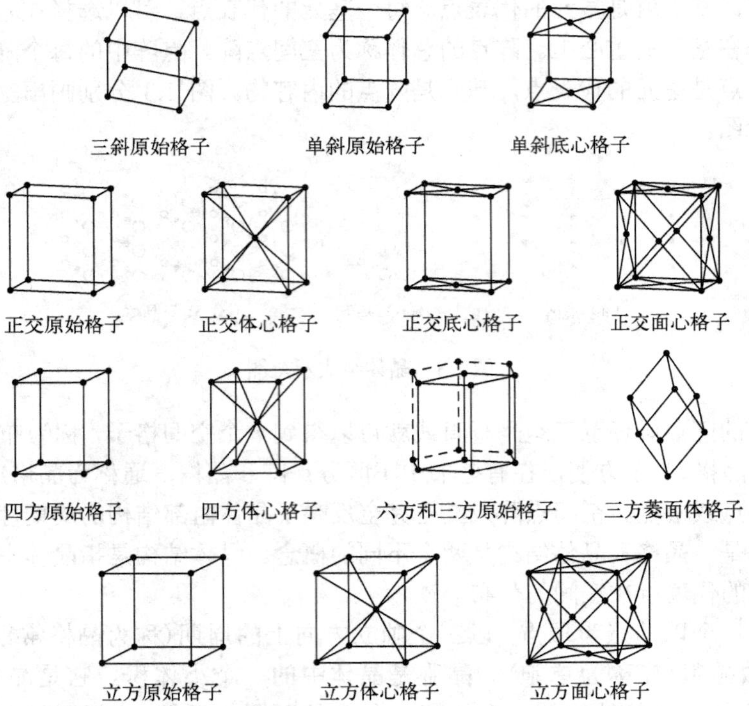

图 1.5　14 种布拉维格子

1.1.2　原胞 原基矢量 晶格平移矢量

晶体内部结构的周期性也叫做晶体的平移对称性。为了充分地、细致地描述晶体的平移对称性，引入原胞的概念。原胞也是单胞，只不过是体积最小的单胞。也就是说，原胞是晶体中体积最小的周期性重复区域。所以，原胞能更充分、更细致地描述晶体内部结构的周期性。三维晶格的原胞是平行六面体，每个原胞只含有一个格点，且格点位于原胞的角顶上，体心和面心不能有布拉维格点存在。原胞的取法不是唯一的，但无论如何选取，同一晶格的原胞都具有相同的体积。图 1.6 是三维晶格原胞的示意图。

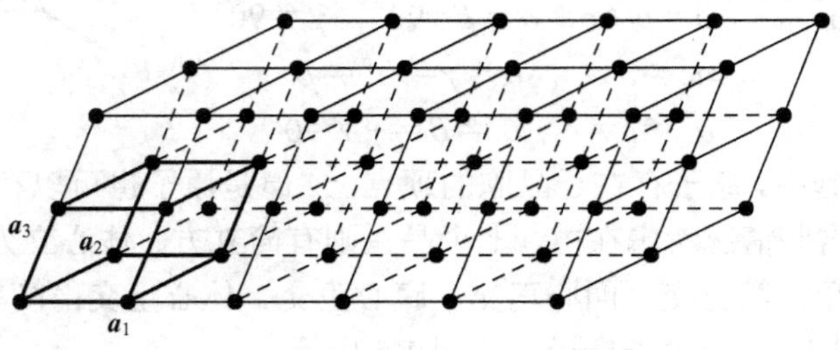

图 1.6　三维晶格原胞示意图

图 1.7 为二维晶格中的原胞的选取。在二维晶格中，原胞是平行四边形。平行四边形 C 和 D 包含两个格点。A 和 B 包含一个格点。因此平行四边形 A 和 B 是二维晶格的原胞。

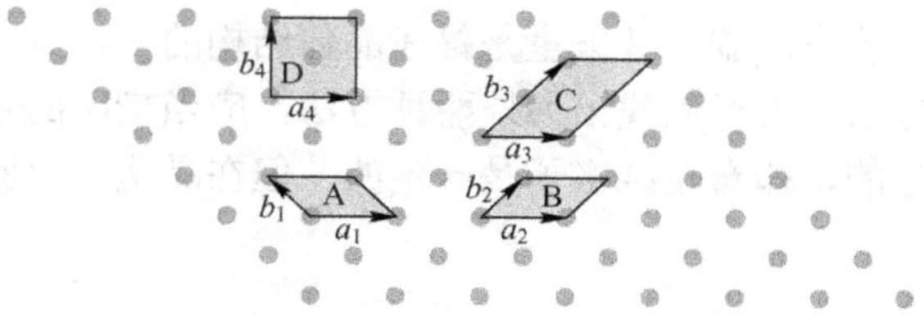

图 1.7　二维晶格中的几种不同的晶胞

按原胞的定义，图 1.5 中的立方面心格子和立方体心格子不是原胞。但可以按图 1.8(a)、(b)的方式选取原胞。它们都只含一个格点且格点处于角顶上。

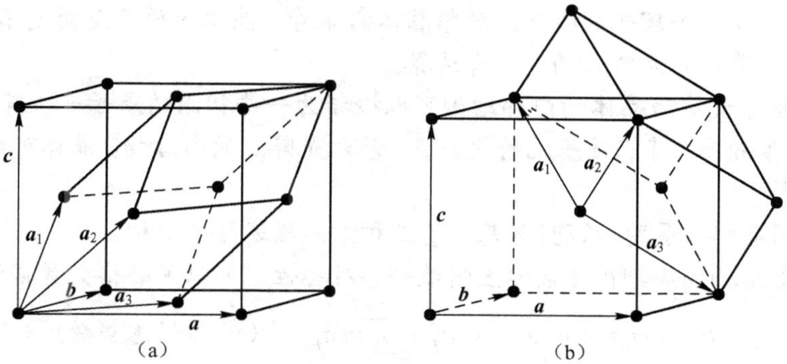

图 1.8　面心立方和体心立方晶格的原胞

原基矢量是支撑起原胞的三个独立矢量。它们是以原胞的一个格点为原点，方向分别沿原胞三边，长度分别等于三个边长的一组矢量，用 $\boldsymbol{a}_1, \boldsymbol{a}_2, \boldsymbol{a}_3$ 表示(有时也记做 $\boldsymbol{a}_i$，$i=1, 2, 3$)。原胞的体积为

$$\Omega = \boldsymbol{a}_1 \cdot (\boldsymbol{a}_2 \times \boldsymbol{a}_3) \tag{1.1-1}$$

利用原基矢量来表示布拉维格点的位置是非常方便的。由于每个布拉维格点都位于原胞的角顶上，因此，所有的布拉维格点的径向量——称为晶格矢量 $\boldsymbol{R}_m$，都可以表示为

$$\boldsymbol{R}_m = m_1\boldsymbol{a}_1 + m_2\boldsymbol{a}_2 + m_3\boldsymbol{a}_3 = \sum_{i=1}^{3} m_i\boldsymbol{a}_i \tag{1.1-2}$$

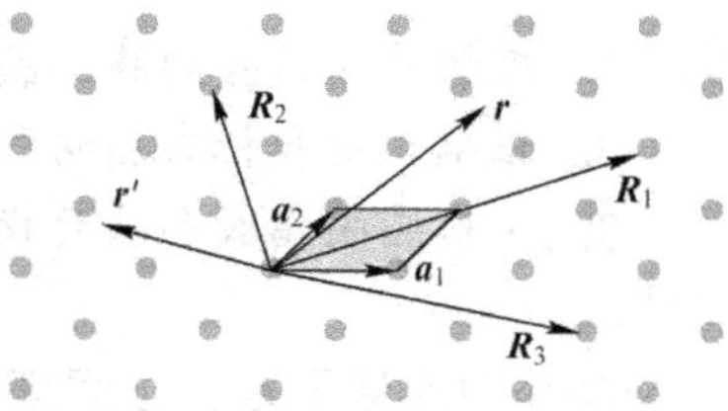

图 1.9　二维晶格矢量

这里 m_1，m_2，m_3 为任意整数。例如，图 1.9 中

$$\boldsymbol{R}_1 = 2\boldsymbol{a}_1+2\boldsymbol{a}_2，\boldsymbol{R}_2 = -2\boldsymbol{a}_1+3\boldsymbol{a}_2，\boldsymbol{R}_3 = 3\boldsymbol{a}_1-\boldsymbol{a}_2$$

引入了上述概念之后，对于晶体内部结构的周期性可以这样来叙述：从各个原胞的对应点(任意点，不仅是格点)上来看，原子排列的情况是相同的。各原胞的对应点的径向量之间只能相差一个晶格矢量 $\boldsymbol{R}_m$。所以，也可以这样描述晶体结构的周期性：若晶体中任一点 $\boldsymbol{r}$ 和另一点 $\boldsymbol{r}'$ (见图 1.9)满足

$$\boldsymbol{r}' = \boldsymbol{r} + \boldsymbol{R}_m \tag{1.1-3}$$

则从这两点上看，晶体中原子的排列情况完全相同。因此对于这两点，晶体的微观物理性质完全相同。比如，不同原胞的对应点 $\boldsymbol{r}$ 和 $\boldsymbol{r} + \boldsymbol{R}_m$ 的电子势能函数相同：

$$V(\boldsymbol{r}+\boldsymbol{R}_m) = V(\boldsymbol{r}) \tag{1.1-4}$$

把晶体平移任一个晶格矢量 $\boldsymbol{R}_m$ 后，晶体中原子的排列情况同它们原来的情况重合。也可以说，经过晶格矢量 $\boldsymbol{R}_m$ 的平移，将得到晶体的所有格点，既没有遗漏，也没有重叠。因此，$\boldsymbol{R}_m$ 又称为晶格平移矢量。所谓晶格的周期性，从数学上看就是这种平移对称性。

综上，空间晶格、晶胞与原胞、基矢量是描述晶体结构的三种方法。这三种方法是彼此相关的。如果知道了一种方法，就可以找出另外两种方法。应当指出的是，对于一定的晶体，其内部结构的周期性是一定的，即布拉维格子是一定的，但在晶胞、原胞、基矢量和原基矢量的选择上却并不是唯一的。

小结

1. 半导体是指常温下导电性能介于导体与绝缘体之间的材料。半导体按元素组成分为元素半导体和化合物半导体。

2. 晶体的主要特点是原子的排列是长程有序的，或者说原子的排列具有周期性。按照晶体的定义，晶体只是一个理想的概念。理想晶体意味着，晶体中原子是固定不动的；晶体中不存在杂质和缺陷；晶体是无穷大的，没有边界。

3. 空间点阵学说认为晶体的内部结构可以概括为一些相同的点子——阵点在空间有规则地做周期性的无限分布。阵点是基元的代表点，基元是阵点的内容物。晶体可划分为七大晶系，14 种布拉维格子。

4. 可以采用晶格、晶胞(原胞)和基矢量三种方式描述晶体结构。

5. 晶体内部结构的周期性在数学上叫做平移对称性，可以用晶格矢量描述：

$$\boldsymbol{R}_m = m_1\boldsymbol{a}_1 + m_2\boldsymbol{a}_2 + m_3\boldsymbol{a}_3 = \sum_{i=1}^{3} m_i\boldsymbol{a}_i \qquad (m_i\text{ 为任意整数})$$

1.2 晶列与晶面

教学要求

1. 理解晶向、晶向族、晶面、晶面族的概念。
2. 正确识别和标志晶向和晶面。
3. 了解晶向指数和晶面指数之间的关系。

晶体中的原子是在空间规则地、周期性地排列起来的，它们组成一系列的直线和平面。晶列是晶体中的原子排列成的直线。晶面是晶体中的原子排列成的平面，如图 1.10 所示。不同的晶面和晶列具有不同的原子排列和不同的取向。材料的许多性质和行为(如各种物理性质、力学行为、相变、X 光和电子衍射特性等)都和晶面、晶列有密切的关系。所以，为了研究和描述材料的性质和行为，需要表征晶面和晶列。

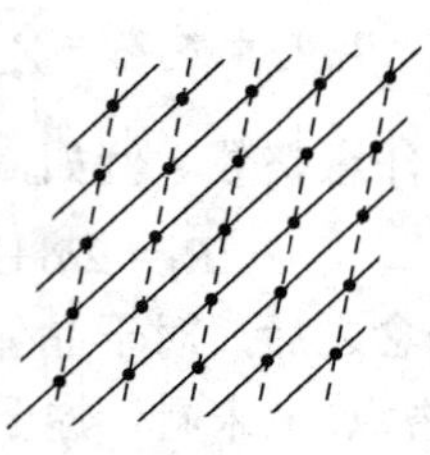

(a) 晶列

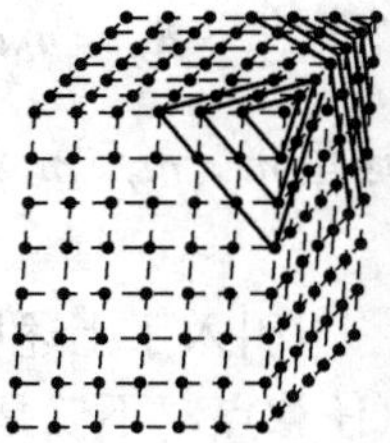

(b) 晶面

图 1.10 晶列与晶面

1.2.1 晶向指数

通过晶格中任意两个格点连一条直线就得到一个晶列。彼此平行的晶列构成一族晶列。晶列的取向称为晶向。描写晶向的一组数称为晶向指数(或晶列指数)。晶向指数的确定步骤如下：

(1) 建立以晶胞的基矢 $\boldsymbol{a}, \boldsymbol{b}, \boldsymbol{c}$ 为单位矢量的坐标系 (x, y, z)，坐标原点取在待标晶向上(见图 1.11)。

(2) 选取该晶向上原点 O 以外的一点 $P(x, y, z)$。

（3）将 x, y, z 化成最小的简单整数比 u, v, w，且 $u:v:w = x:y:z$。

（4）将 u, v, w 三数置于方括号内，就得到晶向指数[uvw]。

例 1.1 确定图 1.12 中晶向 OP 的晶向指数。

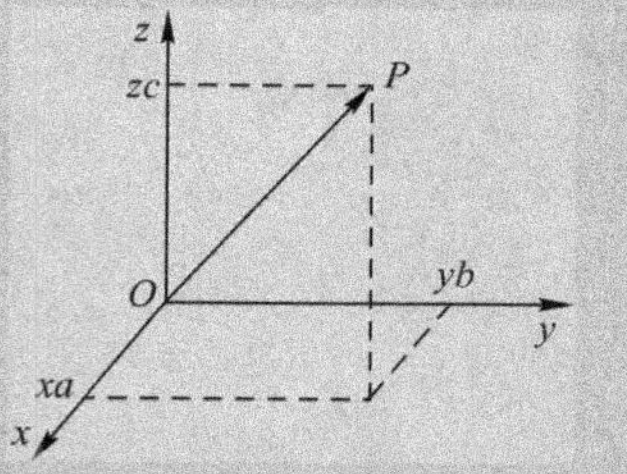

图 1.11 晶向指数的确定

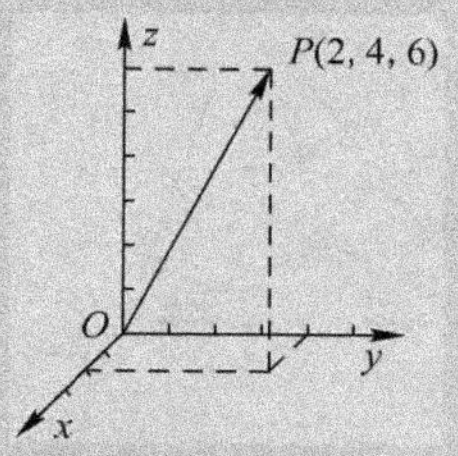

图 1.12 例 1.1 图

解：如图 1.12 所示，P 点坐标为(2, 4, 6)。把 2, 4, 6 化成最小的整数比：

$$2:4:6 = 1:2:3$$

因此晶向 OP 的晶向指数为[123]。

当然，若原点不取在待标晶向上，那就需要选取该晶向上两个点的坐标 $P(x_1, y_1, z_1)$和 $Q(x_2, y_2, z_2)$，然后将截距(x_1-x_2), (y_1-y_2), (z_1-z_2)三个数化成最小的简单整数 u, v, w，并使之满足 $u:v:w = (x_1-x_2):(y_1-y_2):(z_1-z_2)$，则[$uvw$]为该晶向的指数。

显然，晶向指数表示了所有相互平行、方向一致的晶列的方向。若所指的方向相反，则晶向指数的数字相同，但符号相反(见图 1.13 中$[0\bar{1}0]$与[010])。

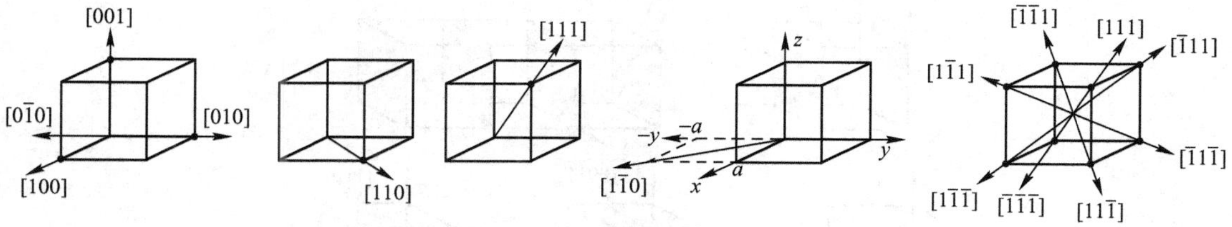

图 1.13 晶向指数实例

图 1.13 列举了一些晶向指数实例。图中晶体中原子排列情况相同但空间位向不同(即不平行)的晶列，用〈uvw〉表示。数字相同，但排列顺序不同或正负号不同的晶列属于同一晶列族，例如：

〈100〉：[100] [010] [001] $[\bar{1}00]$ $[0\bar{1}0]$ $[00\bar{1}]$；

〈111〉：[111] $[\bar{1}\bar{1}\bar{1}]$ $[1\bar{1}\bar{1}]$ $[\bar{1}11]$ $[\bar{1}1\bar{1}]$ $[1\bar{1}1]$ $[\bar{1}\bar{1}1]$ $[11\bar{1}]$。

1.2.2 晶面指数

描写晶面取向的一组数称为晶面指数，常称为密勒(Miller)指数。晶面指数标定步骤如下：

（1）建立一组以晶胞基矢 $\boldsymbol{a}, \boldsymbol{b}, \boldsymbol{c}$ 为单位矢量的坐标系(x, y, z)，坐标原点不取在待标晶面上(见图 1.14)。

（2）求出待标晶面截距 x, y, z。如该晶面与某轴平行，则截距为∞。

（3）取截距的倒数 $1/x, 1/y, 1/z$。

（4）将这些倒数化成最小的简单整数比 h, k, l，使 $h:k:l = 1/x:1/y:1/z$。

如有某一数为负值，则将负号标注在该数字的上方，将 h, k, l 置于圆括号内，写成(hkl)，则(*hkl*)就是待标晶面的晶面指数。

例 1.2 描述图 1.15 所示的晶面(图 1.15 中只标出了 *x*, *y*, *z* 轴上的格点)。

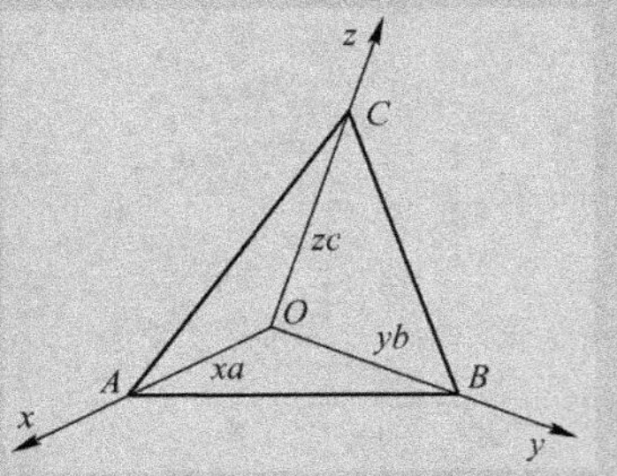

图 1.14 晶面指数的确定

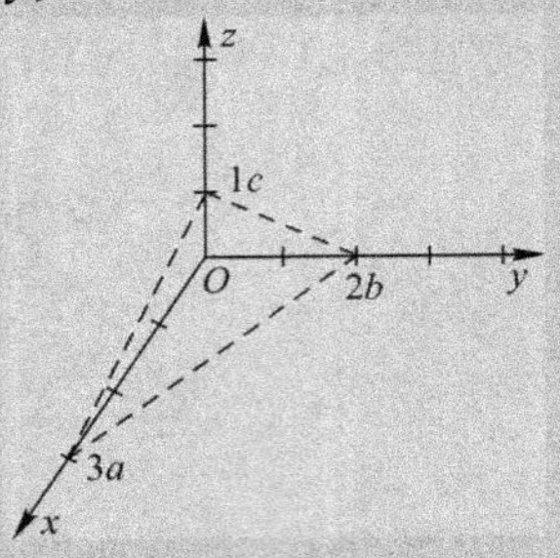

图 1.15 例 1.2 图

解: 晶面截距分别为 3, 2, 1。它们的倒数为(1/3, 1/2, 1/1)。乘以最小公分母 6，得到 (2, 3, 6)。于是，图 1.15 所示晶面可以用指数(236)标记。

图 1.16 是一些晶面指数实例，其中数字 0 表示晶面与对应的轴平行。负号表示晶面取向相反。晶体中具有相同条件即原子排列和晶面间距完全相同，而空间位向不同的各组晶面，即晶面族，用{*hkl*}表示。在立方系中：

{100}：(100)(010)(001)

{110}：(110)(101)(011)($\bar{1}$10)($\bar{1}$01)(0$\bar{1}$1)

{111}：(111)($\bar{1}$11)(1$\bar{1}$1)(11$\bar{1}$)

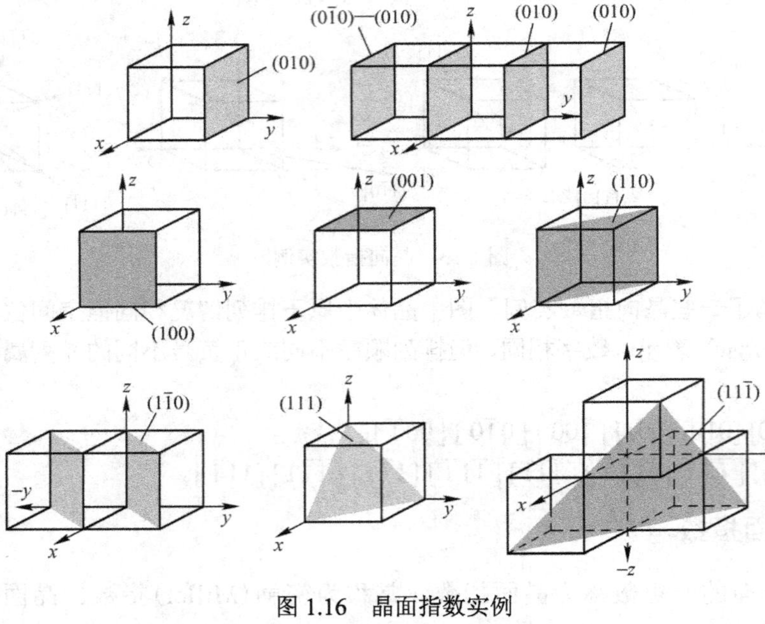

图 1.16 晶面指数实例

可以看出，晶面指数与晶向指数具有如下关系：若晶面与晶向同面，则 $hu+kv+lw=0$；若晶面与晶向垂直，则 $h=u$，$k=v$，$l=w$。

小结

1. 通过晶格中任意两个格点连一条直线就得到一个晶列。彼此平行的晶列构成一族晶列。晶列的取向称为晶向。描写晶向的一组数[*uvw*]，称为晶向指数。数字相同，但排列顺序不同或正负号不同的晶向属于同一晶向族，用〈*uvw*〉表示。

2. 描写晶面取向的一组数称为晶面指数[密勒(Miller)指数](h, k, l)。晶体中原子排列和晶面间距完全相同但空间位向不同的各组晶面构成晶面族，用$\{hkl\}$统一表示。

3. 晶面指数与晶向指数具有如下关系：若晶面与晶向同面，则 $hu+kv+lw=0$；若晶面与晶向垂直，则 $h=u$，$k=v$，$l=w$。

1.3 倒 格 子

教学要求

1. 理解倒空间与正空间的对应关系。
2. 了解倒格矢与晶格矢量的正交关系。

在第 2 章中将用波矢量来描述晶体中的电子、声子等微粒子的状态。为了使问题的数学处理更简单，考虑问题更方便、更直观，引入倒格子的概念。倒格子在处理 X 射线衍射、晶格振动、能带理论与电子、声子相互作用等固体物理问题时都非常有用。

1.1.2 节指出，由于晶体内部结构的周期性，晶体中任意一点 $\boldsymbol{r}$ 处的物理量$\Gamma(\boldsymbol{r})$，具有晶格的周期性，即：

$$\Gamma(\boldsymbol{r}+\boldsymbol{R}_m)=\Gamma(\boldsymbol{r}) \tag{1.3-1}$$

式中，$\boldsymbol{R}_m=\sum_{i=1}^{3}m_i\boldsymbol{a}_i$，为晶格平移矢量。把$\Gamma(\boldsymbol{r})$展开为傅里叶级数

$$\Gamma(\boldsymbol{r})=\sum_n \Gamma(\boldsymbol{K}_n)\mathrm{e}^{\mathrm{i}\boldsymbol{K}_n\cdot\boldsymbol{r}} \tag{1.3-2}$$

这里的 n 代表三个整数 n_1, n_2, n_3。$\boldsymbol{K}_n$ 的意义将在后面说明。而

$$\Gamma(\boldsymbol{r}+\boldsymbol{R}_m)=\sum_n \Gamma(\boldsymbol{K}_n)\mathrm{e}^{\mathrm{i}\boldsymbol{K}_n\cdot\boldsymbol{r}}\mathrm{e}^{\mathrm{i}\boldsymbol{K}_n\cdot\boldsymbol{R}_m} \tag{1.3-3}$$

把式(1.3-1)和式(1.3-2)代入式(1.3-3)，可得

$$\mathrm{e}^{\mathrm{i}\boldsymbol{K}_n\cdot\boldsymbol{R}_m}=1 \tag{1.3-4}$$

于是

$$\boldsymbol{K}_n\cdot\boldsymbol{R}_m=2\pi\mu \quad (\mu\text{ 为任意整数}) \tag{1.3-5}$$

可见 $\boldsymbol{K}_n$ 和 $\boldsymbol{R}_m$ 具有正交关系。因为 $\boldsymbol{R}_m$ 为正格矢，所以把 $\boldsymbol{K}_n$ 称为倒格矢。

倒格矢 $\boldsymbol{K}_n$ 是这样定义的：对于晶格空间的一组原基矢量$(\boldsymbol{a}_1, \boldsymbol{a}_2, \boldsymbol{a}_3)$，设有一组基矢量$(\boldsymbol{b}_1, \boldsymbol{b}_2, \boldsymbol{b}_3)$与$(\boldsymbol{a}_1, \boldsymbol{a}_2, \boldsymbol{a}_3)$满足以下正交关系

$$\boldsymbol{a}_i\cdot\boldsymbol{b}_j=2\pi\delta_{ij}\begin{cases}=2\pi & (i=j)\\ =0 & (i\neq j)\end{cases} \tag{1.3-6}$$

而且

$$\boldsymbol{b}_1=\frac{2\pi[\boldsymbol{a}_2\times\boldsymbol{a}_3]}{\Omega},\quad \boldsymbol{b}_2=\frac{2\pi[\boldsymbol{a}_3\times\boldsymbol{a}_1]}{\Omega},\quad \boldsymbol{b}_3=\frac{2\pi[\boldsymbol{a}_1\times\boldsymbol{a}_2]}{\Omega} \tag{1.3-7}$$

式中，$\Omega=\boldsymbol{a}_1\cdot[\boldsymbol{a}_2\times\boldsymbol{a}_3]$是晶格原胞的体积，则基矢量$(\boldsymbol{b}_1, \boldsymbol{b}_2, \boldsymbol{b}_3)$就叫做与基矢量$(\boldsymbol{a}_1, \boldsymbol{a}_2, \boldsymbol{a}_3)$相应的倒基矢。由式(1.3-6)可见，以 $\boldsymbol{a}_i$ 为基矢的格子与 $\boldsymbol{b}_j$ 为基矢的格子，互为正倒格子。

由基矢量$(\boldsymbol{b}_1, \boldsymbol{b}_2, \boldsymbol{b}_3)$所确定的空间就叫做与基矢量$(\boldsymbol{a}_1, \boldsymbol{a}_2, \boldsymbol{a}_3)$所确定的空间(正空间)的倒空间。由$(\boldsymbol{b}_1, \boldsymbol{b}_2, \boldsymbol{b}_3)$所确定的格子叫做与基矢量$(\boldsymbol{a}_1, \boldsymbol{a}_2, \boldsymbol{a}_3)$所确定的格子(正格子)的倒格子。

倒格子线度的量纲为[米]$^{-1}$，而常用来描述电子状态和晶格振动的波矢量的量纲也是[米]$^{-1}$，所以往往将电子波矢量 $\boldsymbol{k}$ 所在的空间($\boldsymbol{k}$ 空间)理解为倒空间，而由正格子所组成的空间是位置空间或称坐标空间。由基矢量$(\boldsymbol{b}_1, \boldsymbol{b}_2, \boldsymbol{b}_3)$所确定的矢量

$$\boldsymbol{K}_n = n_1\boldsymbol{b}_1 + n_2\boldsymbol{b}_2 + n_3\boldsymbol{b}_3 = \sum_{i=1}^{3} n_i\boldsymbol{b}_i \quad （n_i \text{为整数}） \tag{1.3-8}$$

就叫做倒格矢。可以证明

$$\boldsymbol{K}_n \cdot \boldsymbol{R}_m = \sum_{i=1}^{3} n_i\boldsymbol{b}_i \cdot \sum_{j=1}^{3} m_j\boldsymbol{a}_j = \sum_{i,j}(n_i m_j)\boldsymbol{a}_j \cdot \boldsymbol{b}_i = \sum_{i,j}\mu 2\pi\delta_{ji} = 2\pi\mu \text{（}\mu\text{ 为任意整数）}$$

此结果与式(1.3-5)一致。

例 1.3 晶格常数为 a 的一维晶格和它的倒格子。

按定义，晶格常数为 a 的一维晶格的倒格子的原胞是长度为 $b = 2\pi/a$ 的线段，如图 1.17 所示。晶体中晶格常数 $a \approx 0.5\text{nm}$，所以 $b \approx 10^8\,\text{cm}^{-1}$。

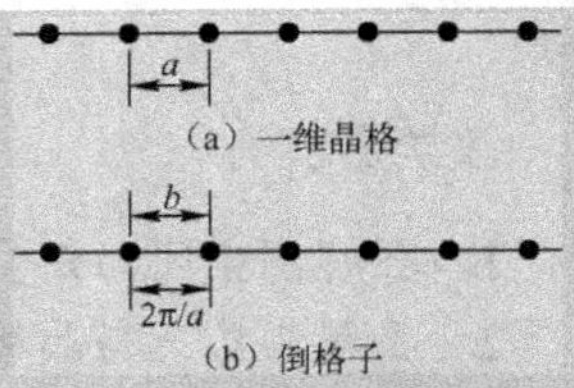

图 1.17 一维晶格及其倒格子

小结

1. 倒基矢($\boldsymbol{b}_1, \boldsymbol{b}_2, \boldsymbol{b}_3$)与原基矢量($\boldsymbol{a}_1, \boldsymbol{a}_2, \boldsymbol{a}_3$)满足以下正交关系

$$\boldsymbol{a}_i \cdot \boldsymbol{b}_j = 2\pi\delta_{ij}\begin{cases} = 2\pi & (i = j) \\ = 0 & (i \neq j) \end{cases}$$

由基矢量($\boldsymbol{b}_1, \boldsymbol{b}_2, \boldsymbol{b}_3$)所确定的空间就叫做由基矢量($\boldsymbol{a}_1, \boldsymbol{a}_2, \boldsymbol{a}_3$)所确定的空间（晶格）的倒空间（或倒格子）。矢量

$$\boldsymbol{K}_n = n_1\boldsymbol{b}_1 + n_2\boldsymbol{b}_2 + n_3\boldsymbol{b}_3 = \sum_{i=1}^{3} n_i b_i \quad （n_i \text{为整数}）$$

就叫做倒格矢。

2. $\boldsymbol{K}_n$ 和 $\boldsymbol{R}_m$ 具有正交关系

$$\boldsymbol{K}_n \cdot \boldsymbol{R}_m = 2\pi\mu \quad （\mu \text{为任意整数}）$$

3. 倒格矢的单位是 m^{-1} 或 cm^{-1}。

1.4 晶 体 结 合

教学要求

1. 了解晶体的四种结合方式。
2. 了解半导体的化学键的性质和特征。
3. 了解晶体的结合方式与晶体结构的内部关联性。

晶体中的原子是依靠原子之间的相互作用——化学键，结合在一起的。晶体的性质和结构往往与化学键的性质有关。本节将介绍固体结合形成晶体的结合方式、半导体的化学键的性质和特征及其与晶体结构的内部关联性。

1.4.1 固体的结合形式和化学键

按照力学观点，原子间通过相互作用结合成形态一定的固体。这种作用必然同时存在吸引和排斥两种作用。固体的形态由这两种作用的**平衡点**决定。

原子通过相互作用结合形成具有稳定结构的固体时，其相互作用能必然取能量极小值。这种能够形成势能极小值的物理相互作用，被化学家形象地称之为化学键。形成稳定结构时的原子之间的间距，称为化学键键长，如图 1.18 所示。

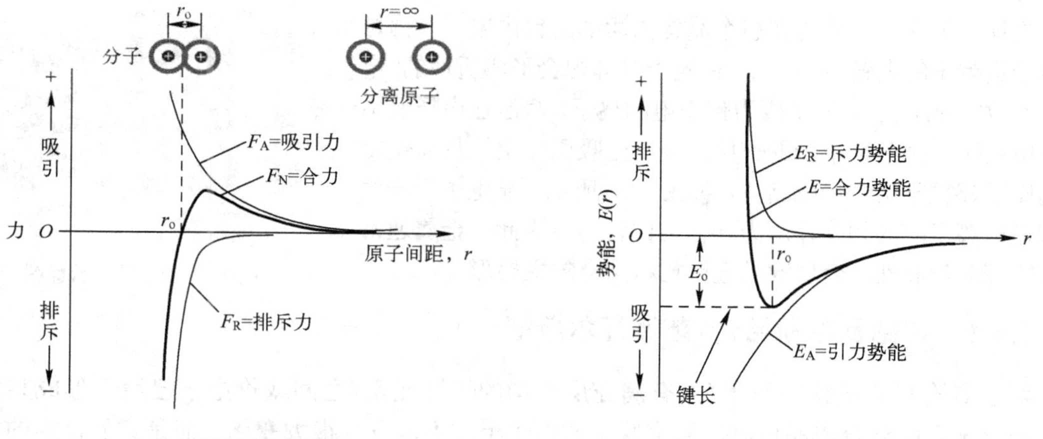

（a）力随原子间距的变化

（b）势能随原子间距的变化

图 1.18　原子间相互作用力和作用能随距离的变化过程

在固体中存在四种基本结合形式，相应于四种化学键：共价结合(共价键)、离子结合(离子键)、金属结合(金属键)和范德瓦尔斯结合(范德瓦尔斯键)。

1.4.2　离子结合(离子键)

在离子晶体中，结合成晶体的基本单元是离子。在这种晶体中，一种原子上的价电子转移到另一种价电子壳层不满的原子的轨道上，相应地形成正、负离子。正、负离子相间排列，依赖其间的静电引力形成离子晶体。这种结合方式相应的化学键叫做离子键。由于离子键中电子的结合很强，原子之间结合很紧密，因此，形成密排结构。离子键对电子的约束很强，不容易导电，通常为绝缘体。其典型代表是 NaCl 晶体。图 1.19 为离子键示意图。

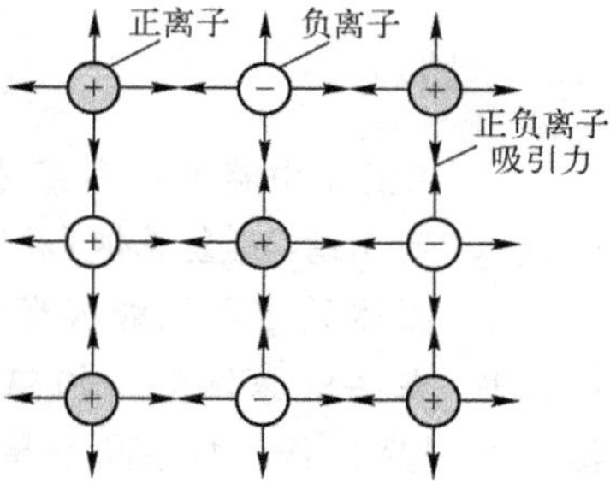

图 1.19　离子键示意图

1.4.3　共价结合(共价键)

在共价晶体中，相邻的两个原子各贡献一个价电子为两者所共有，通过它们对原子实的引力把两个原子结合在一起，这种结合方式称为共价键(也称为同极键)，如图 1.20 所示。共价键结合强度比离子键要弱一些，但仍然也很强。相对于离子键较弱的结合会使一些电子脱离共价键结合，成为能够导电的自由电子。

金刚石和重要的半导体 Si、Ge 都是共价晶体。III-V 化合物和 II-VI 化合物等也都以共价结合为主。共价结合是一种比较强的结合。特别是键强度高的晶体，如金刚石、SiC、AlN 和 GaN 等，通常都有高的硬度、高的熔点、高的热导和高的化学稳定性。

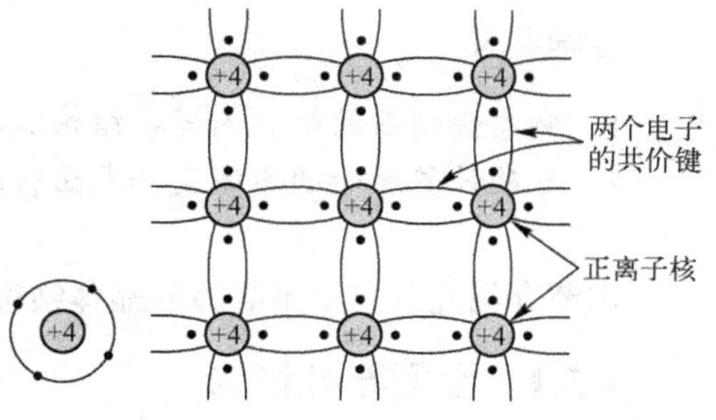

图 1.20　共价键示意图

1.4.4　金属结合(金属键)

金属键结合的基本特点是电子具有“共有化”运动的导电特征。组成晶体的各原子的价电子脱离原子的束缚，成为在整个晶体内运动的自由电子。由每个原子贡献出的大量自由电子，在整个晶体内会形成所谓的“电子云”。失去价电子的原子成为带正电的离子，浸泡在电子云中的正电离子，由于电子云的作用，会产生吸引作用，从而使得金属原子(离子)结合形成晶体，如图 1.21 所示。靠电子云产生的带正电离子间的相互作用力往往会比较弱，因此，金属通常具有较好的延展性。金属键是金属材料结合的主要形式。

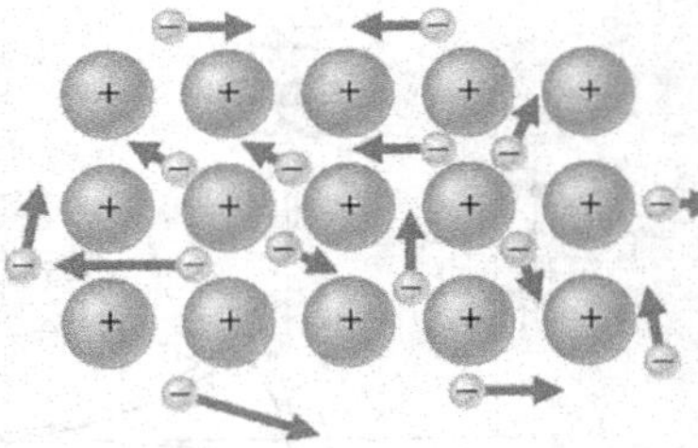

图 1.21　金属键示意图

1.4.5　范德瓦尔斯结合(范德瓦尔斯键)

对于具有稳定结构的原子(如有满壳层结构的惰性元素)之间或价电子已用于形成共价键的饱和分子之间结合成晶体时，原来原子的电子组态不能发生很大变化，而是靠偶极矩的相互作用而结合的，这种结合通常称为范德瓦尔斯结合。

在离子键、共价键、金属键等结合类型中，原子中的价电子态在成键时都发生了变化，而范德瓦尔斯键则发生在分子与分子之间，与前面几种结合键类型相比，形成晶体时各原子结构(电子结构)基本保持稳定。范德瓦尔斯键结合形成的晶体，原子或分子之间的相互作用很弱。通常惰性气体元素构成的晶体是靠范德瓦尔斯键结合形成的，往往在低温下形成。

小结

1. 在固体中存在四种基本结合形式，相应于四种化学键：共价结合(共价键)、离子结合(离子键)、金属结合(金属键)和范德瓦尔斯结合(范德瓦尔斯键)。

2. 固体原子之间能够形成势能极小值的物理相互作用，叫做化学键。

3. 在共价晶体中，相邻的两个原子各贡献一个价电子为两者所共有，形成共价键。共价键结合强度很强。在结晶半导体硅中，每个原子具有四个价电子，与其近邻的四个原子所共有，形成共价键。在低温下，这些电子被束缚住不能导电。低温下纯硅的电阻率为 $2\times10^5\Omega\cdot\text{cm}$。在高温时，热能使一些电子摆脱价键束缚，成为自由电子，能够导电。因此半导体在低温时像绝缘体，高温时像导体。

1.5　典型半导体的晶体结构

教学要求

1. 熟悉金刚石结构和闪锌矿结构以及二者的异同点。
2. 正确计算原子的体密度和表面密度。

本节介绍几种重要半导体的晶体结构。

1.5.1　金刚石型结构

重要的元素半导体材料硅、锗等晶体的晶体结构属于金刚石型结构。金刚石型结构的特点是每个原子周围都有四个最近邻的原子，组成一个如图 1.22 所示的正四面体结构。这四个原子分别处在正四面体的角顶上，任一角顶上的原子和中心原子各贡献一个价电子为该两个原子所共有，通过它们对原子核的引力把两个

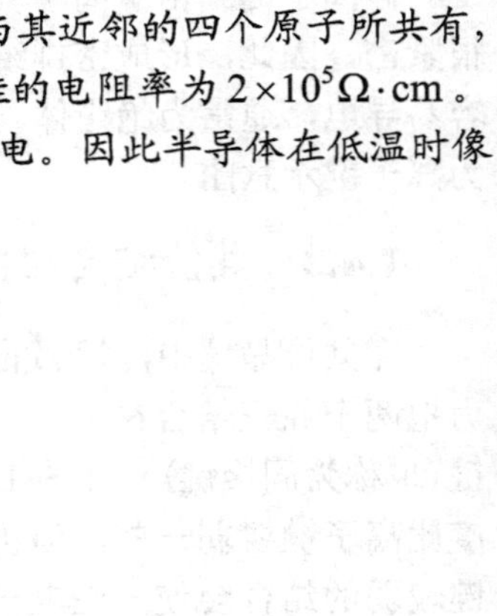

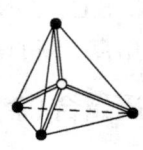

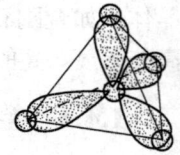

图 1.22　正四面体结构

原子结合在一起，这就是共价键。这样，每个原子和周围四个近邻原子组成四个共价键。上述四面体的四个角顶原子又可以各通过四个共价键组成四个正四面体。如此推广，将许多正四面体累积起来就得到如图 1.23 所示的金刚石型结构。

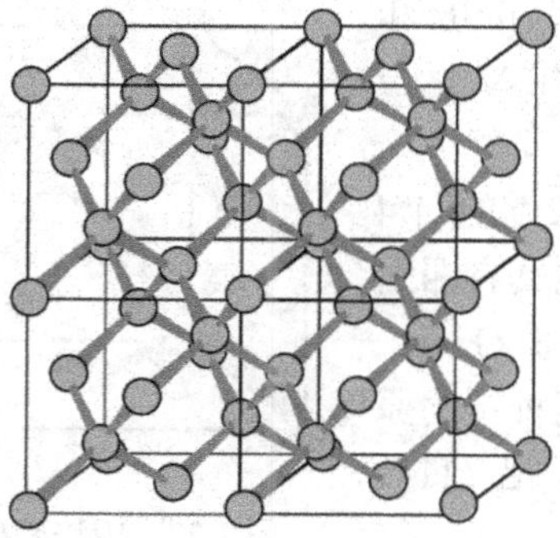

图 1.23　金刚石型结构

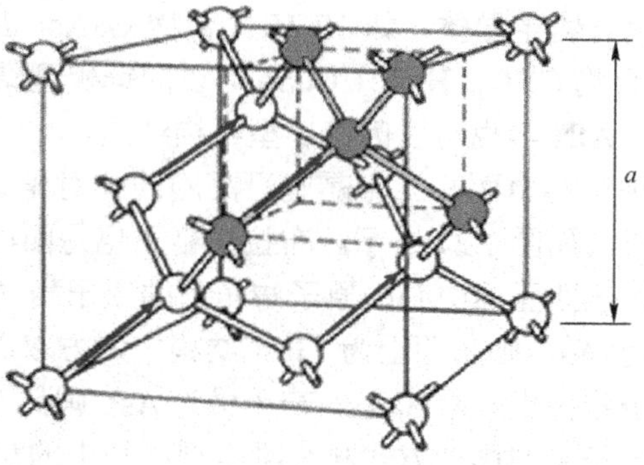

图 1.24　金刚石型结构的晶胞

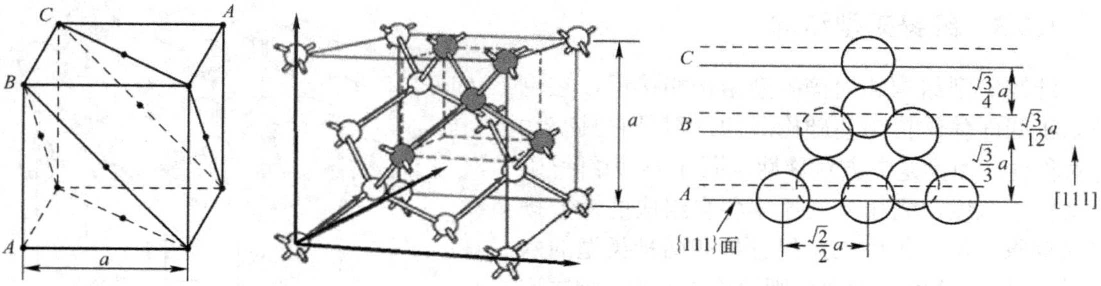

图 1.25　沿面心立方结构{111}面的原子排列

金刚石型结构的晶胞可看成是由两套基本面心立方布拉维格子套构而成的，套构的方式是沿着基本面心立方晶胞立方体对角线的方向移动 1/4 距离(见图 1.24)。原子在晶胞中排列的情况是：八个原子位于立方体的八个角顶上，六个原子位于六个面中心上，晶胞内部有四个原子。

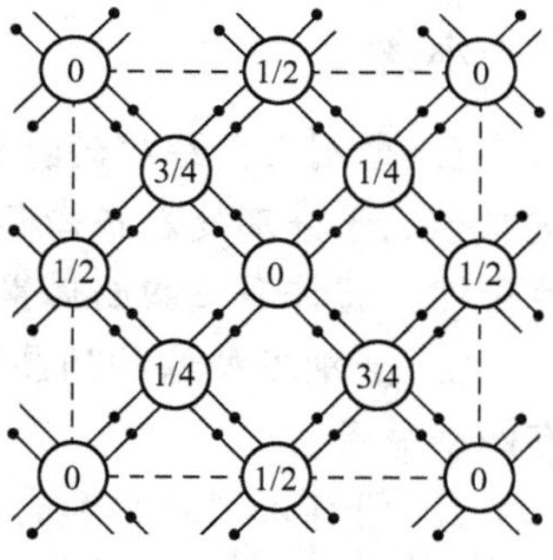

图 1.26　{100}面上的投影

金刚石型结构也可以看成是由许多(111)的原子密排面沿着[111]方向，按照双原子层的形式按 ABCABCA…顺序堆积起来的(见图 1.25)。图 1.26 为金刚石型晶胞在{100}面上的投影，图中“0”和“1/2”表示面心立方晶格上的原子，“1/4”和“3/4”表示沿晶体对角线位移 1/4 的另一个面心立方晶格上的原子，“•”表示共价键上的电子。

例 1.4　假设 Si 的晶格常数是 5.43 Å，计算 Si 原子的体积密度(每立方厘米的原子数量)和(100)晶面上 Si 原子的表面密度(每平方厘米的原子数量)。

解：(100)晶面的角上有 4 个原子，表面中心有 1 个原子。

(100)晶面上 Si 原子的表面密度：

$$\frac{4\times\frac{1}{4}+1}{(5.43\times10^{-8})(5.43\times10^{-8})}=6.8\times10^{14}(\text{个/厘米}^2)$$

Si 晶胞有 8 个角原子、6 个面心原子、4 个体内原子，所以每个立方晶格含有的原子数为 $8\times\frac{1}{8}+\frac{1}{2}\times6+4=8$，体积密度为 $\frac{8}{(5.43\times10^{-8})^3}=5.00\times10^{22}(\text{个/厘米}^3)$。

1.5.2 闪锌矿型结构

闪锌矿型结构和金刚石型结构极为相似，只是闪锌矿型结构由两类不同的原子组成。许多重要的化合物半导体，如 III-V 化合物 GaAs、InP、AlAs、InSb 和 II-VI 化合物 CdTe、HgTe、CdSe 等以闪锌矿型结构结晶。III-V 化合物 GaN、AlN 等也可以闪锌矿型结构结晶。

这种结构由面心立方晶胞沿晶胞的体对角线错开其长度的 1/4 套构而成，如图 1.27 所示。布拉维格子也是面心立方，也具有四面体结构，但四面体中心的原子与角顶的原子相异，例如对于 GaAs，若中心为 As，则角顶上为 Ga。结构中六方双原子层由两种不同原子的原子层构成。对 GaAs，若一层为 As，则另一层为 Ga。沿〈111〉方向双原子层的排列方式和金刚石型结构中的相同。

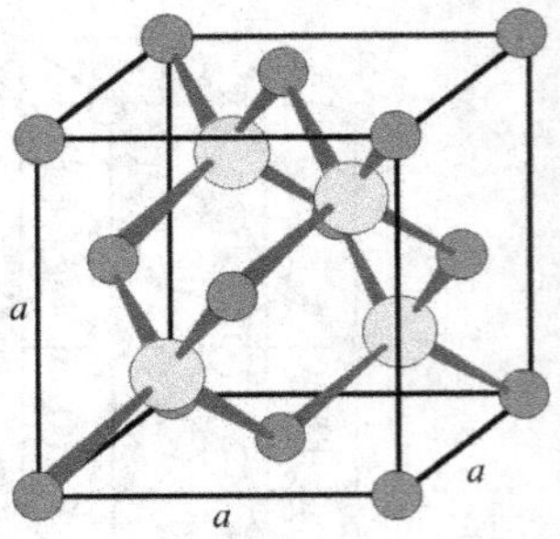

图 1.27 闪锌矿型结构

1.5.3 纤锌矿型结构

纤锌矿型结构和闪锌矿型结构相接近，它也是以正四面体结构为基础构成的，但是它具有六方对称性，而不是立方对称性，图 1.28 为纤锌矿型结构示意图，它由两类原子各自组成的六方排列的双原子层堆积而成，但它只有两种类型的六方原子层，它的(0 0 1)面规则地按 ABABA 顺序堆积而构成纤锌矿型结构。硫化锌、硒化锌、硫化镉等都可以闪锌矿型和纤锌矿型两种方式结晶。

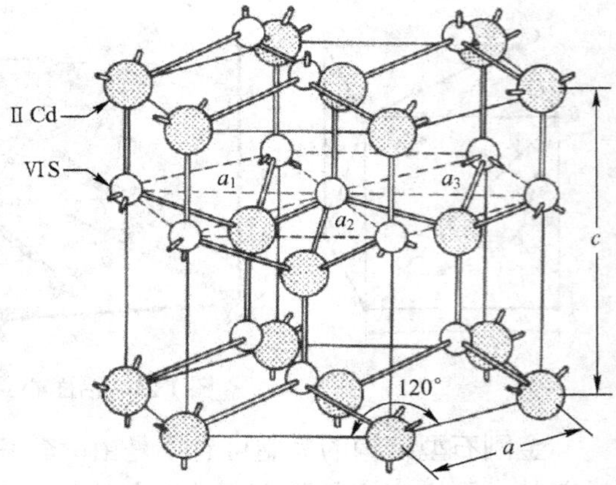

图 1.28 纤锌矿型结构

小结

1. 金刚石型结构的特点是每个原子周围都有四个最近邻的原子，组成一个正四面体结构。这四个原子分别处在正四面体的角顶上，任一角顶上的原子和中心原子各贡献一个价电子形成共价键。将许多正四面体累积起来就得到金刚石型结构。

2. 金刚石型结构的晶胞可看成是由两套基本面心立方布拉维格子套构而成的，晶胞内部有四个原子。

3. 闪锌矿型结构和金刚石型结构极为相似，只是闪锌矿型结构由两类不同的原子组成。布拉维格子也是面心立方，也具有四面体结构，但四面体中心的原子与角顶的原子相异。

思考题与习题

1-1 什么是元素半导体和化合物半导体？举例说明。

1-2 晶体的基本特征是什么？为什么说晶体只是一个理想的概念？

1-3 什么是晶格？晶格和晶体结构有什么区别？

1-4 原胞和晶胞有什么区别？

1-5 什么是晶格矢量？写出晶格矢量的表达式。

1-6 描述晶体结构有几种方法？它们之间有什么关系？

1-7 晶体共分为几个晶系？多少种布拉维格子？

1-8 倒基矢和原基矢有什么关系？

1-9　什么是倒格矢？倒格矢和晶格矢量有什么关系？

1-10　晶面指数和晶向指数有什么关系？

1-11　固体有哪几种结合形式？相应的化学键是什么？

1-12　简述金刚石型结构的特点。.

1-13　图 1.28 所示 3 个单胞中哪些是二维晶格的原胞？

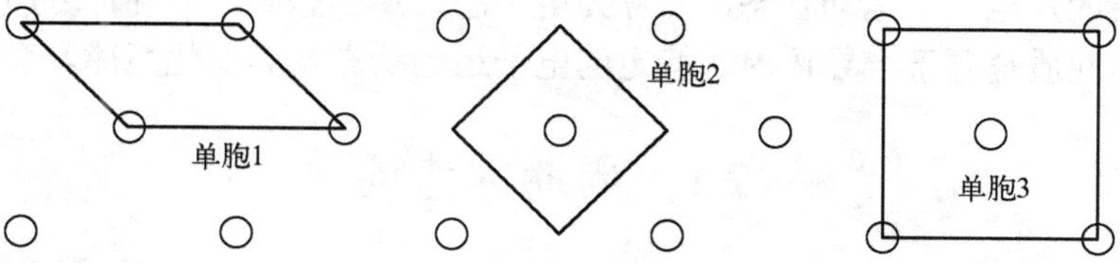

图 1.29　习题 1-13 图

1-14　描述图 1.30 中晶向 OP 的晶向指数。

1-15　下面的晶面(只显示了第一象限中 $0<x,y,z<a$ 的部分，虚线仅供参考)是从哪些等效晶面簇变化得来的？用正确的形式表达。

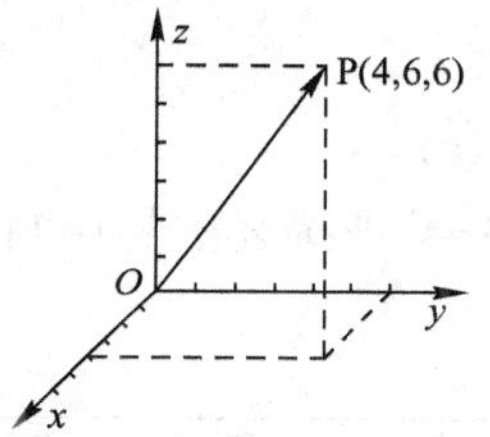

图 1.30　习题 1-14 图

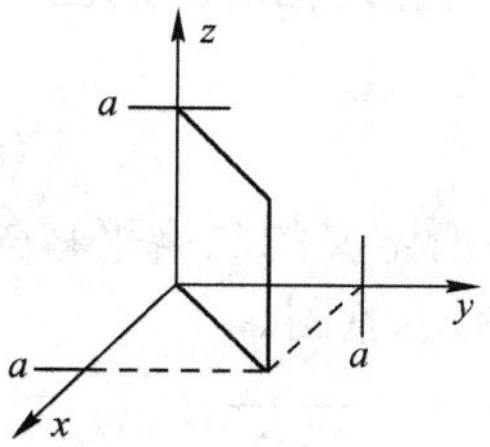

图 1.31　习题 1-15 图

1-16　以下的 3 个晶面(仅显示了第一象限)中，哪个是(121)晶面？把它圈出来。

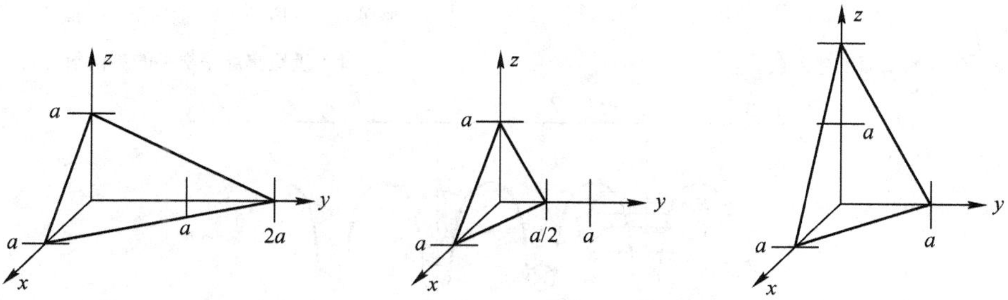

图 1.32　习题 1-16 图

1-17　假设 Si 的晶格常数是 5.43 Å，计算(111)晶面上 Si 原子的表面密度(每平方厘米的原子数量)。

1-18　面心立方晶格的晶格常数是 0.475nm，确定其原子体密度。

1-19　简立方晶格的原子体密度是 $3\times10^{22}\text{cm}^{-3}$，假定原子是钢球且与最近的原子相切，确定晶格常数和原子半径。

1-20　硅的晶格常数是 0.543nm，计算硅的原子体密度。

第 2 章　半导体中的电子状态

电子状态指的是电子的运动状态，简称为电子态，量子态等。半导体之所以具有异于金属和绝缘体的物理性质是源于半导体内的特定的电子运动状态及其变化规律。

2.1　周期性势场

教学要求

1. 理解概念：电子状态、局域化运动、局域态、共有化运动、扩展态。
2. 写出周期性势场表达式(1.1–4)，说明周期性势场中电子运动的方式。

1.1.2 节指出晶体内部结构的周期性意味着晶体中不同原胞对应点 $\boldsymbol{r}$ 和 $\boldsymbol{r}+\boldsymbol{R}_m$ 的电子势能函数相同：

$$V(\boldsymbol{r}+\boldsymbol{R}_m)=V(\boldsymbol{r})$$

式中，$\boldsymbol{R}_m$ 为式(1.1–2)所定义的晶格平移矢量。式(1.1–4)所描述的势场叫做周期性势场。图 2.1 给出一维周期性势场的示意图。

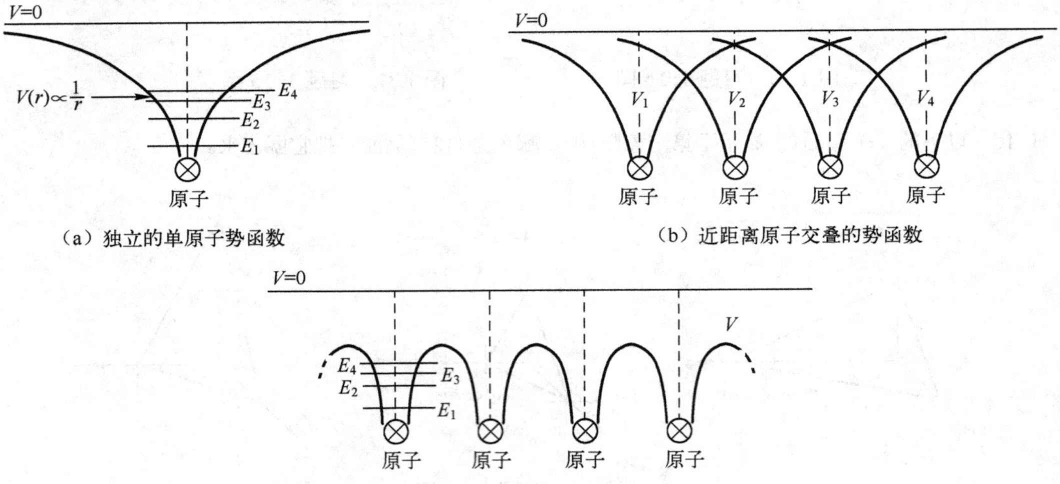

图 2.1　周期势场示意图

周期性势场可以看做是各个孤立原子的势场的叠加。$V_1, V_2, V_3,\cdots$分别代表原子 1, 2, 3, … 的势场，V 代表叠加后的晶体势场。

根据图 2.1 所示周期性势场的形状不难想象，周期性势场中的电子可以有两种运动方式：一是在一个原子的势场中运动，二是在整个晶体中运动。比如具有能量 E_1 或 E_4 的电子可以在原子 1 的势场中运动。根据量子力学的隧道效应，它还可以通过隧道效应越过势垒 V 到势阱 2，势阱 3，…中运动。换言之，周期性势场中，属于某个原子的电子既可以在该原子附近运动，也可以在其他原子附近运动，即电子可以在整个晶体中运动。通常把前者称为电子的局域化运动(相应的电子波函数称为原子轨道)，而把后者称为共有化运动(相应的电子波函数称为晶格轨道)。局域化运动电子的电子态又称为局域态。共有化运动的电子态又称为扩展态。根据以上分析，可见晶体中的电子的运动既有局域化的特征又有共有化特征。如果电子能量较低，例如图2.1中的处于属于能量 E_1 的状态的电子，受原子核束缚较强，势垒 $V-E_1$ 较大。电子从势阱1穿过势垒进入势阱2的概率就比较小。对于处在这种能量状态的电子来说，它的共有化运动的程度就比较低。但对于处于属于束缚能较弱的属于能量 E_4 的状态的电子，由于势垒 $V-E_4$ 的值较小，穿透隧道的概率就比较大。因此处于属于能量 E_4 的状态的电子共有化的程度比较高。价电子是原子的最外层电子，受原子的束缚比较弱，因此它们的共有化的特征就比较显著。在研究半导体中的电子状态时我们最感兴趣的正是价电子的电子状态。

小结

1. 晶体内部结构的周期性意味着，晶体中不同原胞的对应点 $\boldsymbol{r}$ 和 $\boldsymbol{r}+\boldsymbol{R}_m$ 的电子势能函数相同，即

$$V(\boldsymbol{r}+\boldsymbol{R}_m)=V(\boldsymbol{r})$$

2. 周期性势场中的电子可以有两种运动方式：局域化运动和共有化运动。局域化运动的电子态称为局域态。共有化运动的电子态称为扩展态。晶体中的电子的运动既有局域化的特征又有共有化特征。

2.2 布洛赫(Bloch)定理

教学要求

1. 了解单电子近似的基本思想。
2. 陈述(或写出)布洛赫定理。
3. 理解波矢量 $\boldsymbol{k}$ 的物理意义。
4. 说明波矢量 $\boldsymbol{k}$ 和 $\boldsymbol{k}'=\boldsymbol{k}+\boldsymbol{k}_n$ 标志的是同一个状态。
5. 画出一维晶格的布里渊区，标出第一、第二布里渊区。
6. 理解准动量的概念。

晶体是由规则的、周期性排列起来的原子所组成的，每个原子又包含有原子核和核外电子。原子核和电子之间，电子和电子之间存在着库仑作用。因此，它们的运动不是彼此无关的，应该把它们作为一个体系，统一地加以考虑。也就是说，晶体中电子运动的问题是一个复杂的多体问题，不可能求出其严格解。布洛赫定理基于单电子近似，成功地描述了晶体中电子的运动状态。

2.2.1 单电子近似

为使问题简化、可以近似地把每个电子的运动单独地加以考虑，即在研究一个电子的运动时，把在晶体中各处的其他电子和原子核对这个电子的库仑作用，按照它们的概率分布，平均地加以考虑。也就是说，其他电子和原子核对这个电子的作用只是为这个电子提供了一个势场。这样，一个电子所受的库仑作用仅随它自己的位置的变化而变化。或者说，一个电子的势函数仅仅是它自己的坐标的函数。这种近似称为单电子近似。单电子近似也被称之为哈特里-福克近似(Hartree-Fock)。采用单电子近似，周期性势场中一个电子的运动便可以简单地由下面仅包含这个电子的坐标的波动方程式所决定

$$\left[-\frac{\hbar^2}{2m}\nabla^2+V(\boldsymbol{r})\right]\psi(\boldsymbol{r})=E\psi(\boldsymbol{r}) \tag{2.2-1}$$

式中，$-\frac{\hbar^2}{2m}\nabla^2$ 为电子的动能算符；$V(\boldsymbol{r})$为电子的势能算符，它具有晶格的周期性；E 为电子的能量函数；$\psi(\boldsymbol{r})$ 为电子的波函数；$\hbar=\frac{h}{2\pi}$，h 为普朗克常数，$\hbar$ 称为约化普朗克常数。

2.2.2 布洛赫定理

布洛赫定理指出：如果势函数 $V(\boldsymbol{r})$有晶格的周期性，即

$$V(\boldsymbol{r})=V(\boldsymbol{r}+\boldsymbol{R}_m) \tag{2.2-2}$$

则方程(2.2-1)的解$\psi(\boldsymbol{r})$具有如下形式

$$\psi_{\boldsymbol{k}}(\boldsymbol{r})=\mathrm{e}^{\mathrm{i}\boldsymbol{k}\cdot\boldsymbol{r}}u_{\boldsymbol{k}}(\boldsymbol{r}) \tag{2.2-3}$$

式中，函数$u_{\boldsymbol{k}}(\boldsymbol{r})$具有晶格的周期性，即

$$u_{\boldsymbol{k}}(\boldsymbol{r}+\boldsymbol{R}_m)=u_{\boldsymbol{k}}(\boldsymbol{r}) \tag{2.2-4}$$

以上陈述即为布洛赫定理。

布洛赫定理中出现的矢量 $\boldsymbol{R}_m$ 为式(1.1-2)所定义的晶格矢量。矢量 $\boldsymbol{k}$ 称为波矢量，是任意实数矢量。$k=2\pi/\lambda$ 称为波数，λ 为电子波长。波矢量 $\boldsymbol{k}$ 是标志电子运动状态的量。由式(2.2-3)所确定的波函数$\psi_{\boldsymbol{k}}(\boldsymbol{r})$称为布洛赫函数或布洛赫波。

下面首先讨论波矢量 $\boldsymbol{k}$ 的基本特性及其给出的主要结论。

根据布洛赫定理： $\psi_{\boldsymbol{k}}(\boldsymbol{r}+\boldsymbol{R}_m)=\mathrm{e}^{\mathrm{i}\boldsymbol{k}\cdot(\boldsymbol{r}+\boldsymbol{R}_m)}u_{\boldsymbol{k}}(\boldsymbol{r}+\boldsymbol{R}_m)=\mathrm{e}^{\mathrm{i}\boldsymbol{k}\cdot\boldsymbol{R}_m}\mathrm{e}^{\mathrm{i}\boldsymbol{k}\cdot\boldsymbol{r}}u_{\boldsymbol{k}}(\boldsymbol{r})=\mathrm{e}^{\mathrm{i}\boldsymbol{k}\cdot\boldsymbol{R}_m}\psi_{\boldsymbol{k}}(\boldsymbol{r})$

有

$$\psi_{\boldsymbol{k}}(\boldsymbol{r}+\boldsymbol{R}_m)=\mathrm{e}^{\mathrm{i}\boldsymbol{k}\cdot\boldsymbol{R}_m}\psi_{\boldsymbol{k}}(\boldsymbol{r}) \tag{2.2-5}$$

式(2.2-5)说明，晶体中不同原胞对应点处的电子波函数只差一个模量为 1 的因子$\mathrm{e}^{\mathrm{i}\boldsymbol{k}\cdot\boldsymbol{R}_m}$。由于$\left|\mathrm{e}^{\mathrm{i}\boldsymbol{k}\cdot\boldsymbol{R}_m}\right|^2=1$，于是$\left|\psi_{\boldsymbol{k}}(\boldsymbol{r}+\boldsymbol{R}_m)\right|^2=\left|\psi_{\boldsymbol{k}}(\boldsymbol{r})\right|^2$。也就是说，在晶体中各个原胞对应点处电子出现的概率相同，即电子可以在整个晶体中运动——共有化运动。式(2.2-5)也称为布洛赫定理的另一种表述。

现在考察由波矢量 $\boldsymbol{k}$ 和波矢量 $\boldsymbol{k}'=\boldsymbol{k}+\boldsymbol{K}_n$ 标志的两个状态。式中

$$\boldsymbol{K}_n=n_1\boldsymbol{b}_1+n_2\boldsymbol{b}_2+n_3\boldsymbol{b}_3=\sum_{i=1}^{3}n_i\boldsymbol{b}_i \quad (n_1, n_2, n_3\text{ 为任意整数})$$

为倒格矢。晶格平移矢量 $\boldsymbol{R}_m$ 和倒格矢 $\boldsymbol{K}_n$ 之间满足如下关系

$$\boldsymbol{K}_n\cdot\boldsymbol{R}_m=2\pi\mu \quad (\mu\text{ 为任意整数}) \tag{1.3-5}$$

所以

$$\mathrm{e}^{\mathrm{i}\boldsymbol{K}_n\cdot\boldsymbol{R}_m}=1 \tag{2.2-6}$$

式(2.2-6)即为式(1.3-4)。利用式(2.2-6)，有

$$\mathrm{e}^{\mathrm{i}(\boldsymbol{k}+\boldsymbol{K}_n)\cdot\boldsymbol{R}_m}=\mathrm{e}^{\mathrm{i}\boldsymbol{K}_n\cdot\boldsymbol{R}_m}\cdot\mathrm{e}^{\mathrm{i}\boldsymbol{k}\cdot\boldsymbol{R}_m}=\mathrm{e}^{\mathrm{i}\boldsymbol{k}\cdot\boldsymbol{R}_m}$$

由于波矢量 $\boldsymbol{k}$ 是标志电子状态的量，可见，相差倒格矢 $\boldsymbol{K}_n$ 的 $\boldsymbol{k}'$ 和 $\boldsymbol{k}$ 标志的是同一个状态，即波矢量 $\boldsymbol{k}'$ 并不能给出与 $\boldsymbol{k}$ 不同的新的状态。因此，在表示晶体中不同的电子态时只需要把 $\boldsymbol{k}$ 限制在以下范围

$$0\leqslant k_1<2\pi/a_1,\ 0\leqslant k_2<2\pi/a_2,\ 0\leqslant k_3<2\pi/a_3$$

为对称起见，把 $\boldsymbol{k}$ 值取在以下区间

$$-\pi/a_1\leqslant k_1<\pi/a_1,\ -\pi/a_2\leqslant k_2<\pi/a_2,\ -\pi/a_3\leqslant k_3<\pi/a_3$$

或写为

$$-\pi\leqslant \boldsymbol{k}_i\cdot\boldsymbol{a}_i<\pi \tag{2.2-7}$$

式(2.2-7)所定义的区域称为 $\boldsymbol{k}$ 空间的第一布里渊区(1st Brillouin Zone，1stBZ)，有时也叫做简约布里渊区。

2.2.3 布里渊区

上面提到了布里渊区的概念，布里渊区是把倒空间划分成的一些区域。布里渊区是这样划分的：在倒空间，作原点与所有倒格点之间连线的中垂面，这些平面便把倒空间划分成一些区域，其中，距原点最近的一个区域为第一布里渊区，距原点次近的若干个区域组成第二布里渊区，以此类推。这些中垂面就是布里渊区的分界面。这样划分的布里渊区，具有以下特性：

（1）每个布里渊区的体积都相等，而且就等于一个倒原胞的体积。

（2）每个布里渊区的各个部分经过平移适当的倒格矢 $\boldsymbol{K}_n$ 之后，可使一个布里渊区与另一个布里渊区相重合。

（3）每个布里渊区都是以原点为中心而对称地分布着的。布里渊区可以组成倒空间的周期性的重复单元。

根据以上分析，对于周期为 a 的一维晶格，第一布里渊区为$[-\pi/a, \pi/a)$。第二布里渊区为$[-2\pi/a,-\pi/a)$和$[\pi/a, 2\pi/a)$。其余类推(见图 2.2)。

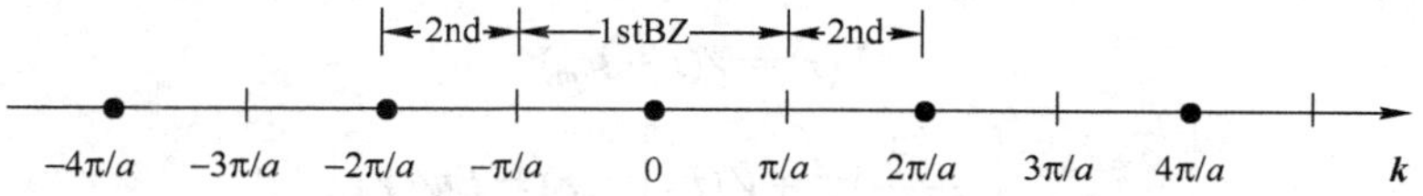

图 2.2 一维 $\boldsymbol{k}$ 空间布里渊区

值得注意的是，布里渊区边界上的两点相差一个倒格矢，因此代表同一个状态。

常见金刚石型结构和闪锌矿型结构具有面心立方晶格，其第一布里渊区如图 2.3 所示，是一个截角八面体(14 面体)。布里渊区中心点用 Γ 表示，$\Gamma:\dfrac{2\pi}{a}(0,0,0)$。6 个对称的〈100〉轴用 Δ 表示。8 个对称的〈111〉轴用 Λ 表示。12 个对称的〈110〉轴用 Σ 表示。符号 X、L、K 分别表示〈100〉、〈111〉、〈110〉轴与布里渊区边界的交点：X：$\dfrac{2\pi}{a}(1,0,0)$、L：$\dfrac{2\pi}{a}\left(\dfrac{1}{2},\dfrac{1}{2},\dfrac{1}{2}\right)$、$K$：$\dfrac{2\pi}{a}\left(\dfrac{3}{4},\dfrac{3}{4},0\right)$

在 6 个对称的 X 点中，每一个点都与另一个相对于原点同它对称的点相距一个倒格矢，它们是彼此等价的。不等价的 X 点只有 3 个。同理，在 8 个对称的 L 点中不等价的只有 4 个。

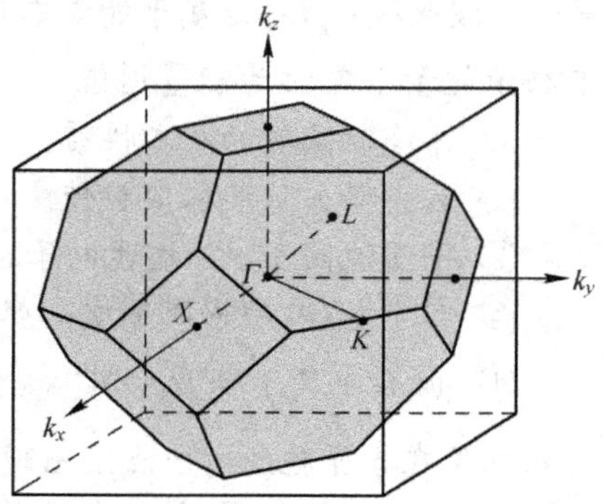

图 2.3 面心立方格子的第一布里渊区图

由于晶体中电子的波函数不是单纯的平面波，而需再乘以一个周期性函数。所以它们的动量算符 $\dfrac{\hbar}{i}\nabla$ 与哈密顿算符 H 是不可交换的。因此，根据量子力学原理，晶体中电子的动量不取确定值。由于波矢量 $\boldsymbol{k}$ 与约化普朗克常数 $\hbar$ 的乘积是一个具有动量量纲的量，对于在周期性势场中运动的电子，通常把

$$\boldsymbol{p}=\hbar\boldsymbol{k} \tag{2.2-8}$$

称为“晶体动量”或电子的“准动量”。引入准动量的概念将对描述周期性势场中电子的运动提供很大的方便。

根据以上分析，周期性势场中电子的波函数可以表示成一个平面波和一个周期性因子的乘积。平面波的波矢量为实数矢量 $\boldsymbol{k}$，它可以用来标志电子的运动状态。不同的 $\boldsymbol{k}$ 代表不同的电子态，因此 $\boldsymbol{k}$ 也同时起着一个量子数的作用。为明确起见，在波函数上附加一个指标 $\boldsymbol{k}$，写为

$$\psi_{\boldsymbol{k}}(\boldsymbol{r})=\mathrm{e}^{\mathrm{i}\boldsymbol{k}\cdot\boldsymbol{r}}u_{\boldsymbol{k}}(\boldsymbol{r})$$

相应的本征值——能量谱值为 $E=E(\boldsymbol{k})$。

归纳起来看，式(2.2-3)所描述的布洛赫函数具有如下性质：

（1）波矢量 $\boldsymbol{k}$ 只能取实数值，若 $\boldsymbol{k}$ 取为复数，则在波函数中将出现衰减因子，这样的解不能代表电子在完整晶体中的稳定状态。

（2）平面波因子 $e^{i\boldsymbol{k}\cdot\boldsymbol{r}}$ 与自由电子的波函数相同，它描述电子在各原胞之间的运动——共有化运动。

（3）因子 $u_{\boldsymbol{k}}(\boldsymbol{r})$ 则描述电子在原胞中的运动——局域化运动。它在各原胞之间周期性地重复着。

（4）根据式(2.2-5)

$$\left|\psi_{\boldsymbol{k}}(\boldsymbol{r}+\boldsymbol{R}_m)\right|^2=\left|\psi_{\boldsymbol{k}}(\boldsymbol{r})\right|^2 \tag{2.2-9}$$

这说明电子在各原胞的对应点上出现的概率相等。

小结

1. 布洛赫定理：如果势函数 $V(\boldsymbol{r})$具有晶格的周期性，即

$$V(\boldsymbol{r})=V(\boldsymbol{r}+\boldsymbol{R}_m)$$

则方程

$$\left[-\frac{\hbar^2}{2m}\nabla^2+V(\boldsymbol{r})\right]\psi(\boldsymbol{r})=E\psi(\boldsymbol{r})$$

的解 $\psi(\boldsymbol{r})$ 具有如下形式

$$\psi_{\boldsymbol{k}}(\boldsymbol{r})=e^{i\boldsymbol{k}\cdot\boldsymbol{r}}u_{\boldsymbol{k}}(\boldsymbol{r})$$

式中，函数 $u_{\boldsymbol{k}}(\boldsymbol{r})$ 具有晶格的周期性，即

$$u_{\boldsymbol{k}}(\boldsymbol{r}+\boldsymbol{R}_m)=u_{\boldsymbol{k}}(\boldsymbol{r})$$

波动方程相应的本征值 —— 能量谱值为 $E=E(\boldsymbol{k})$。

2. 从数学上说，波动方程(2.2-1)是一个本征方程。求解本征方程就是求解本征值和属于本征值的本征函数。方程(2.2-1)的本征值就是电子的能量 E，本征函数就是波函数 $\psi_{\boldsymbol{k}}(\boldsymbol{r})$。就是说，波函数 $\psi_{\boldsymbol{k}}(\boldsymbol{r})$ 是属于能量本征值 E 的本征函数。本征值可能有一系列值，构成本征值谱，本征值能量 E 常称为能量谱值。

3. 布洛赫函数的基本性质：

① 波矢量 $\boldsymbol{k}$ 只能取实数值。

② 平面波因子 $e^{i\boldsymbol{k}\cdot\boldsymbol{r}}$ 描述电子在各原胞之间的共有化运动。

③ 因子 $u_{\boldsymbol{k}}(\boldsymbol{r})$ 则描述电子在原胞中局域化运动。它在各原胞之间周期性地重复着。

④ $\left|\psi_{\boldsymbol{k}}(\boldsymbol{r}+\boldsymbol{R}_m)\right|^2=\left|\psi_{\boldsymbol{k}}(\boldsymbol{r})\right|^2$ 。

说明电子在各原胞的对应点上出现的概率相等。

4. 相差倒格矢 $\boldsymbol{K}_n$ 的波矢量 $\boldsymbol{k}'$ 和 $\boldsymbol{k}$ 标志的是同一个状态。因此，为了表示晶体中不同的电子态，只需要把 $\boldsymbol{k}$ 限制在以下范围：

$$-\pi\leqslant\boldsymbol{k}_i\cdot\boldsymbol{a}_i<\pi$$

式(2.2-7)所定义的区域称为 $\boldsymbol{k}$ 空间的第一布里渊区。

5. 对于周期为 a 的一维晶格，第一布里渊区为$[-\pi/a,\pi/a)$。第二布里渊区为$[-2\pi/a,-\pi/a)$和$[\pi/a,2\pi/a)$。其余类推(见图 2.2)。布里渊区边界上的两点相差一个倒格矢，因此代表同一个状态。

6. 根据量子力学原理，晶体中电子的动量不取确定值。由于波矢量 $\boldsymbol{k}$ 与约化普朗克常数 $\hbar$

的乘积是一个具有动量量纲的量，对于在周期性势场中运动的电子，通常把

$$\boldsymbol{p} = \hbar \boldsymbol{k}$$

称为晶体动量或电子的准动量。

2.3 周期性边界条件(玻恩·冯-卡曼 Born.von-Karman 边界条件)

教学要求

1. 理解周期性边界条件的基本思想。
2. 理解周期性边界条件的数学表达：

$$\psi_{\boldsymbol{k}}(\boldsymbol{r}+N_j \boldsymbol{a}_j)=\psi_{\boldsymbol{k}}(\boldsymbol{r}) \qquad (j=1,2,3)$$

对于长度为 L 的一维有限晶体，有

$$\psi(x+L)=\psi(x)$$

3. 掌握周期性边界条件给出的主要结论：

（1）在 $\boldsymbol{k}$ 空间 $\boldsymbol{k}$ 取 N 个分立值，N 是晶体的原胞数。

（2）$\boldsymbol{k}$ 空间状态密度：单位体积晶体，单位 $\boldsymbol{k}$ 空间体积中的状态数(或 $\boldsymbol{k}$ 的代表点的数目)[写出并记忆公式(2.3–8)]。

在前面讨论电子的运动情况时，我们没有考虑晶体边界处的情况，就是说我们把晶体看做是无限大的。对于实际晶体，除了需要求解波动方程之外，还必须考虑边界条件。根据布洛赫定理，周期性势场中电子的波函数可以写成一个平面波与一个周期性因子相乘积。平面波的波矢量 $\boldsymbol{k}$ 为任意实数矢量。当考虑到边界条件后，$\boldsymbol{k}$ 要受到限制，只能取分立值。本节我们将根据晶体的周期性边界条件，对 $\boldsymbol{k}$ 做一些更深入的讨论。

实际的晶体其大小总是有限的，不可能是无穷大的。电子在晶体表面附近的原胞中所处的情况与内部原胞中的相应位置上所处的情况不同，因而，周期性被破坏，给理论分析带来一定的不便。为了克服这一困难，通常都采用玻恩·冯-卡曼的周期性边界条件。

玻恩·冯-卡曼的周期性边界条件的基本思想是，设想一个有限大小的晶体处于假想的无限大的晶体中，该无限晶体是这一有限晶体周期性重复堆积起来的。由于有限晶体是处于无限晶体之中，假想的无限晶体只是有限晶体的周期性重复。或者说，电子的运动情况，以有限晶体为周期而在空间周期性地重复着，比如长度为 L 的一维有限晶体，有 $\psi(x+L)=\psi(x)$。于是，只需要考虑有限晶体就够了。这就是所谓的周期性边界条件。

设想所考虑的有限晶体是一个平行六面体，沿 $\boldsymbol{a}_1$ 方向上有 N_1 个原胞，沿 $\boldsymbol{a}_2$ 方向上有 N_2 个原胞，沿 $\boldsymbol{a}_3$ 方向有 N_3 个原胞，总原胞数 N 为

$$N=N_1 N_2 N_3 \tag{2.3–1}$$

周期性边界条件要求沿 $\boldsymbol{a}_j$ 方向上以边长 $N_j a_j$ $(j=1, 2, 3)$为周期。所以应该有

$$\psi_{\boldsymbol{k}}(\boldsymbol{r}+N_j \boldsymbol{a}_j)=\psi_{\boldsymbol{k}}(\boldsymbol{r}) \qquad (j=1,2,3) \tag{2.3–2}$$

将晶体中的电子波函数公式(2.2–3)代入这一条件后，则要求

$$\mathrm{e}^{\mathrm{i}\boldsymbol{k}\cdot(\boldsymbol{r}+N_j \boldsymbol{a}_j)} u_{\boldsymbol{k}}(\boldsymbol{r}+N_j \boldsymbol{a}_j)=\mathrm{e}^{\mathrm{i}\boldsymbol{k}\cdot\boldsymbol{r}} u_{\boldsymbol{k}}(\boldsymbol{r})$$

由于 $u_{\boldsymbol{k}}(\boldsymbol{r})$ 是一个具有晶体周期性的函数，因而，要上式成立，只需 $\mathrm{e}^{\mathrm{i}\boldsymbol{k}\cdot N_j \boldsymbol{a}_j}=1$，即要求 $\boldsymbol{k}\cdot N_j \boldsymbol{a}_j$ 为 2π的整数倍。

将波矢量 $\boldsymbol{k}$ 写成

$$\boldsymbol{k}=\beta_1 \boldsymbol{b}_1+\beta_2 \boldsymbol{b}_2+\beta_3 \boldsymbol{b}_3 \tag{2.3–3}$$

并代入上式，利用正交关系：$\boldsymbol{b}_i \cdot \boldsymbol{a}_j = 2\pi\delta_{ij}$，上面的条件可改写为

$$\boldsymbol{k} \cdot N_1\boldsymbol{a}_1 = \beta_1 N_1 2\pi = 2\pi l_1$$
$$\boldsymbol{k} \cdot N_2\boldsymbol{a}_2 = \beta_2 N_2 2\pi = 2\pi l_2$$
$$\boldsymbol{k} \cdot N_3\boldsymbol{a}_3 = \beta_3 N_3 2\pi = 2\pi l_3$$

即 $$\boldsymbol{k} \cdot N_j\boldsymbol{a}_j = \beta_j N_j 2\pi = 2\pi l_j \quad (l_j \text{ 为任意整数})$$

或者 $$\beta_j = l_j / N_j \quad (j = 1, 2, 3)$$

即 $$\beta_1 = l_1 / N_1,\quad \beta_2 = l_2 / N_2,\quad \beta_3 = l_3 / N_3 \quad (l_1, l_2, l_3 \text{ 为任意整数}) \tag{2.3-4}$$

可见，由于 l_j 为整数，所以 β_j 只能取分立值。

将式(2.3-4)代入式(2.3-3)，则

$$\boldsymbol{k} = \frac{l_1}{N_1}\boldsymbol{b}_1 + \frac{l_2}{N_2}\boldsymbol{b}_2 + \frac{l_3}{N_3}\boldsymbol{b}_3 = \sum_{j=1}^{3}\frac{l_j}{N_j}\boldsymbol{b}_j \ (l_1, l_2, l_3 \text{ 为任意整数}) \tag{2.3-5}$$

式(2.3-5)说明，在周期性边界条件限制下，波矢量 $\boldsymbol{k}$ 只能取分立值。与这些波矢量 $\boldsymbol{k}$ 相应的能量 $E(\boldsymbol{k})$也只能取分立值。这给理论分析带来很大的方便。

在倒空间中每个倒原胞的体积为

$$\boldsymbol{b}_1 \cdot (\boldsymbol{b}_2 \times \boldsymbol{b}_3) = (2\pi)^3 / \Omega \tag{2.3-6}$$

其中，$\Omega = \boldsymbol{a}_1 \cdot (\boldsymbol{a}_2 \times \boldsymbol{a}_3)$，为晶格空间中每个原胞的体积。

由式(2.3-5)所决定的波矢量 $\boldsymbol{k}$ 在倒空间的代表点都处在一些以 b_1/N_1、b_2/N_2、b_3/N_3 为三边的平行六面体的角顶上。因此，在倒空间中，每个波矢量 $\boldsymbol{k}$ 的代表点所占的体积为

$$\frac{\boldsymbol{b}_1}{N_1} \cdot \left(\frac{\boldsymbol{b}_2}{N_2} \times \frac{\boldsymbol{b}_3}{N_3}\right) = \frac{1}{N}\ \boldsymbol{b}_1 \cdot (\boldsymbol{b}_2 \times \boldsymbol{b}_3) = \frac{(2\pi)^3}{N\Omega} = \frac{(2\pi)^3}{V} \tag{2.3-7}$$

这里，V 是所考虑的有限晶体的体积。每个波矢量 $\boldsymbol{k}$ 代表电子在晶体中的一个空间运动量子态。从式(2.3-7)可以看出，$\boldsymbol{k}$ 的代表点在倒空间中的密度——$\boldsymbol{k}$ 空间状态密度(即 $\boldsymbol{k}$ 空间单位体积中的状态数或 $\boldsymbol{k}$ 空间单位体积中的 $\boldsymbol{k}$ 的代表点数)为 $V/(2\pi)^3$。每个倒原胞中的代表点数为

$$\boldsymbol{b}_1 \cdot (\boldsymbol{b}_2 \times \boldsymbol{b}_3)\ \frac{V}{(2\pi)^3} = \frac{V}{\Omega} = N$$

即在每个倒原胞中，$\boldsymbol{k}$ 的代表点数与晶体的总原胞数 N 相等。这是由周期性边界条件所得到的一个结论。

$\boldsymbol{k}$ 空间状态密度是一个很重要的物理量。一维晶格，状态密度为 $L/2\pi$，L 为一维晶格的长度。二维晶格状态密度为 $S/(2\pi)^2$，S 为二维晶格的面积。三维晶格状态密度为 $V/(2\pi)^3$，V 为三维晶格的体积。引进符号 $g_{\boldsymbol{k}}$ 表示单位体积晶体中的状态密度。显然 $g_{\boldsymbol{k}}$ 是双倍密度函数，即单位体积晶体中，单位 $\boldsymbol{k}$ 空间体积中的状态数。考虑到电子自旋，乘以因子 2，写为

$$g_{\boldsymbol{k}} = \begin{cases} 2/(2\pi) & (\text{一维}) \\ 2/(2\pi)^2 & (\text{二维}) \\ 2/(2\pi)^3 & (\text{三维}) \end{cases} \tag{2.3-8}$$

总之，波矢量 $\boldsymbol{k}$ 标志着晶体中电子的运动状态，$\boldsymbol{k}$ 限制在第一布里渊区，在第一布里渊区 $\boldsymbol{k}$ 取 N 个分立值。

下面以长度为 $L = Na$ 的一维晶格为例讨论周期性边界条件下波矢量 $\boldsymbol{k}$ 的有关性质。

由$\psi(x + L) = \psi(x)$，根据式(2.2-2)：

$$\psi_k(x+L)=\mathrm{e}^{\mathrm{i}k(x+L)}u_k(x+L)=\mathrm{e}^{\mathrm{i}kL}\mathrm{e}^{\mathrm{i}kx}u_k(x)=\mathrm{e}^{\mathrm{i}kL}\psi_k(x)$$

由$\psi_k(x+L)=\psi_k(x)$，得到$\mathrm{e}^{\mathrm{i}kL}=1$。这就要求

$$kL=2\pi\mu \qquad (\mu=0,\ \pm1,\ \pm2,\cdots)$$

由于μ只能取任意整数，所以k也只能取分立值：

$$k=\frac{2\pi}{L}\mu=\frac{2\pi}{Na}\mu$$

由式(2.2-7)，对于一维情况，$-\pi/a\leqslant k<\pi/a$，有

$$-\frac{\pi}{a}\leqslant\frac{2\pi}{Na}\mu<\frac{\pi}{a}$$

即
$$-N/2\leqslant\mu<N/2 \qquad (2.3\text{-}9)$$

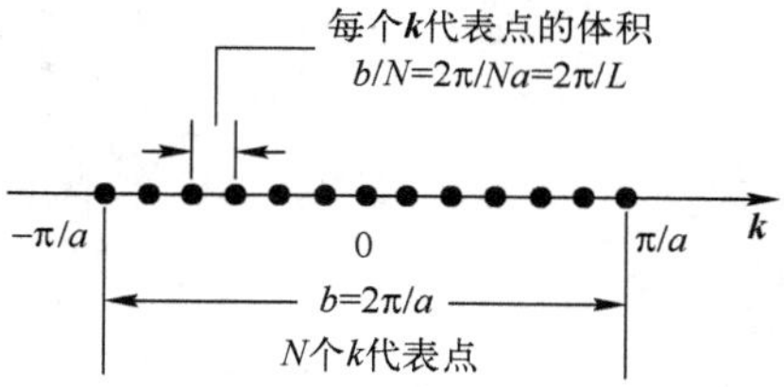

图 2.4　一维晶格状态密度 $L/2\pi$

式(2.3-9)指出，$\boldsymbol{k}$在第一布里渊区取N个值(见图 2.4)，N为一维有限晶体的原胞数。一维k空间k代表点所占的体积(线度)为

$$\Delta k=\frac{b}{N}=\frac{2\pi}{Na}=\frac{2\pi}{L}$$

所以一维k空间的状态密度为

$$\frac{1}{\Delta k}=\frac{L}{2\pi} \qquad (2.3\text{-}10)$$

这正是式(2.3-7)所给出的结果。将上式除以晶体长度L，再考虑到电子自旋，一维晶体k空间的状态密度为$2/(2\pi)$。这个结果与式(2.3-8)中的一维公式一致。

小结

1. 周期性边界条件的基本思想是，设想一个有限大小的晶体处于假想的无限大的晶体中，该无限晶体是这一有限晶体周期性重复堆积起来的。由于有限晶体是处于无限晶体之中，假想的无限晶体只是有限晶体的周期性重复。或者说，电子的运动情况，以有限晶体为周期而在空间周期性地重复着。这就是所谓周期性边界条件。

周期性边界条件可以表示为

$$\psi_{\boldsymbol{k}}(\boldsymbol{r}+N_j\boldsymbol{a}_j)=\psi_{\boldsymbol{k}}(\boldsymbol{r}) \qquad (j=1,2,3)$$

对于长度为L的一维有限晶体，有

$$\psi(x+L)=\psi(x)$$

2. 设想有限晶体是一个平行六面体，沿$\boldsymbol{a}_1$方向上有N_1个原胞，沿$\boldsymbol{a}_2$方向上有N_2个原胞，沿$\boldsymbol{a}_3$方向有N_3个原胞，总原胞数N为

$$N=N_1N_2N_3$$

晶格周期为a的一维晶体，长度(一维晶体的体积)为$L=Na$，N为一维晶体的原胞数。

3. 在倒空间中每个倒原胞的体积为

$$\boldsymbol{b}_1\cdot(\boldsymbol{b}_2\times\boldsymbol{b}_3)=(2\pi)^3/\Omega$$

其中，Ω为晶格空间中每个原胞的体积。

4. 在倒空间中，每个波矢量$\boldsymbol{k}$的代表点所占的体积为$(2\pi)^3/V$，这里，V是所考虑的有限晶体的体积。

5. $\boldsymbol{k}$空间状态密度(即$\boldsymbol{k}$空间单位体积中的状态数或$\boldsymbol{k}$空间单位体积中的$\boldsymbol{k}$的代表点数)为每个$\boldsymbol{k}$的代表点所占的体积$(2\pi)^3/V$的倒数，即$V/(2\pi)^3$。

6. 每个倒原胞中的代表点数为

$$\boldsymbol{b}_1\cdot(\boldsymbol{b}_2\times\boldsymbol{b}_3)\ \frac{V}{(2\pi)^3}=\frac{V}{\Omega}=N$$

即在每个倒原胞中，$\boldsymbol{k}$ 的代表点数与晶体的总原胞数 N 相等。这是由周期性边界条件所引导出来的一个结论。

7. 引进符号 g_k 表示单位晶体中的状态密度，考虑到电子自旋，乘以因子 2，写作

$$g_k=\begin{cases}2/(2\pi) & (一维)\\ 2/(2\pi)^2 & (二维)\\ 2/(2\pi)^3 & (三维)\end{cases}$$

2.4 能　带

教学要求

1. 了解本征方程式(2.4−1)的基本性质。
2. 写出并记忆式(2.4−2)。
3. 理解式(2.4−2 中)n、$\boldsymbol{k}$ 代表的意义。
4. 理解并记忆能带的性质。
5. 正确画出简约区形式和简化的能带图。

2.4.1 周期性势场中电子的能量谱值

根据布洛赫定理，在周期性势场中运动的电子，其单电子的波函数一般地可以表示成一个平面波因子与周期性因子的乘积：

$$\psi_{\boldsymbol{k}}(\boldsymbol{r})=\mathrm{e}^{\mathrm{i}\boldsymbol{k}\cdot\boldsymbol{r}}u_{\boldsymbol{k}}(\boldsymbol{r})$$

对于特定的问题，当波矢量 $\boldsymbol{k}$ 给定以后，平面波的因子就完全确定下来了，但周期性因子 $u_{\boldsymbol{k}}(\boldsymbol{r})$ 的形式并不能确定，它必须通过解波动方程式(2.2−1)求出。

将波函数 $\psi_{\boldsymbol{k}}(\boldsymbol{r})$ 代入方程式(2.2−1)中，经过求导得到

$$\left[\frac{\hbar^2}{2m}\left(\frac{1}{\mathrm{i}}\nabla+\boldsymbol{k}\right)^2+V(\boldsymbol{r})\right]u_{\boldsymbol{k}}(\boldsymbol{r})=E(\boldsymbol{k})u_{\boldsymbol{k}}(\boldsymbol{r}) \tag{2.4−1}$$

上式是 $u_{\boldsymbol{k}}(\boldsymbol{r})$ 所满足的方程。该函数还必须同时具有晶格的周期性，即

$$u_{\boldsymbol{k}}(\boldsymbol{r}+\boldsymbol{R}_m)=u_{\boldsymbol{k}}(\boldsymbol{r})$$

在 $u_{\boldsymbol{k}}(\boldsymbol{r})$ 满足晶格周期性条件时，只需在一个原胞内求解微分方程(2.4−1)，因为在其他原胞中函数 $u_{\boldsymbol{k}}(\boldsymbol{r})$ 只是周期性地重复着。一般说来，对于这种性质的本征方程，可以有很多个分立的本征值(能量谱值)：

$$E_1(\boldsymbol{k}), E_2(\boldsymbol{k}), \cdots, E_n(\boldsymbol{k}), \cdots \quad (n\text{ 为整数})$$

将这些能量谱值分别代入微分方程式(2.4−1)中，则可以解出与其相应的函数 $u_{\boldsymbol{k}}(\boldsymbol{r})$：

$$u_{1,\boldsymbol{k}}(\boldsymbol{r}),\ u_{2,\boldsymbol{k}}(\boldsymbol{r}),\ u_{3,\boldsymbol{k}}(\boldsymbol{r}),\ \cdots,\ u_{n,\boldsymbol{k}}(\boldsymbol{r}),\ \cdots$$

乘上平面波因子 $\mathrm{e}^{\mathrm{i}\boldsymbol{k}\cdot\boldsymbol{r}}$ 以后，就得到相应的波函数

$$\psi_{1,\boldsymbol{k}}(\boldsymbol{r}),\ \psi_{2,\boldsymbol{k}}(\boldsymbol{r}),\ \cdots,\ \psi_{n,\boldsymbol{k}}(\boldsymbol{r}),\ \cdots$$

以上这些关系，可以简单地写成

$$\begin{cases} E = E_n(\boldsymbol{k}) \\ \psi_{n,\boldsymbol{k}}(\boldsymbol{r}) = \mathrm{e}^{\mathrm{i}\boldsymbol{k}\cdot\boldsymbol{r}} u_{n,\boldsymbol{k}}(\boldsymbol{r}) \end{cases} \quad (n = 1,2,3\cdots) \tag{2.4-2}$$

即

$$\begin{array}{llllll}
 & \boldsymbol{k}: & \boldsymbol{k}_1, & \boldsymbol{k}_2, & \cdots, & \boldsymbol{k}_N \\
n=1: & E_1(\boldsymbol{k}): & E_1(\boldsymbol{k}_1), & E_1(\boldsymbol{k}_2), & \cdots, & E_1(\boldsymbol{k}_N) \quad (\text{第 1 个能带}) \\
 & u_{1,\boldsymbol{k}}(\boldsymbol{r}): & u_{1,\boldsymbol{k}_1}(\boldsymbol{r}), & u_{1,\boldsymbol{k}_2}(\boldsymbol{r}), & \cdots, & u_{1,\boldsymbol{k}_N}(\boldsymbol{r}) \\
 & \psi_{1,\boldsymbol{k}}(\boldsymbol{r}): & \psi_{1,\boldsymbol{k}_1}(\boldsymbol{r}), & \psi_{1,\boldsymbol{k}_2}(\boldsymbol{r}), & \cdots, & \psi_{1,\boldsymbol{k}_N}(\boldsymbol{r}) \\
n=2: & E_2(\boldsymbol{k}): & E_2(\boldsymbol{k}_1), & E_2(\boldsymbol{k}_2), & \cdots, & E_2(\boldsymbol{k}_N) \quad (\text{第 2 个能带}) \\
 & u_{2,\boldsymbol{k}}(\boldsymbol{r}): & u_{2,\boldsymbol{k}_1}(\boldsymbol{r}), & u_{2,\boldsymbol{k}_2}(\boldsymbol{r}), & \cdots, & u_{2,\boldsymbol{k}_N}(\boldsymbol{r}) \\
 & \psi_{2,\boldsymbol{k}}(\boldsymbol{r}): & \psi_{2,\boldsymbol{k}_1}(\boldsymbol{r}), & \psi_{2,\boldsymbol{k}_2}(\boldsymbol{r}), & \cdots, & \psi_{2,\boldsymbol{k}_N}(\boldsymbol{r}) \\
 & & \cdots\cdots & & & \\
 & E_n(\boldsymbol{k}): & E_n(\boldsymbol{k}_1), & E_n(\boldsymbol{k}_2), & \cdots, & E_n(\boldsymbol{k}_N) \quad (\text{第 } n \text{ 个能带}) \\
 & u_{n,\boldsymbol{k}}(\boldsymbol{r}): & u_{n,\boldsymbol{k}_1}(\boldsymbol{r}), & u_{n,\boldsymbol{k}_2}(\boldsymbol{r}), & \cdots, & u_{n,\boldsymbol{k}_N}(\boldsymbol{r}) \\
 & \psi_{n,\boldsymbol{k}}(\boldsymbol{r}): & \psi_{n,\boldsymbol{k}_1}(\boldsymbol{r}), & \psi_{n,\boldsymbol{k}_2}(\boldsymbol{r}), & \cdots, & \psi_{n,\boldsymbol{k}_N}(\boldsymbol{r}) \\
 & & \cdots\cdots & & &
\end{array}$$

即式(2.4-2)：

$$\begin{cases} E = E_n(\boldsymbol{k}) \\ \psi_{n,\boldsymbol{k}}(\boldsymbol{r}) = \mathrm{e}^{\mathrm{i}\boldsymbol{k}\cdot\boldsymbol{r}} u_{n,\boldsymbol{k}}(\boldsymbol{r}) \end{cases} \quad (n = 1, 2, 3,\cdots)$$

可用图 2.5 形象地示意上述结果。

以上分析说明，对于一定的问题，当 $\boldsymbol{k}$ 在倒空间内连续变化时，由于方程式(2.4-1)要随着 $\boldsymbol{k}$ 连续变化，因而能量谱值 $E_n(\boldsymbol{k})$ 和波函数 $\psi_{n,\boldsymbol{k}}(\boldsymbol{r})$ 也都必须随着 $\boldsymbol{k}$ 连续变化。这样一来，当 $\boldsymbol{k}$ 连续变化时，就会得到很多个能量 E 作为 $\boldsymbol{k}$ 的连续函数 $E_n(\boldsymbol{k})$，$E_n(\boldsymbol{k})$就是能量谱值，E-$\boldsymbol{k}$ 关系就叫做能带结构。

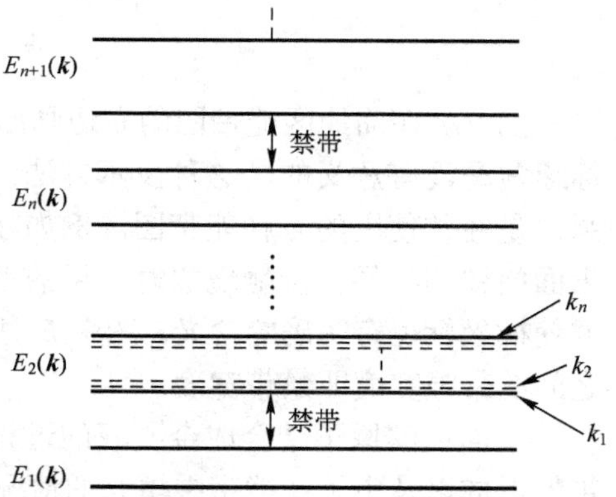

图 2.5　能带示意图

周期性势场中每一个单电子的运动状态和相应的能量谱值，都需要用量子数 n 和 $\boldsymbol{k}$ 来标志它们。角标 n 称为主量子数，是能带的标号。不同的角标 n 标志不同的能带。$\boldsymbol{k}$ 是每个能带中不同状态和能级的标号。周期性边界条件限制了 $\boldsymbol{k}$ 只能取分立值，但是当晶体足够大时，N_1、N_2、N_3 都很大，每两个近邻的 $\boldsymbol{k}$ 相距很近。对于每个能量 E 作为 $\boldsymbol{k}$ 的连续函数 $E_n(\boldsymbol{k})$ 而言，同这些断续的 $\boldsymbol{k}$ 相对应的近邻能量—能级之间一定彼此靠得很近，构成一个准连续的能带。各能带之间可能相互重叠，也可能有能量间隙。通常把各允许能量之间的能量间隙称为禁带或带隙。

以上所述就是能带理论的基本结论。

在了解了上述能带理论内容之后，我们不加证明地给出能带的以下两个性质：

（1）由于 $\psi_{\boldsymbol{k}+\boldsymbol{K}_n}(\boldsymbol{r}) = \psi_{\boldsymbol{k}}(\boldsymbol{r})$，所以它们所对应的能量谱值具有倒格子的周期性，即

$$E_n(\boldsymbol{k} + \boldsymbol{K}_n) = E_n(\boldsymbol{k}) \tag{2.4-3}$$

式(2.4-3)说明，能带在倒空间中的周期性重复并不能得到新的独立状态。因此，可以将 $\boldsymbol{k}$ 限制在第一布里渊区。

（2）能量 E 是 $\boldsymbol{k}$ 的偶函数，即

$$E(\boldsymbol{k}) = E(-\boldsymbol{k}) \tag{2.4-4}$$

2.4.2 能带图及其画法

根据上述能带的性质，可以画出周期性势场中电子的能带图。能带图有三种画法：

（1）扩展区形式：不同能带表示在不同的布里渊区中。对于能量最低的第一个能带把 k 限制在第一布里渊区内变动；对于能量稍高的第二个能带把 k 限制在第二布里渊区内变动；以此类推。在这种形式中，E 是 k 的单值函数。

（2）重复区形式：把每一个能带都按照式(2.4-3)周期性地重复，在每一个布里渊区中表示出所有的能带。这时 E 是 k 的多值函数。

（3）简约区形式：在第一布里渊区中表示出所有能带。这时 E 是 k 的多值函数，与每个 k 值对应的不同能量属于不同的能带，如图 2.6 所示。在用图形表示晶体的能带结构时经常使用的就是这种形式。

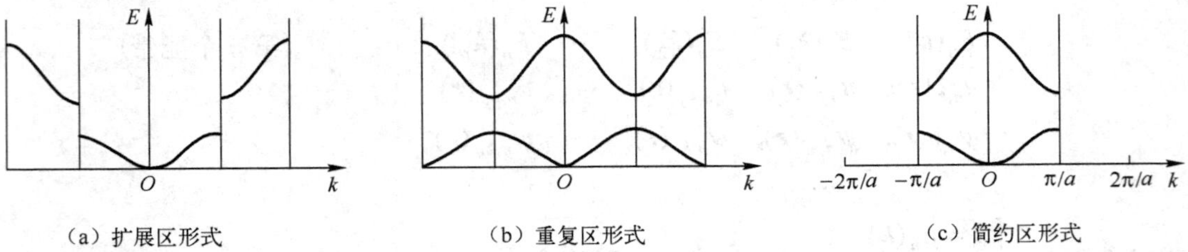

图 2.6　能带图的三种画法

图 2.7 在简约区能带图的右边画出了使用方便的简化能带图，其纵坐标为电子能量，横坐标通常是没有意义的。这种表示方法简单，直观性强，是经常使用的一种能带图。例如在讨论半导体表面问题和半导体接触现象时，用的都是这种图，并使横坐标也有明确的含义。图中 E_g 表示两个能带之间的带隙宽度即禁带宽度。

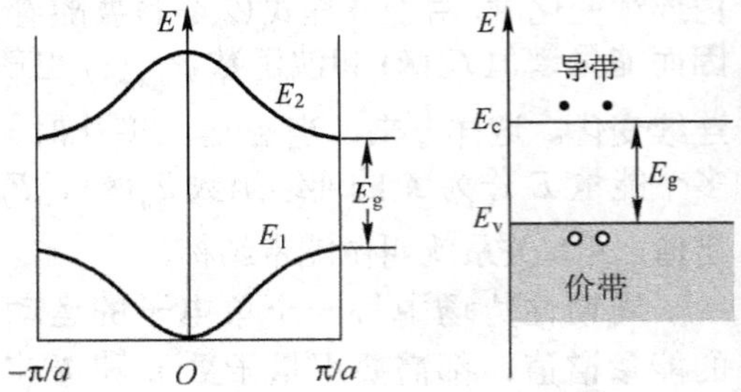

图 2.7　能带图和简化的能带图

下面以碳原子结合成金刚石的过程为例说明能带的形成以及电子在能带中填充的情况。

在单个碳原子中有两个 1S 电子态，2 个 2S 电子态，6 个 2P 电子态等。碳原子有 6 个电子，填充电子态的情况是 $(1S)^2$、$(2S)^2$、$(2P)^2$。剩余的 4 个 2P 电子态是空着的。这 6 个电子有 2 个内层电子，4 个在外层，为价电子。原子结合成晶体时，内层电子态的变化不大，对晶体性质的影响不显著，只需考虑价电子状态的变化。

设想 N 个原子结合起来构成金刚石。在原子间的距离较远时，它们之间的相互作用可以忽略不计，N 个原子中的每一个原子的能级都与孤立原子的能级相同。所以，$2N$ 个 2S 电子态相应于 1 个 2S 能级(叫做 $2N$ 重简并)，$6N$ 个 2P 电子态相应于 1 个 2P 能级($6N$ 重简并)。当原子间的距离减小时，原子之间的作用显示出来了，能级发生劈裂(简并消除)。开始时 2S 和 2P 能级各自劈裂成单独的能带，这两个能带分别包含 $2N$ 和 $6N$ 个电子态。随着原子间距离的不断减小，原子之间的作用不断增强，这两个能带不断展宽，以至于发生重叠，构成一个包含 $8N$ 个杂化电子态的能带。随着原子间距离的进一步减小，这个杂化带又分裂成上下两个能带。不过它们不再与 2S 和 2P 能级相对应而是各有 $4N$ 个电子态的新能带了。上下两个能带之间的能量间隙就是禁带，如图 2.8 所示。

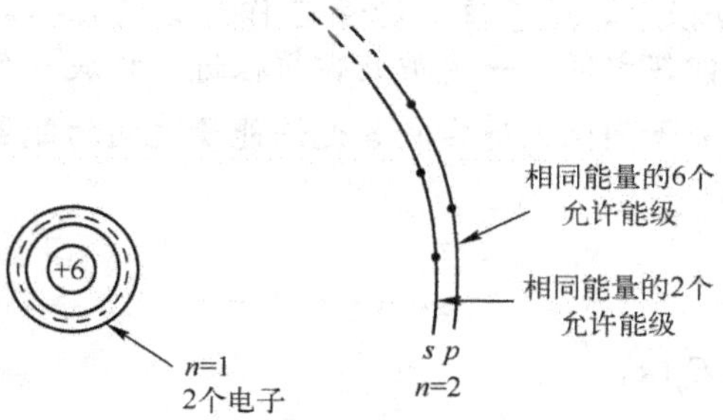

（a）独立碳原子能级示意图

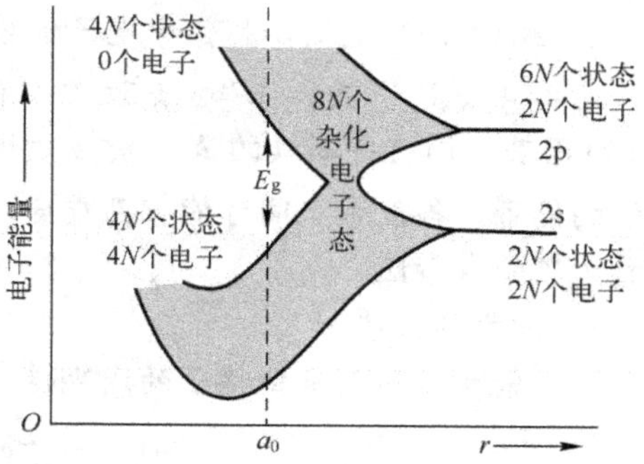

（b）金刚石能带示意图

图 2.8 碳原子结合成金刚石的能带形成过程

电子填充能带的情况是这样的，它们总是先占据能量最低的电子态，在 0K 时，4*N* 个价电子全部填充到下面的能带，上面的能带是空的。因此把下面的被价电子填满的能带叫做价带，又叫做满带，而把价带上面的空能带叫做空带。如果有价带电子跃迁到空带，它们就能够导电，因此又把价带紧邻上面的空带叫做导带。

从以上的分析中，可以得出以下几点结论：

（1）原子结合成晶体后，电子态的数目保持不变。晶体中电子态的数目与组成晶体的原子中电子态的数目相等。

（2）在晶体中，每个电子态不再属于个别原子，而是延展于整个晶体(共有化运动)。

（3）电子的能带结构由它们所在的势场所决定，因而与组成晶体的原子结构和晶体结构有关，而同晶体中原子数目的多少无关。当晶体中的原子数目增加时，只增加每个能带中的电子态数，即增加能带中能级的密集程度，而对于能带结构(*E*-*k* 关系)并无影响。

同一个晶体的各个能带，一般来说，下面的能带窄，上面的能带宽。这是因为能量低的能带同内层轨道的电子相联系，内层轨道间交叠小，电子的共有化特性差，能带比较窄；能量较高的能带同外层轨道的电子相联系，外层轨道间的交叠大，电子的共有化特性强，能带比较宽。

硅和锗都是周期表中的 IV 族元素。它们组成晶体后，其能带的形成和电子在能带中的填充情况，与金刚石的相类似，也是下面的能带被电子所占满，上面的能带完全空着，满带与空带之间被禁带所分开。不过，碳原子中的价电子是在第二壳层，而硅和锗的价电子分别属于第三和第四壳层。在硅和锗中，原子间的影响比金刚石的强。因此，两者比较起来，硅和锗的能带比金刚石的宽，禁带比较窄。

室温下，金刚石的禁带宽度是 5.6eV，硅的是 1.12eV，锗的是 0.67eV，砷化镓的是 1.42eV。

小结

1. 了解本征方程(2.4-1)的基本性质：

这种性质的本征方程，可以有很多个分立的本征值(能量谱值)：

$$E_1(\boldsymbol{k}),\ E_2(\boldsymbol{k}),\ \cdots,\ E_n(\boldsymbol{k}),\ \cdots\ (n\ 为整数)$$

将这些能量谱值分别代入微分方程式(2.4-1)中，则可以解出与其相应的函数 $u_{\boldsymbol{k}}(\boldsymbol{r})$：

$$u_{1,\boldsymbol{k}}(\boldsymbol{r}),\ u_{2,\boldsymbol{k}}(\boldsymbol{r}),\ \cdots,\ u_{n,\boldsymbol{k}}(\boldsymbol{r}),\ \cdots$$

乘上平面波因子 $e^{i\boldsymbol{k}\cdot\boldsymbol{r}}$ 以后，就得到相应的波函数

$$\psi_{1,\boldsymbol{k}}(\boldsymbol{r}),\ \psi_{2,\boldsymbol{k}}(\boldsymbol{r}),\ \cdots,\ \psi_{n,\boldsymbol{k}}(\boldsymbol{r}),\ \cdots$$

以上这些关系可以简记做

$$\begin{cases} E = E_n(\boldsymbol{k}) \\ \psi_{n,\boldsymbol{k}}(\boldsymbol{r}) = e^{i\boldsymbol{k}\cdot\boldsymbol{r}} u_{n,\boldsymbol{k}}(\boldsymbol{r}) \end{cases} \quad (n = 1,2,3,\cdots)$$

2. 式(2.4-2)说明，晶体中电子的能量谱值形成能带 $E=E_n(\boldsymbol{k})$。主量子数 n 是能带的标号，波矢量 $\boldsymbol{k}$ 是能级的标号。$\boldsymbol{k}$ 取 N 个值，由于 N 很大，对于每个能量 E 作为 $\boldsymbol{k}$ 的连续函数 $E_n(\boldsymbol{k})$ 而言，同这些断续的 $\boldsymbol{k}$ 相对应的近邻能量—能级之间，一定彼此靠得很近，构成一个准连续的能带。各能带之间可能相互重叠，也可能有能量间隙。通常把各允许能量之间的能量间隙称为禁带或带隙。

3. 能带的性质：

（1）能量谱值具有倒格子的周期性，即

$$E_n(\boldsymbol{k}+\boldsymbol{K}_n)=E_n(\boldsymbol{k})$$

因此，可以将 $\boldsymbol{k}$ 限制在第一布里渊区。

（2）能量 E 是 $\boldsymbol{k}$ 的偶函数，即

$$E(\boldsymbol{k})=E(-\boldsymbol{k})$$

4. 能带图的简约区形式和简单形式：由于能量谱值具有倒格子的周期性，因此可以在第一布里渊区中表示出所有能带。这时 E 是 $\boldsymbol{k}$ 的多值函数，每个 $\boldsymbol{k}$ 值对应的不同能量属于不同的能带，如图 2.6 所示。图 2.7 在简约区形式右边给出了能带图的简单形式。

5. 价带和导带：电子总是首先填充能量最低的电子态。把被价电子填满的能带叫做价带，又叫做满带，而把价带上面的空能带叫做空带。如果有价带电子跃迁到空带，它们就能够导电，因此又把价带上面的空带叫做导带。在简化能带图中，$E_{\rm c}$ 表示导带底能级，$E_{\rm v}$ 表示价带顶能级。$E_{\rm c}$ 和 $E_{\rm v}$ 之间的能量间隙就是禁带宽度或称为带隙 $E_{\rm g}$。

6. 总之，能带理论用数学形式表述为

$$\begin{cases}E=E_n(\boldsymbol{k})\\ \psi_{n,\boldsymbol{k}}(\boldsymbol{r})={\rm e}^{{\rm i}\boldsymbol{k}\cdot\boldsymbol{r}}u_{n,\boldsymbol{k}}(\boldsymbol{r})\end{cases}\qquad(n=1,2,3,\cdots)$$

上式指出：

（1）晶体中电子的能量谱值形成能带 $E=E_n(\boldsymbol{k})$，其中角标 n 是能带的标号，$\boldsymbol{k}$ 是能带中分立能级的标号，$\boldsymbol{k}$ 的数值很大，等于晶体的原胞数，因此能带中的能级很密集，以至于可以看做连续的带(故有能带之称)。各能带之间可能相互重叠，也可能有能量间隙。各允许能量之间的能量间隙称为禁带或带隙。能量 $E=E_n(\boldsymbol{k})$ 具有倒格子的周期性，而且是 $\boldsymbol{k}$ 的偶函数。

（2）属于能量 $E=E_n(\boldsymbol{k})$ 的电子的波函数为 $\psi_{n,\boldsymbol{k}}(\boldsymbol{r})={\rm e}^{{\rm i}\boldsymbol{k}\cdot\boldsymbol{r}}u_{n,\boldsymbol{k}}(\boldsymbol{r})$。角标 n 和 $\boldsymbol{k}$ 是标志电子运动状态的量，它们分别表示 $\psi_{n,\boldsymbol{k}}(\boldsymbol{r})={\rm e}^{{\rm i}\boldsymbol{k}\cdot\boldsymbol{r}}u_{n,\boldsymbol{k}}(\boldsymbol{r})$ 是属于第 n 个能带的第 k 个能级的电子态。

2.5 外力作用下电子的加速度 有效质量

教学要求

1. 理解外力作用下电子运动状态的改变：

$$\hbar\frac{{\rm d}\boldsymbol{k}}{{\rm d}t}=\frac{{\rm d}\boldsymbol{p}}{{\rm d}t}=\boldsymbol{F}$$

2. 写出主轴坐标系下，有效质量张量 $\boldsymbol{m}^*$ 的表达式(2.5-9)、式(2.5-10)和式(2.5-11)。根据图 2.11，说明有效质量的意义。

在外力场中，由于外力对电子做功，必将使电子的能量发生变化。电子的能量是状态 $\boldsymbol{k}$ 的函数，所以在外力作用下电子的状态 $\boldsymbol{k}$ 要发生变化。

2.5.1 外力作用下电子运动状态的改变

根据功能原理，单位时间内外力 $\boldsymbol{F}$ 对电子所做的功应等于电子能量的增加率，即

$$\frac{\mathrm{d}E(\boldsymbol{k})}{\mathrm{d}t}=\boldsymbol{v}\cdot\boldsymbol{F} \tag{2.5-1}$$

式中，$\boldsymbol{v}$ 是电子的运动速度。根据量子理论，周期性势场中电子的运动速度为

$$\boldsymbol{v}(\boldsymbol{k})=\frac{1}{\hbar}\nabla_{\boldsymbol{k}}E(\boldsymbol{k}) \tag{2.5-2}$$

式中

$$\nabla_{\boldsymbol{k}}=\left(\frac{\partial}{\partial k_1}\boldsymbol{e}_1+\frac{\partial}{\partial k_2}\boldsymbol{e}_2+\frac{\partial}{\partial k_3}\boldsymbol{e}_3\right)=\sum_{i=1}^{3}\frac{\partial}{\partial k_i}\boldsymbol{e}_i$$

或

$$\nabla_{\boldsymbol{k}}=\left(\frac{\partial}{\partial k_x}\boldsymbol{e}_x+\frac{\partial}{\partial k_y}\boldsymbol{e}_y+\frac{\partial}{\partial k_z}\boldsymbol{e}_z\right)=\sum_{i=x}^{z}\frac{\partial}{\partial k_i}\boldsymbol{e}_i$$

是 $\boldsymbol{k}$ 空间的梯度算符。$\boldsymbol{e}_1$、$\boldsymbol{e}_2$、$\boldsymbol{e}_3$ 分别为沿 $\boldsymbol{k}$ 的三个分量 $\boldsymbol{k}_1$、$\boldsymbol{k}_2$、$\boldsymbol{k}_3$ 方向上的单位矢量(或 $\boldsymbol{e}_x$、$\boldsymbol{e}_y$、$\boldsymbol{e}_z$ 分别是 $\boldsymbol{k}_x$、$\boldsymbol{k}_y$、$\boldsymbol{k}_z$ 方向上的单位矢量)。

$$\nabla_{\boldsymbol{k}}E(\boldsymbol{k})=\left(\frac{\partial E(\boldsymbol{k})}{\partial k_1}\boldsymbol{e}_1+\frac{\partial E(\boldsymbol{k})}{\partial k_2}\boldsymbol{e}_2+\frac{\partial E(\boldsymbol{k})}{\partial k_3}\boldsymbol{e}_3\right)=\sum_{i=1}^{3}\frac{\partial E(\boldsymbol{k})}{\partial k_i}\boldsymbol{e}_i$$

由于 $E(\boldsymbol{k})$ 是 $\boldsymbol{k}$ 的偶函数，而 $\boldsymbol{v}(\boldsymbol{k})$ 是 $E(\boldsymbol{k})$ 对 $\boldsymbol{k}$ 的一阶导数，所以 $\boldsymbol{v}(\boldsymbol{k})$ 是 $\boldsymbol{k}$ 的奇函数。即

$$\boldsymbol{v}(\boldsymbol{k})=-\boldsymbol{v}(-\boldsymbol{k}) \tag{2.5-3}$$

将式(2.5-2)代入式(2.5-1)的右端，有

$$\nabla_{\boldsymbol{k}}E(\boldsymbol{k})\cdot\frac{\mathrm{d}\boldsymbol{k}}{\mathrm{d}t}=\frac{1}{\hbar}\nabla_{\boldsymbol{k}}E(\boldsymbol{k})\cdot\boldsymbol{F}$$

或

$$\nabla_{\boldsymbol{k}}E(\boldsymbol{k})\cdot\frac{\mathrm{d}(\hbar\boldsymbol{k})}{\mathrm{d}t}=\nabla_{\boldsymbol{k}}E(\boldsymbol{k})\cdot\boldsymbol{F} \tag{2.5-4}$$

若取

$$\hbar\frac{\mathrm{d}\boldsymbol{k}}{\mathrm{d}t}=\frac{\mathrm{d}\boldsymbol{p}}{\mathrm{d}t}=\boldsymbol{F} \tag{2.5-5}$$

(利用了 $\boldsymbol{p}=\hbar\boldsymbol{k}$)则显然保证了式(2.5-4)的成立。式(2.5-5)称为**量子牛顿方程**。它与经典牛顿方程具有相同的形式，其中 $\hbar\boldsymbol{k}=\boldsymbol{P}$ 为电子的准动量。如前所述，与平面波不同，晶体中波矢量 $\boldsymbol{k}$ 所标志的状态并不对应确定的动量，因而 $\boldsymbol{P}=\hbar\boldsymbol{k}$ 不具有严格意义下的动量值。但是，准动量概念的引入可以使我们得到与经典牛顿方程具有相同形式的量子牛顿方程。

式(2.5-5)说明，在外力作用下，电子的运动状态将发生改变。

应该指出的是，上面导出式(2.5-5)的方法并不适合于有磁场存在的情况。但是可以证明，在有磁场存在的情况下，式(2.5-5)仍然成立。

晶体中电子的加速度为

$$\boldsymbol{a}=\frac{\mathrm{d}\boldsymbol{v}(\boldsymbol{k})}{\mathrm{d}t}$$

代入式(2.5-2)

$$\boldsymbol{a}=\frac{1}{\hbar^2}\nabla_{\boldsymbol{k}}\nabla_{\boldsymbol{k}}E(\boldsymbol{k})\cdot\boldsymbol{F}=\boldsymbol{m}^{*-1}\cdot\boldsymbol{F} \tag{2.5-6}$$

其中

$$\boldsymbol{m}^{*-1}=\frac{1}{\hbar^2}\nabla_{\boldsymbol{k}}\nabla_{\boldsymbol{k}}E(\boldsymbol{k}) \tag{2.5-7}$$

称为有效质量倒数张量(也叫做倒有效质量张量)。

式(2.5-6)和式(2.5-7)中出现的运算 $\nabla_{\boldsymbol{k}}\nabla_{\boldsymbol{k}}E(\boldsymbol{k})$，其定义为

$$\nabla_{\boldsymbol{k}}\nabla_{\boldsymbol{k}}E(\boldsymbol{k})=\left(\frac{\partial}{\partial k_1}\boldsymbol{e}_1+\frac{\partial}{\partial k_2}\boldsymbol{e}_2+\frac{\partial}{\partial k_3}\boldsymbol{e}_3\right)\left(\frac{\partial}{\partial k_1}\boldsymbol{e}_1+\frac{\partial}{\partial k_2}\boldsymbol{e}_2+\frac{\partial}{\partial k_3}\boldsymbol{e}_3\right)E(\boldsymbol{k})$$

$$=\left(\frac{\partial^2 E}{\partial k_1^2}\boldsymbol{e}_1\boldsymbol{e}_1+\frac{\partial^2 E}{\partial k_1\partial k_2}\boldsymbol{e}_1\boldsymbol{e}_2+\frac{\partial^2 E}{\partial k_1\partial k_3}\boldsymbol{e}_1\boldsymbol{e}_3+\frac{\partial^2 E}{\partial k_2\partial k_1}\boldsymbol{e}_2\boldsymbol{e}_1+\frac{\partial^2 E}{\partial k_2^2}\boldsymbol{e}_2\boldsymbol{e}_2+\frac{\partial^2 E}{\partial k_2\partial k_3}\boldsymbol{e}_2\boldsymbol{e}_3+\right.$$

$$\left.\frac{\partial^2 E}{\partial k_3\partial k_1}\boldsymbol{e}_3\boldsymbol{e}_1+\frac{\partial^2 E}{\partial k_3\partial k_2}\boldsymbol{e}_3\boldsymbol{e}_2+\frac{\partial^2 E}{\partial k_3^2}\boldsymbol{e}_3\boldsymbol{e}_3\right)$$

记作

$$\nabla_{\boldsymbol{k}}\nabla_{\boldsymbol{k}}E(\boldsymbol{k})=\left(\sum_i\frac{\partial}{\partial k_i}\boldsymbol{e}_i\right)\left(\sum_j\frac{\partial}{\partial k_j}\boldsymbol{e}_j\right)E(\boldsymbol{k})=\sum_{i、j}\frac{\partial^2 E(\boldsymbol{k})}{\partial k_i\partial k_j}\boldsymbol{e}_i\boldsymbol{e}_j$$

式中，$\boldsymbol{e}_i\boldsymbol{e}_j$ 叫做并矢，不能交换二者的顺序。内积 $\boldsymbol{e}_i\cdot\boldsymbol{e}_j=\delta_{ij}=\begin{cases}1, j=i\\0, j\neq i\end{cases}$ $(i, j=1, 2, 3)$。

上式也可以记为

$$\nabla_{\boldsymbol{k}}\nabla_{\boldsymbol{k}}E(\boldsymbol{k})=\begin{bmatrix}\frac{\partial^2 E}{\partial k_1^2} & \frac{\partial^2 E}{\partial k_1\partial k_2} & \frac{\partial^2 E}{\partial k_1\partial k_3}\\ \frac{\partial^2 E}{\partial k_2\partial k_1} & \frac{\partial^2 E}{\partial k_2^2} & \frac{\partial^2 E}{\partial k_2\partial k_3}\\ \frac{\partial^2 E}{\partial k_3\partial k_1} & \frac{\partial^2 E}{\partial k_3\partial k_2} & \frac{\partial^2 E}{\partial k_3^2}\end{bmatrix}$$

这是一个三维二阶矩阵，其矩阵元为 $\frac{\partial^2 E}{\partial k_i\partial k_j}$。

$\boldsymbol{m}^{*-1}$ 是 k 空间的一个具有 9 个分量的三维二阶张量，其矩阵元为 $\frac{1}{\hbar^2}\frac{\partial^2 E}{\partial k_i\partial k_j}$。引入有效质量张量 $\boldsymbol{m}^*$ 为有效质量倒数张量 $\boldsymbol{m}^{*-1}$ 的逆，即

$$\boldsymbol{m}^*=\{\boldsymbol{m}^{*-1}\}^{-1}$$

$\boldsymbol{m}^*$ 也是 $\boldsymbol{k}$ 空间中具有 9 个分量的三维二阶张量，其矩阵元为 $\hbar^2\left(\frac{\partial^2 E}{\partial k_i\partial k_j}\right)^{-1}$。式(2.5−6)可以写成

$$\boldsymbol{a}=\boldsymbol{F}/\boldsymbol{m}^* \tag{2.5−8}$$

可以看出，式(2.5−8)与经典牛顿方程形式相同。$\boldsymbol{F}/\boldsymbol{m}^*$ 定义为运算 $\boldsymbol{m}^{*-1}\cdot\boldsymbol{F}$。

适当选取坐标系，可以使 $\boldsymbol{m}^{*-1}$ 和 $\boldsymbol{m}^*$ 各自的 9 个元素中的非对角元素即张量 $\boldsymbol{E}(\boldsymbol{k})$ 对 $\boldsymbol{k}$ 的二阶导数的交叉项为零，即

$$\hbar^2\left(\frac{\partial^2 E}{\partial k_i\partial k_j}\right)^{-1}=\hbar^2\left(\frac{\partial^2 E}{\partial k_i\partial k_j}\right)^{-1}\cdot\delta_{ij}=\begin{cases}\hbar^2\left(\frac{\partial^2 E}{\partial k_i^2}\right)^{-1}, & i=j\\ 0, & i\neq j\end{cases}$$

这个坐标系叫做主轴坐标系(见 2.6 节)。在主轴坐标系下，$\boldsymbol{m}^*$ 可以表示成

$$\begin{bmatrix}m_1 & 0 & 0\\0 & m_2 & 0\\0 & 0 & m_3\end{bmatrix}=\hbar^2\begin{bmatrix}\left(\frac{\partial^2 E}{\partial k_1^2}\right)^{-1} & 0 & 0\\0 & \left(\frac{\partial^2 E}{\partial k_2^2}\right)^{-1} & 0\\0 & 0 & \left(\frac{\partial^2 E}{\partial k_3^2}\right)^{-1}\end{bmatrix} \tag{2.5−9}$$

或者

$$m_i = \hbar^2 \left(\frac{\partial^2 E(\boldsymbol{k})}{\partial k_i^2} \right)^{-1} \quad (i=1,2,3) \tag{2.5-10}$$

称 m_i 为有效质量的第 i 个分量。有效质量张量则为

$$\boldsymbol{m}^* = m_1 \boldsymbol{e}_1 \boldsymbol{e}_1 + m_2 \boldsymbol{e}_2 \boldsymbol{e}_2 + m_3 \boldsymbol{e}_3 \boldsymbol{e}_3 \tag{2.5-11}$$

$\boldsymbol{e}_1$、$\boldsymbol{e}_2$、$\boldsymbol{e}_3$ 分别为沿 $\boldsymbol{k}$ 的三个分量 $\boldsymbol{k}_1$、$\boldsymbol{k}_2$、$\boldsymbol{k}_3$ 方向上的单位矢量。

回到式(2.5-6)，加速度

$$\begin{aligned} \boldsymbol{a} &= \frac{1}{\hbar^2} \nabla_k \nabla_{\boldsymbol{k}} \boldsymbol{E}(\boldsymbol{k}) \cdot \boldsymbol{F} = \frac{1}{\hbar^2} \sum_{i,j} \frac{\partial^2 E(\boldsymbol{k})}{\partial k_i \partial k_j} \boldsymbol{e}_i \boldsymbol{e}_j \cdot \sum_l F_l \boldsymbol{e}_l \\ &= \frac{1}{\hbar^2} \sum_{i,j,l} \frac{\partial^2 E(\boldsymbol{k})}{\partial k_i \partial k_j} F_l \boldsymbol{e}_i \boldsymbol{e}_j \cdot \boldsymbol{e}_l = \frac{1}{\hbar^2} \sum_{i,j} \frac{\partial^2 E(\boldsymbol{k})}{\partial k_i \partial k_j} F_j \boldsymbol{e}_i \quad (i,j,l=1,2,3) \end{aligned} \tag{2.5-12}$$

式(2.5-12)就是加速度公式。$\boldsymbol{a}$ 的第 i 个分量为

$$a_i = \frac{1}{\hbar^2} \sum_j \frac{\partial^2 E(k)}{\partial k_i \partial k_j} F_j \tag{2.5-13}$$

在主轴坐标系下

$$a_{ij} = 0 \quad (i \neq j)$$

$$a_i = \frac{1}{\hbar^2} \frac{\partial^2 E(\boldsymbol{k})}{\partial k_i^2} F_i = \frac{F_i}{m_i} \tag{2.5-14}$$

于是

$$a_1 = F_1 / m_1, \; a_2 = F_2 / m_2, \; a_3 = F_3 / m_3$$

$$\boldsymbol{a} = \frac{F_1}{m_1} \boldsymbol{e}_1 + \frac{F_2}{m_2} \boldsymbol{e}_2 + \frac{F_3}{m_3} \boldsymbol{e}_3 = \sum_{i=1}^{3} \frac{F_i}{m_i} \boldsymbol{e}_i \tag{2.5-15}$$

2.5.2 有效质量

有效质量可以用三维二阶矩阵表示

$$\boldsymbol{m}^* = \hbar^2 \begin{bmatrix} \left(\frac{\partial^2 E}{\partial k_1^2} \right)^{-1} & \left(\frac{\partial^2 E}{\partial k_1 \partial k_2} \right)^{-1} & \left(\frac{\partial^2 E}{\partial k_1 \partial k_3} \right)^{-1} \\ \left(\frac{\partial^2 E}{\partial k_2 \partial k_1} \right)^{-1} & \left(\frac{\partial^2 E}{\partial k_2^2} \right)^{-1} & \left(\frac{\partial^2 E}{\partial k_2 \partial k_3} \right)^{-1} \\ \left(\frac{\partial^2 E}{\partial k_3 \partial k_1} \right)^{-1} & \left(\frac{\partial^2 E}{\partial k_3 \partial k_2} \right)^{-1} & \left(\frac{\partial^2 E}{\partial k_3^2} \right)^{-1} \end{bmatrix} \tag{2.5-16}$$

或写成

$$\boldsymbol{m} = \hbar^2 \sum_{i=1}^{3} \left(\frac{\partial^2 E}{\partial k_i \partial k_j} \right)^{-1} \boldsymbol{e}_i \boldsymbol{e}_j \tag{2.5-17}$$

k_1, k_2, k_3 代表 k_x, k_y, k_z。第 ij 分量为

$$m_{ij} = \hbar^2 \left(\frac{\partial^2 E}{\partial k_i \partial k_j} \right)^{-1} \tag{2.5-18}$$

在主轴坐标系下式(2.5-16)～式(2.5-18)中交叉项为零，有效质量张量 $\boldsymbol{m}^*$ 的表达式简化成式(2.5-9)～式(2.5-11)。

在以上讨论中，我们引进了有效质量张量 $\boldsymbol{m}^*$，得到了量子牛顿方程(2.5-8)。量子牛顿方程(2.5-8)与经典牛顿方程形式相同，$\boldsymbol{m}^*$ 与经典牛顿方程中的惯性质量 m 在公式中处于同一位

置，但公式中的有效质量与牛顿方程中的惯性质量相比要复杂得多，而且含义大不相同。

第一，经典力学中，质量是物体惯性的度量，能量的载体，外力作用的对象。而有效质量的是状态 $\boldsymbol{k}$ 的函数，其数值与 $\mathrm{d}^2E/\mathrm{d}k^2$ 成比例，而且可正可负。比如图 2.9 分别画出了电子的能量、速度和有效质量随 $\boldsymbol{k}$ 变化的示意图。可以看出，在导带底附近，$\mathrm{d}^2E/\mathrm{d}k^2>0$，电子的有效质量是正的；在价带顶附近，$\mathrm{d}^2E/\mathrm{d}k^2<0$，电子的有效质量取负值。

第二，在经典力学中，加速度与外力方向一致。但由式(2.5-15)可以看出，若 $m_1=m_2=m_3=m_n$（这称为各向同性有效质量），则 $\boldsymbol{a}=\boldsymbol{F}/m_n$，加速度与力的方向相同。由于实际上 m_1、m_2 和 m_3 可能不相等（有效质量是各向异性的），因此加速度的方向与外力 $\boldsymbol{F}$ 的方向不一定一致。

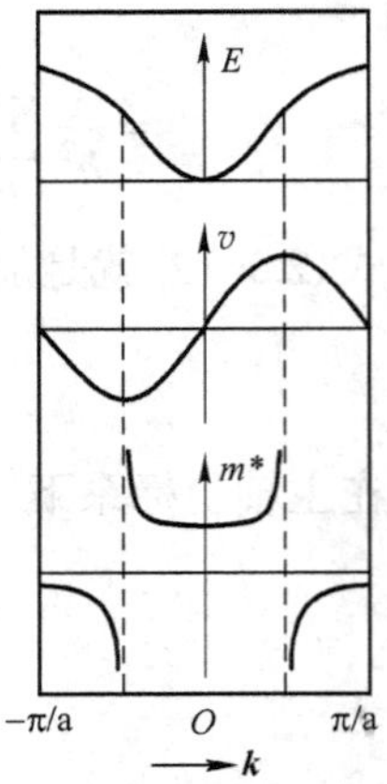

图 2.9　能量、速度和有效质量与波失的关系

有效质量在各个方向上不相等，而且还可以有负的数值。这是不足为奇的，因为在讨论电子在外力场中的运动时，还必须考虑晶体内部周期性势场对它的作用。实际上，电子的加速度是两者共同作用的结果。引入有效质量的意义在于它包括了周期性势场对电子的作用，使我们能简单地由外力直接写出加速度的表达式，为分析电子在外力场中的运动带来方便。

有效质量涉及到能量 E 对 $\boldsymbol{k}$ 的二阶导数，运算起来是比较麻烦的，但幸运的是在实际问题中，通常只涉及导带底和价带顶附近的状态。例如导电中的电子通常主要分布在相当于平均动能 KT 范围内（室温下 KT 仅 0.026eV）的导带底。能带的宽度一般为若干个电子伏特，因此我们有理由着重或仅仅考察导带底和价带顶附近的 $E\sim\boldsymbol{K}$ 关系和有效质量。于是可以把能量 $E(\boldsymbol{k})$ 表示成二次函数，这样，按有效质量的定义，二次求导之后，有效质量就是个常数。于是问题变得非常简单。

需要指出的是，表示晶体中电子加速度和外力之间关系的量子牛顿方程只是对缓变力场才成立，即要求 $\boldsymbol{F}$ 在原子尺度内的变化不显著。因为在原子尺度内，不可能同时有确定的 $\boldsymbol{k}$ 和确定的坐标 $\boldsymbol{r}$，因此式(2.5-5)将没有意义。因此，式(2.5-5)常称为准经典近似。

例 2.1　设晶格常数为 a 的一维晶体，导带极小值附近能量为

$$E_{\mathrm{c}}(k)=\frac{\hbar^2k^2}{3m}+\frac{\hbar^2(k-k_1)^2}{m} \tag{1}$$

价带极大值附近的能量为

$$E_{\mathrm{v}}(k)=\frac{\hbar^2k_1^2}{6m}-\frac{3\hbar^2k^2}{m} \tag{2}$$

式中，m 为自由电子质量，$k_1=\pi/a$，$a=3.14\text{Å}$，试求：（1）禁带宽度；（2）导带底电子的有效质量；（3）价带顶电子的有效质量；（4）电子从价带顶跃迁到导带底准动量的改变量。

解：（1）禁带宽度为导带极小值与价带极大值之差。对式(1)求导

$$\frac{\mathrm{d}E_{\mathrm{c}}}{\mathrm{d}k}=\frac{2\hbar^2k}{3m}+\frac{2\hbar^2(k-k_1)}{m}$$

令 $\mathrm{d}E_{\mathrm{c}}/\mathrm{d}k=0$，得 $k+3(k-k_1)=0$，$k=\frac{3}{4}k_1$。即导带极小值出现在 $k=\frac{3}{4}k_1$ 处。代入到式(1)，得到导带极小值

$$E_{\mathrm{c\,min}}=E_{\mathrm{c}}(k)\big|_{\frac{3k_1}{4}}=\frac{\hbar^2}{3m}\left[\left(\frac{3}{4}k_1\right)^2+3\left(\frac{1}{4}k_1\right)^2\right]=\frac{\hbar^2k_1^2}{4m}$$

类似地，对式(2)求导
$$\frac{\mathrm{d}E_{\mathrm{v}}(k)}{\mathrm{d}k}=-\frac{6\hbar^2 k}{m}$$
令 $\mathrm{d}E_{\mathrm{v}}/\mathrm{d}k=0$，得到 $k=0$。即价带极大值发生在 $k=0$ 处。将 $k=0$ 代入式(2)，得到价带极大值 $E_{\mathrm{v\,max}}=\dfrac{\hbar^2 k_1^2}{6m}$。

于是
$$E_{\mathrm{g}}=E_{\mathrm{c\,min}}-E_{\mathrm{v\,max}}=\frac{\hbar^2 k_1^2}{4m}-\frac{\hbar^2 k_1^2}{6m}=\frac{\hbar^2 k_1^2}{12m}$$
$$=\frac{h^2}{48ma^2}=\frac{(6.63\times10^{-34})^2}{48\times9.11\times10^{-31}\times(3.14\times10^{-10})^2}\times\frac{1}{1.6\times10^{-19}}=0.64(\mathrm{eV})$$
[此处利用 $1\mathrm{eV}=1.6\times10^{-19}\mathrm{J}$]。

（2）导带底电子有效质量
$$\frac{\mathrm{d}^2E_{\mathrm{c}}}{\mathrm{d}k^2}=\frac{2\hbar^2}{3m}+\frac{2\hbar^2}{m}=\frac{8\hbar^2}{3m}$$
所以
$$m_n=\hbar^2\Big/\frac{\mathrm{d}^2E_{\mathrm{c}}}{\mathrm{d}k^2}=\frac{3m}{8}$$

（3）价带顶电子有效质量
$$\frac{\mathrm{d}^2E_{\mathrm{v}}}{\mathrm{d}k^2}=-\frac{6\hbar^2}{m}$$
所以
$$m_n=\hbar^2\Big/\frac{\mathrm{d}^2E_{\mathrm{v}}}{\mathrm{d}k^2}=\hbar^2\left(-\frac{6\hbar^2}{m}\right)^{-1}=-\frac{m}{6}$$

（4）电子在价带顶的准动量 $p_1=\hbar k=0$，在导带底 $p_2=\hbar k=\dfrac{3}{4}\hbar k_1$。所以准动量的改变量为
$$\Delta p=p_2-p_1=\frac{3}{4}\hbar k_1=\frac{3}{4}\times\frac{h}{2\pi}\times\frac{\pi}{a}=\frac{3h}{8a}=\frac{3\times6.63\times10^{-34}}{8\times3.14\times10^{-10}}=7.92\times10^{-25}(\mathrm{kg\cdot m/s})$$

以上例题使读者看到一个具体的 E～k 关系，了解由 E～k 关系求出导带极小值、价带极大值、禁带宽度和电子有效质量[见式(2.5-10)]的思想和方法。此外，对电子的准动量的数量级有一个概念。

小结

1. 量子力学给出，电子运动的速度为
$$\boldsymbol{v}(\boldsymbol{k})=\frac{1}{\hbar}\nabla_{\boldsymbol{k}}E(\boldsymbol{k})$$
$\boldsymbol{v}(\boldsymbol{k})$ 是 $\boldsymbol{k}$ 的奇函数。
$$\boldsymbol{v}(\boldsymbol{k})=-\boldsymbol{v}(-\boldsymbol{k})$$

2. 在外力作用下电子的运动状态要发生改变，即
$$\hbar\frac{\mathrm{d}\boldsymbol{k}}{\mathrm{d}t}=\frac{\mathrm{d}\boldsymbol{p}}{\mathrm{d}t}=\boldsymbol{F}$$
$\hbar\boldsymbol{k}=\boldsymbol{P}$ 为电子的准动量。$\boldsymbol{P}=\hbar\boldsymbol{k}$ 不具有严格意义下的动量值。但是，准动量概念的引入可以使我们得到与经典牛顿方程具有相同形式的量子牛顿方程。

3. 晶体中电子的加速度为
$$\boldsymbol{a}=\mathrm{d}\boldsymbol{v}(\boldsymbol{k})/\mathrm{d}t$$
$$\boldsymbol{a}=\frac{1}{\hbar^2}\nabla_{\boldsymbol{k}}\nabla_{\boldsymbol{k}}E(\boldsymbol{k})\cdot\boldsymbol{F}=\frac{1}{\hbar^2}\sum_{i、j}\frac{\partial^2E(\boldsymbol{k})}{\partial k_i\partial k_j}F_j\boldsymbol{e}_i=\boldsymbol{m}^{*-1}\cdot\boldsymbol{F}$$

4. 有效质量倒数张量 $\boldsymbol{m}^{*-1}$ 定义为
$$\boldsymbol{m}^{*-1}=\frac{1}{\hbar^2}\nabla_{\boldsymbol{k}}\nabla_{\boldsymbol{k}}E(\boldsymbol{k})$$

$\boldsymbol{m}^{*-1}$是$\boldsymbol{k}$空间的一个具有9个分量的三维二阶张量，其矩阵元为$\dfrac{1}{\hbar^2}\dfrac{\partial^2 E}{\partial k_i \partial k_j}$。

5. 有效质量张量$\boldsymbol{m}^*$为有效质量倒数张量$\boldsymbol{m}^{*-1}$的逆，即$\boldsymbol{m}^* = \{\boldsymbol{m}^{*-1}\}^{-1}$。$\boldsymbol{m}^*$也是$\boldsymbol{k}$空间中具有9个分量的三维二阶张量，其矩阵元为$\hbar^2\left(\dfrac{\partial^2 E}{\partial k_i \partial k_j}\right)^{-1}$。引入有效质量张量，式(2.5-6)可以写成

$$\boldsymbol{a} = \boldsymbol{F} / \boldsymbol{m}^*$$

$\boldsymbol{F}/\boldsymbol{m}^*$定义为运算$\boldsymbol{m}^{*-1}\cdot\boldsymbol{F}$。可以看出，如果把$\boldsymbol{m}^*$看做是“质量”，则式(2.5-8)表示的加速度公式与经典牛顿方程具有相同的形式。

6. 在主轴坐标系下，$\boldsymbol{m}^*$可以表示成

$$\begin{bmatrix} m_1 & 0 & 0 \\ 0 & m_2 & 0 \\ 0 & 0 & m_3 \end{bmatrix} = \hbar^2 \begin{bmatrix} \left(\dfrac{\partial^2 E}{\partial k_1^2}\right)^{-1} & 0 & 0 \\ 0 & \left(\dfrac{\partial^2 E}{\partial k_2^2}\right)^{-1} & 0 \\ 0 & 0 & \left(\dfrac{\partial^2 E}{\partial k_3^2}\right)^{-1} \end{bmatrix}$$

$$m_i = \hbar^2 \left(\frac{\partial^2 E(\boldsymbol{k})}{\partial {k_i}^2}\right)^{-1} \qquad (i=1,2,3)$$

或者

$$m_x = \hbar^2\left(\frac{\partial^2 E}{\partial k_x^2}\right)^{-1}, \quad m_y = \hbar^2\left(\frac{\partial^2 E}{\partial k_y^2}\right)^{-1}, \quad m_z = \hbar^2\left(\frac{\partial^2 E}{\partial k_z^2}\right)^{-1}$$

称m_i为有效质量的第i个分量。有效质量张量则为

$$\boldsymbol{m}^* = m_1\boldsymbol{e}_1\boldsymbol{e}_1 + m_2\boldsymbol{e}_2\boldsymbol{e}_2 + m_3\boldsymbol{e}_3\boldsymbol{e}_3 = \sum_{i=1}^{3} m_i \boldsymbol{e}_i \boldsymbol{e}_i$$

$\boldsymbol{e}_1, \boldsymbol{e}_2, \boldsymbol{e}_3$分别为沿$\boldsymbol{k}$的三个分量$\boldsymbol{k}_1, \boldsymbol{k}_2, \boldsymbol{k}_3$方向上的单位矢量。

7. 在主轴坐标系下加速度的表达式

$$a_i = F_i / m_i$$

即

$$\begin{cases} a_x = F_x / m_x \\ a_y = F_y / m_y \\ a_x = F_z / m_z \end{cases}$$

$$\boldsymbol{a} = \frac{F_1}{m_1}\boldsymbol{e}_1 + \frac{F_2}{m_2}\boldsymbol{e}_2 + \frac{F_3}{m_3}\boldsymbol{e}_3 = \sum_{i=1}^{3}\frac{F_i}{m_i}\boldsymbol{e}_i$$

8. 有效质量的基本性质：

第一，经典力学中，质量是物体惯性的度量，能量的载体，外力作用的对象。有效质量是状态k的函数，数值与$\mathrm{d}^2E/\mathrm{d}k^2$成比例，而且可正可负。在导带底附近，$\mathrm{d}^2E/\mathrm{d}k^2>0$，电子的有效质量是正的；在价带顶附近，$\mathrm{d}^2E/\mathrm{d}k^2<0$，电子的有效质量取负值。

第二，由于m_1、m_2和m_3可能不相等，因此加速度的方向与外力$\boldsymbol{F}$的方向不一定一致。

9. 引入有效质量的意义在于它包括了周期性势场对电子的作用，使我们能简单地由外力直接写出加速度的表达式，为分析电子在外力场中的运动带来方便。而且在实际问题中，通常只涉及导带底和价带顶附近的状态。这时有效质量就是个常数。这使得有效质量的计算和使用非常方便。

2.6 等能面、主轴坐标系

教学要求

1. 了解概念：等能面、主轴坐标系。
2. 熟悉等能面公式[式(2.6−3)、式(2.6−4)和式(2.6−5)]。

为有助于了解能带结构，引入等能面的概念。前面指出，对于半导体中的电子，通常涉及到的仅是能带顶和能带底等能量极值点附近的状态。设能量极值点 E_0 发生在波矢量 $\boldsymbol{k_0}$ 处。在 $\boldsymbol{k_0}$ 附近，把 $E(\boldsymbol{k})$展成幂级数并且只保留到二次项。由于在极值点 $E(\boldsymbol{k})$对 $\boldsymbol{k}$ 的一阶导数为零，所以展开式为

$$E(\boldsymbol{k}) = E_0 + \frac{1}{2}\sum_{i,j}\frac{\partial^2 E}{\partial k_i \partial k_j}(k_i - k_{0i})(k_j - k_{0j}) \quad (i, j = 1, 2, 3) \tag{2.6-1}$$

在主轴坐标下，交叉的二阶导数项等于零，则有

$$E(\boldsymbol{k}) = E_0 + \frac{1}{2}\sum_{i}\frac{\partial^2 E}{\partial k_i^2}(k_i - k_{0i})^2 \quad (i = 1, 2, 3) \tag{2.6-2}$$

$E(\boldsymbol{k})$等于常数表示 $\boldsymbol{k}$ 空间中能量相等的各点所构成的曲面，称为等能面。令 $E(\boldsymbol{k})$=常数，利用有效质量的定义

$$m_i = \hbar^2\left(\frac{\partial^2 E(\boldsymbol{k})}{\partial {k_i}^2}\right)^{-1} \quad (i = 1,2,3) \tag{2.5-10}$$

$$\frac{\partial^2 E(\boldsymbol{k})}{\partial {k_i}^2} = \frac{\hbar^2}{m_i}$$

于是，由式(2.5−10)等能面方程可以写为

$$E = E_0 + \frac{\hbar^2}{2}\sum_{i}\frac{(k_i - k_{0i})^2}{m_i} \tag{2.6-3}$$

有时写成

$$E = E_0 + \frac{\hbar^2}{2}\left[\frac{(k_x - k_{0x})^2}{m_x} + \frac{(k_y - k_{0y})^2}{m_y} + \frac{(k_z - k_{0z})^2}{m_z}\right] \tag{2.6-4}$$

式中，m_x, m_y, m_z 分别为沿波矢量 $\boldsymbol{k}$ 的 k_x, k_y, k_z 方向的有效质量分量。

式(2.6−3)或式(2.6−4)说明，在能量极值点附近，能量 $E(\boldsymbol{k})$的等能面为椭球面，其半轴为

$$a_i = \left[\frac{2m_i(E - E_0)}{\hbar^2}\right]^{1/2} \quad (i = 1,2,3) \tag{2.6-5}$$

所以 m_i 又称为主轴方向上的有效质量分量。主轴坐标系一词就是起因于以能量椭球的三个半轴为坐标轴的。

对于极值点在 $\boldsymbol{k}$=0，有效质量是各向同性的能带，电子的有效质量 $m_1 = m_2 = m_3$，记为 m_n。式(2.6−3)简化为

$$E = E_0 + \frac{\hbar^2 k^2}{2m_n} \tag{2.6-6}$$

式(2.6−6)表示等能面为一球面。

小结

1. $\boldsymbol{k}$空间中，$E(\boldsymbol{k})$等于常数各点所构成的曲面称为等能面。在能量极值点附近，等能面方程可以写为

$$E = E_0 + \frac{\hbar^2}{2}\sum_i \frac{(k_i - k_{0i})^2}{m_i}$$

或

$$E = E_0 + \frac{\hbar^2}{2}\left[\frac{(k_x - k_{0x})^2}{m_x} + \frac{(k_y - k_{0y})^2}{m_y} + \frac{(k_z - k_{0z})^2}{m_z}\right]$$

式中，m_x, m_y, m_z分别为沿波矢量$\boldsymbol{k}$的k_x, k_y, k_z方向的有效质量分量。

2. 在能量极值点附近，能量$E(\boldsymbol{k})$的等能面为椭球面，其半轴为

$$a_i = \left[\frac{2m_i(E - E_0)}{\hbar^2}\right]^{1/2} \qquad (i=1,\ 2,\ 3)$$

所以m_i又称为主轴方向上的有效质量分量。主轴坐标系一词就是起因于以能量椭球的三个半轴为坐标轴的。

3. 对于极值点在$\boldsymbol{k}=0$，有效质量是各向同性的能带，电子的有效质量记做m_n。

等能面方程为
$$E = E_0 + \frac{\hbar^2 k^2}{2m_n}$$

等能面为一球面。

2.7 金属、半导体和绝缘体的区别

教学要求

1. 根据能带理论定性地讨论金属、半导体和绝缘体的区别。
2. 理解温度对半导体导电能力的影响。

固体按导电能力的大小划分为金属、半导体和绝缘体。金属的电阻率约为$10^{-6}\Omega\cdot\text{cm}$，具有良好的导电性。绝缘体的电阻率在$10^{12}\Omega\cdot\text{cm}$以上，基本上不导电。半导体的电阻率约为$10^{-3}$～$10^{9}\Omega\cdot\text{cm}$，其导电性能介于金属和绝缘体之间。本节我们将根据能带理论定性地讨论金属、半导体和绝缘体的区别。

固体中能带被电子填充的情况只能有三种：第一种情况是能带中的电子态是空的，没有电子占据，这种能带称为空带。第二种情况是能带中的电子态完全被电子所占据，不存在没有电子占据的空状态，这种能带称为满带。第三种情况是能带被电子部分填充，即电子填充了能带中的一部分电子态，还有一部分电子态是空的，这种能带叫做不满带或部分填充能带。能带理论指出，一个晶体是否具有导电性，取决于它是否有不满的能带存在。

根据式(2.4-4)，$E(\boldsymbol{k}) = E(-\boldsymbol{k})$，即状态$\boldsymbol{k}$和状态$-\boldsymbol{k}$的电子具有相同的能量。由式(2.5-3)可见，在这两个状态中电子的速度是大小相等方向相反的。

在没有外电场存在的热平衡情况下，电子在状态中的分布函数只是能量E的函数(见3.2节)。由于$\boldsymbol{k}$状态和$-\boldsymbol{k}$状态的能量相同，它们被电子占据的几率是一样的，也就是说，在热平衡情况下无论是满带还是不满带，电子在状态中的分布都是对称的。

根据量子理论，一个状态为$\boldsymbol{k}$的电子，它在晶体中所引起的电流为

$$j = \frac{(-q)}{V} v(k) \tag{2.7-1}$$

式中，$-q$ 为电子电荷，V 为晶体体积，$\boldsymbol{v}(\boldsymbol{k})$ 为由式(2.5-2)所定义的电子的运动速度。

根据式(2.7-1)，处于 $\boldsymbol{k}$ 状态和$-\boldsymbol{k}$ 状态的两个电子所引起的电流是互相抵消的。根据以上分析不难看出，在热平衡情况下，由于电子在状态中的对称分布，诸电子对电流的贡献彼此两两抵消，晶体中的总电流为零。

在有外电场存在的情况下，由于波矢量 $\boldsymbol{k}$ 在布里渊区是均匀分布的，当有外电场 $\mathscr{E}$ 存在时，电子在布里渊区中以相同的速度改变状态，由式(2.5-5)得

$$d\boldsymbol{k} / dt = (-q)\mathscr{E} / \hbar \tag{2.7-2}$$

就是说，在电场的作用下，所有状态都以相同的速度沿着与电场相反的方向变动(见图 2.10)。

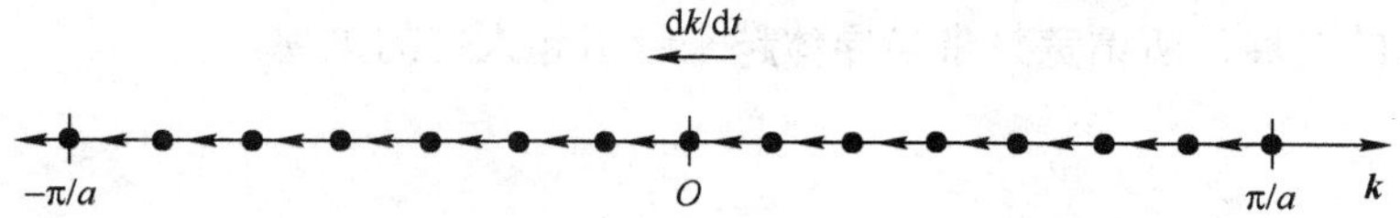

（a）满带

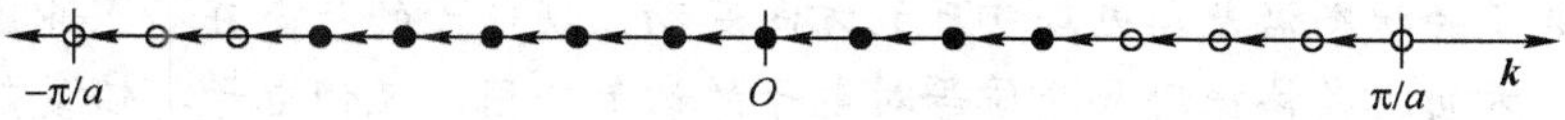

（b）不满带

图 2.10　有电场时电子在电场中的分布(○为没有电子占据的空状态)

对于能带中的状态完全被电子充满的情况(见图 2.10(a))，在第一布里渊区边界 $-\pi/a$ 对应点处流出的电子，又从 π/a 处的对应点流进来(一个电子失去 $-\pi/a$ 的状态的同时有一个电子占据了 π/a 的状态，能带始终是满的)。也就是说，电场并没有改变电子在布里渊中的对称分布，即 $\boldsymbol{k}$ 状态和$-\boldsymbol{k}$ 状态的两个电子仍然是成对存在的，因此所引起的电流是两两互相抵消的。以上分析也可以换一种说法：外电场并不能给满带中的电子以净的动量。因此，虽然有外电场的作用，满带中的电子也不能起导电作用。

对于不满带情况就不同了。一方面，电场的作用使电子的状态沿着与电场相反方向变动，使电子的状态在布里渊区中的分布不再是对称的；另一方面，晶格振动和杂质等对电子的散射作用，又使电子有恢复热平衡分布的趋势。这两种作用使电子在布里渊区中达到一种稳定的分布。这时，与电场方向相反的状态上电子多，与电场方向相同的状态上电子少(见图 2.10(b))，电子产生的电流不能全部抵消，总电流不为零。所以在电场作用下，不满带中的电子有导电作用。

图 2.11 画出了金属、半导体和绝缘体三种固体的能带图及被电子填充的情况，结合前面的分析就可以回答三者在导电性能上的区别。

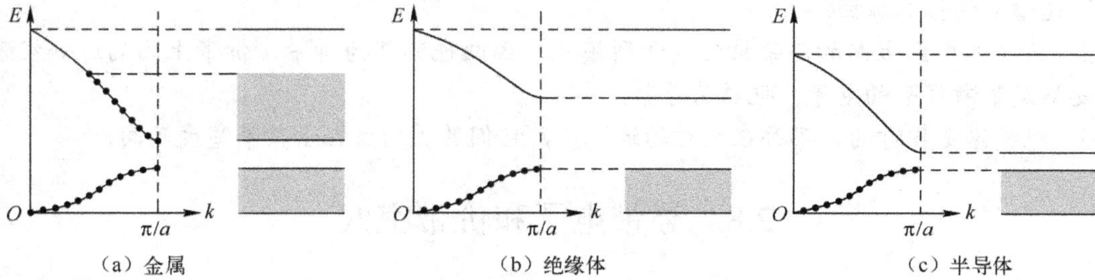

图 2.11　电子填充能带情况的示意图

在金属中有电子占据的最高能带是不满的，而且能带中的电子浓度很高，和原子密度具有相同的数量级($\approx 10^{22}\,\text{cm}^{-3}$)，因此金属有良好的导电性。

对于半导体和绝缘体，在绝对零度时，被电子占据的最高能带是满带，而上面邻近的能带则是空的，满带和空带之间被禁带分开。由于没有不满的能带存在，所以它们不能导电。绝缘体的禁带很宽，即使在温度升高时，电子也难以从满带激发到空带中去，所以仍然是不导电的。半导体和绝缘体的差别仅在于半导体禁带宽度比较窄，在一定温度下，电子容易从满带激发到空带中去。这样一来，原来空着的能带有了少量电子，变成了不满带；原来被电子充满的能带因失去一些电子也变成了不满带，于是半导体就有了导电性。在半导体中，随着温度的升高，从满带进入到空带中的电子数急剧增加。这就是半导体的电导率随着温度升高而增大的根本原因。半导体中最上面的满带被价电子所填充，因此也称其为价带。价带上面的空带能接受从满带激发来的电子，也称为导带。禁带宽度就是电子从价带激发到导带所需要的最小能量。根据以上分析不难看出，绝缘体是相对的，不存在绝对的绝缘体，它们的差别仅在于禁带宽度不同。随着半导体技术的发展，所谓宽禁带半导体越来越引起人们的重视。

小结

1. 能带理论指出，一个晶体是否具有导电性，取决于它是否有不满的能带存在。一方面，电场的作用使电子的状态沿着与电场相反的方向变动，使电子的状态在布里渊区中的分布不再是对称的；另一方面，晶格振动和杂质等对电子的散射作用，又使电子有恢复热平衡分布的趋势。这两种作用使电子在布里渊区中达到一种稳定的分布。这时，与电场方向相反的状态上电子多，与电场方向相同的状态上电子少（见图 2.10(b)），电子产生的电流不能全部抵消，总电流不为零。所以在电场作用下，不满带中的电子有导电作用。

2. 在金属中有电子占据的最高能带是不满的，而且能带中的电子浓度很高，和原子密度具有相同的数量级（$\approx 10^{22}\,\mathrm{cm}^{-3}$），因此金属有良好的导电性。

3. 对于半导体和绝缘体，在绝对零度时，被电子占据的最高能带是满带，而上面邻近的能带则是空的，满带和空带之间被禁带分开。由于没有不满的能带存在，所以它们不能导电。绝缘体的禁带很宽，即使在温度升高时，电子也难以从满带激发到空带中去，所以仍然是不导电的。半导体和绝缘体的差别仅在于半导体禁带宽度比较窄，在一定温度下，电子容易从满带激发到空带中去。这样一来，原来空着的能带有了少量电子，变成了不满带；原来被电子充满的能带因失去一些电子也变成了不满带，于是半导体就有了导电性。

4. 禁带宽度是价电子激发到导带所需要的最小能量，也就是价电子挣脱价键束缚成为自由电子所需要的最小能量。在半导体中，随着价电子热运动能量增加，其进入导带所需要的能量减小，这意味着半导体的禁带宽度随温度升高而减小（称为禁带宽度的负温度效应）。于是，随着温度的升高，从满带进入到空带中的电子数急剧增加。这就是半导体的电导率随着温度升高而迅速增大的根本原因。

5. 半导体中最上面的满带被价电子所填充，因此也称其为价带。价带上面的近邻空带能够接受从满带激发来的电子，也称为导带。

6. 绝缘体是相对的，不存在绝对的绝缘体，它们的差别仅在于禁带宽度不同。

2.8 导带电子和价带空穴

教学要求

1. 掌握概念：导带电子、价带空穴。

2. 掌握空穴的基本属性。

热激发等作用可以把价带的一些电子激发到导带。这实际上就是价电子吸收晶格振动等能量挣脱价健束缚变成了晶体中的自由电子。导带中的电子可以导电，称为导带电子，如图 2.12 所示。

价带的一些电子激发到导带之后，价带中就出现了一些没有电子占据的空状态，价带就变成了不满的能带。按照能带理论，不满的价带中的电子也将有导电作用。

下面讨论价带电子所引起的电流。

假设价带中只有波矢量 $\boldsymbol{k}$ 状态的电子被激发到导带。价带电子被激发到导带后，波矢量 $\boldsymbol{k}$ 的状态是空状态。现在考虑价带中其余电子引起的电流密度 $\boldsymbol{j}$。

如果在 $\boldsymbol{k}$ 状态中填上一个电子，根据式(2.7–1)该电子贡献的电流为

$$\frac{(-q)}{V}\boldsymbol{v}(\boldsymbol{k}) \tag{2.8–1}$$

填上这个电子后，价带被电子充满，总的电流密度应该为零，即

$$\boldsymbol{j}+\frac{(-q)}{V}\boldsymbol{v}(\boldsymbol{k})=0 \tag{2.8–2}$$

于是，有

$$\boldsymbol{j}=\frac{q}{V}\boldsymbol{v}(\boldsymbol{k}) \tag{2.8–3}$$

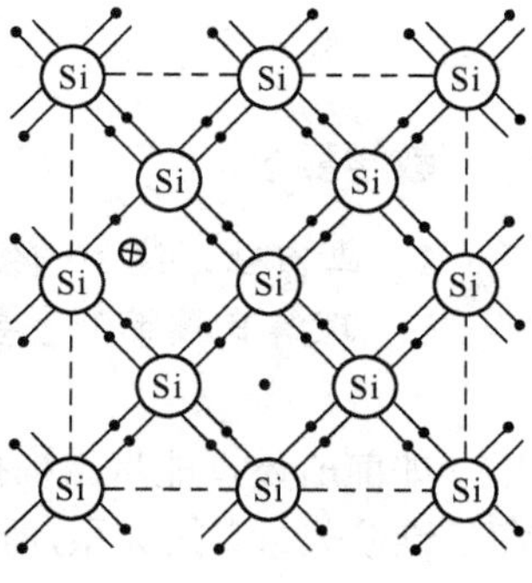

图 2.12　导带电子和价带空穴

上式说明，当价带中有一个波矢量为 $\boldsymbol{k}$ 的状态空着时，价带中实际存在着的那些电子所引起的电流密度相当于一个处于 $\boldsymbol{k}$ 状态，携带电荷$+q$，以速度 $\boldsymbol{v}(\boldsymbol{k})$ 运动的粒子所引起的电流密度。于是可以用这个粒子来代替价带中实际存在着的那些电子。这个粒子是假想的粒子，称其为空穴。半导体的导带电子比金属的导带电子的数量要小得多，价带空穴的数量也很少。它们分别出现在导带底和价带顶附近。

空穴出现在价带顶附近。如果在价带顶附近价电子的有效质量是各向同性的，则其有效质量 $m_n<0$。为方便起见，取空穴有效质量 $m_p=-m_n>0$，即赋予空穴正的有效质量。

综上所述，可以把价带中的空状态看成是波矢量为 $\boldsymbol{k}$，携带电荷为$+q$，具有正的有效质量 m_p 从而具有$-E(\boldsymbol{k})$能量的假想粒子——空穴。引进空穴这一概念之后，就可以把大量的价电子引起的电流用少量空穴的电流表达出来(为不使问题复杂化，不引入空穴的波矢量)。通过对少量空穴运动的分析来代替对大量价电子运动的分析，使问题大为简化。以后我们会看到，价带顶附近存在少量空穴的问题同导带底附近存在少量电子的问题是十分相似的。

根据以上分析，在半导体中，起导电作用的除了导带中的电子外，还有价带中的空穴。二者都是荷电的粒子，统称为载流子。有两种载流子存在，是半导体导电的特点。这使半导体呈现出许多奇异的特性。

小结

1. 热激发等作用可以把价带的一些电子激发到导带，使导带变成不满带。导带电子就是晶体中冲破价键束缚的自由电子。导带中的电子可以导电。价带的一些电子激发到导带之后，价带中就出现了一些没有电子占据的空状态，价带也就变成了不满的能带。按照能带理论，不满的价带中的电子也将有导电作用。

2. 处于 $\boldsymbol{k}$ 状态的价电子跃迁到导带以后，在 $\boldsymbol{k}$ 状态留下了一个电子的空位。把价带中的空位看成是波矢量为 $\boldsymbol{k}$，携带电荷为$+q$，具有正的有效质量 m_p 从而具有$-E(\boldsymbol{k})$能量的假想粒子——空穴。

3. 引进空穴这一概念之后，就可以把大量的价电子引起的电流用少量空穴的电流表达出来。通过对少量空穴运动的分析来代替对大量价电子运动的分析，使问题大为简化。

4. 在半导体中，起导电作用的有导带电子和价带空穴两种载流子。它们分别出现在导带底和价带顶附近。此外，半导体中导带电子的数量比金属中电子的数量要小得多，价带空穴的数量也很少，因此半导体的导电能力比金属的低得多。有两种载流子存在，是半导体导电的特点。这使半导体呈现出许多奇异的特性。

5．由于空穴的能量等于 $\boldsymbol{k}$ 状态电子能量的负值，所以在简化能带图中能级越高，电子能量越大，能级越低，空穴能量越大。

2.9 硅、锗、砷化镓的能带结构

教学要求

1. 画出硅、锗和砷化镓导带能带图的示意图。指出导带极小值和价带极大值发生的地点。
2. 理解直接带隙半导体和间接带隙半导体的概念。

如前所述，能带结构指的是能量 E 与波矢量 $\boldsymbol{k}$ 之间的关系。由于用三维图像难以表达出 E 和三维波矢量 $\boldsymbol{k}$ 的关系，所以通常都是在布里渊区的两个主要对称方向上给出 E 与 $\boldsymbol{k}$ 的函数关系。

2.9.1 导带能带图

硅的导带在沿〈100〉方向的布里渊区内部的一点上有一个极小值，这个点与布里渊区中心的距离为 0.8 K_x（K_x 为在〈100〉方向布里渊区边界上的值）。

由于硅是具有立方对称性的晶体，所以在 6 个彼此对称的〈100〉方向上都应有极小值存在，即硅的导带有 6 个彼此对称的极小值。通常把导带的极小值也称为能谷，如图 2.13(a) 所示。硅的导带极小值附近的等能面是旋转椭球面，旋转轴为〈100〉轴。由式(2.6-4)在(100)方向上（$k_{0y}=k_{0z}=0$）

$$E=E_0+\frac{\hbar^2}{2}\left[\frac{(k_x-k_{0x})^2}{m_x}+\frac{{k_y}^2}{m_y}+\frac{{k_z}^2}{m_z}\right]$$

注意，$m_y=m_z$，记作 m_t，称为横有效质量；m_x 称为纵有效质量，记作 m_l。于是，一般地〈100〉等能面可以表示成

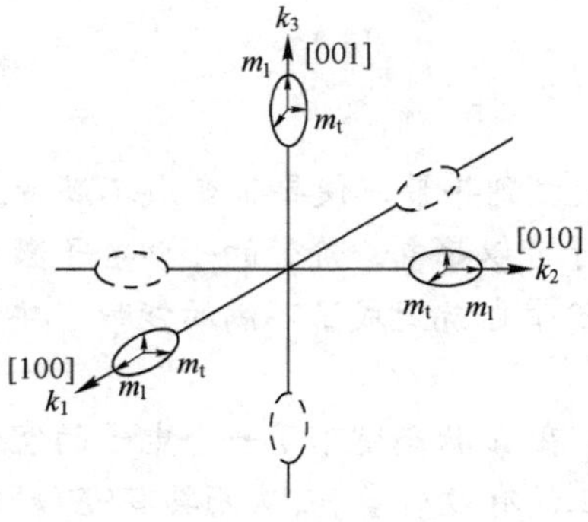

（a）

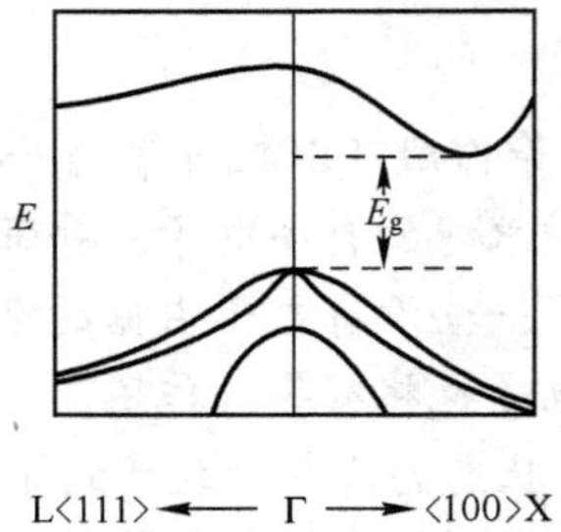

（b）硅的能带结构

图 2.13　硅的能带图

$$E = E_c + \frac{\hbar^2}{2}\left[\frac{(k_1 - k_{01})^2}{m_l} + \frac{k_2^2 + k_3^2}{m_t}\right] \tag{2.9-1}$$

式中，E_c 是导带底的能量。图中 m_l 为沿〈100〉方向的有效质量——纵向有效质量，m_t 是垂直于〈100〉方向的有效质量——横向有效质量。回旋共振实验测得，硅的 $m_t = 0.19m$, $m_l = 0.98m$。m 为自由电子质量。比率 m_l/m_t=5.16 反映了等能面的不等轴性。

图 2.14 给出了锗和砷化镓的能带图。锗的导带极小值发生在〈111〉方向的布里渊区边界上，共有 8 个极小值，它们的波矢量之间相差一个倒格矢。这两个波矢量实际上代表同一状态，因此锗的导带只有四个彼此对称的极小值，或者说有四个对称的能谷。极小值附近的等能面是旋转椭球面，旋转主轴是〈111〉轴。砷化镓的导带极小值发生在布里渊区中心($k = 0$)。在极小值附近的等能面是球形。电子的有效质量是各向同性的，称为Γ能谷(简称Γ谷)。另外，在〈111〉方向还有极小值存在，其能量比Γ谷高 0.29eV，称为 L 能谷；在〈100〉方向还有极小值存在，能量比Γ谷高 0.36eV，称为 X 谷。L 谷和 X 谷叫做Γ谷的卫星谷(Γ、L、X 模型)。在强电场作用下，电子可以由Γ谷转移到卫星谷，产生所谓转移电子效应。

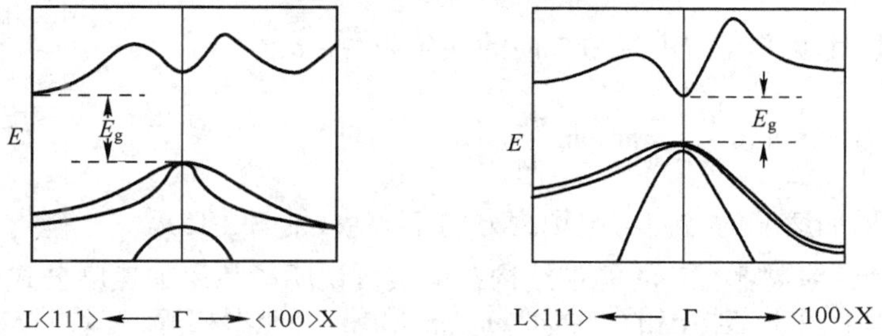

(a) Ge　　(b) GaAs

图 2.14　锗和砷化镓的能带结构

2.9.2　价带能带图

从图 2.13 和图 2.14 可以看出，硅、锗和砷化镓的价带中都有三个能带。两个带在 $\boldsymbol{k} = 0$ 处有相同的极大值，即它们在 $k = 0$ 处是简并的。上面的带，E 随 $\boldsymbol{k}$ 变化的曲率小，由 $m_p = -m_n = -\hbar^2/(\mathrm{d}^2E/\mathrm{d}k^2)$，空穴的有效质量大，称为重空穴带。下面的带曲率大，空穴的有效质量小，称为轻空穴带。这两个带的等能面是复杂的扭曲面，通常可以近似地用两个球形等能面来代替它们，对应的有效质量分别称为重空穴有效质量和轻空穴有效质量。第三个带是由于自旋轨道耦合分裂出来的，它的极大值也在 k=0 处，但比上述的两个带的极大值低，存在一个能量裂距，这个带的等能面是球面。

硅和锗的能带的导带底和价带顶发生在 k 空间的不同点，具有这种能带类型的半导体称为间接带隙半导体。在 300K 硅和锗的禁带宽度分别为1.12eV 和 0.67eV 。砷化镓的价带和硅、锗的类似，都有一个重空穴带和一个轻空穴带，它们在 $k = 0$ 处有相同的极大值。在 k=0 处还有一个极大值较低的第三个带。砷化镓的导带底和价带顶发生在 k 空间的同一点。具有这种能带类型的半导体称为直接带隙半导体。在 300K 砷化镓的禁带宽度为1.43eV 。

例 2.2　设硅晶体中电子的纵向有效质量为 m_l，横向有效质量为 m_t

(1) 如果外加电场沿[100]方向，试分别写出在[100]和[001]方向能谷中电子的加速度；

(2) 如果外加电场沿[110]方向，试求出[100]方向能谷中电子的加速度和电场力之间的夹角。

解：(1) 令能量极小值附近的等能面的三个主轴分别沿[100]，[010]和[001]方向。各轴上

的单位矢量分别用 $\boldsymbol{e}_x,\boldsymbol{e}_y,\boldsymbol{e}_z$ 表示。[100]轴上有效质量分量分别为 $m_x = m_l$，$m_y = m_z = m_t$。[001]轴上 $m_y = m_x = m_t$，$m_z = m_l$。外加电场沿[100]方向，即 $\mathscr{E} = \mathscr{E}\boldsymbol{e}_x$。电子受到的电场力 $F_x = -q\mathscr{E}, F_y = F_z = 0$。于是：

[100]方向能谷中电子的加速度为 $a_x = F_x / m_x = -q\mathscr{E} / m_l, a_y = a_z = 0$。

[001]方向能谷中电子的加速度为 $a_x = F_x / m_x = -q\mathscr{E} / m_t, a_y = a_z = 0$。

（2）外加电场沿[110]方向，电场力分量为

$$F_x = -\frac{\sqrt{2}}{2}q\mathscr{E},\ F_y = -\frac{\sqrt{2}}{2}q\mathscr{E},\ F_z = 0$$

[100]方向能谷中电子的加速度为

$$a_x = \frac{F_x}{m_x} = -\frac{\sqrt{2}}{2}\frac{q\mathscr{E}}{m_l},\ a_y = \frac{F_y}{m_y} = -\frac{\sqrt{2}}{2}\frac{q\mathscr{E}}{m_t},\ a_z = 0$$

加速度为 $$\boldsymbol{a} = a_x\boldsymbol{e}_x + a_y\boldsymbol{e}_y = -\frac{\sqrt{2}}{2}\frac{q\mathscr{E}}{m_l}\boldsymbol{e}_x - \frac{\sqrt{2}}{2}\frac{q\mathscr{E}}{m_t}\boldsymbol{e}_y$$

由图 2.15 可见，加速度方向与电场力方向的夹角为 $\frac{\pi}{4} - \alpha$

$$\alpha = \arctan\frac{|a_x|}{|a_y|} = \arctan\frac{m_t}{m_l}$$

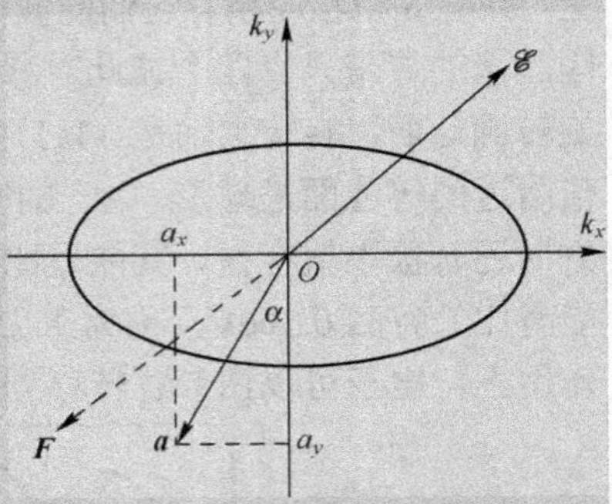

图 2.15　加速度与电场力之间的夹角

由于 $m_l \neq m_t$，可见加速度的方向与电场力方向不一致(见图 2.15)。

此例题旨在使读者熟悉 Si 的能带结构并以实例说明了使用加速度公式(2.5–14)计算加速度的方法，以及理解 2.5 节指出的“由于 m_1、m_2 和 m_3 可能不相等(有效质量是各向异性的)，因此加速度的方向与外力 $\boldsymbol{F}$ 的方向不一定一致。”的含义。

小结

1. 硅的导带极小值发生在〈100〉轴 $0.8K_x$ 处，有 6 个彼此对称的能谷。等能面是旋转椭球面，旋转主轴是〈100〉轴。可以表示成

$$E = E_c + \frac{\hbar^2}{2}\left[\frac{(k_1 - k_{01})^2}{m_l} + \frac{k_2^2 + k_3^2}{m_t}\right]$$

其中，m_t 称为横有效质量，m_l 称为纵有效质量。

2. 锗的导带极小值发生在〈111〉方向的布里渊区边界上。锗的导带只有四个彼此对称的能谷。极小值附近的等能面是旋转椭球面，旋转主轴是〈111〉轴。

3. 砷化镓的导带极小值发生在布里渊区中心，称为Γ能谷。在极小值附近的等能面是球面[式(2.6–6)]：

$$E = E_c + \frac{\hbar^2 k^2}{2m_n}$$

式中，用导带底能量 E_c 代替了式(2.6–6)的能量极小值 E_0。在〈111〉方向还有 L 能谷，在〈100〉方向还有 X 谷。L 谷和 X 谷叫做Γ谷的卫星谷(Γ、L、X 模型)。在强电场作用下，电子可以由Γ谷转移到卫星谷，产生所谓转移电子效应。

4. 硅、锗和砷化镓的价带中都有三个能带。两个带在 $\boldsymbol{k} = 0$ 处有相同的极大值。上面的带称为重空穴带。下面的带称为轻空穴带。对应的有效质量分别称为重空穴有效质量和轻空穴有效质量。第三个带是由于自旋轨道耦合分裂出来的，它的极大值也在 $\boldsymbol{k} = 0$ 处，但比上述的两

个带的极大值低，存在一个能量裂距。

5. 硅和锗的能带的导带底和价带顶发生在 $\boldsymbol{k}$ 空间的不同点，这种半导体称为间接带隙半导体。砷化镓的导带底和价带顶发生在 $\boldsymbol{k}$ 空间的同一点，称为直接带隙半导体。

2.10 半导体中的杂质和杂质能级

教学要求

1. 周期性势场的非理想因素在晶体中引起附加的势场，使实际晶体偏离理想的周期性势场。

2. 掌握概念：替位式杂质、间隙式杂质、施主杂质、中性施主、电离施主、施主能级、N 型半导体；受主杂质、中性受主、电离受主、受主能级、P 型半导体；杂质补偿，等电子杂质、等电子陷阱。

3. 了解硅杂质在砷化镓中的双性行为。

2.4 节指出，在完整晶态半导体中，电子的能量谱值形成能带。价带和导带之间被禁带分开。但在实际半导体材料中，总是不可避免地存在有各种偏离“完整”的理想情况的复杂因素。比如说，原子不是静止不动而是在平衡位置附近振动；半导体材料不是绝对纯净的而是含有一定的杂质，而且在半导体的研究和应用中，常常有意识地加入适当的杂质；实际半导体的晶格结构不是完整无缺的而是存在缺陷，等等。这些非理想因素会在晶体中引起附加的势场，比如在禁带中引入相应的杂质能级和缺陷能级，产生局域化的电子态，使电子和空穴束缚在杂质或缺陷的周围，等等。这些非理想因素使实际晶体偏离理想的周期性势场。

2.10.1 替位式杂质和间隙式杂质

半导体中的杂质主要来源于制备半导体的原材料纯度不够，半导体单晶制备过程中和器件制造过程中的玷污，或者为了控制半导体的性质而人为地掺杂。下面以硅为例说明杂质原子在晶体中是如何分布的以及它们对半导体的影响。

（1）替位式杂质

由于热运动，有些硅原子会离开晶体格点，于是杂质原子就会占据这些晶体格点。或者说，杂质原子以替位方式取代了晶体原子而位于晶体格点处。这种杂质叫做替位式杂质。一般地说，形成替位式杂质，要求杂质原子的大小要与晶体原子的大小比较接近，它们的价电子壳层结构也要比较相近。硅、锗是Ⅳ族元素，与Ⅲ、Ⅴ族元素的情况比较接近，所以锗、硅中的Ⅲ、Ⅴ族元素一般是替位式杂质。

（2）间隙式杂质

晶体原子并不是占满整个晶胞。比如计算表明，在金刚石型结构晶体中，一个晶胞内的 8 个原子只占有晶胞体积的 34%。66%的晶胞体积是空的。这些空隙叫做间隙位置。杂质原子进入晶体后可能占据一些间隙位置。占据晶体间隙位置的杂质就叫做间隙杂质。间隙杂质原子一般比较小，比如离子锂(Li^+)的半径很小，约为 0.068nm，因此离子锂在硅、锗、砷化镓中是间隙式杂质。

图 2.16 为硅中替位式杂质 B 和间隙式杂质 A 示意图。

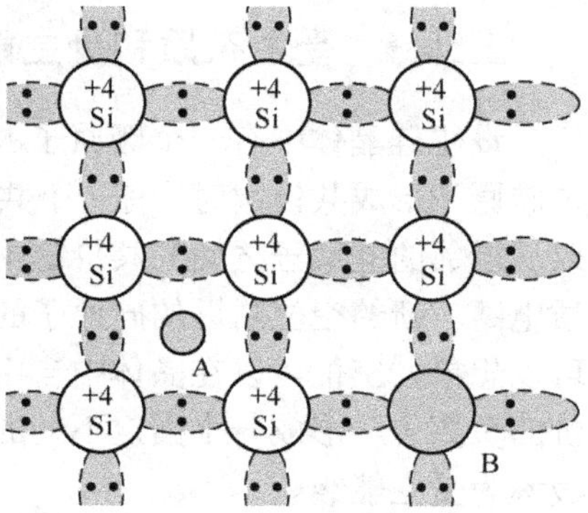

图 2.16 Si 单晶半导体中间隙式杂质 A 和替位式杂质 B

2.10.2 施主杂质和施主能级 N 型半导体

存在于Ⅳ族元素半导体锗、硅中的Ⅲ族元素(如 B、Al、Ga、In)和 V 族元素(如 P、As、Sb)通常在晶格中占据硅或锗原子的位置，成为替位式杂质。当一个磷原子占据硅原子的位置以后，其中四个价电子与近邻的四个硅原子形成共价键。由于磷原子有五个价电子，多余一个电子未进入共价键，如图 2.17(a)所示。这个价电子被磷原子束缚得很弱，所以很容易从磷原子中“挣脱”出来(杂质电离)，在晶体中自由运动，成为硅中的自由电子即导带电子。这种能够向导带中提供电子的杂质叫做施主杂质。

当价电子被束缚在施主杂质周围时，施主杂质是电中性的，叫做中性施主。失去电子以后的施主杂质叫做电离施主，它是固定在晶格上的一价正离子。施主杂质提供了一个局域化的电子态，相应的能级称为施主能级。

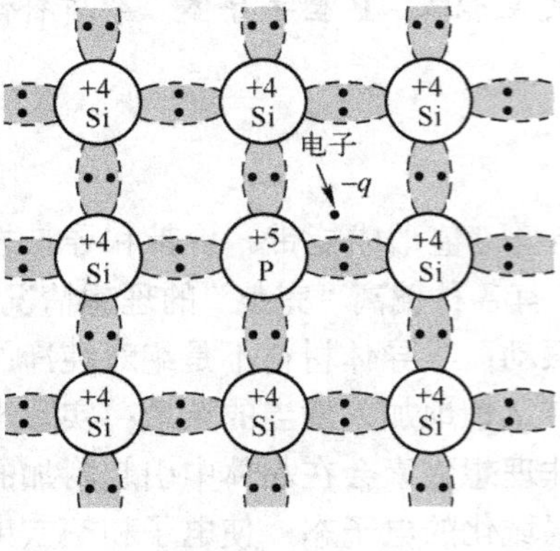

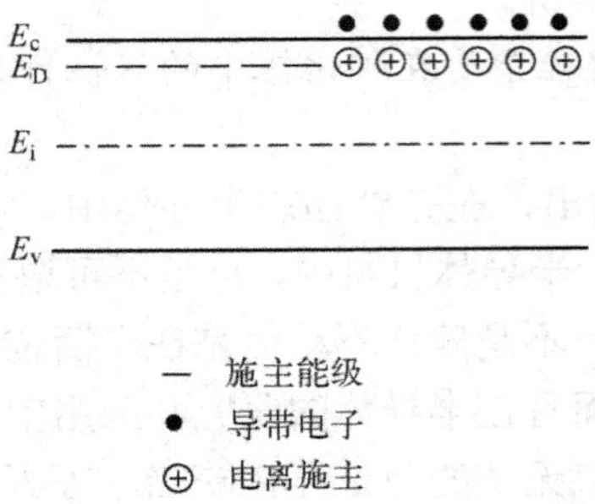

图 2.17 施主杂质和施主能级

由于电子从施主能级激发到导带所需要的能量——杂质电离能很小，所以施主能级位于导带底之下而又与它很靠近，如图 2.17(b)所示。图中，E_c、E_v 和 E_D 分别表示导带底、价带顶和施主能级。导带底和施主能级之间的能量间隔：$\Delta E_D=E_c-E_D$，就是施主电离能。施主电离能可以用类氢模型(见 2.11 节)粗略估算，也可以通过实验测量。在能带图中，杂质能级通常用间断的横线表示，以说明它们相应的状态是局域态。图 2.17(b)中的 E_i 表示禁带中央的能量。V 族元素磷、砷、锑等在硅和锗中起施主杂质的作用。在只有施主杂质的半导体中，当温度较低时，价带中的电子能够激发到导带的很少，起导电作用的主要是从施主能级激发到导带的电子。这种主要由电子导电的半导体，称为 N 型半导体，也称为电子半导体。

2.10.3 受主杂质和受主能级 P 型半导体

设想硅晶体中有一个硼原子占据了硅原子的位置。硼原子有三个价电子，当它和近邻的四个硅原子形成共价键时，有一个共价键中出现一个电子的空位，如图 2.18(a)所示。这个空位可以从近邻的硅原子之间的共价键中夺取一个电子，使那里产生一个新的空位，这个过程也是杂质电离。新的空位附近的硅原子的共价键中电子又可以自由地进入这个新的空位。以此类推。可以想象，空位可以在晶体中自由运动，成为价带中的空穴。硼原子接受一个电子后，变成一价的负离子，形成一个固定不动的负电中心。受主杂质提供了一个局域化的电子态，相应的能级称为受主能级。

从一个硅原子之间的共价键中取出一个电子放入硅和硼之间的共价键中去，所需的能量很小，这个能量就是硼原子的电离能。

能够从价带中接受电子的杂质，称为受主杂质。受主能级的位置在价带顶 E_v 之上。由于受主电离能很小，故受主能级与 E_v 很靠近，如图 2.18(b)所示。在能带图上，受主电离能就是受主能级 E_A 和 E_v 之间的能量间隔：$\Delta E_A = E_A - E_v$。

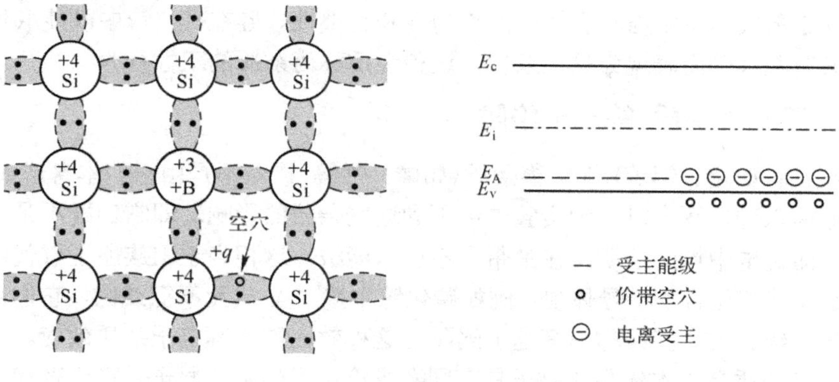

（a）Si单晶半导体中受主杂质　　（b）受主能级及电离受主

图 2.18　受主杂质和受主能级

上面讲的受主杂质电离的例子也常用另一种方法表述：把中性的受主杂质看成是带负电的硼离子在它周围束缚一个带正电的空穴，把受主杂质从价带接受一个电子的电离过程看成是被硼离子束缚着的空穴激发到价带的过程。这种说法与施主杂质把束缚的电子激发到导带的电离过程是完全类似的。

Ⅲ族元素硼、铝、镓、铟在硅、锗中起受主杂质作用。在只有受主杂质的半导体中，温度较低时，起导电作用的主要是价带中的空穴，它们是由受主杂质电离产生的。这种主要由空穴导电的半导体，称为 P 型半导体，也叫做空穴半导体。

杂质补偿

如果半导体中同时含有施主和受主杂质，由于受主能级比施主能级低得多，施主杂质上的电子首先要去填充受主能级，剩余的才能激发到导带；而受主杂质也要首先接受来自施主杂质上的电子，剩余的受主杂质才能接受来自价带的电子。施主和受主杂质之间的这种互相抵消的作用，称为杂质补偿。

在杂质补偿情况下，半导体的导电类型由浓度大的杂质决定。当施主浓度大于受主浓度时，半导体是 N 型的。有效施主浓度为 $N_D - N_A$。反之，当受主浓度大于施主浓度时，半导体是 P 型的。有效受主浓度为 $N_A - N_D$。

2.10.4　III-V 族化合物中的杂质能级

在Ⅳ族元素半导体中，取代Ⅳ原子占据晶格位置的 V 族原子成为施主杂质，而Ⅲ族原子则成为受主杂质。这个结果说明，在半导体中，杂质原子的价电子数与晶格原子的价电子数之间的关系，是决定杂质行为的一个重要因素。按照这种看法，在Ⅲ-V 化合物半导体中，取代晶格中 V 族原子的Ⅵ族原子，应该是施主杂质；取代Ⅲ族原子的Ⅱ族原子，应该是受主杂质。实验已经证明，Ⅵ元素中的硒和碲确实是施主杂质，而Ⅱ族元素中的锌和镉是受主杂质。

Ⅳ族原子在Ⅲ-V 族化合物半导体中的行为比较复杂。如果Ⅳ族原子只取代晶格中的Ⅲ族原子，它们起施主杂质的作用；如果只取代 V 族原子，它们就是受主杂质。Ⅳ族原子也可以既取代Ⅲ族原子，又取代 V 族原子。究竟哪一种原子被取代得多，与Ⅳ族原子的浓度和外部条件有关。例如，Si 在 GaAs 中两种晶格原子位置上的分布就与 Si 的浓度有关。实验表明，在 Si 的浓度大约小于 $10^{18}\,cm^{-3}$ 时，Si 原子基本上只取代 Ga 原子，起施主杂质的作用；而在 Si 的浓度大于$10^{18}cm^{-3}$时，则也有部分 Si 原子取代 As 原子成为受主杂质，对于取代 Ga 原子的 Si 施主起补偿作用。温度的影响是，温度高时大部分 Si 占据 Ga 的位置。随着温度降低，越来越多的 Si 占据 As 原子的位置，增加到适当的量就会发生半导体转型，形成 PN 结。这种用一个熔体，以一次液相外延形成的 PN 结具有较好的均匀性和完整性。硅在砷化镓中既能取代镓而表现为施主杂质，又能取代砷而表现为受主杂质，这种性质称为杂质的双性行为。

2.10.5 等电子杂质 等电子陷阱

当 III 族杂质(如硼、铝等)和 V 族杂质(如磷、锑等)掺入不是由它们本身形成的III-V 族化合物中，例如掺入砷化镓中时，则实验中测不到这些杂质的影响。即它们既不是施主杂质也不是受主杂质，而是电中性的杂质，在禁带中不引入能级。这相当于III族原子取代镓，V 族原子取代砷。但是在某些化合物半导体中，例如磷化镓中掺入 V 族元素氮或铋，它们可能取代磷并在禁带中产生能级。这个能级称为等电子陷阱。这种效应称为等电子杂质效应。

所谓等电子杂质是与本体晶体原子具有同数量价电子的杂质原子。它们替代了晶格点上的同族原子后，基本上仍是电中性的。但是由于原子序数不同，这些原子的共价半径和电负性与本体原子有差别，因而它们能够俘获某种载流子而成为带电中心。这个带电中心就称为等电子陷阱。只有当掺入原子与基质晶体原子在电负性、共价半径方面具有较大差别时，才能形成等电子陷阱。一般来说，同族元素原子序数越小，电负性越大，共价半径越小。等电子杂质电负性大于本体晶体原子的电负性时，取代后，它便能俘获电子成为负电中心。反之，它能俘获空穴成为正电中心。例如，氮的共价半径和电负性分别为 0.070nm 和 3.0，磷的共价半径和电负性分别为 0.110nm 和 2.1，氮取代磷后能俘获电子成为负电中心。这个俘获中心就称为等电子陷阱。这个电子的电离能ΔE_D=0.008eV。铋的共价半径和电负性分别为 0.146nm 和 1.9，铋取代磷后能俘获空穴。它的电离能是ΔE_A=0.038eV。

除等电子杂质原子可以形成等电子陷阱外，等电子络合物也能形成等电子陷阱。如在磷化镓中，以锌原子占据镓原子位置，以氧原子占据磷原子位置，当这两个杂质原子处于相邻的晶格点时，形成一个电中性的 Zn-O 络合物。由于锌比镓的阳性强，氧比磷的阴性强，锌、氧结合要比锌、磷或镓、磷结合更紧密。锌、镓电负性均为 1.6，氧的电负性为 3.5，比磷的大，所以形成 Zn-O 之后，仍能俘获电子。俘获电子后，Zn-O 带负电，电子电离能为 0.30eV。

等电子陷阱俘获载流子后成为带电中心，这一带电中心由于库仑作用又能俘获另一种相反符号的载流子，形成束缚激子。这种束缚激子在由间接带隙半导体材料制造的发光器件中起主要作用。

小结

1. 当价电子被束缚在施主杂质周围时，施主杂质是电中性的，叫做中性施主。失去电子以后的施主杂质叫做电离施主，它是固定在晶格上的一价正离子。施主杂质在禁带提供了一个局域化的电子态，相应的能级称为施主能级。

施主能级位于导带底之下而又与它很靠近。在只有施主杂质的半导体中，在温度较低时，价带中的电子能够激发到导带的很少，起导电作用的主要是从施主能级激发到导带的电子。这种主要由电子导电的半导体，称为 N 型半导体，也称为电子半导体。

2. 锗、硅中的III族杂质能够从价带中接受电子。这种杂质称为受主杂质。受主杂质可以在它的周围产生局域化的电子态，相应的能级称为受主能级，它的位置在价带顶 E_V 之上，与 E_V 很靠近。受主杂质电离的例子也常用另一种方法表述：把中性的受主杂质看成是带负电的硼离子在它周围束缚一个带正电的空穴，把受主杂质从价带接受一个电子的电离过程，看成是被硼离子束缚着的空穴激发到价带的过程。这种说法与施主杂质把束缚的电子激发到导带的电离过程是完全类似的。在只有受主杂质的半导体中，温度较低时，起导电作用的主要是价带中的空穴。这种主要由空穴导电的半导体，称为P型半导体，也叫做空穴半导体。

3. 施主和受主杂质之间的互相抵消的作用，称为杂质补偿。在杂质补偿情况下，半导体的导电类型由浓度大的杂质决定。当施主浓度大于受主浓度时，半导体是N型的。有效施主浓度为 N_D-N_A。反之，当受主浓度大于施主浓度时，半导体是P型的。有效受主浓度为 N_A-N_D。

4. 等电子杂质是与本体晶体原子具有同数量价电子的杂质原子。这些原子的共价半径和电负性与本体原子有差别，它们替代了晶格点上的同族原子后，能俘获某种载流子而成为带电中心。这个带电中心就称为等电子陷阱。当等电子杂质的电负性大于本体晶体原子的电负性时，取代后，它便能俘获电子成为负电中心。反之，它能俘获空穴成为正电中心。这个俘获中心就称为等电子陷阱。

等电子陷阱俘获载流子后成为带电中心，这一带电中心由于库仑作用又能俘获另一种相反符号的载流子，形成束缚激子。这种束缚激子在由间接带隙半导体材料制造的发光器件中起主要作用。

2.11 类氢模型

教学要求

1. 了解类氢模型的基本思想。
2. 建立杂质电离能的数量级概念。

前面指出，在Ⅳ族元素半导体中的Ⅴ族施主杂质和Ⅲ族受主杂质有一个共同特点，就是电离能比较低。施主杂质对电子的束缚和受主杂质对空穴的束缚都比较弱。束缚态中的电子和空穴实际上在一个半径很大的区域内运动，能够扩展到很多个原子上。可以把施主正离子对电子的作用和受主负离子对空穴的作用近似地看做是晶体中的点电荷之间的作用。这样，由杂质引起的局域化状态的问题，就同氢原子中电子被质子束缚的问题类似。不同的是氢原子中的电子以惯性质量在自由空间运动，半导体中的导带电子和价带空穴以有效质量在晶体介质中运动。

基于以上分析，我们来计算杂质态中的电子或空穴的电离能和轨道半径。

氢原子中电子的电离能（波尔能量）为

$$E_B=\frac{mq^4}{2(4\pi\varepsilon_0\hbar)^2}=13.6(\text{eV}) \tag{2.11-1}$$

半导体中的施主上的电子或受主上的空穴的电离能应当为

$$\Delta E=\frac{m^*q^4}{2(4\pi\varepsilon\hbar)^2}=\frac{1}{\varepsilon_r^2}\left(\frac{m^*}{m}\right)E_B \tag{2.11-2}$$

式中，ε_0 为真空电容率(介电常数)，$\varepsilon=\varepsilon_r\varepsilon_0$ 为半导体介质的电容率，ε_r 为半导体的相对介电常数。m^* 代表施主上的电子或受主上的空穴的有效质量。

氢原子基态的波尔半径为

$$a_B=\frac{4\pi\varepsilon_0\hbar^2}{mq^4}=0.053\text{nm}$$

半导体施主态上的电子或受主上的空穴的轨道半径为

$$a=\frac{4\pi\varepsilon\hbar^2}{m^*q^4}=\varepsilon_r\left(\frac{m}{m^*}\right)a_B \tag{2.11-3}$$

以上对杂质态的分析方法通常称为类氢模型。采用类氢模型计算得到的杂质能级同氢原子中的电子能级分布很类似，称为类氢能级。

锗和硅的介电常数都比较大，硅为 12，锗为 16。对于这两种半导体材料，施主杂质上的电子和受主杂质上的空穴都具有比较低的电离能和比较大的轨道半径，这种电离能比较低的杂质能级通常称为浅能级。

在硅中，V 族施主杂质磷、砷、锑的电离能和 III 族受主杂质硼、铝、镓的电离能约为 0.05eV。这些杂质在锗中的电离能约为 0.01eV。

表 2.1 列出了硅和锗中 V 族施主杂质和 III 族受主杂质的电离能。

表 2.1　锗、硅中 V 族(a)和III族(b)杂质的电离能

	P	As	Sb
Ge	0.0120	0.0127	0.0096
Si	0.044	0.039	0.039

(a)

	B	Ga	Al	In
Ge	0.01	0.011	0.01	0.011
Si	0.045	0.065	0.057	0.016

(b)

从表中的数据可以看出，施主和受主的电离能同室温下的 KT(0.026eV) 可以比较。因此在室温情况下，施主和受主的热离化对于锗和硅的导带能力的影响是极其重要的。

2.12　深　能　级

教学要求

1. 理解概念：深能级。
2. 了解金在锗中引起哪些深能级。

理论计算和实验证明，硅或锗中的III族和 V 族杂质，III-V 族化合物中的 II 族或VI族杂质，其电离能在几个至几十个 meV 之间。这些杂质在禁带中引入的杂质能级叫做浅能级。在半导体中还存在着另一类杂质，它们引入的能级在禁带中心附近，常称这样的能级为深能级。形成深能级的杂质，由于它们的电离能比较大，对热平衡中的载流子浓度没有直接的贡献。但是这种杂质对半导体的其他性质却会有显著的影响，在半导体技术中获得了广泛的应用。例如，它们作为电子和空穴的复合中心，可以缩短非平衡载流子的寿命，提高半导体器件的工作速度。

各种深能级杂质的性质和作用是很不相同的。有的杂质可以存在几种不同的电离态。对应于每种电离态，都存在一个能级，因此它们可以在禁带中引入多重杂质能级。有的杂质既能成为施主，又可以成为受主，常称它们为两性杂质。锗和硅中的金是研究得比较多的一种深能级杂质。下面以锗中的金原子为例做一些说明。

金原子最外层有 1 个价电子，比锗少 3 个价电子。在锗中的中性金原子(Au^0)有可能分别接受 1、2、3 个电子而成为(Au^-)、(Au^{2-})、(Au^{3-})，起受主作用，引入 E_{A1}、E_{A2}、E_{A3} 等 3 个受主能级。中性金原子也可能给出它的最外层电子而成为 Au^+，起施主作用，引入一个施主能级 E_D。所以金在锗中引入 4 个能级，如图 2.19 所示。图中，E_i 以上的能级，标出的数字是它们离导带底的距离，E_i 以下的能级标出的则是它们离价带顶的距离。

图 2.19　金在锗中的能级

金原子在锗中的带电状态和它所起的作用，与锗中存在的其他浅能级杂质的种类和数量以及温度等因素有关。例如，如果锗中同时含有金和浅施主杂质砷，若砷的浓度小于金的浓度，则砷能级上的电子全部落入金的第一受主能级 E_{A1}，但还不能完全填满它。这时一部分金原子的带电状态是 Au^-，对浅施主砷起补偿作用。当温度升高时，价带中的电子受热激发还要填充这个能级，使样品为 P 型。

图 2.20 是锗、硅和砷化镓中各种杂质的能级。图中虚线表示禁带的中心。在禁带中心以下的能级是从价带顶算起的，除了用 D 表示的施主能级之外，都是受主能级。在禁带中心以上的能级是从导带底算起的，除了用 A 表示的受主能级之外，都是施主能级。

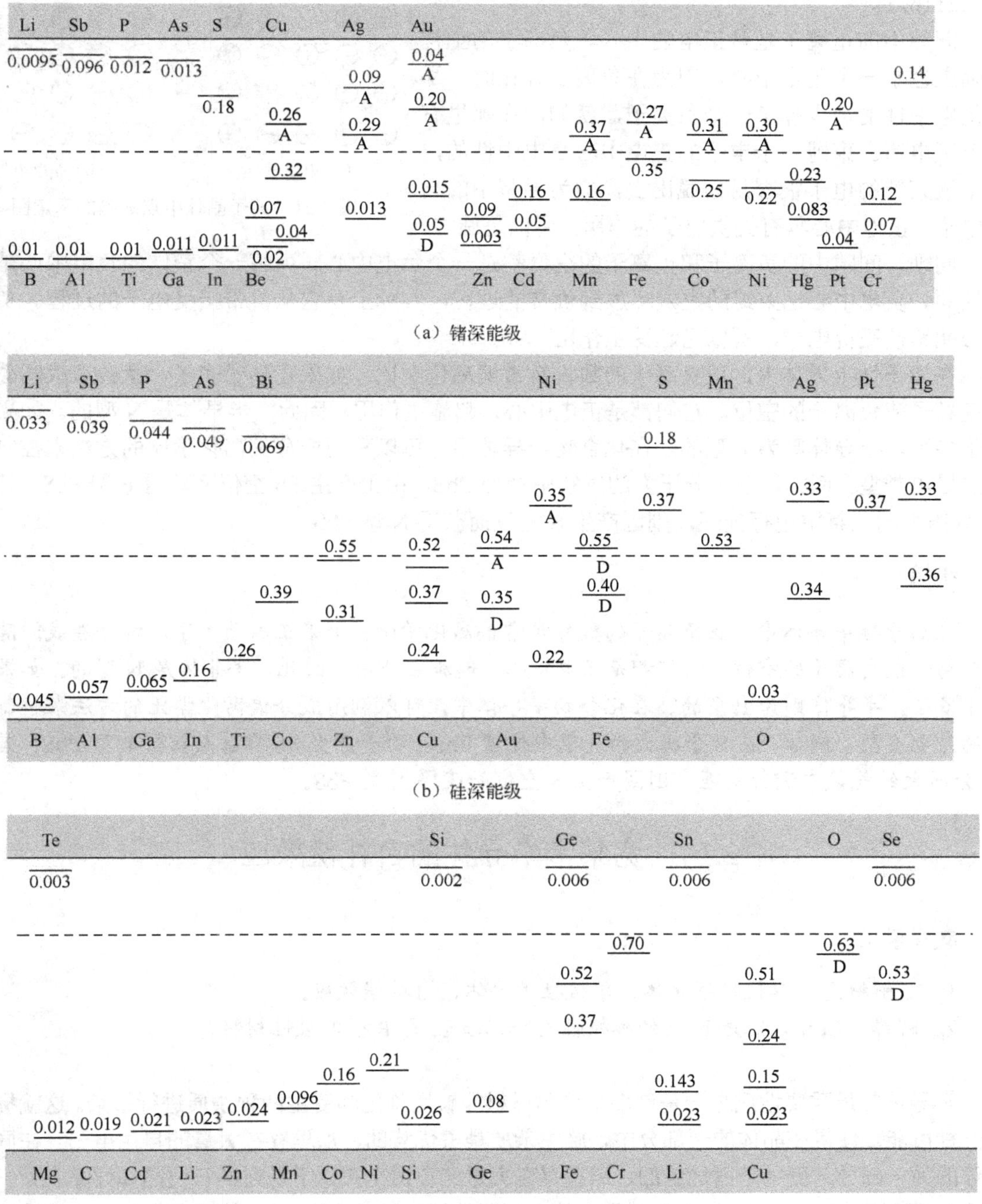

（a）锗深能级

（b）硅深能级

（c）砷化镓深能级

图 2.20 硅、锗、砷化镓中杂质的深能级

2.13 缺 陷 能 级

半导体中由缺陷引起的能级有很多种，情况也很复杂。下面以离子晶体为例，介绍点缺陷引入的缺陷能级。图 2.21 给出间隙中的正离子和负离子空位引起的两种缺陷(见图 2.21(a))和间隙中的负离子和正离子空位引起的两种缺陷(见图 2.21(b))。

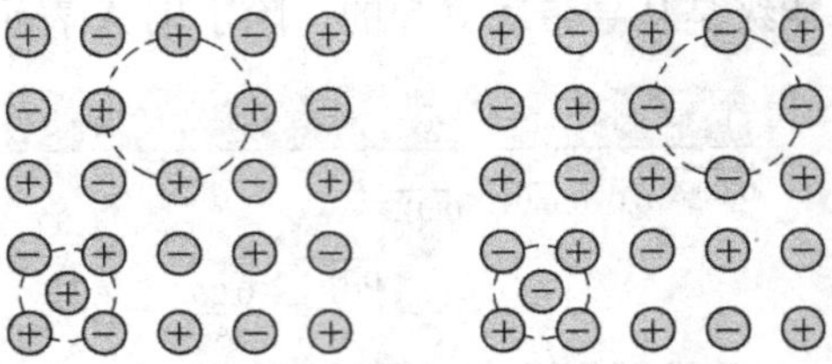

(a) 正电中心　　(b) 负电中心

图 2.21　离子晶体中点缺陷的示意图

间隙中的正离子是带正电的中心。负离子的空位实际上也是一个正电中心，因为在负离子存在时，那里是电中性的，少掉了一个负离子，就如同在那里有一个正电荷。束缚一个电子的正电中心是电中性的，这个被束缚的电子很容易挣脱出去，成为导带中的自由电子。正电中心具有提供电子的作用，所以是施主。

同理，间隙中的负离子和正离子的空位都是一个负电中心。束缚一个空穴的负电中心是电中性的。负电中心把束缚的空穴释放到价带的过程，实际上是它从价带接受电子的过程。负电中心能够接受价电子，所以它起受主作用。

在离子性半导体中，正负离子的数目常常偏离化学比。如果正离子多了，就会造成间隙中的正离子或负离子的空位。它们都是正电中心，起施主作用，因此，半导体是 N 型的。如果负离子多了，半导体则为 P 型的。在化合物半导体中，可以利用成分偏离化学比的方法来控制材料的导电类型。例如，在 S 分压大的气氛中处理 PbS，由于产生 Pb 空位而获得 P 型 PbS；若在 Pb 分压大的气氛中进行处理，则因产生 S 空位而获得 N 型 PbS。

小结

在离子性半导体中，正负离子的数目常常偏离化学比。如果正离子多了，就会造成间隙中的正离子或负离子的空位。它们都是正电中心，起施主作用，因此，半导体是 N 型的。如果负离子多了，半导体则为 P 型的。在化合物半导体中，可以利用成分偏离化学比的方法来控制材料的导电类型。例如，在 S 分压大的气氛中处理 PbS，由于产生 Pb 空位而获得 P 型 PbS；若在 Pb 分压大的气氛中进行处理，则因产生 S 空位而获得 N 型 PbS。

2.14　宽禁带半导体的自补偿效应

教学要求

1. 了解概念：双极性半导体、单极性半导体、自补偿效应。
2. 解释：CdS 只能是 N 型的单极性材料，ZnTe 是 P 型单极性材料。

半导体的最重要性质之一是许多半导体材料能够用施主和受主两种杂质进行掺杂。这就提供了一种可能，使得在晶体的一部分中，施主杂质是占优势的，那里存在大量的自由电子。在同一晶体的另一部分，受主是占优势的，那里存在大量的自由空穴。于是在同一块晶体样品上，一部分是 N 型导电的，另一部分是 P 型导电的，这种结构叫做 PN 结。PN 结是所有结型半导体器件的基础和核心。能够实现 N 型和 P 型两种导电性能的半导体材料叫做双极性半导体材料。Ⅳ族元素半导体 Si 和 Ge 以及大多数Ⅲ-Ⅴ族化合物半导体材料如 GaAs 等，都是双极性半导体材料。

很多离子性半导体材料，如宽禁带的Ⅱ-Ⅵ化合物半导体 CdS、CdSe、ZnS、ZnSe、ZnTe、ZnO，还有一些宽禁带的Ⅲ-Ⅴ族化合物半导体，如 AlN 和 GaN 以及金刚石等，则倾向于单极性的。它们表现出或者只能是 N 型的或者只能是 P 型的。造成这种现象的原因是半导体中的某种本征缺陷对一种类型的杂质——施主杂质或受主杂质有自发的补偿作用，称为自补偿效应。比如 CdS 是离子晶体。在晶体中形成 S 负离子空位所需要的能量比形成 Cd 离子空位所需要的能量要小。在通常情况下，有一定数量的 S 负离子空位存在。每个 S 负离子空位，释放了两个价电子，形成二价的正电中心。它们都起施主的作用，因此 CdS 只能是 N 型的，属于单极性材料。这种由晶体本身的空位而引起的补偿，被称为自补偿。它对材料的导电性能，有着重要的影响。

根据类似的理由可以说明，ZnO、ZnSe 和 CdSe 都属于 N 型单极性材料。

对于 ZnTe，情况正好相反。在这种材料中，Zn 正离子空位较多，它们起受主作用。因此，ZnTe 是 P 型单极性材料。

CdTe 的禁带比较窄，E_g=1.6eV。CdTe 的自补偿效应是不完全的。这种材料既能做成 N 型的，又能做成 P 型的，属于双极性材料。

发生自补偿效应的条件是有某种本征缺陷参与的反应能正常进行。在该种本征缺陷被冻结的非平衡条件下进行掺杂，将有利于获得双极性电导[例如用离子注入的方法、分子束外延(MBE)、金属有机化学汽相淀积(MOCVD)等]。

由于短波长光电子器件的需要，宽禁带半导体材料有着广阔的应用前景。但是由于这些材料只易于掺杂成一种导电类型，因此，在这些材料中克服自补偿现象，实现 PN 结构是制备宽禁带半导体器件最关键技术。近年来，这一工作越来越吸引半导体科技工作者的兴趣和关注并取得了显著的成就。

小结

1. 很多离子性半导体材料表现出或者只能是 N 型的或者只能是 P 型的。造成这种现象的原因是半导体中的某种本征缺陷对一种类型的杂质——施主杂质或受主杂质有自发的补偿作用，称为自补偿效应。这种由晶体本身的空位而引起的补偿，称为自补偿。它对材料的导电性能，有着重要的影响。

2. ZnO、ZnSe 和 CdSe 都属于 N 型单极性材料。ZnTe 是 P 型单极性材料。

3. 发生自补偿效应的条件是有某种本征缺陷参与的反应能正常进行。在该种本征缺陷被冻结的非平衡条件下进行掺杂，将有利于获得双极性电导[例如用离子注入的方法、分子束外延(MBE)、金属有机化学汽相淀积(MOCVD)等]。

思考题与习题

2-1　电子在周期性势场中可以有哪两种运动方式？相应的电子态叫什么？

2-2　写出周期性势场表达式，简要说明周期性势场中电子运动的特点。

2-3　简要叙述单电子近似的基本思想。

2-4　为什么波矢量 $\boldsymbol{k}$ 和 $\boldsymbol{k}'=\boldsymbol{k}+\boldsymbol{K}_n$ 标志的是同一个状态。

2-5　画出一维 k 空间布里渊区示意图，标出第一、第二布里渊区。

2-6　周期性边界条件给出的主要结论是什么？

2-7　简述能带论的基本内容。

2-8　简述有效质量的性质和引入有效质量的意义。

2-9　设有两种半导体，二者的导带底电子的有效质量有以下关系：$m_{n1}=3m_{n2}$，定性画出二者的 E-$\boldsymbol{k}$ 关系图。

2-10 粒子的 $E \sim \boldsymbol{k}$ 关系如图 2.22 所示，试确定：（1）有效质量的正负；（2）粒子在图中四个位置的速度方向。

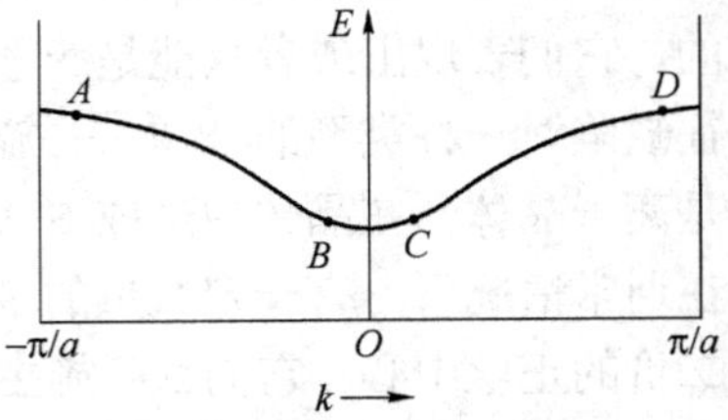

图 2.22 习题 2-10 图

2-11 画出金属、半导体和绝缘体的简化能带图，说明区别。说明为什么金属和半导体的电导率具有不同的温度依赖性。

2-12 简述 Ge、Si 和 GaAS 的能带结构的主要特征。

2-13 什么是直接带隙半导体？

2-14 什么是间接带隙半导体？

2-15 以 As 掺入 Ge 中为例，说明什么是施主杂质、施主能级、中性施主、电离施主和 N 型半导体？

2-16 以 B 掺入 Ge 中为例，说明什么是受主杂质、受主能级、中性受主、电离受主和 P 型半导体？

2-17 以 Si 在 GaAs 中的行为为例，说明 IV 族杂质在III−V 族化合物中可能出现的双性行为。

2-18 指出空穴的主要特征。

2-19 什么是等电子杂质和等电子陷阱？

2-20 什么是深能级？深能级和浅能级的区别是什么？

2-21 为什么正电中心是施主，负电中心是受主？

2-22 什么是双极性半导体材料？什么是单极性半导体材料？什么是自补偿效应？

2-23 某一维晶体的电子能带为

$$E(k)=E_0[1-0.1\cos(ka)-0.3\sin(ka)]$$

其中，$E_0=3\text{eV}$，晶格常数 $a=5\times10^{-11}\text{m}$。求：（1）能带宽度；（2）能带底和能带顶的有效质量。

2-24 一维晶体的电子能带可以写成

$$E(k)=\frac{\hbar^2}{ma^2}\left(\frac{7}{8}-\cos ka+\frac{1}{8}\cos 2ka\right)$$

其中，a 是晶格常数，试求：（1）电子在波矢 $\boldsymbol{k}$ 状态的速度；（2）能带底部和顶部电子的有效质量。

2-25 一个晶格常数为 a 的一维晶体，其电子能量 E 与波矢 $\boldsymbol{k}$ 的关系为：

$$E=E_1+(E_2-E_1)\sin^2\left(\frac{ka}{2}\right)\qquad (E_2>E_1)$$

（1）导出能带中的电子的有效质量和速度随 k 变化的表达式。

（2）设一个电子最初在能带底，受到与时间无关的电场作用，最后达到大约由 $k=\pi/2a$ 标志的状态，试讨论电子在真实空间中位置的变化与有效质量的关系。

第 3 章　载流子的统计分布

实验证明，半导体的导电性强烈地随着温度和杂质含量的变化而变化，这主要是由于半导体中的载流子浓度随着温度和杂质含量的改变而变化的结果。本章我们要解决的问题是如何计算半导体中的载流子浓度——单位体积中的电子数目和空穴数目。讨论载流子浓度随温度和杂质含量变化的规律。

计算载流子浓度，涉及两个问题：一是状态密度，即半导体单位体积，单位能量间隔中能容纳载流子的状态数目；二是载流子在量子态中的分布——分布函数。载流子在状态中的分布问题属于量子统计的问题。

3.1　能 态 密 度

教学要求

1. 理解导带能态密度 $N_c(E)$和价带能态密度 $N_v(E)$的含义。
2. 了解推导能态密度的思路和方法。
3. 参考教材，导出导带能态密度公式(3.1−3)。

在半导体中既存在能带又存在由杂质和缺陷在禁带中引起的分立的能级，因此状态密度涉及能带中的状态密度和分立能级中的状态密度两种情况。我们首先考虑能带中的情况。

根据状态密度公式(2.3−8)，在 $\boldsymbol{k}$ 空间中，单位体积的三维晶体的状态密度，即单位体积的晶体中单位 $\boldsymbol{k}$ 空间体积里的波矢量 $\boldsymbol{k}$ 的代表点的数目为

$$g_{\boldsymbol{k}} = 2/(2\pi)^3 \tag{3.1-1}$$

在讨论具体问题时，使用以能量为尺度的状态密度 $N(E)$更为方便。$N(E)$也称为能态密度，这两个词可以混用而不至于混淆。$N(E)$的意义是单位体积晶体中单位能量间隔里的状态数。与 $\boldsymbol{k}$ 空间状态密度 $g_{\boldsymbol{k}}$ 一样，它也是一个双倍密度：单位体积中，单位能量间隔内的状态数。根据 E 与 $\boldsymbol{k}$ 的函数关系，可以由 $\boldsymbol{k}$ 空间的状态密度求出导带和价带中的能态密度。

3.1.1　导带能态密度

在导带，由于电子一般都集中在导带底附近的状态中，所以只需计算导带底附近的能态密度。设导带有 M 个彼此对称的能谷，对于位于 $\boldsymbol{k_0}$ 的能谷，在导带底 E_c 附近的等能面方程由式(2.6−3)给出：

$$E = E_c + \frac{\hbar^2}{2}\sum_{i=1}^{3}\frac{(k_i - k_{0i})^2}{m_i}$$

能量在 E_c 至 E 范围内的电子态，它们的波矢量都包含在这个椭球之中。因此，能量在 E_c 至 E 范围内的单位体积晶体中的电子态的总数就是 $\boldsymbol{k}$ 空间中的状态密度 $g_{\boldsymbol{k}}$ 乘以该椭球的体积：$\frac{4\pi}{3}a_1a_2a_3$，即

$$\frac{2}{(2\pi)^3}\cdot\frac{4\pi}{3}\left[\frac{2m_1(E-E_c)}{\hbar^2}\right]^{1/2}\cdot\left[\frac{2m_2(E-E_c)}{\hbar^2}\right]^{1/2}\cdot\left[\frac{2m_3(E-E_c)}{\hbar^2}\right]^{1/2}$$

$$=\frac{8\pi}{3}\cdot\frac{(8m_1m_2m_3)^{1/2}}{h^3}\cdot(E-E_c)^{3/2} \tag{3.1-2}$$

由于每个能谷中的状态数都相同，所以总的状态数是式(3.1-2)的 M 倍。将式(3.1-2)乘以 M 再对能量 E 求导数，就得到单位体积晶体中导带单位能量间隔内的状态数，即导带能态密度

$$N_c(E)=\frac{4\pi(2m_{dn})^{3/2}}{h^3}(E-E_c)^{1/2} \tag{3.1-3}$$

式中
$$m_{dn}=M^{2/3}(m_1m_2m_3)^{1/3} \tag{3.1-4}$$

称为导带能态密度有效质量。硅的导带底有 6 个能谷，$M=6$，计算得 $m_{dn}=1.062m$；锗的 $M=4$，计算得 $m_{dn}=0.56m$；m 为自由电子质量。式(3.1-3)表明，导带底附近单位能量间隔内的能态数随着电子能量的增加按抛物线关系增大。即电子能量越高，能态密度越大。

对于导带底在布里渊区中心的简单能带结构，式(3.1-4)中取 $m_{dn}=m_n$ 和 $M=1$。

3.1.2 价带能态密度

在价带，对于硅、锗和砷化镓等一些主要的半导体材料，价带顶都在布里渊区中心，不过是简并的，即有两个能带在 $k=0$ 处重合在一起，一个是重空穴带，一个是轻空穴带。它们的等能面可以近似地用两个球面来代替。

$$E=E_v-\frac{\hbar^2k^2}{2m_{ph}}$$

$$E=E_v-\frac{\hbar^2k^2}{2m_{pl}} \tag{3.1-5}$$

式中，m_{ph} 和 m_{pl} 分别是重空穴带和轻空穴带的有效质量。E_v 是价带顶能量。

在价带顶附近的能态密度，应当是重空穴带和轻空穴带的能态密度之和。类似于导带能态密度的推导方法，可以得出价带能态密度

$$N_v(E)=\frac{4\pi(2m_{dp})^{3/2}}{h^3}(E_v-E)^{1/2} \tag{3.1-6}$$

式中
$$m_{dp}^{3/2}=m_{ph}^{3/2}+m_{pl}^{3/2} \tag{3.1-7}$$

为价带空穴能态密度有效质量。

例 3.1 计算硅晶体中能量 E_c 和 E_c+1eV 能量间隔内的状态数。

解：由式(3.1-3)
$$N_c(E)=\frac{4\pi(2m_{dn})^{3/2}}{h^3}(E-E_c)^{1/2}$$

所以能量 E_c 和 E_c+1eV 能量间隔内的状态数为

$$N=\frac{4\pi(2m_{dn})^{3/2}}{h^3}\int_{E_c}^{E_c+1\text{eV}}(E-E_c)^{1/2}\text{d}E=\frac{4\pi(2m_{dn})^{3/2}}{h^3}\times\frac{2}{3}\times(E-E_c)^{3/2}\Big|_{E_c}^{E_c+1\text{eV}}=\frac{4\pi(2m_{dn})^{3/2}}{h^3}\times\frac{2}{3}(\text{eV})^{3/2}$$

利用 $m_{dn}=1.06m$，代入数据

$$N=\frac{4\pi(2\times1.06\times9.11\times10^{-31})^{3/2}}{(6.63\times10^{-34})^3}\times\frac{2}{3}\times(1.6\times10^{-19})^{3/2}(\text{m}^{-3})$$

$$=4.5\times10^{27}(\text{m}^{-3})=4.5\times10^{21}(\text{cm}^{-3})$$

例题中，能态密度$N_c(E)$是单位体积晶体中，单位能量间隔内的状态数，其单位为$J^{-1}\cdot m^{-3}$。N是E_c和E_c+1eV能量间隔内的状态数对$N_c(E)$的一次积分，其单位为m^{-3}。

小结

1. $N_c(E)$和$N_v(E)$分别是以能量为尺度的状态密度。它们的意义分别是单位体积晶体中导带和价带中单位能量间隔里的状态数。

2. 在导带底附近对于位于$\boldsymbol{k}_0$的能谷，所有能量在E_c至E范围内的电子态，它们的波矢量都包含在椭球(见式(2.6-3))之中。因此，能量在E_c至E范围内的单位体积晶体中的电子态的总数就是$\boldsymbol{k}$空间中的状态密度乘以该椭球的体积：

$$\frac{4\pi}{3}a_1a_2a_3=\frac{4\pi}{3}\left[\frac{2m_1(E-E_c)}{\hbar^2}\right]^{1/2}\cdot\left[\frac{2m_2(E-E_c)}{\hbar^2}\right]^{1/2}\cdot\left[\frac{2m_3(E-E_c)}{\hbar^2}\right]^{1/2}$$

3. 导带能态密度
$$N_c(E)=\frac{4\pi(2m_{dn})^{3/2}}{h^3}(E-E_c)^{1/2}$$

式中
$$m_{dn}=M^{2/3}(m_1m_2m_3)^{1/3}$$

称为导带能态密度有效质量。对于导带底在布里渊区中心的简单能带结构，式(3.1-4)中取$m_{dn}=m_n$和M=1。

4. 价带能态密度
$$N_v(E)=\frac{4\pi(2m_{dp})^{3/2}}{h^3}(E_v-E)^{1/2}$$

式中
$$m_{dp}^{3/2}=m_{ph}^{3/2}+m_{pl}^{3/2}$$

为价带空穴能态密度有效质量。

3.2 分布函数

教学要求

1. 理解费米分布函数$f(E)$的物理意义。
2. 理解费米能级E_F的物理意义。
3. 掌握费米能级E_F的基本特性。
4. 正确写出玻耳兹曼分布(见式(3.2-3)和式(3.2-4))；了解玻耳兹曼分布的适用条件。

这里分布函数指的是电子占据某一能级的量子态的概率。

3.2.1 费米-狄拉克(Fermi-Dirac)分布与费米能级

在热平衡情况下，能带中一个能量为E的电子态被电子占据的概率满足费米-狄拉克(Fermi-Dirac)分布

$$f(E)=\frac{1}{\exp\left(\frac{E-E_F}{KT}\right)+1} \tag{3.2-1}$$

$f(E)$称为费米分布函数。式中，K是玻耳兹曼常数(1.38×10^{-23}J/K)，T是热力学温度。室温(300K)下，$KT=0.026$eV。E_F是一个待定参数，它具有能量的量纲，叫做费米能级。式(3.2-1)说明，热平衡情况下每个电子态被电子占据的概率是能量E的函数。对于给定的半导体，费米能级随

温度以及杂质的种类和数量的变化而变化。对于一个具体体系，在一定温度下，只要确定了费米能级，电子在能级中的分布情况就完全确定下来了。费米-狄拉克分布如图 3.1 所示，其中曲线 A、B、C、D 分别是 0K、300K、1000K 和 1500K 的 $f(E)$曲线。

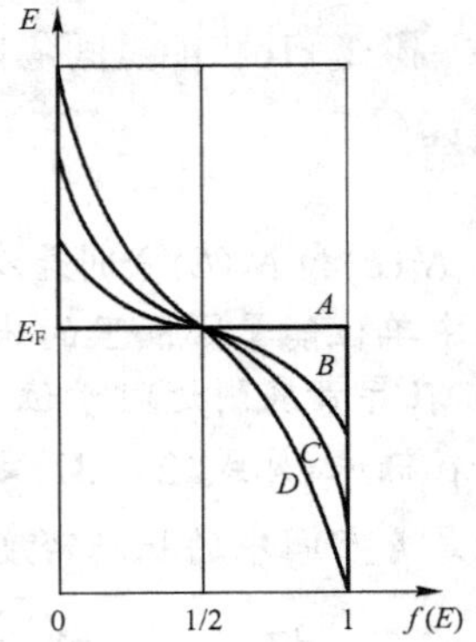

图 3.1　费米分布函数与温度关系曲线

下面讨论费米分布函数 $f(E)$的一些特性。

由式(3.2-1)，在热力学温度 0K($T=0$)时，若 $E<E_F$，则 $f(E)=1$；若 $E>E_F$，则 $f(E)=0$。这说明在 0K，费米能级以下的量子态全部被电子填满，费米能级以上的量子态全部是空的。费米能级是量子态是否被电子占据的分界线，如图 3.1 中曲线 A 所示。

在 $T\neq 0$ 的情况下，在 E_F 以上若干个 KT 范围内的状态被电子部分地占据，而 E_F 以下若干个 KT 范围内的状态则有一部分空着，这是热激发的结果。在一定温度下 E_F 以下 KT 量级能量范围内的电子被热激发到 E_F 以上，于是在 E_F 上下若干个 KT 范围内存在一个 $f(E)$ 从 0 变为 1 的过渡区。温度越高，过渡区越宽（见图 3.1）。

当 $T>0$ 时：若 $E=E_F$，则 $f(E)=1/2$；若 $E<E_F$，则 $f(E)>1/2$；若 $E>E_F$，则 $f(E)<1/2$。上述结果说明，能量等于费米能级的量子态被电子占据的概率是 50%；能量低于费米能级的量子态被电子占据的概率大于 50%；能量高于费米能级的量子态被电子占据的概率小于 50%。例如，在室温下，$E-E_F>5$KT，$f(E)<0.07\%$；$E-E_F<5KT$，$f(E)>99.3\%$。因此，一般可以认为，在温度不太高的情况下，能量高于费米能级的量子态上基本上是空的，没有电子占据；能量低于费米能级的量子态上基本上是满的，全部被电子占据；能量等于费米能级的量子态被电子占据的概率总是 50%。所以费米能级的位置比较直观地标志了电子占据量子态的情况，通常说费米能级标志了电子填充能级的水平，指的就是这个意思。一个半导体材料或者一个半导体材料的某一区域的费米能级高就意味着这个半导体材料或者这个半导体材料的这一区域有更多的电子占据（填充）更高的能级的量子态，或者说电子填充更高的能级的量子态的概率更大。

从图 3.1 中 B、C、D 三条曲线($T=300,1000,1500$K)还可以看出，随着温度的升高，电子占据能量高于费米能级的量子态的概率增加。

统计理论证明，处于热平衡的系统具有统一的费米能级，或者说热平衡系统的费米能级恒定（等于常数）。

一个电子态，不是被电子占据，就是空着。所以能量为 E 的量子态未被电子占据（空着）的概率为

$$1-f(E)=\frac{1}{\exp\left(\frac{E_F-E}{KT}\right)+1} \tag{3.2-2}$$

这也就是一个能量为 E 的量子态被空穴占据的几率。

3.2.2　玻耳兹曼分布

对于 $E-E_F\gg KT$（掺杂浓度不太高的半导体）的能级，式(3.2-1)简化为

$$f(E)=\exp\left(-\frac{E-E_F}{KT}\right) \tag{3.2-3}$$

而对于 $E_F-E\gg KT$ 的能级，式(3.2-2)简化为

$$1-f(E)=\exp\left(\frac{E-E_F}{KT}\right) \tag{3.2-4}$$

式(3.2-3)和式(3.2-4)分别为电子和空穴的经典的玻耳兹曼分布。

在半导体技术中，最常遇到的情况是费米能级位于禁带内而且与导带底或价带顶的距离远大于 KT。所以导带的量子态被电子占据的概率 $f(E)\ll 1$。因此，导带中的电子分布可以用玻耳兹曼分布公式(3.2-3)来描述。由于随着能量 E 的增大 $f(E)$迅速减小，所以绝大多数导带电子分布在导带底附近。同理，对于价带中的所有量子态来说，被空穴占据的概率一般都满足 $1-f(E)\ll 1$，因此价带中的空穴分布可以用空穴的玻耳兹曼分布公式(3.2-4)来描述。随着能量 E 的减小，$1-f(E)$迅速减小，因此价带中绝大多数空穴分布在价带顶附近。正因为如此，我们才只关心导带底和价带顶附近的情况。

通常把服从玻耳兹曼分布的系统称为非简并系统，而把只服从费米-狄拉克分布的系统称为简并系统。

例 3.2　$T=300\text{K}$，使用费米分布函数和玻耳兹曼分布函数分别计算：

（1）比费米能级高 $1KT$ 的能级的量子态被电子占据的概率；

（2）比费米能级高 $5KT$ 的能级的量子态被电子占据的概率。

解：（1）由式(3.2-1)，费米分布

$$f(E)=\frac{1}{\exp\left(\frac{E-E_F}{KT}\right)+1}=\frac{1}{\exp\left(\frac{1KT}{KT}\right)+1}=\frac{1}{1+2.72}=26.88\ \%$$

由式(3.2-3)，玻耳兹曼分布

$$f(E)=\exp\left(-\frac{E-E_F}{KT}\right)=\frac{1}{\exp\left(\frac{1KT}{KT}\right)}=\frac{1}{2.72}=36.76\ \%$$

（2）费米分布　　$$f(E)=\frac{1}{\exp\left(\frac{5KT}{KT}\right)+1}=\frac{1}{1+148.41}=0.007\ \%$$

玻耳兹曼分布　$$f(E)=\exp\left(-\frac{E-E_F}{KT}\right)=\frac{1}{\exp\left(\frac{5KT}{KT}\right)}=\frac{1}{148.52}=0.0067\ \%$$

例 3.2 说明：（1）比费米能级高的能级的量子态被电子占据的概率远小于 1；（2）在 $E-E_F>5KT$ 的情况下使用玻耳兹曼分布函数是合理的；（3）在 $E-E_F=1KT$ 情况下，使用玻耳兹曼分布会引起较大的误差。

小结

1. 在热平衡情况下，能带中一个能量为 E 的电子态被电子占据的概率满足费米-狄拉克分布

$$f(E)=\frac{1}{\exp\left(\frac{E-E_F}{KT}\right)+1}$$

$f(E)$称为费米分布函数。

能量为 E 的量子态未被电子占据(空着)的概率为

$$1-f(E)=\frac{1}{\exp\left(\frac{E_F-E}{KT}\right)+1}$$

这也是能量为 E 的量子态被空穴占据的概率。

2. 费米能级的特性:

（1）在热力学温度 0K($T=0$)，费米能级以下的量子态全部被电子填满，费米能级以下的量子态全部是空的。费米能级是量子态是否被电子占据的能级的分界线。

（2）在 $T\neq 0$ 的情况下，在 E_F 上下若干个 KT 范围内存在一个 $f(E)$ 从 0 变为 1 的过渡区。温度越高，过渡区越宽。

（3）费米能级标志了电子填充能级的水平。

一般可以认为在温度不太高的情况下，能量高于费米能级的量子态上基本上是空的，没有电子占据；能量低于费米能级的量子态上基本上是满的，全部被电子占据；能量等于费米能级的量子态被电子占据的概率总是 50%。所以费米能级的位置比较直观地标志了电子占据量子态的情况。费米能级高就意味着电子填充更高的能级的量子态的概率更大。

（4）处于热平衡的系统具有统一的费米能级，或者说热平衡系统的费米能级恒定(等于常数)。

3. 对于 $E-E_F \gg KT$ 的能级，有

$$f(E)=\exp\left(-\frac{E-E_F}{KT}\right)$$

而对于 $E_F-E \gg KT$ 的能级，有

$$1-f(E)=\exp\left(\frac{E-E_F}{KT}\right)$$

电子和空穴满足经典的玻耳兹曼分布。

4. 通常把服从玻耳兹曼分布的系统称为非简并系统，而把服从费米-狄拉克分布的系统称为简并系统。

3.3 能带中的载流子浓度

教学要求

1. 理解导带电子浓度的计算方法，即下式中的各项的意义

$$n=\int_{E_c}^{\infty} f(E)N_c(E)\mathrm{d}E$$

2. 导出导带电子浓度公式(3.3-2)(参考教材)。
3. 理解概念：导带有效状态密度、价带有效状态密度。

3.3.1 导带电子浓度

导带电子浓度就是半导体单位体积中的电子数目。分布函数 $f(E)$ 与能态密度之积就是单位体积半导体中单位能量间隔内导带电子数。对整个导带能量进行积分就得出单位体积晶体中整个能量范围内的电子数，即导带电子浓度

$$n=\int_{E_c}^{\infty} f(E)N_c(E)\mathrm{d}E \tag{3.3-1}$$

式(3.3-1)中积分上限取为 ∞，是因为函数 $f(E)$ 随着能量增加而迅速减小，因此对积分有贡献的实际上只限于导带底附近的区域。

对于 $E-E_F \gg KT$ 的情况，将 $N_c(E)$ 的表达式(3.1-3)和玻耳兹曼分布函数[式(3.2-3)]代入式(3.3-1)中

$$n=\int_{E_c}^{\infty}\frac{4\pi(2m_{dn})^{3/2}}{h^3}(E-E_c)^{1/2}\exp\left(-\frac{E-E_F}{KT}\right)dE$$
$$=\frac{4\pi(2m_{dn})^{3/2}}{h^3}\int_{E_c}^{\infty}(E-E_c)^{1/2}\exp\left(-\frac{E-E_c+E_c-E_F}{KT}\right)dE$$
$$=\frac{4\pi(2m_{dn})^{3/2}}{h^3}\exp\left(-\frac{E_c-E_F}{KT}\right)\int_{E_c}^{\infty}(E-E_c)^{1/2}\exp\left(-\frac{E-E_c}{KT}\right)dE$$
$$=\frac{4\pi(2m_{dn})^{3/2}}{h^3}\exp\left(-\frac{E_c-E_F}{KT}\right)\int_{E_c}^{\infty}\left(\frac{(E-E_c)}{KT}\right)^{1/2}(KT)^{3/2}\exp\left(-\frac{E-E_c}{KT}\right)d\left(\frac{E-E_c}{KT}\right)$$

引入$\xi=\dfrac{E-E_c}{KT}$，利用$\int_0^{\infty}\xi^{1/2}e^{-\xi}d\xi=\dfrac{\sqrt{\pi}}{2}$，得到

$$n=N_c\exp\left(-\frac{E_c-E_F}{KT}\right) \tag{3.3-2}$$

其中

$$N_c=2\left(2\pi m_{dn}KT\right)^{3/2}/h^3 \tag{3.3-3}$$

称为导带有效能态密度。

式(3.3-2)中，指数因子是经典统计中电子占据能量为 E_c 的电子态的概率。如果认为单位体积的导带电子态数目是 N_c，它们都集中在导带底 E_c，则导带电子密度正好是式(3.3-2)中两个因子之积。这也就是把 N_c 称为导带有效能态密度的原因。从式(3.3-3)可以看到，N_c 与 $T^{3/2}$ 成正比。

3.3.2 价带空穴浓度

与计算导带电子浓度的方法完全类似，价带空穴浓度为

$$p=\int_{-\infty}^{E_v}\left[1-f(E)\right]N_v(E)dE \tag{3.3-4}$$

在 $E_F-E\gg KT$ 情况下，把式(3.1-6)和式(3.2-4)代入式(3.3-4)，可得

$$p=N_v\exp\left(-\frac{E_F-E_v}{KT}\right) \tag{3.3-5}$$

其中

$$N_v=2\left(2\pi m_{dp}KT\right)^{3/2}/h^3 \tag{3.3-6}$$

称为价带有效能态密度。

在分析载流子分布问题时，导带和价带有效能态密度是很重要的量。根据它们可以衡量能带中电子填充的情况。例如，$n\ll N_c$ 表示导带中电子数目稀少。把有效能态密度中的数值代入后，则有

$$N_c=N_c(300)\cdot\left(\frac{T}{300}\right)^{3/2}=2.50\times10^{19}\left(\frac{T}{300}\right)^{3/2}\left(\frac{m_{dn}}{m}\right)^{3/2}\left(cm^{-3}\right) \tag{3.3-7}$$

$$N_v=N_v(300)\cdot\left(\frac{T}{300}\right)^{3/2}=2.50\times10^{19}\left(\frac{T}{300}\right)^{3/2}\left(\frac{m_{dp}}{m}\right)^{3/2}\left(cm^{-3}\right) \tag{3.3-8}$$

这里 m 是电子的惯性质量。利用这两个式子计算有效能态密度是非常方便的。室温下，几种半导体材料的有效能态密度见表 3.1。

表 3.1 室温下几种半导体材料的有效能态密度

	Si	Ge	GaAs	GaN
$N_c(cm^{-3})$	2.6×10^{19}	1.08×10^{19}	4.7×10^{17}	2.23×10^{18}
$N_v(cm^{-3})$	1.04×10^{19}	6.0×10^{18}	7.0×10^{18}	4.6×10^{19}

导带电子浓度和价带空穴浓度之积，是很有用处的结果。将式(3.3-2)和式(3.3-5)相乘，有

$$np = N_c N_v e^{-E_g/KT} \tag{3.3-9}$$

式中，E_g为禁带宽度。E_g与温度有关，可以把它写成经验关系式

$$E_g = E_{g0} - \beta T \tag{3.3-10}$$

式中，β称为禁带宽度的温度系数，E_{g0}为外推到 0K 时的 E_g 值。对于硅，$E_{g0} = 1.21\text{eV}$，$\beta = 2.8\times10^{-4}\ \text{eV/K}$。对于绝大多数半导体，$\beta > 0$，因此$E_g < E_{g0}$，这种现象称为禁带宽度的负温度效应。

把式(3.3−3)、式(3.3−6)和式(3.3−10)代入式(3.3−9)，经化简得到

$$np = K_1 T^3 e^{-E_{g0}/KT} \tag{3.3-11}$$

其中K_1为常数。

方程式(3.3−11)说明，在温度已知的半导体中，热平衡情况下np之积只与温度和禁带宽度有关，而与杂质浓度和费米能级的位置无关。

小结

1. 导带电子浓度就是半导体单位体积中的电子数量。分布函数 $f(E)$与能态密度之积为单位体积半导体中单位能量间隔内导带电子数。对整个导带能量积分就得到导带电子浓度

$$n = \int_{E_c}^{\infty} f(E) N_c(E) \mathrm{d}E$$

对于$E - E_F \gg KT$的情况，有

$$n = N_c \exp\left(-\frac{E_c - E_F}{KT}\right)$$

其中
$$N_c = \frac{2(2\pi m_{dn} KT)^{3/2}}{h^3}$$

称为导带有效能态密度。N_c与$T^{3/2}$成正比。

2. 式(3.3−2)中，指数因子是经典统计中电子占据能量为E_c的电子态的概率。如果认为单位体积的导带电子态数目是N_c，它们都集中在导带底E_c，则导带电子浓度正好是式(3.3−2)中两个因子之积。这也就是把N_c称为导带有效状态密度的原因。

3. 价带空穴浓度
$$p = \int_{-\infty}^{E_v} [1 - f(E)] N_v(E) \mathrm{d}E$$

在$E_F - E \gg KT$的情况下，有

$$p = N_v \exp\left(-\frac{E_F - E_v}{KT}\right)$$

其中
$$N_v = 2(2\pi m_{dp} KT)^{3/2} / h^3$$

称为价带有效能态密度。N_v与$T^{3/2}$成正比。

4. $n \ll N_c$表示导带中电子数目稀少。$p \ll N_v$表示价带中空穴数目稀少。

5. 导带电子浓度和价带空穴浓度之积

$$np = N_c N_v e^{-E_g/KT}$$

或
$$np = K_1 T^3 e^{-E_{g0}/KT}$$

上式说明，在温度已知的半导体中，热平衡情况下np之积只与能态密度和禁带宽度有关，而与杂质浓度和费米能级的位置无关，即热平衡情况下np之积等于常数。np之积与T^3成正比。

3.4 本征半导体

教学要求

1. 掌握概念：电中性条件、本征半导体。
2. 理解式(3.4-1)～(3.4-6)的物理意义。
3. 导出本征半导体费米能级公式[式(3.4-7)]和本征载流子浓度公式[式(3.4-8)]。
4. 导出质量作用定律[式(3.4-9)]。
5. 写出并记忆载流子浓度公式[式(3.4-10)和式(3.4-11)]。

本节及以下各节的讨论基于热平衡半导体保持“电中性”的假设。这里电中性是指热平衡的半导体内部不存在净电荷($\sum q=0$)，总是电中性的。

对于半导体中同时存在施主杂质和受主杂质的一般情况，荷电粒子有：导带电子 n(带负电)、电离施主 N_D-n_D(带正电)、价带空穴 p(带正电)、电离受主 N_A-p_A(带负电)。电中性要求$\sum q=0$，即

$$p+p_A+N_D-n-n_D-N_A=0 \tag{3.4-1}$$

式(3.4-1)称为电中性条件或电中性方程。其中 n_D 和 p_A 分别为中性施主杂质上的电子浓度和中性受主杂质上的空穴浓度。

如果是只含有一种杂质的N型半导体，$p_A=0$，$N_A=0$，式(3.4-1)变成

$$p+N_D-n-n_D=0 \tag{3.4-2}$$

如果杂质全部电离，$n_D=0$，式(3.4-2)变成

$$p+N_D-n=0 \tag{3.4-3}$$

如果是只含有一种杂质的P型半导体，$n_D=0$，$N_D=0$，式(3.4-1)变成

$$p-N_A-n+p_A=0 \tag{3.4-4}$$

如果杂质全部电离，$p_A=0$，式(3.4-4)变成

$$p-N_A-n=0 \tag{3.4-5}$$

本征半导体是指完全没有杂质和缺陷的半导体。对于本征半导体，$p_A=0$，$N_A=0$，$n_D=0$，$N_D=0$，方程式(3.4-1)变成

$$p=n \tag{3.4-6}$$

本征半导体的能级分布特别简单，只有导带和价带。在完全未激发时($T=0\text{K}$)，价电子充满价带，导带则完全是空的。在我们考虑的能量范围内(导带和价带)，半导体中的电子总数就等于价带中的电子数。当温度升高时，热激发可以使电子从价带激发到导带，这种激发称为本征激发。本征激发的过程就是价电子冲破共价键束缚变成半导体中的自由电子的过程，所需要的激活能就等于半导体的禁带宽度。在本征激发过程中，每激发一个电子到导带，必然在价带中留下一个空穴。电子和空穴总是成对产生的，于是导带电子浓度必然等于价带空穴浓度，即 $n=p$，这个推论与电中性方程式(3.4-6)一致。

利用电中性条件公式(3.4-6)，可以直接确定本征半导体的费米能级。将式(3.3-2)和式(3.3-5)代入式(3.4-6)，得

$$N_c\exp\left(-\frac{E_c-E_F}{KT}\right)=N_v\exp\left(-\frac{E_F-E_v}{KT}\right)$$

得到　　$E_i=\frac{1}{2}(E_c+E_v)+\frac{1}{2}KT\ln\frac{N_v}{N_c}$　　(3.4-7)

对于大多数半导体本征费米能级在禁带中央$\frac{1}{2}(E_c+E_v)$上下约KT的范围。通常KT较小，因此我们把本征费米能级看做是禁带中央的能量，二者都用E_i表示。

把本征费米能级表示式(3.4-7)代入式(3.3-2)或式(3.3-5)中，可得到本征半导体的载流子浓度，常称为本征载流子浓度

$$n=p=n_i=(N_cN_v)^{1/2}\exp\left(-\frac{E_g}{2KT}\right) \qquad (3.4-8)$$

上式表明，本征半导体的载流子浓度只与半导体本身的能带结构和温度有关。在一定温度下，禁带越宽(激发能越大)的半导体，本征载流子浓度越小。对于给定的半导体，本征载流子浓度随温度升高而e指数地增加。图3.2给出了Ge、Si和GaAs的n_i值随$1/T$的变化关系曲线。图中n_i取为对数坐标，横坐标取为$10^3/T$。由式(3.4-8)可以看出，$\ln n_i$与$1/T$近似成线性关系。E_g越大曲线斜率越大，n_i越小。在室温附近，纯硅的温度每升高8K，载流子的浓度就增加约1倍。纯锗的温度每升高12K，载流子的浓度就增加约1倍。这说明用纯净的半导体材料制造的器件将不能稳定地工作。因此在半导体技术中使用掺杂的半导体材料。

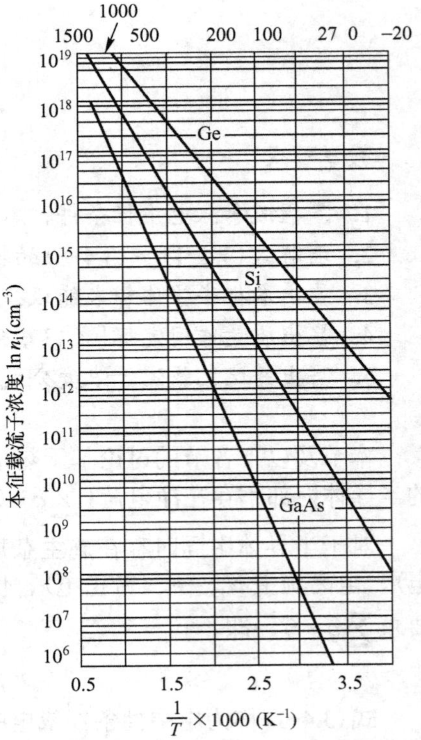

图3.2　硅、锗、砷化镓的$\ln n_i$-$1/T$关系曲线

表3.2给出了室温下Si、Ge和GaAs的本征载流子浓度和禁带宽度的数值。

表3.2　室温下Si、Ge和GaAs的n_i和E_g值

	Si	Ge	GaAs
$n_i(\text{cm}^{-3})$	1.5×10^{10}	2.3×10^{13}	1.1×10^{7}
$E_g(\text{eV})$	1.12	0.67	1.42

根据式(3.3-9)和式(3.4-8)，我们可以得到一个重要的关系式

$$np=n_i^2 \qquad (3.4-9)$$

式(3.4-9)称为**质量作用定律**。式(3.4-9)说明，任何非简并半导体的热平衡载流子浓度的乘积np等于本征载流子浓度n_i的平方，与所含杂质无关。因此，质量作用定律不仅适用于本征半导体，也适用于非简并的杂质半导体。

由式(3.4-9)，在热平衡情况下，如果已知n_i和一种载流子浓度，便可求出另一种载流子浓度。

利用n_i和E_i，也可以把电子和空穴浓度写成下面的形式

$$n=n_i\exp\left(\frac{E_F-E_i}{KT}\right) \qquad (3.4-10)$$

$$p=n_i\exp\left(\frac{E_i-E_F}{KT}\right) \qquad (3.4-11)$$

与式(3.3-2)、式(3.3-5)一样，式(3.4-10)和式(3.4-11)对本征和非本征半导体都是适用的。式(3.4-10)和式(3.4-11)有时使用起来更为方便。

例 3.3 在 $T=300\mathrm{K}$ 时，一块硅材料的费米能级在本征费米能级 E_i 以上 0.26eV，计算电子浓度和空穴浓度。

解： $T=300\mathrm{K}$，$KT=0.026\mathrm{eV}$。硅 $n_i=1.5\times10^{10}\,\mathrm{cm}^{-3}$，所以，由式(3.4–10)和式(3.4–11)得到

$$n=n_i\exp\left(\frac{E_F-E_i}{KT}\right)=1.5\times10^{10}\times\exp\left(\frac{0.26}{0.026}\right)=1.5\times10^{10}\times2.2\times10^{4}=3.3\times10^{14}\,(\mathrm{cm}^{-3})$$

$$p=n_i\exp\left(\frac{E_i-E_F}{KT}\right)=1.5\times10^{10}\times\exp\left(\frac{-0.26}{0.026}\right)=1.5\times10^{10}\times4.5\times10^{-5}=6.8\times10^{5}\,(\mathrm{cm}^{-3})$$

空穴浓度也可以由质量作用定律 $np=n_i^2$ 求得：

$$p=\frac{n_i^2}{n}=\frac{(1.5\times10^{10})^2}{3.3\times10^{14}}=6.8\times10^{5}\,(\mathrm{cm}^{-3})$$

基本理论公式的意义不仅在于具体计算，更重要的往往是它们所表达的规律性。对于式(3.4–10)和式(3.4–11)这一对基本公式，特别应当熟悉 E_F 和载流子浓度之间存在的下列关系：

（1）E_F 与 E_i 重合，两个指数函数都为 1，有 $n=p=n_i$，正是本征情况。

（2）如果 E_F 在禁带上半部，则 $\exp\left(\frac{E_F-E_i}{KT}\right)>1$，$n>n_i$，$p<n_i$。$E_F$ 越高，E_F-E_i 越大，电子浓度越大，空穴浓度越小。

（3）如果 E_F 在禁带下半部，则 $\exp\left(\frac{E_F-E_i}{KT}\right)<1$，$n<n_i$，$p>n_i$。$E_F$ 越低，E_i-E_F 越大，空穴浓度越大，电子浓度越小。

小结

1. 电中性是指热平衡的半导体内部不存在净电荷（$\sum q=0$），总是电中性的。

2. 本征半导体只有导带和价带。在完全未激发时（$T=0\mathrm{K}$），价电子充满价带，导带则完全是空的。当温度升高时，热激发可以使电子从价带激发到导带，这种激发称为本征激发。本征激发的过程就是价电子冲破共价键束缚变成半导体中的自由电子的过程，所需要的激活能就是半导体的禁带宽度。在本征激发过程中，每激发一个电子到导带，必然在价带中留下一个空穴。电子和空穴总是成对产生的，于是导带电子浓度必然等于价带空穴浓度，即

$$n=p$$

上式就是本征半导体的电中性方程。

3. 本征半导体的费米能级

$$E_i=\frac{1}{2}(E_c+E_v)+\frac{1}{2}KT\ln\frac{N_v}{N_c}$$

可以把本征费米能级看做是禁带中央的能量，二者都用 E_i 表示。

4. 本征半导体的载流子浓度

$$n=p=n_i=(N_cN_v)^{1/2}\exp\left(-\frac{E_g}{2KT}\right)$$

上式表明，本征半导体的载流子浓度只与半导体本身的能带结构和温度有关。在一定温度下，禁带越宽(激发能越大)的半导体，本征载流子浓度越小。对于给定的半导体，本征载流子浓度随温度升高而 e 指数地增加。

5. 关系式 $$np=n_i^2$$

称为**质量作用定律**。质量作用定律说明，任何非简并半导体的热平衡载流子浓度的乘积 np 等

于本征载流子浓度n_i的平方，与所含杂质无关。因此，质量作用定律不仅适用于本征半导体，也适用于非简并的杂质半导体。注意，质量作用定律仅在热平衡条件下成立。

由质量作用定律，在热平衡情况下，如果已知n_i和一种载流子浓度，便可求出另一种载流子浓度。

6. 电子和空穴浓度利用n_i和E_i写成下面的形式：

$$n = n_i \exp\left(\frac{E_F - E_i}{KT}\right)$$

$$p = n_i \exp\left(\frac{E_i - E_F}{KT}\right)$$

以上两式对本征和非本征半导体都是适用的，它们给出如下信息：

（1）E_F与E_i重合，有$n=p=n_i$是本征情况。

（2）如果E_F在禁带上半部，则$n>n_i, p<n_i$，半导体是N型的。E_F越高，E_F–E_i越大，电子浓度越大，空穴浓度越小。

（3）如果E_F在禁带下半部，则$n<n_i, p>n_i$，半导体是P型的。E_F越低，E_i–E_F越大，空穴浓度越大，电子浓度越小。

3.5 杂质半导体中的载流子浓度

教学要求

1. 了解载流子在杂质能级上的分布规律。

2. 理解："可以在不同的温度范围内，根据起主要作用的激发过程，简化载流子浓度问题的分析"的根据。

3. 理解并记忆杂质饱和电离情况下的公式[式(3.5–7)～式(3.5–10)、式(3.5–13)～式(3.5–16)]。

实际应用的半导体材料，大都掺入一定含量的杂质。本节讨论杂质对载流子浓度的贡献。

3.5.1 杂质能级上的载流子浓度

杂质能级和能带中的能级不同。能带中的能级可以容纳两个自旋相反的电子，杂质能级则不能。杂质能级或者容纳一个有任意自旋的电子，或者空着，不能同时容纳两个自旋相反的电子(泡利不相容原理)。载流子在能级中的分布是：

电子占据施主能级的概率

$$f_D(E) = \frac{1}{1 + \frac{1}{g_D}\exp\left(\frac{E_D - E_F}{KT}\right)} \tag{3.5–1}$$

空穴占据受主能级的概率

$$f_A(E) = \frac{1}{1 + \frac{1}{g_A}\exp\left(\frac{E_F - E_A}{KT}\right)} \tag{3.5–2}$$

式中，g_D和g_A分别是施主能级和受主能级的基态简并度，通常称为简并因子。对于锗、硅、砷化镓等材料，$g_D=2$和$g_A=4$。施主浓度N_D和受主浓度N_A就是杂质能级的量子态密度。所以，可以写出下列公式：

施主能级上的电子浓度
$$n_D = N_D f_D(E) = \frac{N_D}{1+\frac{1}{g_D}\exp\left(\frac{E_D - E_F}{KT}\right)} \tag{3.5-3}$$

这也是中性施主浓度。

受主能级上的空穴浓度
$$p_A = N_A f_A(E) = \frac{N_A}{1+\frac{1}{g_A}\exp\left(\frac{E_F - E_A}{KT}\right)} \tag{3.5-4}$$

这也是中性受主浓度。

电离施主浓度
$$N_D^+ = N_D - n_D \tag{3.5-5}$$

电离受主浓度
$$N_A^- = N_A - p_A \tag{3.5-6}$$

例 3.4 一半导体施主浓度为 N_D，费米能级在 E_i 之上 0.29eV 处，施主电离能 $\Delta E_D =$ 0.05eV。计算 300K 时，施主能级上的电子浓度。

解：由式(3.5-3)
$$n_D = N_D f_D(E) = \frac{N_D}{1+\frac{1}{g_D}\exp\left(\frac{E_D - E_F}{KT}\right)}$$

$$E_D - E_F = \frac{1}{2}E_g - \Delta E_D - E_F = 0.56 - 0.05 - 0.29 = 0.22(\text{eV})$$

所以
$$n_D = \frac{N_D}{1+\frac{1}{2}\exp\left(\frac{0.22}{0.026}\right)} \approx \frac{N_D}{1600} \approx 6.3\times10^{-4} N_D$$

就是说，只有约万分之六的施主上有电子。可以认为室温下(300K)施主基本上全部电离。

3.5.2 N 型半导体

在只含有一种杂质的 N 型半导体中，除了电子由价带跃迁到导带的本征激发以外，还存在着施主能级上的电子激发到导带上的过程——杂质电离。这两种过程的激活能分别是半导体的禁带宽度和杂质电离能，二者的大小一般差两个数量级左右。因此，杂质电离和本征激发发生在不同的温度范围。在较低温度下，主要是电子由施主能级激发到导带的杂质电离过程，只有在较高的温度下，本征激发才成为载流子的主要来源。这样，我们可以在不同的温度范围内，根据起主要作用的激发过程，简化载流子浓度问题的分析。

绝大多数半导体器件工作在杂质基本上全部电离而本征激发可以忽略的温度范围，这种情况常称为杂质饱和电离。在杂质饱和电离的温度范围内，施主能级上的电子基本上全部激发到导带上去，成为导带电子的主要来源。本征激发引起的导带电子数目可以忽略。一般以杂质能级上的电子数 $n_D < 0.1N_D$ 和 $n_i < 0.1N_D$ 作为饱和电离的判据。于是，在饱和电离情况下，可以近似地认为，导带电子浓度就等于施主浓度

$$n = N_D \tag{3.5-7}$$

N_D 为施主浓度。当然式(3.5-7)也可以由电中性方程式(3.4-3)取 $p\approx0$ 而得到。

在饱和电离条件下，导带中电子主要来自施主，而从价带激发的导带的电子只是极少数，是可以忽略的。但是这些由价带激发到导带的电子，毕竟在价带中留下了少量的空穴。根据式 $np = n_i^2$，可以求出价带空穴浓度

$$p = n_i^2 / n = n_i^2 / N_D \tag{3.5-8}$$

在饱和电离情况下，电子浓度与施主浓度近似相等，它们远远大于本征载流子浓度，而空

穴浓度则远小于本征载流子浓度。例如在施主浓度为$1.5\times10^{15}\text{cm}^{-3}$的N型硅中，室温下施主基本全部电离

$$n\approx1.5\times10^{15}\text{cm}^{-3},\ p=\frac{n_i^2}{n}=\frac{(1.5\times10^{10})^2}{1.5\times10^{15}}\text{cm}^{-3}=1.5\times10^5\text{cm}^{-3}$$

可见在杂质饱和电离的温度范围内，两种载流子的浓度相差非常悬殊。对于N型半导体，导带电子被称为多数载流子(多子)，价带空穴被称为少数载流子(少子)。对于P型半导体则相反。少子的数量虽然很少，但它们在半导体器件工作中却起着极其重要的作用。

将式(3.5-7)代入式(3.3-2)，则可得出N型半导体在饱和电离情况下的费米能级

$$E_F=E_c-KT\ln\frac{N_c}{N_D}\tag{3.5-9}$$

如果利用式(3.4-10)，则可把费米能级写成

$$E_F=E_i+KT\ln\frac{N_D}{n_i}\tag{3.5-10}$$

式(3.5-9)和式(3.5-10)指出，N型半导体费米能级位于导带底之下，本征费米能级之上，而且施主浓度越高，费米能级越靠近导带底。随着温度的升高，费米能级逐渐远离导带底。

上述结果是在杂质基本上全部电离，本征激发可以忽略的条件下得到的。随着温度的升高，本征载流子浓度将迅速增大，以至于不可忽略。半导体进入到杂质饱和电离和本征激发共存温区，也称为由杂质电离到本征激发的过渡区。这时电中性条件由式(3.4-3)给出

$$n=N_D+p\tag{3.5-11}$$

根据质量作用定律$np=n_i^2$，可得

$$n^2-N_Dn-n_i^2=0$$

解得

$$n=\frac{N_D}{2}\left[1+\sqrt{1+(4n_i^2/N_D^2)}\right]\quad（舍去负值）\tag{3.5-12}$$

在$n_i/N_D\ll1$时，上式约化为$n=N_D$，即杂质饱和电离情况。当$n_i/N_D\gg1$时约化为$n=n_i$，即为本征激发情况。在杂质饱和电离和本征激发共存区，费米能级由式(3.5-12)和式(3.3-2)求得。

例3.5 硅中施主浓度为10^{15}cm^{-3}，求在$T=300\text{K}$时E_F的位置。

解：由式(3.5-10)

$$E_F-E_i=KT\ln\frac{N_D}{n_i}=0.026\times\ln\frac{10^{15}}{1.5\times10^{10}}=0.29(\text{eV})$$

即费米能级在禁带中央上方0.29eV之处。

例3.6 硅中施主浓度为10^{13}cm^{-3}，求在$T=400\text{K}$时载流子浓度和费米能级的位置。

解：由图3.2查得400K时，$n_i\sim1\times10^{13}\text{cm}^{-3}$，不满足$n_i<0.1N_D$的条件，半导体处于饱和电离和本征激发共存区。因此需使用式(3.5-12)计算。

$$n=\frac{N_D}{2}\left[1+\sqrt{1+(4n_i^2/N_D^2)}\right]=\frac{10^{13}}{2}\times\left(1+\sqrt{1+\frac{4\times(10^{13})^2}{(10^{13})^2}}\right)=1.62\times10^{13}(\text{cm}^{-3})$$

$$p=n_i^2/n=6.17\times10^{12}(\text{cm}^{-3})$$

该例题说明在饱和电离和本征激发共存区不能认为导带电子浓度就简单地等于施主浓度N_D和本征载流子浓度n_i之和。

3.5.3 P型半导体

对于P型半导体，在杂质饱和电离的温度范围内，价带空穴主要来自受主杂质。受主杂质

基本上全部电离。本征激发产生的价带空穴与之相比可以忽略，因此价带空穴浓度为

$$p = N_A \tag{3.5-13}$$

导带电子浓度为

$$n = n_i^2 / p = n_i^2 / N_A \tag{3.5-14}$$

将式(3.5-13)分别代入式(3.3-5)和式(3.4-11)，得到

$$E_F = E_v + KT\ln\frac{N_v}{N_A} \tag{3.5-15}$$

和

$$E_F = E_i - KT\ln\frac{N_A}{n_i} \tag{3.5-16}$$

式(3.5-15)和式(3.5-16)说明，对于P型半导体，在杂质饱和电离的温度范围内，费米能级位于价带顶之上，本征费米能级之下。随着掺杂浓度的提高，费米能级接近价带顶。随着温度的升高，费米能级远离价带顶。

对于P型半导体，在杂质饱和电离和本征激发共存温区，将式(3.5-12)中的 n 换成 p，N_D 换成 N_A 就可以得到相对应的公式。

图3.3给出了硅的费米能级与杂质浓度和温度的关系曲线。从图中可以看出，在杂质浓度一定时，随着温度的升高，N型硅的费米能级逐渐下降，而P型硅中的费米能级则逐渐上升，最后二者都接近本征费米能级 E_i。在同一温度下，杂质浓度不同，E_F 的位置也不同。施主浓度越大，E_F 的位置越高。逐渐靠近导带底。相反，对于P型硅，受主浓度越大，E_F 的位置越低，逐渐向价带顶靠近。这种变化规律与式(3.5-9)和式(3.5-15)相一致。

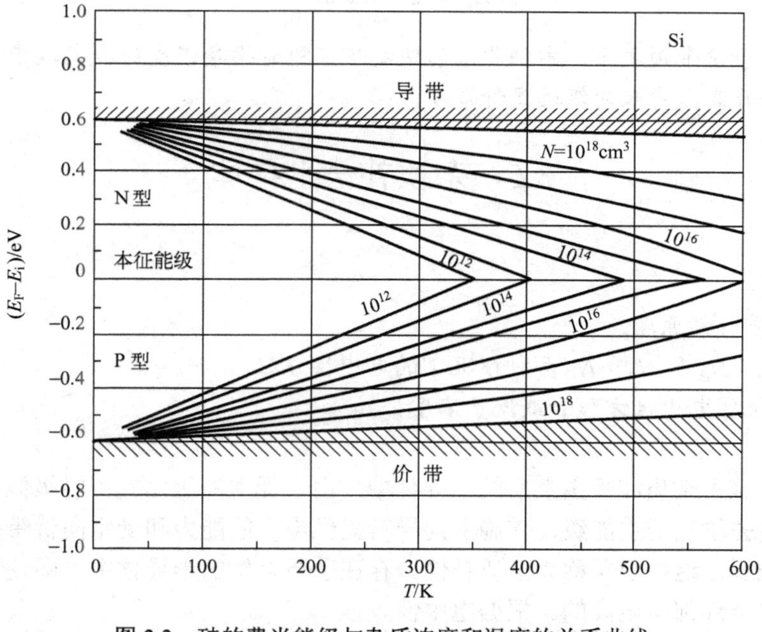

图3.3　硅的费米能级与杂质浓度和温度的关系曲线

小结

1. 杂质能级和能带中的能级不同。杂质能级或者容纳一个有任意自旋的电子，或者空着，不能同时容纳两个自旋相反的电子(泡利不相容原理)。

2. 在杂质饱和电离的温度范围内，施主能级上的电子基本上全部激发到导带上去，成为导带电子的主要来源。本征激发引起的导带电子数目可以忽略。导带电子浓度就等于施

主浓度

$$n = N_D$$

价带空穴浓度 $$p = n_i^2 / n = n_i^2 / N_D$$

3. 在杂质饱和电离的温度范围内，对于 N 型半导体，导带电子被称为多数载流子，价带空穴被称为少数载流子。对于 P 型半导体则相反。

4. N 型半导体在饱和电离情况下的费米能级

$$E_F = E_c - KT\ln\frac{N_c}{N_D}$$

和 $$E_F = E_i + KT\ln\frac{N_D}{n_i}$$

费米能级位于导带底之下本征费米能级之上，而且施主浓度越高，费米能级越靠近导带底。随着温度的升高，费米能级逐渐远离导带底。

5. 对于 P 型半导体，在杂质饱和电离的温度范围内，价带空穴浓度为

$$p = N_A$$

导带电子浓度为 $$n = n_i^2 / p = n_i^2 / N_A$$

费米能级为 $$E_F = E_v + KT\ln\frac{N_v}{N_A}$$

和 $$E_F = E_i - KT\ln\frac{N_A}{n_i}$$

费米能级位于价带顶之上，本征费米能级之下。随着掺杂浓度的提高，费米能级接近价带顶。随着温度的升高，费米能级远离价带顶。

3.6 杂质补偿半导体

教学要求

1. 理解杂质补偿原理。
2. 写出 $N_D > N_A$ 和 $N_A > N_D$ 两种情况下的电中性方程。
3. 写出本征区电中性方程和载流子浓度公式。

在同时含有施主杂质和受主杂质的半导体中，由于受主能级比施主能级低得多，施主能级上的电子首先要去填充受主能级，使施主向导带提供电子的能力和受主向价带提供空穴的能力因相互抵消而减弱，这种现象称为杂质补偿。存在杂质补偿的半导体中，即使在极低温度下，浓度小的杂质也全部都是电离的。根据电中性方程

$$p + p_A + N_D - n - n_D - N_A = 0$$

在 $N_D > N_A$ 的半导体中，由于全部受主都是电离的，$p_A=0$；在杂质饱和电离的温度范围内，$n_D=0$，$p\approx0$。因此在杂质饱和电离的温度范围内，导带中电子浓度为

$$n = N_D - N_A \tag{3.6-1}$$

这种半导体与施主浓度为 $N_D - N_A$ 的只含一种施主杂质的半导体是类似的。$N_D - N_A$ 称为等效施主浓度。

价带空穴浓度为

$$p = \frac{n_i^2}{n} = \frac{n_i^2}{N_D - N_A} \tag{3.6-2}$$

将式(3.6-1)分别代入式(3.3-2)和式(3.4-10)，得到相应的费米能级为

$$E_F = E_c - KT\ln\frac{N_c}{N_D - N_A} \tag{3.6-3}$$

和

$$E_F = E_i + KT\ln\frac{N_D - N_A}{n_i} \tag{3.6-4}$$

同样，对于 $N_A > N_D$ 的半导体，有

$$p = N_A - N_D \tag{3.6-5}$$

$$n = \frac{n_i^2}{p} = \frac{n_i^2}{N_A - N_D} \tag{3.6-6}$$

将式(3.6-5)分别代入式(3.3-5)和式(3.4-11)，得到相应的费米能级为

$$E_F = E_v + KT\ln\frac{N_v}{N_A - N_D} \tag{3.6-7}$$

和

$$E_F = E_i - KT\ln\frac{N_A - N_D}{n_i} \tag{3.6-8}$$

$N_A - N_D$ 也叫做等效受主浓度。如果 $N_A = N_D$，则全部施主上的电子恰好使受主电离，能带中的载流子只能由本征激发产生。这种半导体被称为完全补偿的半导体。

在以上分析中可以看出，通过杂质补偿的方法可以获得所需要的费米能级。

在温度远高于饱和电离温度之后，无论是哪种杂质半导体都会有大量电子由价带激发到导带。由这种本征激发所产生的载流子数目可以远大于杂质电离所产生的载流子数目，即 $n \gg N_D$ 和 $p \gg N_A$。这时，电中性条件变成了 $n = p$。这种情况与未掺杂的本征半导体是类似的，称为杂质半导体进入本征激发区。在这个温度区域中，费米能级和载流子浓度仍然用式(3.4-7)和式(3.4-8)分别表达。

例 3.7 硅中掺杂浓度为 $N_A = 10^{16}\text{cm}^{-3}$。室温下欲使之变成 N 型且费米能级位于导带底下方 0.2eV 处，求应该掺入的施主浓度。

解： 由式(3.6-3)

$$E_F = E_c - KT\ln\frac{N_c}{N_D - N_A}$$

$$N_D - N_A = N_c\exp\left(\frac{-(E_c - E_F)}{KT}\right) = 2.6\times10^{19}(\text{cm}^{-3})\exp\left(\frac{-0.2}{0.026}\right) = 1.19\times10^{16}(\text{cm}^{-3})$$

$$N_D = 1.19\times10^{16} + N_A = 2.19(\text{cm}^{-3})$$

小结

1. 在同时含有施主杂质和受主杂质的半导体中，由于受主能级比施能级低得多，施主能级上的电子首先要去填充受主能级，使施主向导带提供电子的能力和受主向价带提供空穴的能力因相互抵消而减弱，这种现象称为杂质补偿。存在杂质补偿的半导体中，即使在极低温度下，浓度小的杂质也全部都是电离的。于是，在 $N_D > N_A$ 的半导体中，导带中电子浓度为

$$n = N_D - N_A$$

这也是 $N_D > N_A$ 的半导体中的电中性方程。

这种半导体与施主浓度为 $N_D - N_A$ 的只含一种施主杂质的半导体是类似的。

于是可以仿照只含一种施主杂质的半导体，$N_D - N_A$ 代替后者相关公式中的 N_D 而获得相关公式，即式(3.6-1)～式(3.6-4)。

对于 $N_A > N_D$ 的半导体，获得式(3.6-5)～式(3.6-8)。

2. 在温度远高于饱和电离温度之后，无论是哪种杂质半导体都会有大量电子由价带激发到导带。由这种本征激发所产生的载流子数目可以远大于杂质电离所产生的载流子数目，即 $n \gg N_D$ 和 $p \gg N_A$。这时，电中性条件变成了 $n = p$。这种情况与未掺杂的本征半导体是类似的，称为杂质半导体进入本征激发区。在这个温度区域中，费米能级和载流子浓度仍然分别用式(3.4-7)和式(3.4-8)表述。

3.7 简并半导体

教学要求

1. 理解概念：简并半导体、杂质带、带尾。
2. 正确解释禁带变窄现象。
3. 了解式(3.7-3)和式(3.7-5)。

在前面几节的讨论中，我们假定费米能级位于离开带边较远的禁带之中。在这种情况下，费米分布函数可以用玻耳兹曼分布函数来近似。但在有些情况下，费米能级可能接近或进入能带。例如在重掺杂半导体中就可以发生这种情况。这种现象称为载流子的简并化，发生载流子简并化的半导体称为简并半导体。在简并半导体中，量子态被载流子占据几率很小的条件不再成立，不能再应用玻耳兹曼分布函数而必须使用费米分布函数来分析能带中载流子的统计分布问题。

3.7.1 简并半导体杂质能级和能带的变化

在前面几节的讨论中我们看到，对于 N 型半导体，如果施主能级基本上电离，E_F 必须在施主能级以下。对于 P 型半导体，如果受主能级基本上电离，E_F 必须在受主能级以上。两种情况都意味着费米能级在禁带之中。因此费米能级位于禁带之中是和常温下浅能级杂质基本上全部电离这一事实相一致的。然而，当半导体中的杂质浓度相当高的时候，比如锗、硅中的Ⅲ-Ⅴ族元素，它们的浓度达到 10^{18}～10^{19}cm^{-3} 时，不同原子上的波函数要发生重叠。在这种情况下，即使不电离，电子和空穴也不再被束缚在固定的杂质上，而是可以在整个半导体中运动。杂质能级之间会发生类似于能带的形成过程：单一的杂质能级将转变成为一系列高低不同的能级组成的“带”，称为杂质带。杂质带的宽度会随着杂质浓度的增加而加宽。

在简并半导体中，不仅杂质能级发生变化，能带也发生了变化。我们知道，能带反映的是电子在晶格原子中做共有化运动。若杂质浓度较高，电子在晶格中运动时，不仅受到晶格原子的作用，而且也要受到杂质原子的作用。因为杂质原子是无规则地分布在晶格之中的，所以电子受到的杂质作用的强弱也是无规则变化的。这种无规则变化，使能带失去了明确的边缘而产生一个深入到禁带中的“带尾”。

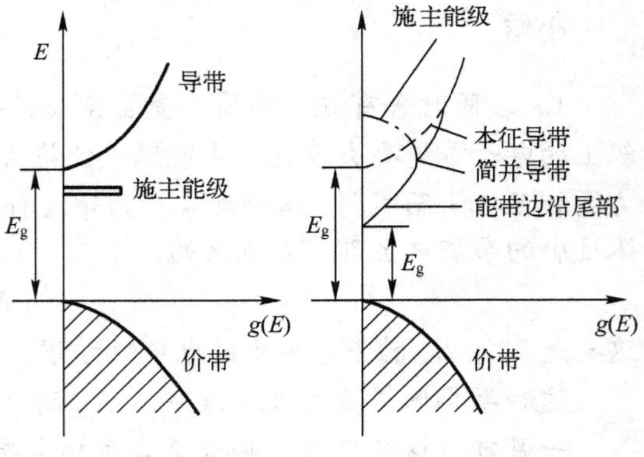

（a）非简并半导体　　（b）简并半导体

图 3.4　状态密度 $g(E)$与能量 E 的关系

由于杂质带和能带尾，使高掺杂半导体的杂质能级(杂质带)和能带连接起来。图 3.4 以高掺杂 N 型半导体为例画出了施主杂质带和导带的能态密度的示意图。从图 3.4 可见，由于带尾的出现，半导体的禁带将变窄。

通过以上分析我们看到，在简并半导体中，一方面杂质能级和能带(施主能级和导带或受主能级和价带)相连接而不再有杂质电离问题。另一方面，高掺杂带来大量载流子，使费米能级进入联合的能带(能带+杂质带)。

3.7.2 简并半导体的载流子浓度

对于简并半导体，由于费米能级进入能带，表示载流子占据量子态的概率要用费米分布函数而不能再使用玻耳兹曼分布函数。计算能带中载流子浓度的方法，与 3.3 节对于非简并半导体所用的方法是完全类似的。

在 3.3 节，导带电子浓度由式(3.3−1)给出：

$$n=\int_{E_c}^{\infty} f(E) N_c(E)\mathrm{d}E$$

将式(3.1−3)和式(3.2−1)代入上式，可得

$$n=\frac{4\pi(2m_{dn})^{3/2}}{h^3}\int_{E_c}^{\infty}\frac{(E-E_c)^{1/2}}{\exp\left(\frac{E-E_F}{KT}\right)+1}\mathrm{d}E \tag{3.7-1}$$

引入无量纲的变数

$$\xi=(E-E_c)/KT$$

和简约费米能级

$$\eta_n=\frac{E_F-E_c}{KT} \tag{3.7-2}$$

再利用式(3.7−1)和式(3.7−2)可得

$$n=\frac{2}{\sqrt{\pi}}N_c\int_0^{\infty}\frac{\xi^{1/2}\mathrm{d}\xi}{\exp(\xi-\eta_n)+1}=\frac{2}{\sqrt{\pi}}N_c F_{1/2}(\eta_n) \tag{3.7-3}$$

其中

$$F_{1/2}=\int_0^{\infty}\frac{\xi^{1/2}\mathrm{d}\xi}{\exp(\xi-\eta_n)+1} \tag{3.7-4}$$

式(3.7−4)称为费米积分。表 3.3 给出了与各种不同 η 值相对应的 $(2/\sqrt{\pi})F_{1/2}(\eta)$ 和 $\exp(\eta)$ 值。

用同样的方法可以得出价带空穴浓度为

$$p=\frac{2}{\sqrt{\pi}}N_v F_{1/2}(\eta_p) \tag{3.7-5}$$

其中

$$\eta_p=\frac{E_v-E_F}{KT} \tag{3.7-6}$$

在非简并情况下，费米能级位于离开带边较远的禁带中，即 $\eta_n \ll -1$ 或 $\eta_p \ll -1$，式(3.7−3)和式(3.7−5)则分别简化为

$$n=N_c\exp(\eta_n) \tag{3.7-7}$$

和

$$p=N_v\exp(\eta_p) \tag{3.7-8}$$

这是分别与式(3.3−2)和式(3.3−5)完全相同的表示式。

在图 3.5 中，分别画出由式(3.7−7)和式(3.7−3)或式(3.7−8)和式(3.7−5)决定的载流子浓度随简约费米能级变化的两条函数曲线。图中，两条曲线的差别反映了简并化的影响。由图可以看出，当 $\eta=0$，即费米能级与带边重合时，载流子浓度的值与理论值相比，已有显著差别，必须考虑简并化的影响。实际上，在 $\eta \geqslant -2$ 时，载流子的浓度的值就已经开始略有不同了。

表 3.3　$(2/\sqrt{\pi})F_{1/2}(\eta)$ 和 $\exp(\eta)$ 的数值表

η	$(2/\sqrt{\pi})F_{1/2}(\eta)$	$\exp(\eta)$
−3.0	0.049	**0.050**
−2.0	0.129	**0.135**
−1.0	0.328	**0.368**
0	0.765	**1.000**
1.0	1.576	**2.718**
2.0	2.824	**7.389**
3.0	**4.488**	**20.086**

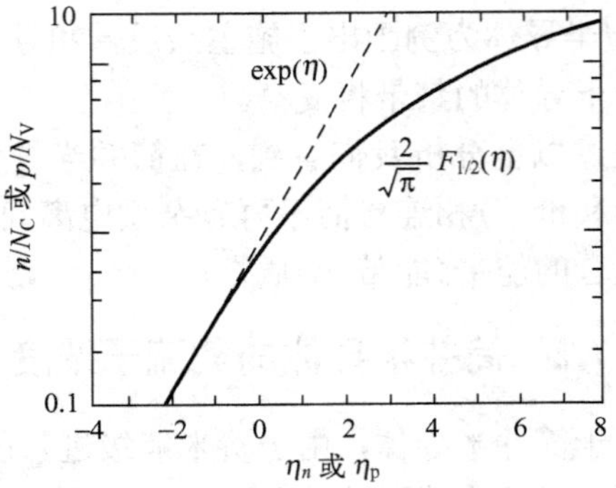

图 3.5　载流子浓度随简约费米能级的变化

一般认为：

当 $E_F - E_c < -5KT$ 时，半导体处于完全非简并状态；

当 $E_F - E_c > 5KT$ 时，半导体处于完全简并状态；

当 $-5KT < E_F - E_c < 5KT$ 时，半导体处于从非简并到完全简并的过渡区。有些文献中也以 $3KT$ 为判据。

小结

1. 简并半导体中单一的杂质能级将转变成为一系列高低不同的能级组成的“带”，成为杂质带。杂质带的宽度会随着杂质浓度的增加而加宽。

2. 高掺杂使半导体的能带失去了明确的边缘而产生一个深入到禁带中的“带尾”。由于带尾的出现，半导体的禁带将变窄。

3. 简并半导体导带电子浓度

$$n = \frac{2}{\sqrt{\pi}} N_c F_{1/2}(\eta_n)$$

其中

$$F_{1/2} = \int_0^{\infty} \frac{\xi^{1/2}\mathrm{d}\xi}{\exp(\xi - \eta_n) + 1}$$

上式称为费米积分。

4. 价带空穴浓度

$$p = \frac{2}{\sqrt{\pi}} N_v F_{1/2}(\eta_p)$$

5. 一般认为，当 $E_F - E_c > 5KT$（N 型）或 $E_F - E_v < 5KT$（P 型）时，半导体进入完全简并状态。$|E_F - E_c| < 5KT$（N 型）或 $|E_v - E_F| < 5KT$（P 型）的情况称为过渡区。当 $E_F - E_c < -5KT$（N 型）或 $E_v - E_F < -5KT$（P 型）时，半导体处于完全非简并状态。

思考题与习题

3-1　能态密度和某一能量间隔内的能态数有何区别？

3-2　费米函数的基本意义是什么？

3-3　解释以下陈述的含义：

（1）“费米能级标志了电子填充能级的水平”。

（2）“热平衡情况下费米能级恒定”或“热平衡情况下费米能级等于常数”。

3-4　什么是电中性条件？对于只含有一种杂质的 N 型半导体，$p + N_D - n = 0$ 和 $n = N_D$ 分别是哪种情况下的电中性条件？

3-5　说明在非简并杂质半导体中，低温区、杂质饱和电离区、杂质饱和电离与本征激发共存区和本征激发区载流子的主要来源。

3-6　什么是带尾效应？

3-7　为什么本征半导体中导带电子和价带空穴数量相等？

3-8　为什么 Si 半导体器件的工作温度比 Ge 半导体器件的工作温度高？你认为在高温条件下工作的半导体应满足什么条件？Si 器件取代 Ge 器件的主要原因是什么？

3-9　对于同一种半导体，写出在杂质饱和电离区，杂质浓度相同的 N 型和 P 型样品的费米能级。说明二者相对于本征费米能级是对称的(参考图 3.3)。

3-10　N 型半导体和 P 型半导体的多数载流子和少数载流子分别是什么？

3-11　指出 N 型半导体和 P 型半导体，在杂质饱和电离区，费米能级随杂质浓度和温度的基本变化趋势。

3-12　说明杂质补偿的原理。

3-13　导出价带能态密度公式(3.1-6)。

3-14　一维晶体 $E=\dfrac{\hbar^2k^2}{2m_n}$，试证明其能态密度为 $N(E)=\dfrac{\sqrt{2m_n}}{h}E^{-1/2}$。

3-15　设导带底在布里渊中心，导带底 E_c 附近的电子能量可以表示为 $E(k)=E_c+\dfrac{\hbar^2k^2}{2m_n}$，式中 m_n 是电子的有效质量。分别求出二维和三维两种情况下导带附近的能态密度。

3-16　计算能量在 E_c 到 $E=E_c+\dfrac{100\pi\hbar^2}{2m_nL^2}$ 之间单位体积中的量子态数。

3-17　当 $E-E_F$ 为 $1KT$，$-3KT$，$5KT$ 时，分别用费米分布函数和玻耳兹曼分布函数计算电子占据各该能级的概率。

3-18　导出公式(3.4-10)和式(3.4-11)并验证质量作用定律。

3-19　硅样品中掺入 $10^{14}cm^{-3}$ 的磷，试求室温下载流子浓度和费米能级的位置。

3-20　硅样品中掺入 $10^{14}cm^{-3}$ 的硼，试求室温下载流子浓度和费米能级的位置。

3-21　计算室温下 $N_D=10^{14}cm^{-3}$ 的锗材料的载流子浓度。

3-22　如果认为习题 3-21 可以简单回答如下：由于室温下施主已经全部电离，所以电子浓度就等于施主浓度 N_D 和室温下本征载流子浓度 n_i 之和，即 $n=N_D+n_i$。你认为是否正确？为什么？

3-23　假设硅半导体中杂质全部电离，分别使用式(3.5-7)和式(3.5-12)计算载流子浓度和费米能级的位置。

（1）施主杂质浓度为 $10^{16}cm^{-3}$，$T=300K$、$600K$；

（2）施主杂质浓度为 $10^{19}cm^{-3}$，$T=300K$、$600K$。

3-24　计算含有 $N_D=9\times10^{15}cm^{-3}$，$N_A=1.1\times10^{16}cm^{-3}$ 的硅在 300K 时电子和空穴浓度及费米能级的位置。

3-25　计算掺有 $N_D=1.5\times10^{17}cm^{-3}$，$N_A=5\times10^{16}cm^{-3}$ 的锗材料分别在 300K 和 600K 时的载流子浓度和费米能级的位置。

3-26　硼的浓度分别为 N_1 和 N_2(N_1 和 N_2 远大于室温下本征载流子浓度，$N_1<N_2$)的两个硅样品在室温下：

（1）哪个样品的少子浓度低？

（2）哪个样品的费米能级离价带顶近？

（3）如果再掺入少量的磷(磷的浓度 $N_1<N<N_2$)，它们的费米能级如何变化？

第 4 章　电荷输运现象

输运现象也称为迁移现象。输运现象讨论的是在电场、磁场、温度场等作用下电荷和能量的输运问题。研究输运现象具有广泛的实际意义。通过输运现象的研究可以了解载流子与晶格和晶格缺陷相互作用的性质。理论上，这是一个涉及内容相当广泛的非平衡统计问题。在这一章我们的讨论将仅限于在电场和磁场的作用下半导体中电子和空穴的运动所引起的电荷输运现象，例如电导和霍尔效应。

理想的完整晶体中的电子，处在严格的周期性势场中。如果没有其他因素(晶格振动、缺陷和杂质等)，电子将保持其状态 $\boldsymbol{k}$ 不变，因而电子的速度 $\boldsymbol{v}(\boldsymbol{k})$ 也将是不变的。也可以说成是，理想晶格并不散射载流子。这是量子力学的结果，是经典理论所不能理解的。在实际晶体中存在着各种晶格缺陷，晶体原子本身也在不断地振动，这些都会使晶体中的势场偏离理想的周期性势场，相当于在严格的周期性势场上叠加了附加的势场。这种附加的势场可以使处在状态 $\boldsymbol{k}$ 的电子以一定的概率跃迁到其他状态 $\boldsymbol{k}'$ 。也可以说是使原来的以速度 $\boldsymbol{v}(\boldsymbol{k})$ 运动的电子改变为以速度 $\boldsymbol{v}(\boldsymbol{k}')$ 运动。这种由附加的势场引起载流子状态改变的现象就叫做载流子的散射。散射使载流子做无规则的运动，它导致热平衡状态的确立。在热平衡状态下，由于向各个方向运动的载流子都存在，它们对电流的贡献彼此抵消，所以半导体中没有电流流动。

不难想象，在有电场、磁场等外力场作用时，外场将和散射共同决定电荷输运的规律。

载流子散射的机构有很多，其中晶格振动散射比其他各种散射更为基本。这是因为晶格振动是晶体本身所固有的。尤其是在高温下，晶格振动引起的载流子散射会占支配地位。因此，在介绍晶格振动散射之前，有必要先介绍晶格振动的有关知识。

4.1　格波与声子

教学要求

1. 了解概念：格波、声子。
2. 写出并记忆电子和声子相互作用的能量守恒和动量守恒公式，即式(4.1-6)和式(4.1-7)。

实际晶体中的原子并不是固定不动的，而是相对于自己的平衡位置进行热振动。由于原子之间的相互作用，每个原子的振动不是彼此无关的，而是一个原子的振动要依次传给其他原子。晶体中这种原子振动的传播称为格波。在固体物理学中对格波有严格的理论分析，这里只介绍相关的基本的结论，为讨论晶格振动散射提供必要的准备知识。

4.1.1　格波

理论分析给出，晶体中每个格波可以用一个简正振动来表示。

$$\boldsymbol{u}(\boldsymbol{r},t) = A\exp[\mathrm{i}(\boldsymbol{q}\cdot\boldsymbol{r}-\omega t)] \tag{4.1-1}$$

式中 $\boldsymbol{q}$ 是格波的波矢量，$q=2\pi/\lambda$ 为波数，ω 是角频率，A 是复振幅，$\boldsymbol{u}(\boldsymbol{r},t)$ 是位移。每个格波由 $\boldsymbol{q}$ 和 ω 标志，q 值小的($q\sim0$)称为长格波，q 值大的($q\sim 2\pi/a$)称为短格波。理论分析指出，格波波矢量 $\boldsymbol{q}$ 具有与周期性势场中电子波矢量 $\boldsymbol{k}$ 相似的性质：

（1）波矢量 $\boldsymbol{q}$ 具有倒格矢的周期性，其取值可以限制在第一布里渊区：

$$-\pi/a_i \leqslant q_i < \pi/a_i$$

或写做
$$-\pi \leqslant \boldsymbol{q}_i \cdot \boldsymbol{a}_i < \pi \qquad (i=1,2,3) \tag{4.1-2}$$

（2）在第一布里渊区中，$\boldsymbol{q}$ 均匀分布，取 $N=N_1N_2N_3$ 个分立值。这里 N_1、N_2、N_3 分别为沿 a_1、a_2、a_3 方向上的原胞数。N 为总原胞数。

对于原胞中有 n 个原子的三维晶体中，共有 $3n$ 个不同的振动分支，称为 $3n$ 支格波（格波支数等于原胞中原子的自由度数：$3\times n=3n$）。如果晶体总原胞数为 N，则每支格波中有 N 个格波，晶体中总的格波数为 $3nN$（等于晶体中总的原子自由度数），可形象地表示如下：

$$\begin{aligned}
&\omega_1(\boldsymbol{q}):\ \omega_1(\boldsymbol{q}_1),\ \omega_1(\boldsymbol{q}_2),\ \omega_1(\boldsymbol{q}_3),\cdots,\ \omega_1(\boldsymbol{q}_N)\\
&\omega_2(\boldsymbol{q}):\ \omega_2(\boldsymbol{q}_1),\ \omega_2(\boldsymbol{q}_2),\ \omega_2(\boldsymbol{q}_3),\cdots,\ \omega_2(\boldsymbol{q}_N)\\
&\qquad\vdots\\
&\omega_i(\boldsymbol{q}):\ \omega_i(\boldsymbol{q}_1),\ \omega_i(\boldsymbol{q}_2),\ \omega_i(\boldsymbol{q}_3),\cdots,\ \omega_i(\boldsymbol{q}_N);\ (i=1\sim 3n)\\
&\qquad\vdots\\
&\omega_{3n}(\boldsymbol{q}):\ \omega_{3n}(\boldsymbol{q}_1),\ \omega_{3n}(\boldsymbol{q}_2),\ \omega_{3n}(\boldsymbol{q}_3),\cdots,\ \omega_{3n}(\boldsymbol{q}_N)
\end{aligned}$$

其中，$\omega_i(\boldsymbol{q})$ 为第 i 支格波，$\omega_i(\boldsymbol{q}_j)$ 为第 i 支格波的第 j 个格波。

三维晶体中有两种弹性波：纵波和横波。晶体中原子振动方向与格波传播方向平行的，称为纵波。振动方向与格波传播方向垂直的，称为横波。横波又可分为振动方向互相垂直的两个独立的波。

$3n$ 支格波中有 3 支声学波（亦称为声学支），剩下的 $3(n-1)$ 支为光学波（亦称为光学支）。

图 4.1 所示为硅、锗和砷化镓中沿〈100〉方向传播的不同格波的 ω 与 q 关系曲线。这些材料原胞中有 2 个原子，所以具有光学支和声学支振动，每个分支中又都有 1 个纵向和 2 个横向的振动分支，但 2 个横向振动分支是简并化的。振动频率和波矢 $\boldsymbol{q}$ 的函数关系，称为频谱分布，也叫做晶格振动图谱或色散关系。图中 TO、LO、TA 和 LA 分别指横光学支、纵光学支、横声学支和纵声学支。光学波通常具有较高的频率，它随 q 的变化比较平缓。在涉及波矢范围较小的问题中，可以近似认为它们具有相同的频率（能量）。在极性半导体 GaAs 中，$q=0$ 处的纵光学波比横光学波具有更高的频率。

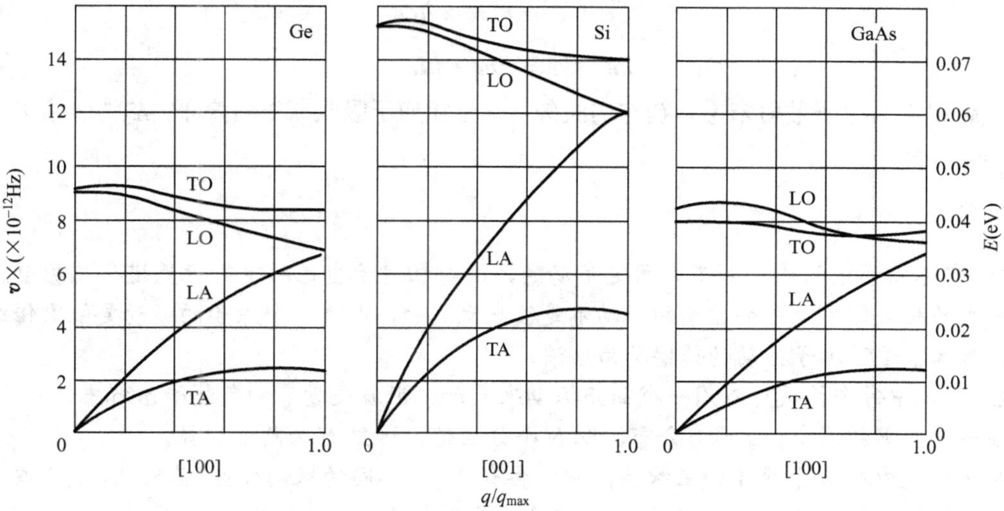

图 4.1　Ge、Si 和 GaAs 中不同格波的 ω 与 q 的关系曲线

例：Ge、Si、GaAs 中的格波。

Ge、Si、GaAs 原胞中有两个原子，$3n=3\times 2=6$。因此这些半导体中有 6 支格波。声学支 3 支。光学支：$3(n-1)=3(2-1)=3$ 支。3 支声学波中有 1 支纵波(LA)、2 支横波(TA)。这 2 支横波是简并的(频率相同，极化方向不同)。同样，3 支光学波中有 1 支纵波(LO)、2 支横波(TO)。这 2 支横波也是简并的。

$$\text{格波支数}3n=3\times 2=6\begin{cases}\text{3支声学波}\begin{cases}\text{1支纵波（LA）}\\ \text{2支横波（TA，简并）}\end{cases}\\ \text{3支光学波}\begin{cases}\text{1支纵波（LO）}\\ \text{2支横波（TO，简并）}\end{cases}\end{cases}$$

4.1.2 声子

如前所述，三维晶体中存在着 $3nN$ 个格波。每个格波可用 1 个简正振动来表示。于是，晶体中原子的振动可用 $3nN$ 个简正振动的重叠来表示。晶体振动的总能量就是 $3nN$ 个独立谐振子的总能量之和。从量子力学的观点来看，频率为 $\omega(\boldsymbol{q})$ 的谐振子的能量是量子化的，即

$$E_{\text{n}}=\hbar\omega(\boldsymbol{q})\left[n+\frac{1}{2}\right]\quad(n\text{ 为整数})\tag{4.1-3}$$

就是说量子谐振子能量的改变为

$$\Delta E=\hbar\omega(\boldsymbol{q})\Delta n\tag{4.1-4}$$

根据量子力学，这时谐振子量子数的最小改变为

$$\Delta n=\pm 1\tag{4.1-5}$$

量子化的能量 $\hbar\omega(\boldsymbol{q})$ 称为晶格振动能量的量子或声子。类似于光子，声子可以看成是晶格振动能量的量子载流子，即可以看成是一个准粒子。在能量关系上，晶格振动等价于声子气。

在固体中存在着声学振动和光学振动，因此也可以说存在着声学声子和光学声子。声学声子的能量要比光学声子的能量小很多。声子的准动量为 $\hbar\boldsymbol{q}$。在电子和声子相互作用过程中，遵守能量守恒和动量守恒

$$\frac{\hbar^2}{2m}(\boldsymbol{k}'^2-\boldsymbol{k}^2)=\pm\hbar\omega\tag{4.1-6}$$

$$\hbar\boldsymbol{k}'-\hbar\boldsymbol{k}=\pm\hbar\boldsymbol{q}+\hbar\boldsymbol{K}_{\text{n}}\tag{4.1-7}$$

式中，$\boldsymbol{k}'$ 和 $\boldsymbol{k}$ 为电子散射末态和初态的波矢；± 号相应于吸收或发射声子；$\boldsymbol{K}_{\mathbf{n}}$ 为倒格矢。在第 1BZ，取 $\boldsymbol{K}_{\text{n}}=0$。

小结

1. 实际晶体中的原子并不是固定不动的，而是相对于自己的平衡位置进行热振动。由于原子之间的相互作用，每个原子的振动不是彼此无关的，而是一个原子的振动要依次传给其他原子。晶体中这种原子振动的传播称为格波。

2. 晶体中每个格波可以用一个简正振动来表示，由波矢量 $\boldsymbol{q}$ 和角频率 ω 标志。

在第一布里渊区中，$\boldsymbol{q}$ 均匀分布，取 N 个分立值，这里 N 为总原胞数。

对于原胞中有 n 个原子的三维晶体中，共有 $3n$ 个不同的振动分支(称为 $3n$ 支格波，格波支数等于原胞中原子的自由度数：$n\times 3=3n$)。晶体中总的格波数为 $3nN$(等于晶体中总的原子自由度数)。

3. 三维晶体中有两种弹性波：纵波和横波。横波又可分为振动方向互相垂直的两个独立的波。$3n$ 支格波中有 3 支声学波(亦称为声学支)，剩下的 $3n-3=3(n-1)$支为光学波(亦称为光学支)。

Ge、Si、GaAs 中的格波：

$$\text{格波支数}3n=3\times2=6\begin{cases}3\text{支声学波}\begin{cases}1\text{支纵波（LA）}\\2\text{支横波（TA，简并）}\end{cases}\\3\text{支光学波}\begin{cases}1\text{支纵波（LO）}\\2\text{支横波（TO，简并）}\end{cases}\end{cases}$$

4. ω-$\boldsymbol{q}$ 关系即振动频率和波矢 $\boldsymbol{q}$ 的函数关系，称为频谱分布，也叫做晶格振动图谱、色散关系。

5. 从量子力学的观点来看，频率为 $\omega(\boldsymbol{q})$ 的谐振子的能量是量子化的，即

$$E_{\mathrm{n}}=\hbar\omega(\boldsymbol{q})\left[n+\frac{1}{2}\right]\qquad(n\text{ 为整数})$$

就是说量子谐振子能量的改变为

$$\Delta E=\hbar\omega(\boldsymbol{q})\Delta n$$

根据量子力学，这时谐振子量子数的最小的改变为

$$\Delta n=\pm1$$

量子化的能量 $\hbar\omega(\boldsymbol{q})$ 称为晶格振动能量的量子或声子。类似于光子，声子可以看成是晶格振动能量的量子载流子，即可以看成是一个准粒子。在能量关系上，晶格振动等价于声子气。

在固体中存在着声学振动和光学振动，因此也可以说存在着声学声子和光学声子。声学声子的能量要比光学声子的能量小很多。声子的准动量为 $\hbar\boldsymbol{q}$。

6. 在电子和声子相互作用过程中，遵守能量守恒和动量守恒

$$\frac{\hbar^2}{2m}(k'^2-k^2)=\pm\hbar\omega$$

$$\hbar\boldsymbol{k}'-\hbar\boldsymbol{k}=\pm\hbar\boldsymbol{q}+\hbar\boldsymbol{K}_{\mathrm{n}}$$

式中，$\boldsymbol{k}'$ 和 $\boldsymbol{k}$ 是电子散射末态和初态的波矢。$\pm$ 号相应于吸收或发射声子。$\boldsymbol{K}_{\mathrm{n}}$ 为倒格矢。在第1BZ，取 $\boldsymbol{K}_{\mathrm{n}}=0$。

4.2　载流子的散射

教学要求

1. 理解概念：散射、散射概率、平均自由时间、弛豫时间。
2. 了解导出平均自由时间的基本思想和过程。
3. 熟悉晶格振动散射和电离杂质散射的基本规律。

如前所述，在晶体中，任何破坏严格周期性势场的因素都可以引起载流子的散射。但就像光波的散射一样，只有当散射中心所产生的附加势的线度具有电子波波长的量级时，才能有效地散射电子。室温下电子波长为 10nm 数量级。晶体中的电离杂质、中性杂质(浅能级杂质的电子波函数扩展范围也较大)、混合晶体中的无序势、位错等都可以引起载流子的散射。载流子彼此之间也会引起散射。在有些半导体中还存在谷间散射，如 GaAs 中。本节介绍散射的基本概念和几种散射机构。

4.2.1 平均自由时间与弛豫时间

晶体中的载流子频繁地被散射，每秒钟可达$10^{12}\sim10^{13}$次。就某一具体载流子而言，散射是随机的。何时发生散射，散射到什么方向，具有偶然性。但对大量载流子的多次散射来说，每个载流子在单位时间内发生多少次散射(称为散射率)，散射后速度方向如何分布等却有统计规律性。在下面的分析中，假设散射是各向同性的，即散射后的速度在各个方向的概率相同。

平均自由时间和弛豫时间是在两次散射之间载流子存活(未被散射)的平均时间，是描述载流子散射的最基本的物理量。

下面导出平均自由时间。假设一个载流子在两次散射之间的自由时间是t，由于t的随机性和偶然性，因此它不能反映散射的规律性。有意义的是大量载流子，多次散射的自由时间的统计平均值即平均自由时间。平均自由时间是一个统计平均值。

设有N_0个速度为$\boldsymbol{v}$的载流子在$t=0$时，刚刚遭到一次散射。令N表示在t时刻它们中间尚未遭到下一次散射的载流子数，则在t到$t+\mathrm{d}t$时间内被散射的载流子数$(-\mathrm{d}N)$应当与N和$\mathrm{d}t$成正比。对于各向同性散射，引入比例系数$1/\tau_\mathrm{a}$，则

$$\mathrm{d}N=-\frac{1}{\tau_\mathrm{a}}N\mathrm{d}t \tag{4.2-1}$$

$1/\tau_\mathrm{a}$的物理意义是单位时间内载流子被散射到各个方向上去的概率，称为散射概率。从式(4.2-1)解得

$$N=N_0\exp\left(-t/\tau_\mathrm{a}\right) \tag{4.2-2}$$

由于N是N_0个载流子中，在t时间内未被散射的载流子数，因此式(4.2-2)中$\exp\left(-t/\tau_\mathrm{a}\right)$的意义很明确，它是一个载流子在两次散射之间未被散射的概率。在$t\sim t+\mathrm{d}t$时间内被散射的载流子数应当与t时刻未被散射的载流子数N、时间间隔$\mathrm{d}t$及散射概率成正比。再由式(4.2-2)，有

$$\frac{1}{\tau_\mathrm{a}}N\mathrm{d}t=\frac{1}{\tau_\mathrm{a}}N_0\exp\left(-\frac{t}{\tau_\mathrm{a}}\right)\mathrm{d}t$$

假设一个载流子在两次散射之间经历的自由时间是t，则$t\cdot\frac{1}{\tau_\mathrm{a}}N_0\exp\left(-\frac{t}{\tau_\mathrm{a}}\right)\mathrm{d}t$是这些载流子两次散射之间自由时间的总和。对所有时间积分(计及无穷多次散射)，就得到N_0个载流子自由时间的总和，再除以N_0便得到平均自由时间

$$\bar{t}=\frac{1}{N_0}\int_0^\infty\frac{1}{\tau_\mathrm{a}}N_0\exp^{(-t/\tau_\mathrm{a})}t\mathrm{d}t=\tau_\mathrm{a}$$

可见，平均自由时间就是散射概率的倒数。

以上讨论所得结果的前提是散射是各向同性的。当散射为各向异性时，用弛豫时间τ代替τ_a即可

$$\bar{t}=\tau \tag{4.2-3}$$

即平均自由时间等于弛豫时间τ。或者一个载流子在两次散射之间经历的自由时间是t，计及无穷多次散射，平均自由时间为

$$\bar{t}=\frac{\int_0^\infty t\exp(-t/\tau_\mathrm{a})\mathrm{d}t}{\int_0^\infty\exp(-t/\tau_\mathrm{a})\mathrm{d}t}=\tau_\mathrm{a}$$

4.2.2 散射机构

半导体中可能有多种散射机构，其中主要的两种是晶格振动散射和电离杂质散射。需要指出的是，“晶格振动”的说法是不严格的，只是为了叙述方便而沿用的一个名词。这里“晶格振动”指的是晶体中原子振动的传播。

1．晶格振动散射

根据准动量守恒，引起电子散射的格波的波长必须与电子的波长具有相同的数量级。室温下电子的波长约为 10nm，在能带具有单一极值的半导体中，只有长格波（波长比电子波长长的）才对散射起主要作用。下面的分析将会看到，在长格波中又只有纵波在散射中起主要作用。

纵声学波的原子位移引起晶体体积的压缩和膨胀（见图 4.2（a））。在一个波长中，一半晶格处于压缩状态，一半处于膨胀状态。晶格体积的压缩和膨胀表示原子间距发生了变化，它可以引起能带结构的改变：随着原子间距的减小，禁带宽度增大；而原子间距的增加，将使禁带宽度减小[见图 2.8（b）]。因此纵声学波引起的原子位移能使导带底和价带顶发生波形的起伏。这种能带的起伏就其对载流子的作用来说，就如同存在一个附加的势场。通常把这种和晶格形变相联系的附加势能称为形变势（见图 4.2（c））。纵声学波就是通过这种形变势对载流子起散射作用的。在硅和锗等非极性半导体中纵声学波散射起主要作用。

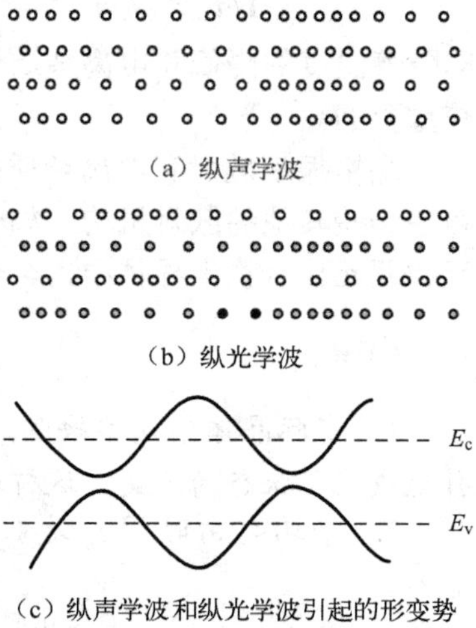

图 4.2　纵声学波和纵光学波中原子位移示意图

在离子晶体中，每个原胞中有一个正离子和一个负离子。对于纵光学波来说，由图 4.2（b）可以看出，如果只观察一种极性的离子，它们也和纵声学波一样形成疏密相间的区域。但是由于正负离子的振动方向相反，所以正离子的密区和负离子的疏区相合，正离子的疏区和负离子的密区相合，结果形成了半个波长区带正电和半个波长区带负电的状况。正负电荷之间的静电场，对于电子和空穴引起一个起伏变化的静电势能，即引起载流子散射的附加势场（见图 4.2（c））。在离子晶体和极性化合物（如 GaAs）的半导体中，纵光学波散射起主要作用。通常把这种散射称为极性光学波散射。

横声学波和横光学波并不引起原子的疏密变化，因此也就不能产生上述效应。

理论分析指出，声学波的散射概率正比于 $T^{3/2}$，即

$$1/\tau_{ac} \propto T^{3/2} \tag{4.2-4}$$

在低温下，当长光学波声子能量 $\hbar\omega \gg KT$ 时，随着温度的升高，散射概率将按指数规律迅速增加

$$1/\tau_{opt} \propto \exp\left(-\frac{\hbar\omega}{KT}\right) \tag{4.2-5}$$

在轻掺杂的硅中，和其他散射过程相比，晶格振动散射在室温及更高温度时处于支配地位，大多数半导体器件是在此温度范围内工作的。

2．电离杂质散射

半导体中电离的施主或受主杂质是带电的离子。在它们的周围将产生库仑势场。当载流子

从电离杂质附近经过时，由于库仑势场的作用，使载流子改变了运动方向，也就是载流子被散射，如图 4.3 所示。

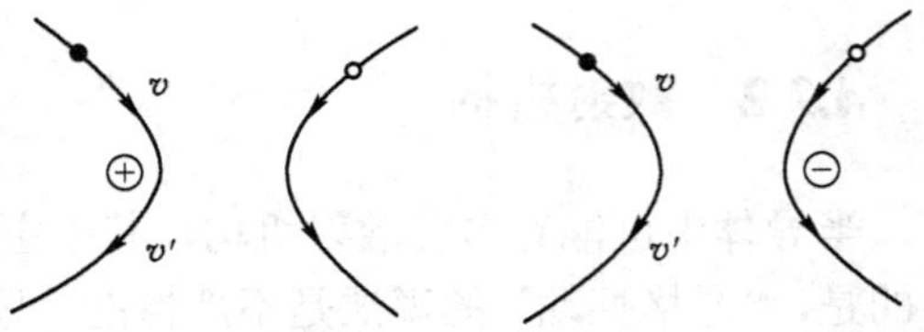

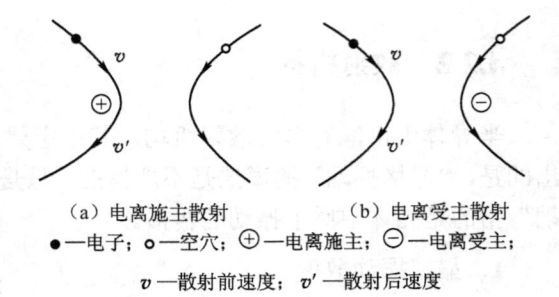

（a）电离施主散射　　（b）电离受主散射

●—电子；○—空穴；⊕—电离施主；⊖—电离受主；

v—散射前速度；v'—散射后速度

图 4.3　电离杂质散射

电离杂质对载流子的散射，与α粒子被原子核散射的情形类似。载流子的轨道是双曲线，电离杂质位于双曲线的一个焦点上。电离杂质的散射概率与$T^{3/2}$成反比，与电离杂质浓度N_I成正比

$$1/\tau_I \propto N_I/T^{3/2} \tag{4.2-6}$$

即随着温度的降低和电离杂质浓度的增加，散射概率增大。因此，这种散射过程在低温下是比较重要的。

晶格振动散射和电离杂质散射是半导体中最重要的两种散射机构。在一定条件下，还可以存在一些其他的散射机构，如中性杂质散射、压电散射和载流子-载流子散射等。在Ⅲ-Ⅴ族三元和四元化合物半导体中，合金散射可以起重要作用。

小结

1. 实际晶体中晶格缺陷，原子的不断振动等因素会引起附加的势场。这种附加的势场将引起载流子状态的改变。这种现象就叫做载流子散射。

2. 平均自由时间τ_a是散射概率 $1/\tau_a$的倒数。当散射为各向异性时，用弛豫时间τ代替τ_a。

3. 半导体中可能有多种散射机构，其中主要的两种是晶格振动散射和电离杂质散射。

4. 晶格振动散射：

（1）纵声学波散射：纵声学波使原子位移引起晶体体积的压缩和膨胀。它可以引起能带结构的改变：随着原子间距的减小，禁带宽度增大；而原子间距的增加，将使禁带宽度减小，使导带底和价带顶发生波形的起伏引起形变势，对载流子起散射作用。在硅和锗等非极性半导体中纵声学波散射起主要作用。

理论分析指出，声学波的散射概率正比于$T^{3/2}$

$$1/\tau_{ac} \propto T^{3/2}$$

（2）纵光学波散射或极性光学波散射：在离子晶体中，每个原胞中有一个正离子和一个负离子。纵光学波使半导体形成了半个波长区带正电和半个波长区带负电的状况。正负电荷之间的静电场引起一个起伏变化的静电势能，该附加势场引起载流子散射的极性光学波散射。

在低温下，当长光学波声子能量$\hbar\omega \gg KT$时，随着温度的升高，散射概率将按指数规律迅速增加

$$\frac{1}{\tau_{opt}} \propto \exp\left(-\frac{\hbar\omega}{KT}\right)$$

在轻掺杂的硅中，和其他散射过程相比，晶格振动散射在室温及更高温度时处于支配地位，大多数半导体器件是在此温度范围内工作的。

5. 半导体中电离的施主或受主杂质在它们的周围将产生库仑势场。当载流子从电离杂质附近经过时，由于库仑势场的作用，使载流子改变了运动方向，这种现象称为电离杂质散射。电离杂质的散射概率与$T^{3/2}$成反比，与电离杂质浓度N_I成正比

$$1/\tau_{\mathrm{I}} \propto N_{\mathrm{I}}/T^{3/2}$$

即随着温度的降低和杂质浓度的增加，散射概率增大。因此，这种散射过程在低温下重掺杂半导体中是比较重要的。

4.3 漂移运动 迁移率 电导率

教学要求

1. 写出平均漂移速度公式(4.3-6)和(4.3-7)，说明迁移率的意义。
2. 简要说明晶格振动散射和电离杂质散射对迁移率的影响。
3. 写出并记忆公式

$$\boldsymbol{j}_{\mathrm{n}} = -nq\boldsymbol{v}_{\mathrm{n}}$$
$$\boldsymbol{j}_{\mathrm{n}} = nq\mu_{\mathrm{n}}\mathscr{E}$$
$$\sigma_{\mathrm{n}} = nq\mu_{\mathrm{n}}$$

4. 根据图 4.9 说明一定杂质浓度的硅样品的电阻率与温度的关系。
5. 说明杂质浓度和温度对电阻率的影响。

4.2 节指出，散射使载流子失去原有的速度，做无规则的混乱运动。当半导体处于外场之中时，在相继两次散射之间的自由时间内，载流子将被外场加速，从而获得沿一定方向的加速度，经过一段时间的加速运动以后，载流子又被散射，这又将使它们失去获得的附加速度而恢复到无规则的混乱运动状态。因此，在有外场存在时，载流子除了做无规则的热运动以外，还存在着沿一定方向的有规则的运动，这种运动被称为漂移运动(图 4.4(b)为外电场作用下载流子的漂移运动示意图)，漂移运动的速度称为漂移速度。漂移运动是规则的，是引起电荷流动的原因。

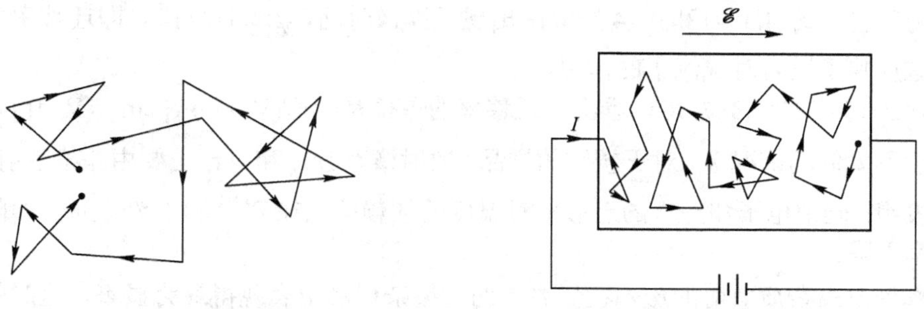

(a) 载流子热运动示意图　　(b) 外电场作用下电子的漂移运动

图 4.4 外电场作用下载流子的漂移运动

如果在半导体样品两端加上电压，就会有电流在半导体中流过，这就是电导现象。电导现象是由于半导体中的载流子在外电场中做漂移运动而引起的。由载流子漂移运动所引起的电流称为漂移电流。迁移率和电导率是描述漂移运动的重要物理量。

在下面的讨论中我们采用的是半经典的方法，即把半导体中的载流子看做是具有一定有效质量和电荷的自由粒子，讨论它们在外场和散射作用下的运动。

4.3.1 平均漂移速度与迁移率

首先考虑电子的有效质量是各向同性(球形等能面)的情况。设在 $t=0$ 时，电子受到散射，散射后速度为$\boldsymbol{v}_{n0}$，经过时间 t 以后，它再次受到散射。两次散射之间电子在外电场$\mathscr{E}$作用下做加速运动（$m_n \boldsymbol{a}_n = -q\mathscr{E}$），其漂移速度为

$$\boldsymbol{v}_n(t) = \boldsymbol{v}_{n0} - \frac{q}{m_n}\mathscr{E}t \tag{4.3-1}$$

由于在相继的两次散射之间的自由时间是不同的，因此它们在外电场作用下所获得的漂移速度也是不同的。因此描述漂移运动有意义的是平均漂移速度$\boldsymbol{v}_n$

$$\boldsymbol{v}_n = \overline{\boldsymbol{v}}_{n0} - \frac{q\mathscr{E}}{m_n}\overline{t}$$

由于每次散射后$\boldsymbol{v}_{n0}$不同而且方向上完全无规则，所以它的多次散射平均值应该是零。t 的平均值根据式(4.2-3)就是电子的弛豫时间τ_n，于是有

$$\boldsymbol{v}_n = -\frac{q\tau_n}{m_n}\mathscr{E} \tag{4.3-2}$$

同理，可得空穴的平均漂移速度

$$\boldsymbol{v}_p = \frac{q\tau_p}{m_p}\mathscr{E} \tag{4.3-3}$$

式中m_p和τ_p分别为空穴的有效质量和弛豫时间。引入

$$\mu_n = q\tau_n / m_n \tag{4.3-4}$$

$$\mu_p = q\tau_p / m_p \tag{4.3-5}$$

则载流子的平均漂移速度分别为

$$\boldsymbol{v}_n = -\mu_n\mathscr{E} \tag{4.3-6}$$

和

$$\boldsymbol{v}_p = \mu_p\mathscr{E} \tag{4.3-7}$$

μ_n和μ_p分别称为电子的迁移率和空穴的迁移率。显然，迁移率的物理意义是，在单位电场强度电场的作用下，载流子所获得的漂移速度的绝对值。它是描述载流子在电场中做漂移运动难易程度的物理量。式(4.3-4)和式(4.3-5)中出现了弛豫时间，$\mu \propto (1/\tau)^{-1}$，即迁移率与散射概率成反比。这反映了散射对载流子的作用。

由式(4.3-6)或式(4.3-7)可以看出，迁移率的单位是[$m^2/(V\cdot s)$]或[$cm^2/(V\cdot s)$]。

在温度不太低的情况下，对于较纯的样品，散射概率$1/\tau_n$和$1/\tau_p$主要由晶格散射机构决定。实验结果表明，硅中电子和空穴的迁移率对温度的依赖关系在$T^{-3/2}$和$T^{-5/2}$之间，即随着温度升高，迁移率下降。

迁移率受电离杂质散射的影响在低温下的重掺杂样品中表现得最为显著，这时的晶格散射则可忽略不计。低温降低了载流子的速度，以至于电子和空穴运动经过固定的带电离子时，容易被其库仑力所偏转。当温度增加时，快速运动的载流子不太容易被带电离子所偏转，其被散射的可能性减小。实验表明，对于掺杂浓度为$10^{18}cm^{-3}$的样品，电子迁移率随温度上升而增加。当然，在给定温度下，迁移率随着杂质浓度的增加而下降，在某些器件的设计中，这是必须考虑的因素。

表 4.1 列出了 300K 下 Ge、Si、GaAs 的电子和空穴的迁移率。图 4.5 给出了硅中电子和空穴的迁移率与温度和杂质浓度的关系曲线。图 4.6 给出了硅在室温下迁移率与杂质浓度的关系曲线。图 4.7 给出了锗和砷化镓在室温下迁移率与杂质浓度的关系曲线。

表 4.1 300K 时较纯样品的迁移率

材料	电子迁移率（$cm^2/(V\cdot s)$）	空穴迁移率（$cm^2/(V\cdot s)$）
锗	3900	1900
硅	1350	500
砷化镓	8000	100～3000

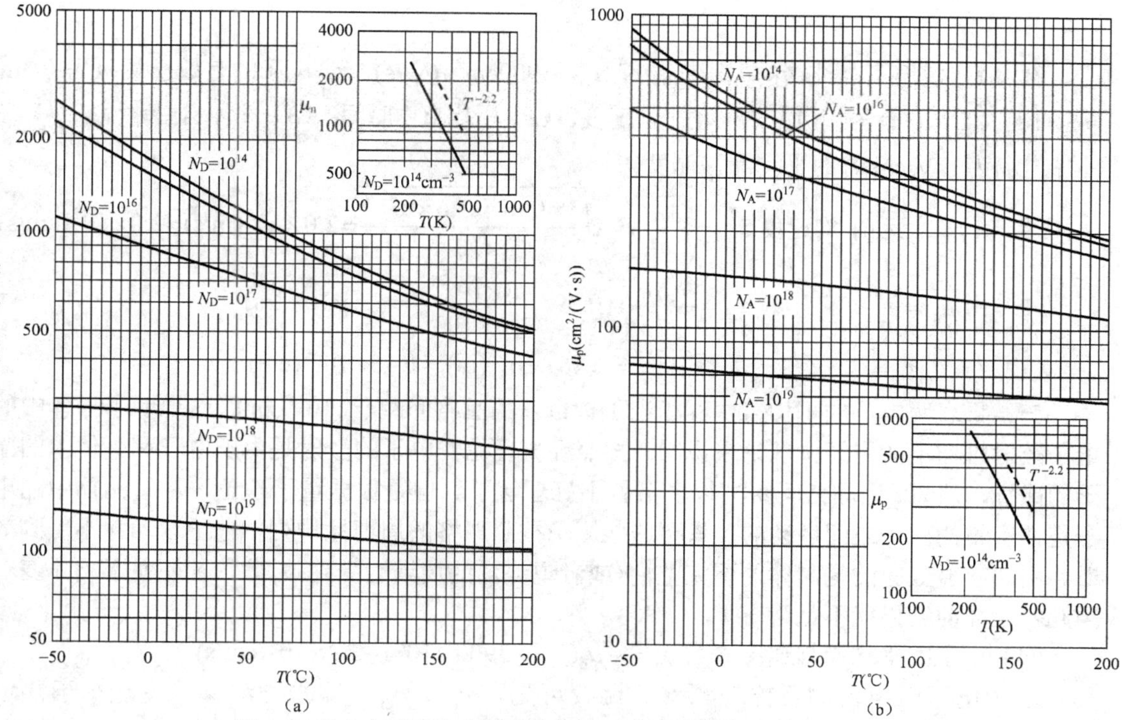

图 4.5　硅中电子和空穴迁移率与杂质浓度和温度的关系曲线

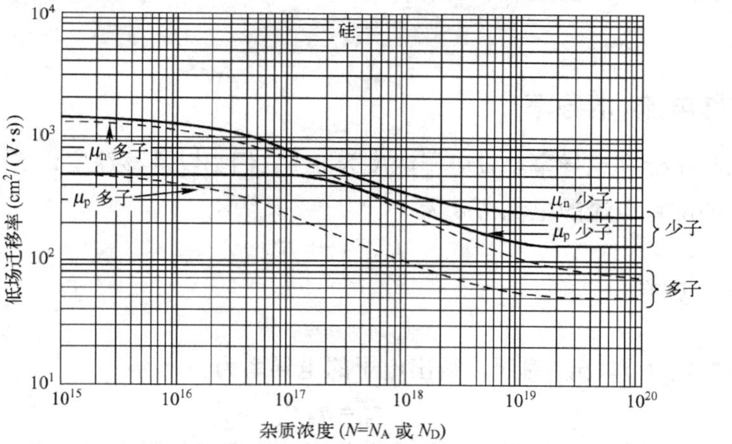

图 4.6　室温下，N 型和 P 型硅中，载流子的迁移率（弱场）和杂质浓度的关系曲线

（实线：少数载流子；虚线：多数载流子）

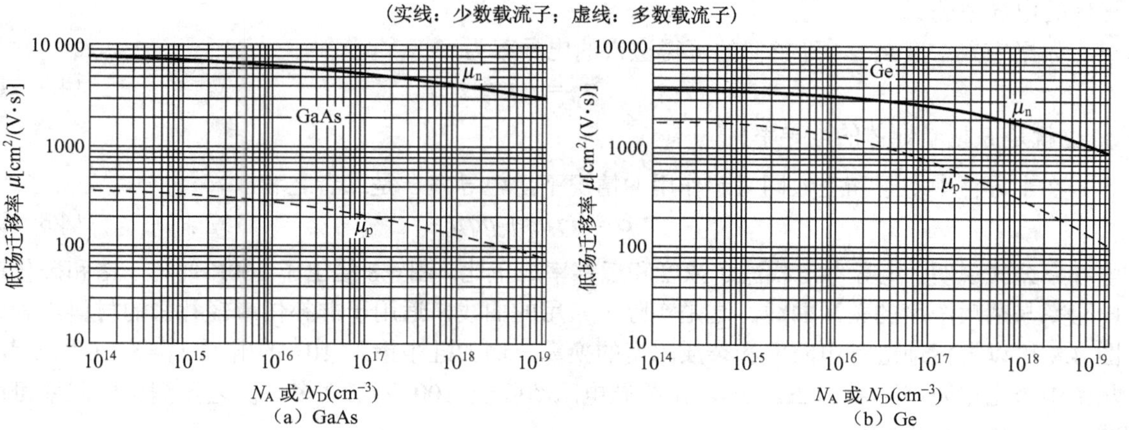

图 4.7　室温下，电子和空穴作为多数载流子时的迁移率（弱场）和非补偿掺杂浓度 N 的关系曲线

例 4.1 室温下高纯锗的电子迁移率 $\mu_n = 3900\text{cm}^2/(\text{V}\cdot\text{s})$。设电子的有效质量 $m_n = 0.3\text{m} \approx 3\times10^{-31}\text{kg}$，试计算：（1）热运动平均速度；（2）平均自由时间；（3）平均自由路程；（4）在外加电场为10V/cm 时的平均漂移速度。

解：（1）热运动平均速度 $\overline{v}_{th} = \sqrt{\dfrac{3KT}{m_n}} = \sqrt{\dfrac{3\times0.026\times1.6\times10^{-19}}{3\times10^{-31}}} = 2.0\times10^5(\text{m/s}) = 2.0\times10^7(\text{cm/s})$

（2）由 $\mu_n = \dfrac{q\tau_n}{m_n}$ 有 $\quad \tau_n = \dfrac{m_n\mu_n}{q} = 0.39\times\dfrac{3\times10^{-31}}{1.6\times10^{-19}} \approx 7.3\times10^{-13}(\text{s})$

（3）$l = \overline{v}_{th}\tau_n = 2.0\times10^5\times7.3\times10^{-13} = 1.46\times10^{-7}(\text{m}) = 1.46\times10^{-5}(\text{cm})$

该结果表明电子的平均自由程相当于数百倍的晶格间距(约10^{-8}cm)。这说明半导体中的电子散射机构不能用经典理论来说明。按照经典理论，电子的散射是由于电子和晶体中的原子的碰撞，所以 l 比晶格间距大很多倍就不好理解了。但是根据量子理论，尽管晶体中的电子是在密集的原子之间运动的，只要这些原子按照严格的周期性排列，电子运动并不受到散射。引起散射效应的是晶体的不完整性(或者说势场的周期性受到破坏)，而不是晶格本身。因此，上面的结果就不足为奇了。

（4）电子的平均漂移速度 $\quad v_n = -\mu_n\mathscr{E} = -3900\times10 = -3.9\times10^4(\text{cm/s})$

负号表示电子沿电场的反方向漂移。比较可见，$v_n \ll v_{th}$，即平均漂移速度远小于热运动平均速度。这说明电子在运动过程中频繁地受到散射，在电场中积累起来的速度的变化是比较小的。

4.3.2 漂移电流 电导率

下面考虑漂移电流和电导率。设电子浓度为 n，它们都以漂移速度 $\boldsymbol{v}_n$ 沿着与电场相反的方向运动，则电子的漂移电流的电流密度为

$$\boldsymbol{j}_{ndrf} = -nq\boldsymbol{v}_n \tag{4.3-8}$$

把式(4.3-6)代入，则有

$$\boldsymbol{j}_{ndrf} = nq\mu_n\mathscr{E} \tag{4.3-9}$$

与微分形式的欧姆定律 $\boldsymbol{j} = \sigma\mathscr{E}$ 对照，得出电子的电导率为

$$\sigma_n = nq\mu_n \tag{4.3-10}$$

对于 N 型半导体，在杂质电离范围内，起导电作用的主要是导带电子，式(4.3-10)就是 N 型半导体的电导率公式。

如果空穴浓度是 p，则类似的可得空穴的电导率为

$$\sigma_p = pq\mu_p \tag{4.3-11}$$

σ_p 也就是 P 型半导体的电导率。

在半导体中电子和空穴同时起作用的情况下，电导率 σ 是二者之和：

$$\sigma = nq\mu_n + pq\mu_p \tag{4.3-12}$$

电导率公式说明，电导率与载流子浓度和迁移率成正比。图 4.8 给出了 300K 时硅、锗和砷化镓电阻率与杂质浓度的关系曲线。这是实际中常用的曲线，适用于非补偿或轻补偿的材料。利用图 4.8 可以方便地进行电阻率和杂质浓度的换算。例如硅中掺入 10^{-6} 的磷，$N_D = 5\times10^{-16}\text{cm}^{-3}$，从图中查出电阻率不到 0.2Ω·cm，比纯硅电阻率降低 100 万倍之多。反之，测出电阻率可由图 4.8 查出杂质浓度值。

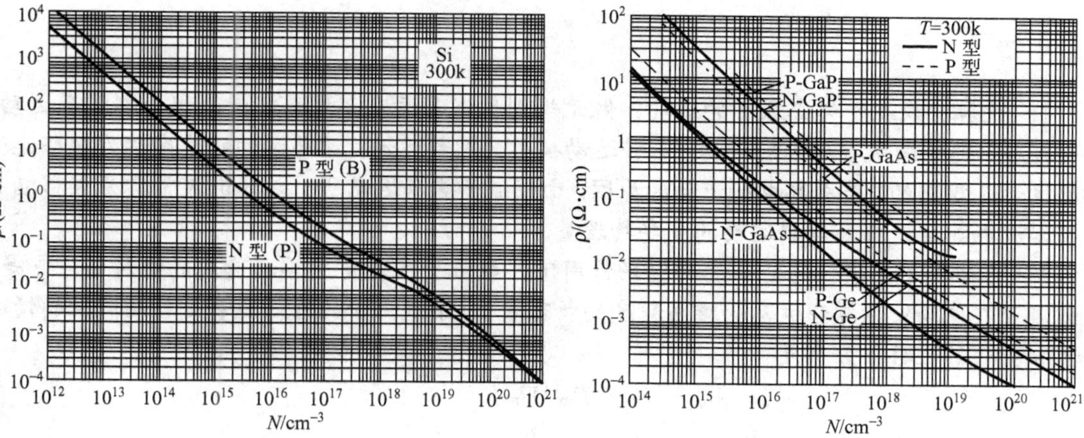

（a）硅　　（b）锗、砷化镓和磷化镓

图 4.8　300K 时电阻率和杂质浓度的关系曲线

下面讨论电阻率随温度的变化。对于纯半导体材料，电阻率主要由本征载流子浓度 n_i 决定。n_i 随温度上升而急剧增加。室温下温度每增加 8℃，硅的 n_i 就增加 1 倍。因为迁移率只是稍有下降，所以电阻率将相应地降低一半左右。本征半导体电阻率随温度增加而单调下降，这是半导体区别于金属的一个重要特征。

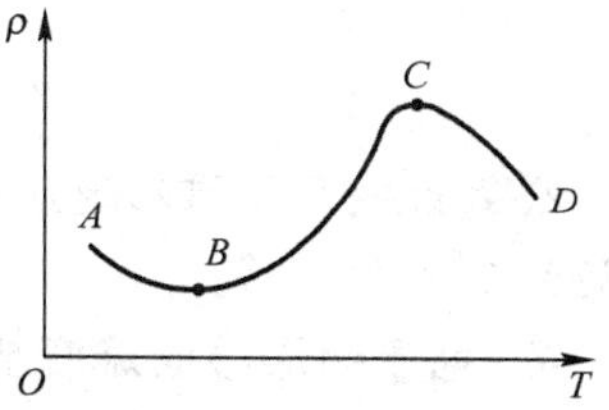

图 4.9　硅电阻率与温度关系示意图

对于杂质半导体，有杂质电离和本征激发两个因素存在，又有电离杂质散射和晶格散射两种散射机构存在，因而电阻率随温度的变化关系要复杂些。图 4.9 示意了一定杂质浓度的硅样品的电阻率与温度的关系曲线。该曲线大致分为三段。*AB* 段：温度很低，本征激发可以忽略，载流子主要由杂质电离提供，它随温度升高而增加；散射主要由电离杂质决定，迁移率也随温度升高而增大，所以电阻率随温度升高而下降。*BC* 段：温度继续升高(包括室温)，杂质全部电离，本征激发还不十分显著，载流子浓度基本上不随温度变化，晶格散射上升为主要矛盾，迁移率随温度升高而降低，导致电阻率随温度升高而增大。*CD* 段：温度继续升高，杂质半导体进入本征激发区。大量本征载流子的产生远远超过迁移率减小对电阻率的影响，本征激发成为矛盾的主要方面，杂质半导体的电阻率将随温度的升高而急剧下降。温度高到本征导电起主要作用时，一般器件都不能正常工作，它是器件的最高工作温度。一般地，铬器件的最高工作温度为 100℃，硅器件的最高工作温度为 250℃，砷化镓最高工作温度可达 450℃。

例 4.2　$T = 300K$ 时，N 型 GaAs 的掺杂浓度为 $N_D = 10^{16}cm^{-3}$。若外加电场强度为 $\mathscr{E} = 10V/cm$，计算漂移电流密度。

解：室温下 GaAs 杂质饱和电离，多子电子浓度 $n = N_D = 10^{16}cm^{-3}$。由式(4.3-9)

$$\boldsymbol{j}_{ndrf} = nq\mu_n\mathscr{E}$$

一维情况下

$$j_{ndrf} = nq\mu_n\mathscr{E} = 10^{16} \times 1.6 \times 10^{-19} \times 8000 \times 10 = 128(A/cm^2)$$

例 4.2 说明，较小的电场就可以引起很大的多子漂移电流。

例 4.3　一个室温下的锗样品，掺入浓度为 $10^{16}cm^{-3}$ 杂质的砷原子，计算其电导率。

解：$\sigma = nq\mu_n$，杂质饱和电离，$n = N_D$，由表 4-1 查得室温下 $\mu_n = 3900cm^2 \cdot s$，于是

$$\sigma = nq\mu_n = N_D q\mu_n = 10^{16} \times 1.6 \times 10^{-19} \times 3900 = 6.24(\Omega \cdot cm)^{-1}$$

[单位：C(库仑)/s(秒)→I(安培)，I(安培)/V(伏特)→Ω(欧姆)$^{-1}$]

小结

1. 散射使载流子失去原有的速度，做无规则的混乱运动。外场将使载流子在混乱运动的同时，沿一定方向做有规则的运动。这种运动被称为漂移运动。漂移运动的速度称为漂移速度。漂移运动是规则的，是引起电荷流动的原因。由载流子漂移运动所引起的电流常称为漂移电流。迁移率和电导率是描述漂移运动的重要物理量。

2. 迁移率是在单位电场强度的电场作用下，载流子所获得的漂移速度的绝对值。它是描述载流子在电场中做漂移运动的难易程度的物理量。对于载流子的有效质量是各向同性的情况，电子和空穴的迁移率分别是

$$\mu_{\mathrm{n}} = q\tau_{\mathrm{n}} / m_{\mathrm{n}}$$

$$\mu_{\mathrm{p}} = q\tau_{\mathrm{p}} / m_{\mathrm{p}}$$

3. 在温度不太低的情况下，对于较纯的样品，散射概率$1/\tau_{\mathrm{n}}$和$1/\tau_{\mathrm{p}}$主要由晶格散射机构决定。随着温度升高，迁移率下降。

4. 在低温下，重掺杂样品中迁移率受电离杂质散射的影响最为显著。在给定温度下，迁移率随着杂质浓度的增加而下降。

5. 载流子的平均漂移速度分别为

$$\boldsymbol{v}_{\mathrm{n}} = -\mu_{\mathrm{n}}\mathscr{E}$$

$$\boldsymbol{v}_{\mathrm{p}} = \mu_{\mathrm{p}}\mathscr{E}$$

公式说明平均漂移速度与迁移率和电场强度成正比。空穴沿着电场方向漂移，电子则沿着电场的反方向漂移。

6. 电子的漂移电流密度为

$$\boldsymbol{j}_{\mathrm{ndrf}} = -nq\boldsymbol{v}_{\mathrm{n}}$$

利用平均漂移速度公式

$$\boldsymbol{j}_{\mathrm{ndrf}} = nq\mu_{\mathrm{n}}\mathscr{E}$$

7. 电子的电导率为

$$\sigma_{\mathrm{n}} = nq\mu_{\mathrm{n}}$$

上式也是N型半导体的电导率公式。

类似可得空穴的电导率

$$\sigma_{\mathrm{p}} = pq\mu_{\mathrm{p}}$$

σ_{p}也是P型半导体的电导率。

在半导体中电子和空穴同时起作用的情况下，电导率σ是二者之和：

$$\sigma = nq\mu_{\mathrm{n}} + pq\mu_{\mathrm{p}}$$

电导率与载流子浓度和迁移率成正比。

8. 电阻率随温度变化非常敏感，这是半导体区别于金属的一个重要特征，也是半导体获得重要应用的原因之一。

杂质半导体的电阻率随温度的变化关系比较复杂：温度很低，电阻率随温度升高而下降；饱和电离区，电阻率随温度升高而增大；本征激发区，杂质半导体的电阻率将随温度的升高而急剧下降。

4.4 多能谷情况下的电导现象

教学要求

1. 了解多能谷情况下，一个能谷中电流密度矢量与电场强度矢量在方向上不一致，不满

足欧姆定律。电导率是一个三维二阶张量。

2. 了解多能谷情况下，总的电流密度与电场强度方向一致，满足欧姆定律。

对于硅、锗等导带中有多个对称能谷的情形，先考虑一个能谷中电子的输运情况。在一个能谷中，等能面是椭球面，选取椭球的三个半轴为坐标轴。设电场沿坐标轴的分量是$(\mathscr{E}_1,\mathscr{E}_2,\mathscr{E}_3)$，则电子的运动方程为

$$m_i\dot{a}_i=-q\mathscr{E}_i \quad (i=1,\ 2,\ 3) \tag{4.4-1}$$

其中 m_i 是沿椭球三个主轴方向的有效质量。通过与前面类似的分析，电流密度的分量为

$$j_i=nq\mu_i\mathscr{E}_i \quad (i=1,\ 2,\ 3) \tag{4.4-2}$$

n 是该能谷中的电子浓度。式中

$$\mu_i=q\tau_{\rm n}/m_i \tag{4.4-3}$$

为沿 i 方向上的迁移率分量。式(4.4-2)可以写成

$$j_i=\sigma_i\mathscr{E}_i \tag{4.4-4}$$

式中

$$\sigma_i=nq\mu_i \tag{4.4-5}$$

为沿 i 方向上的电导率分量。

从式(4.4-5)看出，由于三个主轴方向上有可能 $m_1\neq m_2\neq m_3$，就有可能 $\mu_1\neq\mu_2\neq\mu_3$ [见式(4.4-3)]，于是电导率分量就可能不同。因此，在一个能谷中，虽然电流密度分量可以写成式(4.4-4)的形式，但总电流密度矢量与电场强度矢量在方向上不一致，不满足欧姆定律，因此电导率是一个三维二阶张量。一般地写成

$$\boldsymbol{j}=\boldsymbol{\sigma}\cdot\boldsymbol{\mathscr{E}} \tag{4.4-6}$$

或

$$\boldsymbol{j}=\sum_{ijl}\sigma_{ij}\boldsymbol{e}_i\boldsymbol{e}_j\cdot\mathscr{E}_l\boldsymbol{e}_l=\sum_{ij}\sigma_{ij}\mathscr{E}_j\boldsymbol{e}_i \tag{4.4-7}$$

第 i 个分量为

$$j_i=\sum_j\sigma_{ij}\mathscr{E}_j \tag{4.4-8}$$

在主轴坐标系下，$\sigma_{ij}=0\,(i\neq j)$，对角元素即主轴分量 $\sigma_i=nq\mu_i$ 与式(4.4-5)一致。

下面以硅为例导出多能谷情况的电流密度和电导率。

硅的导带有 6 个能谷，它们在布里渊区内部 6 个〈100〉方向上。等能面是以这些轴为旋转轴的旋转椭球面。令 $m_{\rm l}$ 表示沿旋转主轴方向的纵向有效质量分量，$m_{\rm t}$ 表示垂直于旋转主轴方向的横向有效质量分量，则对于(100)能谷，$m_{\rm l}=m_1$，$m_2=m_3=m_{\rm t}$。再用 $\mu_{\rm l}$ 和 $\mu_{\rm t}$ 分别代表纵向迁移率和横向迁移率，则可得出

$$\mu_1=\mu_{\rm l}=q\tau_{\rm n}/m_{\rm l} \tag{4.4-9}$$

$$\mu_{\rm t}=\mu_2=\mu_3=q\tau_{\rm n}/m_{\rm t} \tag{4.4-10}$$

在各个能谷中，$\mu_{\rm l}$ 和 $\mu_{\rm t}$ 的数值都分别相等，但对应于晶体的不同方向。在同一对称轴上的两个能谷是对称的，它们的能量椭球主轴方向一致，可以作为一组来考虑。若用 n 表示电子浓度，则每组能谷的电子浓度是 $n/3$。总的电流密度应当是三组能谷电子电流密度的总和。根据式(4.4-4)和式(4.4-5)得到

$$j_x=\frac{n}{3}q\mu_{\rm l}\mathscr{E}_x+\frac{n}{3}q\mu_{\rm t}\mathscr{E}_x+\frac{n}{3}q\mu_{\rm t}\mathscr{E}_x=nq\frac{1}{3}(\mu_{\rm l}+2\mu_{\rm t})\mathscr{E}_x$$

类似可得

$$j_y=nq\frac{1}{3}(\mu_{\rm l}+2\mu_{\rm t})\mathscr{E}_y\text{；}\quad j_z=nq\frac{1}{3}(\mu_{\rm l}+2\mu_{\rm t})\mathscr{E}_z$$

于是有

$$\boldsymbol{j}=\sum_1^3 j_i\boldsymbol{e}_i$$

$$\boldsymbol{j} = nq\frac{1}{3}(\mu_l + 2\mu_t)\mathscr{E} = \sigma\mathscr{E} \tag{4.4-11}$$

式(4.4-11)说明总的电流密度与电场强度方向一致，满足欧姆定律。标量

$$\sigma = nq\frac{1}{3}(\mu_l + 2\mu_t) \tag{4.4-12}$$

就是电导率。

将式(4.4-9)、式(4.4-10)代入式(4.4-12)，得

$$\sigma = nq^2\frac{1}{3}\left(\frac{1}{m_l} + \frac{2}{m_t}\right) = nq^2\tau_n / m_c = nq\mu_c \tag{4.4-13}$$

式中

$$\frac{1}{m_c} = \frac{1}{3}\left(\frac{1}{m_l} + \frac{2}{m_t}\right) \tag{4.4-14}$$

m_c称为电导有效质量。

$$\mu_c = q\tau_n / m_c \tag{4.4-15}$$

称为电导迁移率。

前面讨论的电导现象，是在弱电场情况下，一般电场强度低于 10^3V/cm。弱电场情况下载流子的平均漂移速度与电场强度成正比，比例系数就是迁移率。迁移率与电场强度无关。实验发现，当电场超过某一数值时，漂移速度随着电场的增加变得比较缓慢，表现出非线性关系。这表明迁移率随着电场的增加而下降，电流和电压之间不再具有线性关系，欧姆定律不再适用。当电场强度超过 10^5V/cm 后，漂移速度不再随电场变化而变化，达到一饱和值。通常称其为饱和漂移速度或极限漂移速度。实验发现，纯锗、硅和砷化镓的饱和漂移速度都趋于 10^7cm/s，这与室温下载流子的热运动平均速度相接近。

小结

1. 对于硅、锗等导带中有多个对称能谷的情形，根据电子的运动方程得到

$$j_i = \sigma_i\mathscr{E}_i$$

式中

$$\sigma_i = nq\mu_i$$

为沿 i 方向上的电导率分量。

在一个能谷中，由于可能$\sigma_1 \neq \sigma_2 \neq \sigma_3$，因此，电流密度矢量与电场强度矢量在方向上不一致，不满足欧姆定律，电导率是一个三维二阶张量。一般地写成

$$\boldsymbol{j} = \boldsymbol{\sigma}\cdot\mathscr{E}$$

2. 硅的导带有 6 个能谷，总的电流密度与电场强度方向一致，满足欧姆定律：

$$\boldsymbol{j} = nq\frac{1}{3}(\mu_l + 2\mu_t)\mathscr{E} = \sigma\mathscr{E}$$

电导率为

$$\sigma = nq\frac{1}{3}(\mu_l + 2\mu_t)$$

将式(4.4-9)、式(4.4-10)代入式(4.4-12)，得

$$\sigma = nq^2\frac{1}{3}\left(\frac{1}{m_l} + \frac{2}{m_t}\right) = nq^2\tau_n / m_c = nq\mu_c$$

式中

$$\frac{1}{m_c} = \frac{1}{3}\left(\frac{1}{m_l} + \frac{2}{m_t}\right)$$

m_c称为电导有效质量。

$$\mu_c = q\tau_n / m_c$$

称为电导迁移率。

3. 实验发现，当电场超过某一数值时，漂移速度随着电场的增加变得比较缓慢，表现出非线性关系。欧姆定律不再适用。当电场强度超过 10^5V/cm 后，达到一饱和值。通常称其为饱和漂移速度或极限漂移速度。实验发现，纯锗、硅和砷化镓的饱和漂移速度都趋于 10^7cm/s，这与室温下载流子的热运动平均速度相接近。

4.5 电流密度和电流

教学要求

1. 掌握概念：扩散流密度、漂移流密度。
2. 写出并记忆空穴和电子的流密度公式[式(4.5−7)、式(4.5−8)]。
3. 写出并记忆空穴和电子的电流流密度公式[式(4.5−9)、式(4.5−10)]。
4. 写出并记忆空穴和电子的电流公式[式(4.5−11)、式(4.5−12)]。

半导体中载流子在电场作用下会做漂移运动，载流子漂移运动产生的电流叫漂移电流。当半导体中出现不均匀的载流子分布时，半导体中还会产生扩散电流。

4.5.1 扩散流密度与扩散电流

当半导体中出现不均匀的载流子分布时，由于存在载流子浓度梯度，将使载流子由浓度高的区域向浓度低的区域运动，载流子的这种运动称为扩散运动。扩散运动的强弱用扩散流密度来反映。扩散流密度即由扩散运动引起的，单位时间垂直通过单位面积的载流子数。实验表明，扩散流密度与载流子的浓度梯度成正比[为区分扩散和漂移，加下标 dif(diffusion)和 drf(drift)]。

空穴扩散流密度
$$\boldsymbol{s}_{\mathrm{pdif}} = -D_{\mathrm{p}}\nabla p \tag{4.5-1}$$

电子扩散流密度
$$\boldsymbol{s}_{\mathrm{ndif}} = -D_{\mathrm{n}}\nabla n \tag{4.5-2}$$

式中比例常数 D_{p} 和 D_{n} 分别叫做空穴和电子的扩散系数。由于按定义，扩散流密度的单位是 $(\mathrm{cm}^2\cdot\mathrm{s})^{-1}$，$\nabla p$ 的单位是 cm^{-4}，所以 D_{p} 和 D_{n} 的单位是 cm^2/s。等式右端的负号表示载流子由浓度高的地方向浓度低的方向流动。将式(4.5−1)和式(4.5−2)分别乘以空穴和电子的电荷就得到扩散电流密度

空穴扩散电流密度
$$\boldsymbol{j}_{\mathrm{pdif}} = -qD_{\mathrm{p}}\nabla p \tag{4.5-3}$$

电子扩散电流密度
$$\boldsymbol{j}_{\mathrm{ndif}} = qD_{\mathrm{n}}\nabla n \tag{4.5-4}$$

例 4.4 N 型 GaAs 材料在 $T=300$K 时，电子浓度在 0.1cm 距离内从 $1\times10^{18}\,\mathrm{cm}^{-3}$ 减少到 $7\times10^{17}\,\mathrm{cm}^{-3}$。若电子扩散系数 $D_{\mathrm{n}}=225\mathrm{cm}^2/\mathrm{s}$，计算扩散电流密度。

解： 由式(4.5−4)
$$\boldsymbol{j}_{\mathrm{ndif}} = qD_{\mathrm{n}}\nabla n$$

一维情况下
$$j_{\mathrm{ndif}} = qD_{\mathrm{n}}\frac{\mathrm{d}n}{\mathrm{d}x} \approx qD_{\mathrm{n}}\frac{\Delta n}{\Delta x} = 1.6\times10^{-19}\times225\times\left(\frac{7\times10^{17}-1\times10^{18}}{0.1}\right) = -108(\mathrm{A}\cdot\mathrm{cm}^{-2})$$

负号表示电子扩散电流与电子扩散流方向相反。
例 4.4 说明，适当的浓度梯度可以引起显著的扩散电流。

4.5.2 漂移流密度与漂移电流

漂移运动的强弱用漂移流密度来反映。漂移流密度等于载流子浓度与它们在电场中的漂移速度之乘积。空穴和电子的漂移流密度分别为

空穴漂移流密度

$$\boldsymbol{s}_{\text{pdrf}} = p\boldsymbol{v}_{\text{p}} = p\mu_{\text{p}}\mathscr{E} \tag{4.5-5}$$

电子漂移流密度

$$\boldsymbol{s}_{\text{ndrf}} = n\boldsymbol{v}_{\text{n}} = -n\mu_{\text{n}}\mathscr{E} \tag{4.5-6}$$

式(4.5-6)中的负号表示电子沿电场$\mathscr{E}$相反的方向漂移。

空穴和电子的漂移电流密度为

$$\boldsymbol{j}_{\text{pdrf}} = pq\mu_{\text{p}}\mathscr{E} \qquad \boldsymbol{j}_{\text{ndrf}} = nq\mu_{\text{n}}\mathscr{E}$$

4.5.3 电流密度与电流

在漂移运动和扩散运动同时存在的情况下，流密度为漂移流密度和扩散流密度之和。空穴和电子的流密度分别为

$$\boldsymbol{s}_{\text{p}} = p\mu_{\text{p}}\mathscr{E} - D_{\text{p}}\nabla p \tag{4.5-7}$$

$$\boldsymbol{s}_{\text{n}} = -n\mu_{\text{n}}\mathscr{E} - D_{\text{n}}\nabla n \tag{4.5-8}$$

总电流密度为扩散电流密度和漂移电流密度之和。空穴和电子的电流密度分别为

$$\boldsymbol{j}_{\text{p}} = pq\mu_{\text{p}}\mathscr{E} - qD_{\text{p}}\nabla p \tag{4.5-9}$$

$$\boldsymbol{j}_{\text{n}} = nq\mu_{\text{n}}\mathscr{E} + qD_{\text{n}}\nabla n \tag{4.5-10}$$

电流密度中的第一项是电场引起的漂移电流，第二项是浓度梯度引起的扩散电流。

在一维情况下，空穴和电子的电流分别为

$$I_{\text{p}} = qA\left(p\mu_{\text{p}}\mathscr{E} - D_{\text{p}}\frac{\mathrm{d}p}{\mathrm{d}x}\right) \tag{4.5-11}$$

$$I_{\text{n}} = qA\left(n\mu_{\text{n}}\mathscr{E} + D_{\text{n}}\frac{\mathrm{d}n}{\mathrm{d}x}\right) \tag{4.5-12}$$

式中A为电流垂直流过的面积。

4.6 非均匀半导体中的内建电场

教学要求

1. 写出并记忆用静电势表示的载流子浓度公式[式(4.6-6)和式(4.6-7)]。
2. 导出爱因斯坦关系式(4.6-10)和(4.6-11)。
3. 导出内建电场电场强度表达式(4.6-14)和(4.6-16)。

有时由于偶然或需要的原因，会在半导体中引入非均匀的杂质分布。非均匀的杂质分布会在半导体中引起电场，称为内建电场(也叫做自建电场，built-in field)。对于半导体器件制造来说，这是一项有用的技术。

4.6.1 半导体中的静电场和势

电场$\mathscr{E}$定义为电势V的负梯度

$$\mathscr{E} = -\nabla V \tag{4.6-1}$$

电势与电子势能的关系为

$$E = -qV \tag{4.6-2}$$

在半导体中，导带中电子的最低能量是E_{c}，倘若一个电子处于E_{c}以上的能级，多余的能量只能表现为动能的形式。与此类似，能量E_{v}表示空穴的最低能量。处于E_{v}以下的空穴具有一部分动能。图 4-10(a)的能带图示意说明，无外加电场时，能量和载流子位置的关系。当有外电场加于半导体时(见图 4-10(b))，能带图就会倾斜，给电子和空穴以动能。

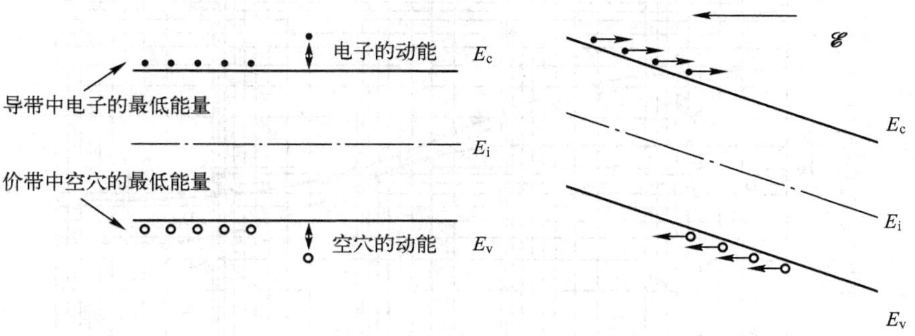

图 4.10　半导体能带图

由于 E_c 和 E_v 始终和 E_i 平行，并且我们所关心的只是电势梯度，故可以把电势表示为

$$V = -E_i / q \tag{4.6-3}$$

于是电场强度为（一维）

$$\mathscr{E} = -\frac{dV}{dx} = \frac{1}{q}\frac{dE_i}{dx} \tag{4.6-4}$$

定义费米势

$$\phi = -E_F / q \tag{4.6-5}$$

把式（4.6-3）和式（4.6-5）代入载流子浓度公式，即式（3.4-10）和式（3.4-11），得到

$$n = n_i e^{(V-\phi)/V_T} \tag{4.6-6}$$

$$p = n_i e^{(\phi-V)/V_T} \tag{4.6-7}$$

式中

$$V_T = KT / q$$

称为热电势。

式（4.6-6）和式（4.6-7）说明，静电势 V 的出现使电子（空穴）浓度增大（减小）或减小（增大）e^{V/V_T} 倍，视 V 的正负而定。

在热平衡情况下，费米势为常数，可以把它取为零基准，于是式（4.6-6）和式（4.6-7）分别简化为

$$n = n_i e^{V/V_T} \tag{4.6-8}$$

$$p = n_i e^{-V/V_T} \tag{4.6-9}$$

式（4.6-6）～式（4.6-9）反映了静电势对载流子浓度的影响。

4.6.2　爱因斯坦关系

热平衡时半导体中的空穴电流和电子电流必须为零，即

$$I_p = qA\left(p\mu_p\mathscr{E} - D_p\frac{dp}{dx}\right) = 0$$

对式（4.6-7）求导并将 p、dp/dx 和式（4.6-4）代入，得到

$$D_p / \mu_p = V_T = KT / q \tag{4.6-10}$$

对于电子同样可得

$$D_n / \mu_n = V_T = KT / q \tag{4.6-11}$$

式（4.6-10）和式（4.6-11）就是著名的爱因斯坦关系。实验证明，虽然式（4.6-10）和式（4.6-11）是在热平衡情况下得到的，但在系统偏离热平衡情况下，它们也是成立的。爱因斯坦关系反映了扩散系数和迁移率之间的正比关系。图 4.11 画出了室温下 Si 的电子和空穴作为多数载流子和少数载流子时的扩散系数和杂质浓度的关系曲线。

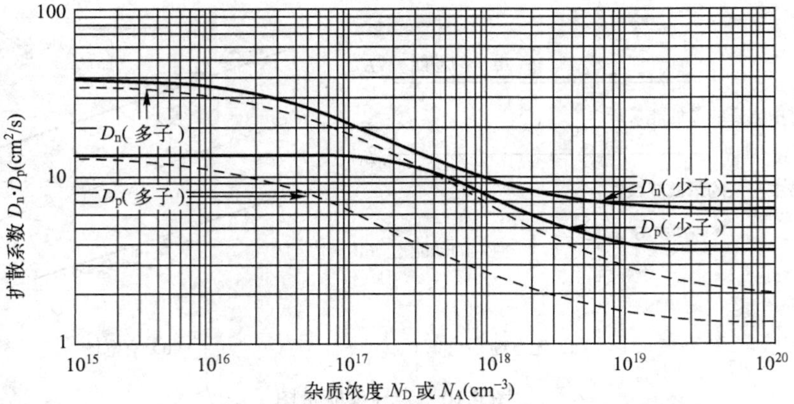

图 4.11　室温下 Si 中的载流子扩散系数和杂质浓度的关系曲线

4.6.3　非均匀半导体中的内建电场

考虑具有图 4.12(a)所示杂质分布的 N 型硅片。杂质浓度限在$10^{18}\,\text{cm}^{-3}$以下。这样，在半导体中并没有简并的部分。由于在平衡情况下 E_F 为常数，取其为零基准，做能带图。假设全部杂质原子均电离，则电子浓度等于图 4.12(a)中的 $N_D(x)$ 。由式(3.4-10)

$$n = N_D(x) = n_i \exp\left(\frac{E_F - E_i}{KT}\right)$$

有

$$E_i = E_F - KT\ln\frac{N_D(x)}{n_i} \tag{4.6-12}$$

可见，若 $N_D = n_i$，则 $E_i = E_F$ 。对于任何大于 n_i 的 N_D 值，禁带中央能量低于 E_F，而差值 $E_F - E_i$ 随着 N_D 的增加而增加。非均匀半导体片的 E_i 示于图 4.12(b)中。在给定的温度下，由于非简并半导体的禁带宽度 E_g 为常数，所以 E_c 和 E_v 画成平行于 E_i 。

取 E_F 为零点，则由式(4.6-12)可以把静电势写成

$$V(x) = V_T\ln\frac{N_D(x)}{n_i} \tag{4.6-13}$$

可见，由于杂质浓度不均匀出现了静电势。对式(4.6-13)求导，得内建电场

$$\mathscr{E}(x) = -\frac{dV(x)}{dx} = -\frac{V_T}{N_D}\frac{dN_D(x)}{dx} \tag{4.6-14}$$

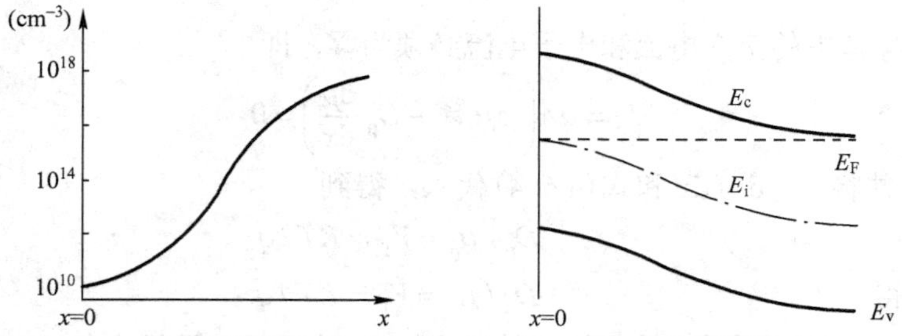

(a) 施主分布　　　(b) 能带图

图 4.12　非均匀半导体的施主分布和能带图

同样，对于 P 型半导体，有

$$V = -V_T\ln\frac{N_A}{n_i} \tag{4.6-15}$$

$$\mathscr{E}=\frac{V_T}{N_A}\frac{dN_A}{dx} \tag{4.6-16}$$

从式(4.6-14)和式(4.6-16)看到，杂质在空间的非均匀分布，在半导体中产生了电场，这种电场是半导体杂质不均匀引起的，故称为内建电场。在半导体技术中采用设计杂质分布的方法产生所需要的内建电场来改进器件的性能。

例 4.5 如图 4.13 所示，假设 $T=300K$ 时 N 型半导体的施主浓度 $N_D(x)= N_D(0)(1-ax)cm^{-3}$，$(0\leqslant ax\leqslant 1)$。

（1）导出内建电场表达式；

（2）设 $a=10^3cm^{-1}$，求 $x=0$ 处电场强度；

（3）$x=0$ 到内建电势差为 0.52V 的一点之间的距离；

（4）假设 $N_D(0)=10^{16}cm^{-3}$，$D_n=225cm^2/s$，求电子扩散电流密度；

（5）试证明半导体中电子的漂移电流密度与扩散电流密度大小相等；

（6）半导体中是否有净电流流过？为什么？

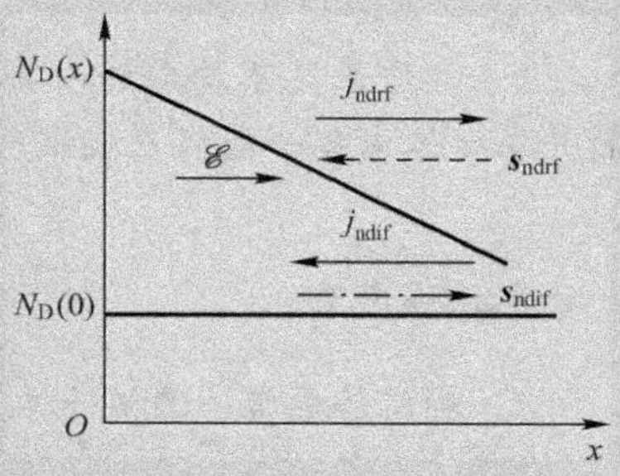

图 4.13 例 4.5 图

解：（1）由式(4.6-14)
$$\mathscr{E}=-\frac{V_T}{N_D}\frac{dN_D}{dx}$$

$$\frac{dN_D}{dx}=-aN_D(0)$$

所以
$$\mathscr{E}=\frac{aV_TN_D(0)}{N_D(0)(1-ax)}=\frac{aV_T}{(1-ax)}(V/cm)$$

$\mathscr{E}>0$，电场沿 x 轴正方向。

（2）$x=0$ 处电场强度：$\mathscr{E}=0.026\times10^3(V/cm)=26(V/cm)$

（3）由式(4.6-13)
$$V=V_T\ln\frac{N_D}{n_i}$$

令
$$V(0)-V(x)=V_T\ln\frac{N_D(0)}{n_i}-V_T\frac{N_D(x)}{n_i}=0.52(V)$$

即
$$V_T\ln\frac{N_D(0)}{N_D(x)}=0.52(V)$$

$$\ln\frac{1}{1-ax}=0.52/0.026=20$$

$$1-ax=e^{-20}$$

$$x=\frac{1-e^{-20}}{a}=\frac{1-e^{-20}}{10^3}\approx10^{-3}(cm)=10(\mu m)$$

（4）扩散电流：根据式(4.5-4)，扩散电流
$$\boldsymbol{j}_{ndif}=qD_n\nabla n$$

$$j_{ndif}=qD_n\frac{dn}{dx}=qD_n\frac{dN_D}{dx}=qD_n[(-aN_D(0)]$$
$$=-1.6\times10^{-19}\times225\times10^3\times10^{16}(A/cm^2)=-360(A/cm^2)$$

负号表示扩散电流沿$-x$ 方向。电子向浓度低的方向(x 方向)扩散，电子扩散电流沿相反方向[($-x$ 方向(图 4.13))]。

（5）由电子漂移电流：
$$j_{ndrf}=nq\mu_n\mathscr{E}$$

利用爱因斯坦关系 $\mu_n=D_n/V_T$，并将 $n=N_D(x)=N_D(0)(1-ax)$ 和 $\mathscr{E}=\frac{aV_T}{(1-ax)}$ 代入上式，得到

$$j_{\rm ndrf} = -qD_{\rm n}[(-aN_{\rm D}(0)] = -j_{\rm ndif}$$

负号表示漂移电流与扩散电流方向相反，沿 x 轴正方向，如图 4.13 所示。

（6）半导体中没有净电流。电子的漂移电流和扩散电流大小相等，方向相反，两种电流互相抵消(补偿)。

小结

1. 杂质浓度不均匀的半导体中会出现静电场。由于电势的参考点可以任意选取，以及非简并半导体中各个能级互相平行，静电势 V 可以表示为

$$V = -E_{\rm i}/q$$

一维电场强度为

$$\mathscr{E} = -\frac{{\rm d}V}{{\rm d}x} = \frac{1}{q}\frac{{\rm d}E_{\rm i}}{{\rm d}x}$$

2. 利用静电势，载流子浓度公式可以表示成

$$n = n_{\rm i}{\rm e}^{(V-\phi)/V_{\rm T}}$$

$$p = n_{\rm i}{\rm e}^{(\phi-V)/V_{\rm T}}$$

在热平衡情况下，取费米势为零基准，于是式(4.6−6)和式(4.6−7)分别简化为

$$n = n_{\rm i}{\rm e}^{V/V_{\rm T}}$$

$$p = n_{\rm i}{\rm e}^{-V/V_{\rm T}}$$

式(4.6−6)～式(4.6−9)反映了静电势对载流子浓度的影响。

3. N 型半导体和 P 型半导体中的内建电场分别为

$$\mathscr{E} = -\frac{{\rm d}V}{{\rm d}x} = -\frac{V_{\rm T}}{N_{\rm D}}\frac{{\rm d}N_{\rm D}}{{\rm d}x}$$

和

$$\mathscr{E} = \frac{V_{\rm T}}{N_{\rm A}}\frac{{\rm d}N_{\rm A}}{{\rm d}x}$$

4.

$$\frac{D_{\rm p}}{\mu_{\rm p}} = V_{\rm T} = \frac{KT}{q}$$

和

$$\frac{D_{\rm n}}{\mu_{\rm n}} = V_{\rm T} = \frac{KT}{q}$$

称为爱因斯坦关系。它们反映了扩散系数和迁移率之间的关系。实验证明，在系统偏离热平衡情况下，爱因斯坦关系也是成立的。

4.7 霍尔(Hall)效应

教学要求

1. 了解概念：霍尔电势差、霍尔角。
2. 说明根据霍尔电势差的符号可以判断一种载流子导电的 N 型和 P 型半导体的导电类型。
3. 根据霍尔系数公式说明，通过测量霍尔系数的方法计算出材料的载流子浓度。
4. 导出霍尔系数公式(4.7−4)。
5. 说明测出霍尔系数和电导率就可以获得半导体材料的迁移率。

把有电流通过的金属或半导体样品放在磁场中，在垂直于电流和磁场的方向上会出现一个电势差，这种现象称为霍尔效应。这个电势差叫做霍尔电势差。霍尔效应是 1879 年霍尔在薄的

金属箔上发现的。与金属不同的是半导体的霍尔效应比金属的显著，而且会有正、负两种情况。长期以来，霍尔效应一直是研究半导体性质的重要方法，并可以用来设计霍尔器件。

产生霍尔效应的机理是半导体中做漂移运动的载流子在磁场作用下受到洛仑兹力的作用：

$$\boldsymbol{F} = \pm q(\boldsymbol{v} \times \boldsymbol{B}) \tag{4.7-1}$$

洛仑兹力使得载流子的运动发生偏转，并在半导体与电流和磁场垂直的两端积累电荷，产生电场，导致横向电势差的建立。

在半导体中，可能一种载流子的浓度远远大于另一种载流子的浓度，也可能两种载流子浓度相差不多。这里仅讨论第一种情况。

4.7.1 霍尔系数

假设半导体的温度是均匀的，所有载流子的速度相同，载流子的弛豫时间是与速度无关的常数。

对于一种载流子导电的 N 型或 P 型半导体，电流通过半导体样品，是载流子在电场中做漂移运动的结果。如果把半导体样品放在磁感应强度为 $\boldsymbol{B}$ 的磁场中(为简单计，让磁感应强度 $\boldsymbol{B}$ 垂直于样品和电流的方向)，则以漂移速度 $\boldsymbol{v}$ 运动的载流子要受到洛仑兹力 $\boldsymbol{F}$ 的作用。洛仑兹力 $\boldsymbol{F}$ 与电流和磁场方向垂直，使载流子产生横向运动，也就是磁场的偏转力引起横向电流。该电流在样品两侧造成电荷积累，产生横向电场。当横向电场对载流子的作用力与磁场的偏转力相平衡时，达到稳定状态。通常称这个横向电场为霍尔电场，称横向电势差 V_{ab} 为霍尔电势，如图 4.14 所示。

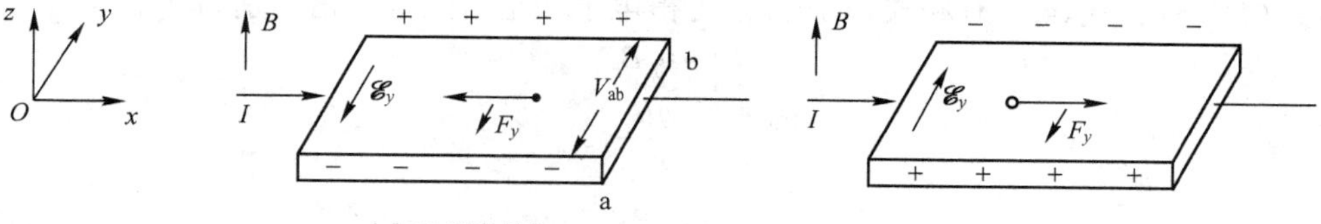

图 4.14 霍尔效应

在电子导电和空穴导电这两种不同类型的半导体中，载流子的漂移运动方向是相反的，但磁场对它们的偏转作用力的方向是相同的。结果在样品两侧积累的电荷在两种情况下符号相反，因此霍尔电场或霍尔电势差也是相反的。按照这个道理，由霍尔电势差的符号可以判断半导体的导电类型。图中 N 型半导体 $V_{ab}<0$，P 型半导体 $V_{ab}>0$。

实验表明，在弱磁场条件下，霍尔电场 $\mathscr{E}_y$ 与电流密度 j_x 和磁感应强度 B_x 成正比，即

$$\mathscr{E}_y = Rj_x B_z \tag{4.7-2}$$

R 是比例系数。以 N 型半导体为例，由于弛豫时间是常数，所有的电子都以相同的漂移速度 $v_x(v_x<0)$运动，所以磁场使它们偏转的作用力也是相同的，当横向电场对电子的作用力与磁场的偏转力相平衡，即 $qv_xB_z = q\mathscr{E}_y$ 时，达到稳定状态。由此得出

$$\mathscr{E}_y = \boldsymbol{v}_x B_z \tag{4.7-3}$$

由 $j_x = -nq\boldsymbol{v}_x$， $\boldsymbol{v}_x = -\dfrac{j_x}{nq}$，代入式(4.7-3)，有

$$\mathscr{E}_y = -\frac{1}{nq} j_x B_z$$

与式(4.7-2)比较，得到

$$R_n = -\frac{1}{nq} \tag{4.7-4}$$

同理可得，P 型半导体的霍尔系数为

$$R_p = \frac{1}{pq} \tag{4.7-5}$$

根据式(4.7-4)和式(4.7-5)可见，霍尔系数的大小与载流子浓度成反比。半导体的载流子浓度比金属的载流子浓度低几个数量级，所以半导体的霍尔系数比金属的霍尔系数大得多，而且半导体的霍尔系数有正、负两种情况。

根据式(4.7-4)和式(4.7-5)还可以看出，通过测量霍尔系数的方法可计算出材料的载流子浓度。

4.7.2 霍尔角

从上面的讨论可以看出，由于横向霍尔电场的存在，将导致电流和电场方向不再相同，它们之间的夹角称为霍尔角，如图 4.15 所示。电流沿 x 方向，霍尔角就是电场 $\mathscr{E}$ 和 x 方向的夹角。因此，霍尔角 θ 由下式确定:

$$\tan\theta = \mathscr{E}_y / \mathscr{E}_x$$

在弱磁场下，霍尔电场很弱，霍尔角很小

$$\theta \approx \mathscr{E}_y / \mathscr{E}_x \tag{4.7-6}$$

利用式(4.7-2)和 $j_x = \sigma\mathscr{E}_x$，得出

$$\theta = Rj_x B_z / \mathscr{E}_x = (R\sigma)B_z \tag{4.7-7}$$

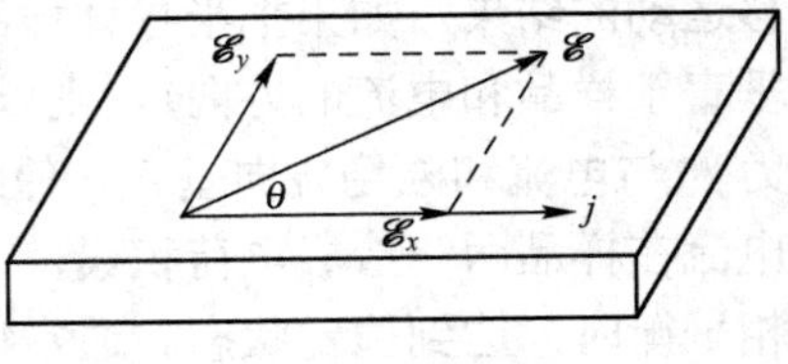

图 4.15 霍尔角

由式(4.7-4)、式(4.7-5)和式(4.7-7)，可得电子和空穴的霍尔角分别为

$$\theta_n = \begin{cases} -\mu_n B_z \\ -\dfrac{qB_z}{m_n}\tau_n \end{cases} \tag{4.7-8}$$

$$\theta_p = \begin{cases} \mu_p B_z \\ \dfrac{qB_z}{m_p}\tau_p \end{cases} \tag{4.7-9}$$

式(4.7-8)和式(4.7-9)表明霍尔角的符号和霍尔系数一样，P 型半导体取正值($\mathscr{E}$ 转向 y 轴的正方向)，N 型半导体取负值($\mathscr{E}$ 转向 y 轴的负方向)。根据式(4.7-8)和式(4.7-9)，测量出霍尔角可以计算出弛豫时间。

利用式(4.7-8)和式(4.7-7)可得

$$\mu_n = -R_n\sigma_n \tag{4.7-10}$$

同样利用式(4.7-9)和式(4.7-7)得到

$$\mu_p = R_p\sigma_p \tag{4.7-11}$$

式(4.7-10)或式(4.7-11)说明，测量出样品的电导率和霍尔系数可以计算出半导体材料的迁移率。

因子 qB_z / m_n 是在磁场作用下电子的速度矢量绕磁场转动的角速度，所以霍尔角的数值就等于在时间 τ 内速度矢量所转过的角度。

在弱磁场条件下，霍尔角很小，可以写做

$$\mu B \ll 1 \tag{4.7-12}$$

对于硅样品，如果电子的迁移率为 $0.135\text{m}^2/(\text{V}\cdot\text{s})$，取 $B = 0.5\text{T}$，就可以认为满足弱磁场条件了。

例 4.6 如图 4.16 所示的硅样品，尺寸为 $h=1.0\text{mm}$，$W=4.0\text{mm}$，$l=8.0\text{mm}$。在霍尔效应实验中，$I=1\text{mA}$，$B=4000\text{Gs}$。实验测出在 77～400K 霍尔电势差不变。测得霍尔电势差为 $V_{ac}=V_a-V_c=-5.0\text{mV}$。在 300K 时测得 $V_{ab}=V_a-V_b=200\text{mV}$。

（1）确定样品的导电类型；

（2）求 300K 时的霍尔系数和电导率；

（3）求样品的杂质浓度；

（4）求 300K 时电子的迁移率。

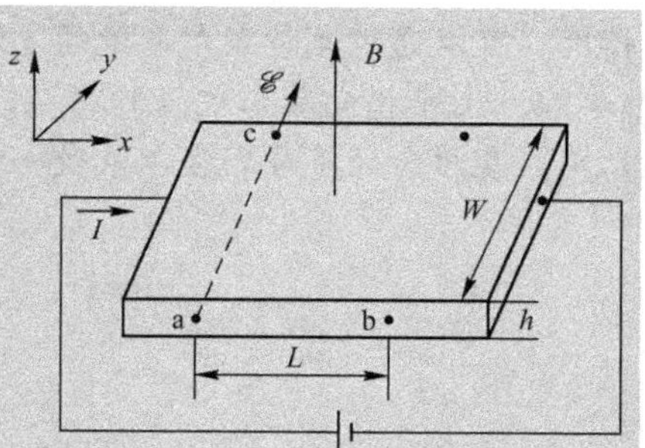

图 4.16　例 4.6 图

解：（1）根据电流方向和载流子在磁场中受到的洛伦兹力 $\boldsymbol{F}=q\boldsymbol{v}\times\boldsymbol{B}$ 的方向可以判断其导电类型。对于 P 型半导体，空穴运动方向与电流方向一致，沿 x 的正方向，则 $\boldsymbol{F}$ 沿 $-y$ 方向。空穴积累在 ab 一侧，导致 $V_{ac}>0$。所以，根据 $V_{ac}<0$，可以判断半导体是 N 型的。

（2）根据式(4.7-2)，把 $\mathscr{E}_y=R_n j_x B$，改写成 $\dfrac{V_{ac}}{W}=R_n\left(\dfrac{I}{hW}\right)B$，有 $R_n=\dfrac{hV_{ac}}{IB}$。

采用混合单位制：h—cm，V—V，I—A，B—Gs，R_n—cm^3/C。在这种情况下计算出来的霍尔系数的表达式为

$$R_n=10^8\frac{hV_{ac}}{IB} \tag{S4.7-1}$$

代入数据 $$R_n=-10^8\times\frac{0.1\times0.50}{1.0\times4000}=-1.25\times10^4(\text{cm}^3/\text{C})$$

再由欧姆定律 $$V_{ab}=I\cdot\frac{1}{\sigma}\cdot\frac{l}{hW}$$

得到 $$\sigma=\frac{Il}{hWV_{ab}}=\frac{0.8\times1.0}{0.1\times0.4\times200}=0.1(\Omega\cdot\text{cm})^{-1}$$

使用混合单位制，σ 的单位是 $(\Omega\cdot\text{cm})^{-1}$。

（3）杂质饱和电离，$n=N_D$

$$N_D=\frac{1}{q|R_n|}=\frac{1}{1.25\times10^4\times1.6\times10^{-19}}=5.0\times10^{14}(\text{cm})^{-3}$$

（4）由式(4.7-10) $\mu_n=-R_n\sigma_n=-(-1.25\times10^4)\times0.1=1250(\text{cm}^2/\text{V}\cdot\text{s})$

小结

1. 产生霍尔效应的机理是半导体中做漂移运动的载流子在磁场中受到洛仑兹力的作用。洛仑兹力使得载流子的运动发生偏转，并在半导体与电流和磁场垂直的两端积累电荷，产生电场，导致横向电势差的建立。

2. 由霍尔电势差的符号可以判断半导体的导电类型(图中 N 型半导体 $V_{ab}<0$，P 型半导体 $V_{ab}>0$)。

3. N 型半导体和 P 型半导体的霍尔系数分别为

$$R_n=-\frac{1}{nq}$$

$$R_p=\frac{1}{pq}$$

霍尔系数的大小与载流子浓度成反比。半导体的载流子浓度比金属的载流子浓度低几个数量级，所以半导体的霍尔系数比金属的霍尔系数大得多，而且半导体的霍尔系数有正、负两种

情况。可以通过测量霍尔系数的方法计算出材料的载流子浓度。

4. 由于横向霍尔电场的存在，将导致电流和电场方向不再相同，它们之间的夹角称为霍尔角。霍尔角的符号和霍尔系数一样，P型半导体取正值，N型半导体取负值。

$$\theta_n = \begin{cases} -\mu_n B_z \\ -\dfrac{qB_z}{m_n}\tau_n \end{cases}$$

$$\theta_p = \begin{cases} \mu_p B_z \\ \dfrac{qB_z}{m_p}\tau_p \end{cases}$$

5. 通过霍尔系数和电导率的测量可以计算出载流子的迁移率

$$\mu_n = -R_n \sigma_n$$

$$\mu_p = R_p \sigma_p$$

思考题与习题

4-1 什么是载流子散射？

4-2 什么是散射概率？什么是平均自由时间和弛豫时间？平均自由时间和弛豫时间与散射概率有什么关系？

4-3 半导体中可能有多种散射机构，其中主要的两种散射机构是什么？

4-4 什么是晶格振动散射？晶体中有哪两种主要的晶格振动散射？

4-5 为什么纵声学波能够在 Si、Ge 等元素半导体中引起载流子散射？

4-6 什么是极性光学波散射？为什么纵光学波能够在 GaAs 等极性半导体中引起极性光学波散射？

4-7 什么是电离杂质散射？其散射概率与电离杂质浓度和温度有什么关系？

4-8 对于晶格振动散射和电离杂质散射，哪种散射机构在低温时起主要作用？哪种散射随温度升高而增强？

4-9 根据公式说明迁移率反映了外电场和散射对载流子输运的综合作用。

4-10 对于在低温下温度升高的过程中，晶格振动散射和电离杂质散射哪个是影响迁移率的主要因素？

4-11 什么是漂移运动？引起漂移运动的原因是什么？

4-12 什么是扩散运动？引起扩散运动的原因是什么？

4-13 写出N型半导体的电导率公式，说明电导率与哪些因素有关？

4-14 杂质分布不均匀的半导体中，内建电场是由什么原因引起的？

4-15 半导体的霍尔效应与金属的有何不同？为什么？

4-16 利用霍尔效应可以获知半导体材料的哪些参数？

4-17 300K时，Ge的本征电阻率为47Ω·cm。电子和空穴迁移率分别为3900cm^2/(V·s)和1900cm^2/(V·s)。试求载流子浓度。

4-18 电阻率为10Ω·cm的P型Si样品，试计算室温时多数载流子和少数载流子浓度。

4-19 试计算本征Si在室温时的电导率，设电子和空穴的迁移率分别为1350cm^2/(V·s)和500cm^2/(V·s)。当掺入百万分之一的As后，设杂质全部电离，试计算其电导率，其比本征Si的电导率增大了多少倍？

4-20 设Si的电子迁移率为0.1m^2/(V·s)，电导有效质量为m_c=0.26m，加以强度为10^{4}V/m的电场，试求平均自由时间和平均自由程。

4-21 长为2cm的具有矩形截面的Ge样品，截面线度分别为1mm和2mm，掺有10^{22}m^{-3}受主，试求室温时样品的电导率和电阻。再掺入5×10^{22}m^{-3}施主后，求室温时样品的电导率和电阻。

4-22　室温下，为把电阻率为 0.2 $(\Omega\cdot\text{cm})$ 的 P 型硅片变成：（1）电阻率为 0.1 $(\Omega\cdot\text{cm})$ 的 P 型硅片；（2）电阻率为 0.2 $(\Omega\cdot\text{cm})$ 的 N 型硅片，各需掺入何种类型的杂质？杂质浓度如何？

4-23　$T=300\text{K}$ 时，均匀掺杂的 GaAs 半导体外加 $\mathscr{E}=10\text{V/cm}$ 的电场。计算下列两种情况下的热平衡电子、空穴浓度和漂移电流密度：（1）$N_\text{D}=10^{16}\text{cm}^{-3}$，$N_\text{A}=0$；（2）$N_\text{A}=10^{16}\text{cm}^{-3}$，$N_\text{D}=0$。

4-24　一块杂质补偿半导体 Si，室温下杂质全部电离，计算下列两种情况下的电导率：（1）$N_\text{A}-N_\text{D}=10^{14}\text{cm}^{-3}$；（2）$N_\text{A}-N_\text{D}=10^{18}\text{cm}^{-3}$。

4-25　Si 中的施主杂质浓度在 0.1cm 内从 10^{16}cm^{-3} 到 10^{15}cm^{-3} 线性减小。样品横截面积为 0.05cm^2，电子扩散系数 $D_\text{n}=25\text{cm}^2/\text{s}$。计算电子扩散电流。

4-26　$T=300\text{K}$ 时，Ge 中的空穴浓度为 $p(x)=10^{16}\text{e}^{-x/22.5}\text{cm}^{-3}$，其中 x 的单位为μm。空穴扩散系数 $D_\text{p}=48\text{cm}^2/\text{s}$，求空穴扩散电流 $j_\text{p}(x)$。

4-27　半导体中的总电流恒定，由电子漂移电流和空穴扩散电流组成。电子浓度恒为 10^{16}cm^{-2}，空穴浓度为 $p(x)=10^{15}\text{e}^{-x/L}\text{cm}^{-3}$ $(x\geqslant 0)$，其中 $L=12\mu\text{m}$。空穴扩散系数 $D_\text{p}=12\text{cm}^2/\text{s}$，电子迁移率 $\mu_\text{n}=1000\text{cm}^2/\text{V}\cdot\text{s}$，总电流密度 $j=4.8\text{A}/\text{cm}^2$。计算：（1）空穴扩散电流密度随 x 的变化关系；（2）电子扩散电流密度随 x 的变化关系；（3）电场强度随 x 的变化关系。

4-28　热平衡半导体的施主杂质浓度在 $0\leqslant x\leqslant 1/a$ 范围内变化：$N_\text{D}(x)=N_{\text{D}0}\text{e}^{-ax}$，$N_{\text{D}0}$ 为常数，求：（1）$0\leqslant x\leqslant 1/a$ 范围内的电场分布函数；（2）$x=0$ 和 $x=1/a$ 两点之间的电势差。

4-29　计算：（1）$T=300\text{K}$ 时，载流子迁移率 $\mu=925\text{cm}^2/\text{V}\cdot\text{s}$，求载流子的扩散系数。

（2）当 $D=28.3\text{cm}^2/\text{s}$ 时，求载流子的迁移率。

4-30　设 $b=\mu_\text{n}/\mu_\text{p}\neq 1$。

（1）证明半导体电导率取极小值的条件是 $n=n_i(\mu_\text{p}/\mu_\text{n})^{1/2}$ 和 $p=n_i(\mu_\text{n}/\mu_\text{p})^{1/2}$。说明电导率最小的半导体是 N 型半导体还是 P 型半导体？

（2）证明最小电导率为 $\sigma_{\min}=\sigma_i\dfrac{2b^{1/2}}{b+1}$，式中 σ_i 是本征半导体的电导率。

第 5 章　非平衡载流子

这里所说的非平衡是相对热平衡而言的。在第 4 章讨论的输运现象中，外加电磁场的作用只是改变了载流子在一个能带中的能级之间的分布，并没有引起电子在能带之间的跃迁，因此导带和价带中的自由载流子数目都没有改变。但有些情况下，半导体在外界作用下，能带中的载流子数目发生明显的改变，即产生了非平衡载流子。在这种情况下，我们就说半导体处于非平衡态。在半导体中非平衡载流子具有极其重要的意义，许多物理效应都是由非平衡载流子引起的。本章将讨论非平衡载流子产生与复合的机制，以及它们的运动规律。

5.1　非平衡载流子的产生与复合

教学要求

1. 掌握概念：非平衡多子、非平衡少子、净复合率、寿命。
2. 理解方程式(5.1-7)所包含的物理意义。
3. 记忆公式(5.1-8)并理解其物理意义。
4. 了解推导公式(5.1-10)的基本物理思想。

处于热平衡状态的半导体，在一定温度下载流子浓度是恒定的。用 n_0 和 p_0 分别表示处于热平衡状态的电子浓度和空穴浓度，n_0 和 p_0 满足质量作用定律。如果对半导体施加外界作用，就会使它处于非平衡态。这时，半导体中的载流子浓度不再是 n_0 和 p_0，而是比它们多出一部分。比平衡态多出来的这部分载流子，称为非平衡载流子，也称为过量载流子。

5.1.1　非平衡载流子的产生

设想一个 N 型半导体，$n_0 > p_0$。若用光子能量大于禁带宽度的光照射该半导体，则可将价带的电子激发到导带，使导带比平衡时多出一部分电子 Δn，价带中多出一部分空穴 Δp，如图 5.1 所示。

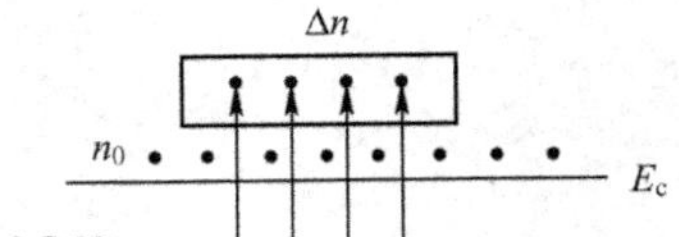

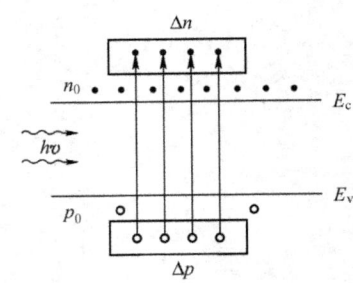

图 5.1　非平衡载流子的产生

在这种情况下，导带电子浓度和价带空穴浓度分别为

$$n = n_0 + \Delta n \qquad (5.1\text{-}1)$$

$$p = p_0 + \Delta p \qquad (5.1\text{-}2)$$

而且

$$\Delta n = \Delta p \qquad (5.1\text{-}3)$$

式中 Δn 和 Δp 就是非平衡载流子浓度。对于 N 型半导体，电子称为非平衡多数载流子，简称为非平衡多子或过量多子。空穴称为非平衡少数载流子，简称为非平衡少子或过量少子。对于 P 型半导体则相反。

在非平衡态，$n_0 p_0 = n_i^2$ 仍然成立，但 $np = n_i^2$ 关系不成立。

光照产生的非平衡载流子可以增加半导体的电导率

$$\Delta\sigma = \Delta nq\mu_n + \Delta pq\mu_p = q\Delta p(\mu_n + \mu_p) \qquad (5.1\text{-}4)$$

$\Delta\sigma$ 称为附加光电导率(或简称光电导)。用光照射半导体产生非平衡载流子的方法称为载流子的光注入。除了光注入以外，还可以用其他方法产生非平衡载流子。比如电注入的方法产生非平衡载流子。给 PN 结加正向偏压，在接触面附近产生非平衡载流子，就是最常见的电注入的例子。另外，当金属和半导体接触时，加上适当的偏压，也可以注入非平衡载流子。

半导体中注入载流子数量的多少，在一般情况下控制着一个器件的工作状况。注入产生非平衡载流子，可能存在两种情况。倘若注入的非平衡载流子浓度与热平衡多数载流子浓度相比很小，但是却远远大于热平衡少数载流子浓度(如 N 型半导体中 $p_0 \ll \Delta n \ll n_0$)，则多子浓度基本不变，而少子浓度近似等于注入的过量少子浓度。这种情况称为低水平注入，也叫小注入，即

$$n = n_0 + \Delta n \approx n_0 \quad (\Delta n \ll n_0) \qquad (5.1\text{-}5)$$

$$p = p_0 + \Delta p \approx \Delta p \quad (\Delta p \gg p_0) \qquad (5.1\text{-}6)$$

从表 5.1 可以看出，虽然多子电子浓度的变化是可以忽略的，但少子空穴的浓度却增加了几个数量级。非平衡载流子在数量上对多子和少子的影响具有很大的差别。

表 5.1　$N_D = 2.25\times10^{15}$ 的 N 型硅

载流子浓度 (cm^{-3})	注入情况		
	平衡态	低水平	高水平
过量载流子 Δn	0	10^{13}	10^{16}
多数载流子 n_0	2.25×10^{15}	2.26×10^{15}	1.225×10^{16}
少数载流子 p_0	10^5	10^{13}	10^{16}

另一种情况是，若注入的非平衡载流子浓度 Δn 可以和热平衡多子浓度 n_0 相比较，则称为高水平注入或大注入。这些情况也在表 5.1 中以示例加以说明。

需要指出的是，载流子的总浓度总是等于平衡载流子浓度和过量载流子浓度的总和。高水平注入往往使数学分析格外复杂，但由于它们对器件的性能并不能提供更多的物理解答，因此只要有可能，我们就忽略高水平注入的效应。

5.1.2　非平衡载流子的复合

非平衡载流子是在外界作用下产生的，它们的存在相应于非平衡情况。当外界作用撤除以后，由于半导体的内部作用，非平衡载流子将逐渐消失，也就是导带中的非平衡电子落入到价带的空状态中，使电子和空穴成对消失，这个过程称为非平衡载流子的复合。

非平衡载流子的复合是半导体由非平衡态趋向平衡态的一种弛豫过程，它属于统计性的过程。事实上，即使在平衡态的半导体中，载流子产生和复合的微观过程也在不断地进行着。通常把单位时间、单位体积内产生的载流子数称为载流子的产生率，而把单位时间、单位体积内复合的载流子数称为载流子的复合率。

在热平衡情况下，由于半导体的内部作用，产生率和复合率相等，产生与复合之间达到相对平衡，使载流子浓度维持一定。

当有外界作用时(例如光照)，产生与复合之间的相对平衡被破坏，产生率将大于复合率，使半导体中载流子的数目增多，即产生非平衡载流子。随着非平衡载流子数目的增多，复合率将增大，当产生和复合这两个过程的速率相等时，非平衡载流子数目不再增加，达到稳定值。

在外界作用撤除以后，复合率超过产生率，结果使非平衡载流子逐渐减少，最后恢复到热平衡情况。

实验证明，在只存在体内复合的简单情况下，如果非平衡载流子的数目不是太大，则在单位时间内，由于少子与多子的复合而引起非平衡载流子浓度的减少率 $-\mathrm{d}\Delta p/\mathrm{d}t$ 与它们的浓度 Δp 成比例，即

$$-\mathrm{d}\Delta p/\mathrm{d}t \propto \Delta p$$

引入比例系数 $1/\tau$，则可写成等式

$$-\mathrm{d}\Delta p/\mathrm{d}t=\Delta p/\tau \tag{5.1-7}$$

由上式可以看出，$1/\tau$ 表示在单位时间内复合掉的非平衡载流子在现存的非平衡载流子中所占的比例。所以，$1/\tau$ 是单位时间内每个非平衡载流子被复合掉的概率。$-\mathrm{d}\Delta p/\mathrm{d}t$ 是单位时间、单位体积内复合掉的载流子数，因此 $\Delta p/\tau$ 就是非平衡载流子的净复合率。写成

$$U=\Delta p/\tau \tag{5.1-8}$$

后面讨论非平衡载流子问题经常要用到这个概念。方程(5.1-7)称为载流子体内复合的瞬态方程。

求解方程(5.1-7)，可得

$$\Delta p=\Delta p_0\mathrm{e}^{-t/\tau} \tag{5.1-9}$$

其中，Δp_0 是 $t=0$ 时的非平衡载流子浓度。式(5.1-9)表明，非平衡载流子浓度随时间按指数规律衰减，τ 是反映衰减快慢的时间常数。τ 越大，Δp 衰减得越慢。τ 是 Δp 衰减到 Δp_0 的 1/e 所用的时间，称为非平衡载流子的寿命。下一节将看到，τ 标志着非平衡载流子在复合前平均存在的时间。

例 5.1 $t=0$ 时半导体中非平衡载流子浓度为 $\Delta p_0=10^{15}\,\mathrm{cm}^{-3}$。非平衡载流子寿命为 $\tau=10^{-6}\,\mathrm{s}$。$t=0$ 时停止产生非平衡载流子的外部作用。试求下列时刻半导体中非平衡载流子浓度：（1）$t=0$；（2）$t=1\,\mu\mathrm{s}$；（3）$t=4\,\mu\mathrm{s}$。

解：由式(5.1-9) $\qquad \Delta p=\Delta p_0\mathrm{e}^{-t/\tau}$

（1）$t=0$： $\qquad \Delta p=10^{15}\mathrm{e}^{0}=10^{15}(\mathrm{cm}^{-3})$

（2）$t=1\,\mu\mathrm{s}=10^{-6}\mathrm{s}$： $\quad \Delta p=10^{15}\mathrm{e}^{-10^{-6}/10^{-6}}=(10^{15}/\mathrm{e})=3.68\times10^{14}(\mathrm{cm}^{-3})$

（3）$t=4\,\mu\mathrm{s}=4\times10^{-6}\mathrm{s}$： $\Delta p=10^{15}\mathrm{e}^{-4\times10^{-6}/10^{-6}}=(10^{15}/\mathrm{e}^4)=1.83\times10^{13}(\mathrm{cm}^{-3})$

例 5.2 利用例 5.1 给出的参数，计算以下时刻非平衡载流子的复合率：（1）$t=0$；（2）$t=1\mu\mathrm{s}$；（3）$t=4\mu\mathrm{s}$。

解：不同时刻 Δp 不同，由式(5.1-8)：

（1）$t=0$，$\Delta p_0=10^{15}\,\mathrm{cm}^{-3}$

$$U=\Delta p_0/\tau=10^{15}/10^{-6}=10^{21}(\mathrm{cm}^{-3}\mathrm{s}^{-1})$$

（2）$t=1\,\mu\mathrm{s}=10^{-6}\mathrm{s}$，$\Delta p=3.68\times10^{14}(\mathrm{cm}^{-3})$

$$U=3.68\times10^{14}/10^{-6}=3.68\times10^{20}(\mathrm{cm}^{-3}\mathrm{s}^{-1})$$

（3）$t=4\,\mu\mathrm{s}=4\times10^{-6}\mathrm{s}$，$\Delta p=1.83\times10^{13}\,\mathrm{cm}^{-3}$

$$U=1.83\times10^{13}/10^{-6}=1.83\times10^{19}(\mathrm{cm}^{-3}\mathrm{s}^{-1})$$

从例 5.1 和例 5.2 看到，非平衡载流子浓度随时间的增加迅速下降，复合率也越来越小。

5.1.3 非平衡载流子的寿命

在 $t\sim t+\mathrm{d}t$ 时间内复合掉的载流子数应当与 t 时刻的非平衡载流子浓度 Δp 和时间间隔成正比，即等于 $\frac{1}{\tau}\Delta p\mathrm{d}t$，$\frac{1}{\tau}$ 为比例系数。利用式(5.1-9)，写做

$$\frac{1}{\tau}\Delta p\mathrm{d}t=\frac{1}{\tau}\Delta p_0\mathrm{e}^{-t/\tau}\mathrm{d}t$$

假设这些载流子存活时间是 t，则 $t\frac{1}{\tau}\Delta p_0\mathrm{e}^{-t/\tau}\mathrm{d}t$ 是这些载流子存活时间的总和。对所有时间积分，就得到 Δp_0 个载流子存活时间的总和，再除以 Δp_0 便得到载流子平均存活时间

$$\overline{t}=\frac{1}{\Delta p_0}\int_0^{\infty}\frac{1}{\tau}t\Delta p_0 e^{-t/\tau}tdt=\tau \tag{5.1-10}$$

这里我们看出了τ的物理意义，它标志着非平衡载流子在复合前平均存在的时间，通常称它为非平衡载流子的寿命。

寿命是标志半导体材料质量的主要参数之一。依据半导体材料的种类、纯度和结构完整性的不同，它可以在$10^{-2}\sim10^{-9}$s 的范围内变化。一般地说，对于硅和锗容易获得非平衡载流子寿命长的样品，可以达到毫秒数量级。砷化镓的非平衡载流子寿命则很短，约为纳秒数量级。通常平面器件用的硅材料，寿命都在几十微秒以上。

可以通过测量光电导的方法确定非平衡载流子的寿命。其原理是十分容易理解的。根据式(5.1-4)，附加光电导和非平衡载流子浓度成正比，因此附加光电导和非平衡载流子数量按同样规律衰减，如图 5.2 所示。

若在样品上通过恒定的电流，则在光照停止以后，可在样品两端观察到电压$\Delta V(t)$的变化，它直接正比于样品电阻的改变：

$$\frac{\Delta V(t)}{V_0}=\frac{\Delta r}{r_0} \tag{5.1-11}$$

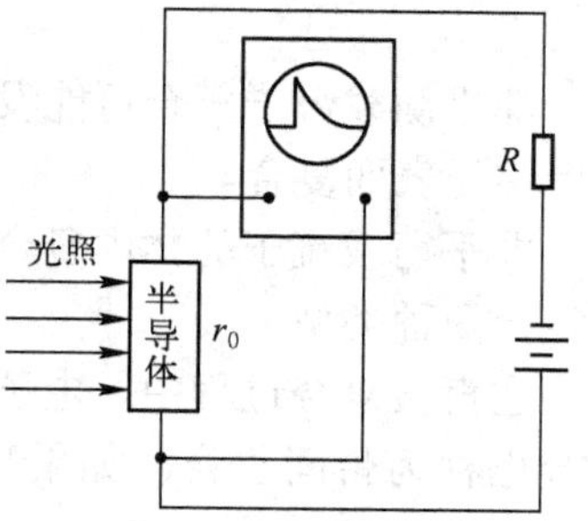

图 5.2　光注入引起附加光电导

V_0和r_0分别代表无光照平衡时的样品上的压降和样品的电阻值。这里ΔV和Δr都是指相对$\Delta n=\Delta p=0$情形的改变量。图中$R\gg r_0$。若以G表示样品的电导，则由$G = 1/r$可得$dG/G = -dr/r$。因此，在平衡值附近有

$$\frac{\Delta V(t)}{V_0}=-\frac{\Delta G}{G_0}\propto -e^{-t/\tau} \tag{5.1-12}$$

于是，由电压变化的时间常数，可以求得非平衡少数载流子的寿命。

小结

1. 光注入或其他方式的注入会使半导体产生非平衡载流子Δn和Δp。非平衡情况下载流子浓度为

$$n=n_0+\Delta n,\qquad p=p_0+\Delta p,\qquad \Delta n=\Delta p$$

在非平衡态，质量作用定律$np=n_i^2$不再成立。

2. 在小注入情况下，$n\approx n_0$，$p\approx\Delta p$。

3. 非平衡载流子的复合是半导体由非平衡态趋向平衡态的一种弛豫过程。实验证明，在只存在体内复合的简单情况下，非平衡载流子浓度满足微分方程

$$d\Delta p/dt=-\Delta p/\tau$$

$$U=\Delta p/\tau$$

叫做非平衡载流子的净复合率。

由方程(5.1-7)，求得
$$\Delta p=\Delta p_0 e^{-t/\tau}$$

τ称为非平衡载流子的寿命，是Δp衰减到Δp_0的 1/e 所用的时间。非平衡载流子寿命τ是一个可测量量，可以用测量附加光电导衰减的方法测得。

5.2 直接复合

教学要求

1. 掌握概念：直接复合、间接复合、直接辐射复合(带间辐射复合)、复合中心、非辐射复合。

2. 用能带图表示出直接复合过程中的载流子跃迁过程。

非平衡载流子复合可能发生在半导体内部，也可能发生在半导体表面。前者称为体内复合，后者称为表面复合。

非平衡载流子的体内复合过程，就电子和空穴所经历的状态来说，可以分为直接复合和间接复合两种类型。

在直接复合过程中，电子由导带直接跃迁到价带的空状态，使电子和空穴成对消失。直接复合也称为带间复合。如果直接复合过程中同时发射光子，则称为直接辐射复合或带间辐射复合。

间接复合过程中最主要的是通过复合中心的复合。所谓复合中心指的是晶体中的一些杂质或缺陷，它们在禁带中引入离导带底和价带顶都比较远的局域化能级，即复合中心能级。在间接复合过程中，电子跃迁到复合中心能级，然后再跃迁到价带的空状态，使电子和空穴成对消失。换一种说法是，复合中心从导带俘获一个电子，再从价带俘获一个空穴，完成电子-空穴对的复合。电子-空穴对的产生过程也是通过复合中心分两步完成的。多数情况下，间接复合不能产生光子，因此也称为非辐射复合。

直接复合过程如图 5.3 所示。图中 a 表示电子-空穴对的复合，b 表示 a 的逆过程，即电子-空穴对的产生。为明确起见，图中所画的是跃迁前的情况，导带只画电子，价带只画空穴，箭头表示电子跃迁的方向。

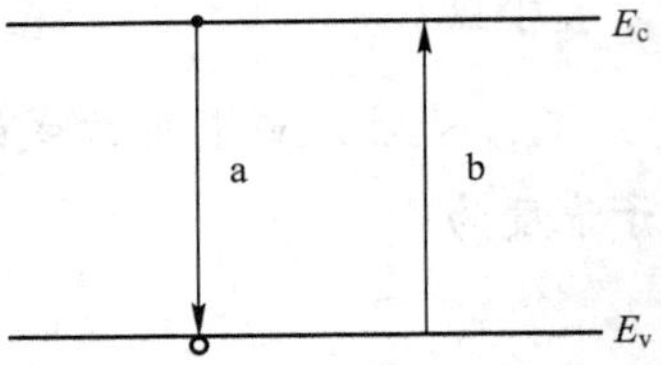

图 5.3 直接复合

在直接复合过程中，单位时间、单位体积半导体中复合掉的电子-空穴对数，即复合率 R 应当与电子浓度 n 和空穴浓度 p 成正比。引入比例系数 r，则

$$R = rnp \tag{5.2-1}$$

r 称为概率系数或复合系数。在一定温度下，r 有完全确定的值，与电子和空穴的浓度无关。

上述过程的逆过程是电子-空穴对的产生过程。它是价带电子激发到导带中的空状态的过程。单位时间、单位体积半导体中产生的电子-空穴对数叫做产生率。如果价带中缺少一些电子，也就是说，存在一些空穴，产生率就会相应地减小。同样，如果导带中有些状态已经被电子占据，当然也会影响产生率。但是在非简并情况下，无论是价带中的空穴数与价带状态数的比例，还是导带中的电子数与导带状态数的比例，都是非常小的。可以近似地认为，价带上基本充满电子，而导带基本是空的。于是产生率 G 与载流子浓度 n 和 p 无关。因此，在所有的非简并情况下，产生率基本是相同的，就等于热平衡的产生率 G_0。于是产生率

$$G = G_0 = R_0 = rn_0 p_0 = rn_i^2 \tag{5.2-2}$$

上面利用了热平衡情况下产生率 G_0 和复合率 R_0 相等的条件。

在非平衡情况下，电子-空穴对的净复合率为

$$U = R - G = r(np - n_0 p_0) \tag{5.2-3}$$

将 $n = n_0 + \Delta n$，$p = p_0 + \Delta p$ 以及 $\Delta n = \Delta p$ 代入上式，则得到

$$U = r(n_0 + p_0 + \Delta p)\Delta p \tag{5.2-4}$$

由式(5.1-8)，净复合率与载流子寿命的关系是

$$U = \Delta p / \tau \tag{5.1-8}$$

将上式与式(5.2-4)相比较，便得到寿命为

$$\tau = \frac{1}{r(n_0 + p_0 + \Delta p)} \tag{5.2-5}$$

在小注入条件下，$\Delta p \ll n_0 + p_0$，上式可近似为

$$\tau = \frac{1}{r(n_0 + p_0)} \tag{5.2-6}$$

对于本征半导体，$n_0 = p_0 = n_i$

$$\tau_i = \frac{1}{2rn_i} \tag{5.2-7}$$

在杂质饱和电离情况下，对于P型半导体，非平衡少子电子的寿命为

$$\tau_n = \frac{1}{rp_0} = \frac{1}{rN_A} = 2\tau_i \frac{n_i}{p_0} \tag{5.2-8}$$

在N型半导体中，非平衡少子空穴的寿命为

$$\tau_p = \frac{1}{rn_0} = \frac{1}{rN_D} = 2\tau_i \frac{n_i}{n_0} \tag{5.2-9}$$

式(5.2-8)和式(5.2-9)说明，在掺杂半导体中，非平衡少子的寿命比在本征半导体中的短。τ 和多子浓度成反比，也就是和杂质浓度成反比。也可以说，样品电导率越高，非平衡少子的寿命越短。

小结

1. 在直接复合过程中，电子由导带直接跃迁到价带的空状态，使电子和空穴成对消失。直接复合也称为带间复合和带-带复合。如果直接复合过程中同时发射光子，则称为直接辐射复合(也叫做直接发光复合)或带间辐射复合(带间发光复合)。

2. 直接复合过程中载流子寿命

$$\tau = \frac{1}{r(n_0 + p_0 + \Delta p)}$$

在小注入条件下 $\tau = \frac{1}{r(n_0 + p_0)}$

对于本征半导体 $\tau_i = \frac{1}{2rn_i}$

在杂质饱和电离情况下，对于P型半导体，非平衡少子电子的寿命为

$$\tau_n = \frac{1}{rp_0} = \frac{1}{rN_A} = 2\tau_i \frac{n_i}{p_0}$$

在N型半导体中，非平衡少子空穴的寿命为

$$\tau_p = \frac{1}{rn_0} = \frac{1}{rN_D} = 2\tau_i \frac{n_i}{n_0}$$

5.3　通过复合中心的复合

教学要求

1. 说明通过复合中心复合的物理机制。
2. 了解通过复合中心复合的四种过程。
3. 熟悉肖克莱-瑞德公式(5.3-27)。
4. 熟悉寿命公式(5.3-31)。
5. 了解金在硅中的复合作用及掺金的实际意义。

上一节提到，非平衡载流子可以通过杂质或缺陷完成复合。这种过程虽然在 1939 年已经在磷光体中认识到，但直到 1952 年才应用到半导体中。在许多半导体中，这种间接复合过程实际上是支配复合的主要过程。

5.3.1　载流子通过复合中心的产生和复合过程

下面用 E_t 表示复合中心能级，N_t 和 n_t 分别表示复合中心浓度和复合中心上的电子浓度，$(N_t - n_t)$ 就是空的复合中心浓度。

通过复合中心的复合和产生有四种过程，如图 5.4 所示。图中过程 a 表示的是电子被复合中心俘获的过程，b 是 a 的逆过程，是电子的产生过程，它表示复合中心上的电子激发到导带的空状态。c 是空穴被复合中心俘获的过程，d 是 c 的逆过程，即空穴的产生过程，它表示复合中心上的空穴跃迁到价带或者说价带电子跃迁到复合中心的空状态。

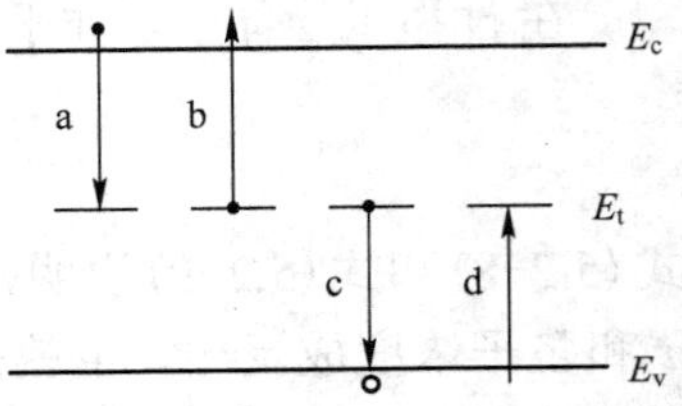

图 5.4　通过复合中心的复合

（1）电子的俘获过程

电子被复合中心俘获的概率应该与电子的浓度 n 和空的复合中心浓度 $(N_t - n_t)$ 成正比。所以电子的俘获率 R_n 可以表示为

$$R_n = C_n n(N_t - n_t) \tag{5.3-1}$$

其中比例系数 C_n 叫做电子的俘获系数。

（2）电子的产生过程

在一定温度下，复合中心上的每个电子都有一定的概率激发到导带中的空状态。在非简并情况下，可以认为导带基本上是空的，于是电子被激发到导带的激发概率 S_n 与导带电子浓度无关。如果复合中心上的电子浓度为 n_t，则产生率 G_n 应当与 n_t 成正比

$$G_n = S_n n_t \tag{5.3-2}$$

激发概率 S_n 可以用俘获系数 C_n 表示出来，以使问题简化。在热平衡情况下，电子的产生率和俘获率相等，即

$$S_n n_{t0} = C_n n_0 (N_t - n_{t0}) \tag{5.3-3}$$

这里 n_0 是平衡时的导带电子浓度：

$$n_0 = N_c \exp\left(-\frac{E_c - E_F}{KT}\right) \tag{5.3-4}$$

n_{t0}为复合中心上的电子浓度，在不失物理意义情况下为简单计，取为

$$n_{t0}=\frac{N_t}{\exp\left(\frac{E_t-E_F}{KT}\right)+1} \tag{5.3-5}$$

将以上两式代入式(5.3-3)，可得

$$S_n=C_nN_c\exp\left(-\frac{E_c-E_t}{KT}\right)=C_nn_1 \tag{5.3-6}$$

其中

$$n_1=N_c\exp\left(-\frac{E_c-E_t}{KT}\right)=n_i\exp\left(\frac{E_t-E_i}{KT}\right) \tag{5.3-7}$$

可以看出，n_1表示当复合中心能级与费米能级重合时，该复合中心能级上的电子浓度。利用式(5.3-6)，G_n可改写为

$$G_n=C_nn_1n_t \tag{5.3-8}$$

（3）空穴的俘获过程

只有每个被电子占据的复合中心才能从价带俘获空穴。所以每个空穴被俘获的概率与n_t成正比。于是空穴的俘获率R_p可以写成

$$R_p=C_ppn_t \tag{5.3-9}$$

式中比例系数C_p称为空穴的俘获系数。

（4）空穴的产生过程

只有被空穴占据的复合中心才能向价带激发空穴。在非简并情况下，价带基本上充满电子，空穴浓度很低，于是，复合中心上的空穴激发到价带的概率S_p可以看做与价带空穴浓度无关，而仅与复合中心上的空穴浓度N_t-n_t成正比。因此，空穴的产生率G_p可以表示为

$$G_p=S_p(N_t-n_t) \tag{5.3-10}$$

在热平衡时，空穴的产生率与俘获率相等，即

$$S_p(N_t-n_{t0})=C_pp_0n_{t0} \tag{5.3-11}$$

这里p_0是热平衡空穴浓度

$$p_0=N_v\exp\left(-\frac{E_F-E_v}{KT}\right) \tag{5.3-12}$$

将上式和式(5.3-5)代入式(5.3-11)，可得

$$S_p=C_pp_1 \tag{5.3-13}$$

其中

$$p_1=N_v\exp\left(-\frac{E_t-E_v}{KT}\right)=n_i\exp\left(\frac{E_i-E_t}{KT}\right) \tag{5.3-14}$$

可以看出，p_1表示当复合中心能级与费米能级重合时，该复合中心能级上的空穴浓度。利用式(5.3-13)，G_p[见式(5.3-10)]可写成

$$G_p=C_pp_1(N_t-n_t) \tag{5.3-15}$$

以上推导过程中，引入了n_1和p_1两个辅助量。n_1表示当复合中心能级与费米能级重合时，该复合中心能级上的电子浓度。p_1表示当复合中心能级与费米能级重合时，该复合中心能级上的空穴浓度。通过计算可知，二者之间满足$n_1p_1=n_i^2$。

5.3.2 净复合率

式(5.3-1)和式(5.3-8)分别代表电子在导带和复合中心能级之间跃迁引起的俘获和产生过

程，从中可以得出电子的净俘获率

$$U_n = R_n - G_n = C_n[n(N_t - n_t) - n_1 n_t] \tag{5.3-16}$$

过程 c 和 d 可以看成是空穴在价带和复合中心能级的跃迁所引起的俘获和产生过程。于是空穴的净俘获率为

$$U_p = R_p - G_p = C_p[pn_t - p_1(N_t - n_t)] \tag{5.3-17}$$

对于通过复合中心的复合，一般都是在稳态情况下导出非平衡载流子寿命公式的。达到稳态的条件是维持恒定的外界激发源。在稳态下，各种能级上的电子和空穴数目应该保持不变。这称为细致平衡原理。显然，复合中心能级上的电子浓度不变的条件是，复合中心对电子的净俘获率 U_n 必须等于对空穴的净俘获率 U_p，并且这也就是电子–空穴对的净复合率 U，即

$$U = U_n = U_p \tag{5.3-18}$$

由式(5.3–16)和式(5.3–17)，有

$$C_n[n(N_t - n_t) - n_1 n_t] = C_p[pn_t - p_1(N_t - n_t)] \tag{5.3-19}$$

因此得出

$$n_t = \frac{N_t(C_n n + C_p p)}{C_n(n + n_1) + C_p(p + p_1)} \tag{5.3-20}$$

把 n_t 代入式(5.3–19)的左端或右端且利用 $n_1 p_1 = n_i^2$，便得到

$$U = \frac{C_p C_n N_t (np - n_i^2)}{C_n(n + n_1) + C_p(p + p_1)} \tag{5.3-21}$$

引入

$$\frac{1}{\tau_n} = C_n N_t, \quad \frac{1}{\tau_p} = C_p N_t \tag{5.3-22}$$

由 $R_n = C_n n(N_t - n_t)$，当 $n_t = 0$ 时，$R_n = C_n n N_t$，这意味着复合中心全部空着亦即充满空穴时，复合中心对电子的复合率。取 $n = 1$，$R_n = C_n N_t$，就是对一个电子的俘获概率。因此，$1/\tau_n$ 表示复合中心充满空穴时，对每个电子的俘获概率。而 $1/\tau_p$ 表示复合中心充满电子时，对每个空穴的俘获概率。

利用式(5.3–22)，式(5.3–21)可表示为

$$U = \frac{np - n_i^2}{\tau_p(n + n_1) + \tau_n(p + p_1)} \tag{5.3-23}$$

式(5.3–23)就是通过复合中心复合的净复合率公式。

例 5.3 导出在 $\Delta p \ll n_i$ 的极小注入情况下，本征半导体中通过复合中心复合的净复合率(假设 $n_1 = p_1 = n_i$)。

解： 本征半导体中 $n_0 = p_0 = n_i$，$n = n_i + \Delta n$，$p = n_i + \Delta p$，$\Delta p = \Delta n$。代入式(5.3–23)可得

$$U = \frac{2n_i \Delta p + (\Delta p)^2}{(2n_i + \Delta p)(\tau_p + \tau_n)}$$

在 $\Delta p \ll n_i$ 的情况下，上式化简为

$$U = \frac{\Delta p}{\tau_p + \tau_n} = \frac{\Delta p}{\tau}$$

其中 $\tau = \tau_p + \tau_n$ 为本征材料中的非平衡载流子寿命。

5.3.3 小信号寿命公式——肖克利–瑞德公式

肖克利–瑞德(Shockley-Read)公式是通过复合中心复合的小信号注入寿命公式。由

$$n = n_0 + \Delta n, \quad p = p_0 + \Delta p \tag{5.3-24}$$

并假设

$$\Delta p = \Delta n \tag{5.3-25}$$

在小注入条件下，$\Delta p \ll n_0 + p_0$，式(5.3-23)可写成

$$U = \frac{(n_0 + p_0)\Delta p}{\tau_{\rm p}(n_0 + n_1) + \tau_{\rm n}(p_0 + p_1)} \tag{5.3-26}$$

根据寿命公式$U = \Delta p / \tau$，则得到

$$\tau = \tau_{\rm p}\frac{n_0 + n_1}{n_0 + p_0} + \tau_{\rm n}\frac{p_0 + p_1}{n_0 + p_0} \tag{5.3-27}$$

上式就是通过复合中心复合的小信号注入寿命公式，也称为肖克利–瑞德公式。

在一般情况下，如果考虑复合中心上电子浓度的变化$\Delta n_{\rm t}$，则电中性条件应当写成

$$\Delta p = \Delta n + \Delta n_{\rm t} \tag{5.3-28}$$

在这种情况下，应该有

$$U = \Delta n / \tau_{\rm n}' = \Delta p / \tau_{\rm p}' \tag{5.3-29}$$

其中$\tau_{\rm n}'$和$\tau_{\rm p}'$分别为非平衡电子和非平衡空穴的寿命。由于式(5.3-29)中的$\Delta p \neq \Delta n$，因此非平衡电子$\tau_{\rm n}'$和非平衡空穴的寿命$\tau_{\rm p}'$不再相等。只有当复合中心的浓度远小于多数载流子浓度时，电中性条件式(5.3-25)才近似地成立，也才有$\tau_{\rm p}' = \tau_{\rm n}' = \tau$。所以，式(5.3-27)实际上是低复合中心浓度下的寿命公式。

复合中心能级$E_{\rm t}$在禁带中的位置不同，对非平衡载流子复合的影响将有很大的差别。一般来说，只有杂质的能级$E_{\rm t}$比费米能级离导带底或价带顶更远的深能级杂质，才能成为有效的复合中心。

为简单计，假设复合中心对电子和空穴的俘获系数相等，这时$\tau_{\rm p} = \tau_{\rm n}$。令$\tau_{\rm p} = \tau_{\rm n} = \tau_0$，净复合率(见式(5.3-23))可改写成

$$U = \frac{1}{\tau_0}\frac{np - n_{\rm i}^2}{(n + p) + (n_1 + p_1)} \tag{5.3-30}$$

将式(5.3-7)和式(5.3-14)代入上式，则有

$$U = \frac{1}{\tau_0}\frac{np - n_{\rm i}^2}{(n + p) + 2n_{\rm i}\cosh\left(\dfrac{E_{\rm t} - E_{\rm i}}{KT}\right)} \tag{5.3-31}$$

容易看出，当$E_{\rm t} = E_{\rm i}$时，上式分母中的第二项的值最小，U的值则最大。也就是说，当复合中心能级与本征费米能级重合时，复合中心的复合作用最强，寿命τ达到极小值。当$E_{\rm t} \neq E_{\rm i}$时，无论$E_{\rm t}$在$E_{\rm i}$的上方还是在$E_{\rm i}$的下方，它与$E_{\rm i}$的距离越大，复合中心的复合作用越弱，寿命的值越大。

根据肖克莱–瑞德公式可以导出下面两种情况下的寿命公式(见习题 5-16)：

强 N 型半导体($E_{\rm t} < E_{\rm F} < E_{\rm c}$)：

$$\tau \approx \tau_{\rm p} = \frac{1}{C_{\rm p}N_{\rm t}} \tag{5.3-32}$$

强 P 型半导体($E_{\rm v} < E_{\rm F} < E_{\rm t}$)：

$$\tau \approx \tau_{\rm n} = \frac{1}{C_{\rm n}N_{\rm t}} \tag{5.3-33}$$

5.3.4 金在硅中的复合作用

作为间接复合的实例，讨论金在硅中的复合作用。金是硅中的深能级杂质，在硅中形成双重能级：位于导带底以下 0.54eV 的受主能级$E_{\rm tA}$和位于价带顶以上 0.35eV 的施主能级$E_{\rm tD}$。硅

中的金原子可以接受一个电子形成负电中心Au^-，起受主作用，相应的能级就是E_{tA}。金原子可以释放一个电子形成正电中心Au^+，起施主作用，相应的能级就是E_{tD}。

金中的两个能级并不是同时起作用的。如图5.5所示，在N型硅中，只要浅施主杂质不是太少，费米能级总是比较接近导带的，电子基本上填满了金的能级，即金接受电子变成Au^-。所以，在N型硅中，只有受主能级E_{tA}起作用。在P型硅中，金能级基本上是空的，金释放电子成为Au^+，因而只存在施主能级E_{tD}。

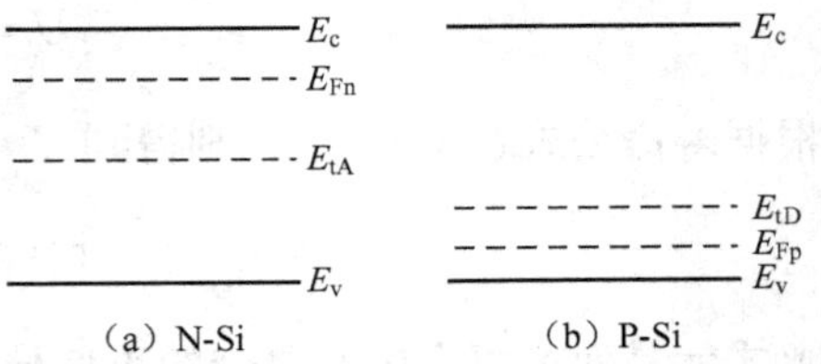

图5.5　金在硅中的两种能级

无论在N型硅中还是在P型硅中，金都是有效的复合中心，对少子寿命产生极大的影响。由前面的分析知道，在N型硅中，金负离子Au^-对空穴的俘获系数C_p决定了少数载流子的寿命。而在P型硅中，少子的寿命由Au^+对电子的俘获系数C_n决定。有人用实验方法确定了在室温下：$C_p = 1.15\times10^{-7}\text{cm}^3/\text{s}$；$C_n = 6.3\times10^{-8}\text{cm}^3/\text{s}$。假定硅中的金浓度为$5\times10^{15}\text{cm}^{-3}$，则N型硅和P型硅中少子寿命分别为$\tau_p = \dfrac{1}{C_p N_t} \approx 1.7\times10^{-9}\text{s}$；$\tau_n = \dfrac{1}{C_n N_t} \approx 3.2\times10^{-9}\text{s}$。这说明，对于同样的金浓度，P型硅中的少子寿命是N型硅中的1.9倍。从以上寿命公式还可以看出，在掺金的硅中，少数载流子寿命与金的浓度成反比。例如在N型硅中金浓度从10^{14}cm^{-3}增加到10^{17}cm^{-3}，少数载流子的寿命约从10^{-7}s线性地减小到10^{-10}s。因此，通过控制金的浓度，可以在宽广的范围内改变少数载流子的寿命。也就是说，少量的复合中心就能大大地缩短少数载流子的寿命。这样就不会因为复合中心的引入而严重地影响电阻率等其他性能。

由于金在硅中的复合作用有上述特点，在高频、高速等半导体器件的制造中，掺金工艺已作为缩短少数载流子寿命的有效手段而获得广泛使用。

小结

1. 通过复合中心复合的物理机制：间接复合过程中最主要的是通过复合中心的复合。复合中心指的是晶体中的一些杂质或缺陷，它们在禁带中引入离导带底和价带顶都比较远的局域化能级，即复合中心能级。在间接复合过程中，电子跃迁到复合中心能级，然后再跃迁到价带的空状态，使电子和空穴成对地消失。换一种说法是复合中心从导带俘获一个电子，再从价带俘获一个空穴，完成电子-空穴对的复合。电子-空穴对的产生过程也是通过复合中心分两步完成的。

多数情况下，间接复合不能产生光子，因此也称为非辐射复合。

2. 通过复合中心的复合和产生有四种过程：

（1）电子的俘获过程：电子的俘获率

$$R_n = C_n n(N_t - n_t)$$

（2）电子的产生过程：电子的产生率

$$G_n = S_n n_t$$

（3）空穴的俘获过程：空穴的俘获率

$$R_p = C_p p n_t$$

（4）空穴的产生过程：空穴的产生率

$$G_p = S_p(N_t - n_t)$$

3. 电子和空穴的净俘获率

$$U = \frac{np - n_{\mathrm{i}}^2}{\tau_{\mathrm{p}}(n + n_1) + \tau_{\mathrm{n}}(p + p_1)}$$

4. 小信号寿命公式——肖克利-瑞德公式

$$\tau = \tau_{\mathrm{p}} \frac{n_0 + n_1}{n_0 + p_0} + \tau_{\mathrm{n}} \frac{p_0 + p_1}{n_0 + p_0}$$

5. $\tau_{\mathrm{p}} = \tau_{\mathrm{n}} = \tau_0$的简单情况下，净复合率

$$U = \frac{1}{\tau_0} \frac{np - n_{\mathrm{i}}^2}{(n + p) + 2n_{\mathrm{i}} \cosh\left(\dfrac{E_{\mathrm{t}} - E_{\mathrm{i}}}{KT}\right)}$$

当$E_{\mathrm{t}} = E_{\mathrm{i}}$时，$U$的值最大。也就是说，当复合中心能级与本征费米能级重合时，复合中心的复合作用最强，寿命τ达到极小值。

6. 强N型半导体（$E_{\mathrm{t}} < E_{\mathrm{F}} < E_{\mathrm{c}}$）：　　$\tau = \tau_{\mathrm{p}} \approx \dfrac{1}{C_{\mathrm{p}} N_{\mathrm{t}}}$

强P型半导体（$E_{\mathrm{v}} < E_{\mathrm{F}} < E_{\mathrm{t}}$）：　　$\tau = \tau_{\mathrm{n}} \approx \dfrac{1}{C_{\mathrm{n}} N_{\mathrm{t}}}$

7. 金是硅中的深能级杂质，在硅中形成双重能级：位于导带底以下0.54eV的受主能级E_{tA}和位于价带顶以上0.35eV的施主能级E_{tD}。通过控制金的浓度，可以在宽广的范围内改变少数载流子的寿命。少量的复合中心就能大大地缩短少数载流子的寿命。这样就不会因为复合中心的引入而严重地影响电阻率等其他性能。

5.4　表面复合和表面复合速度

教学要求

1. 根据式(5.4-1)理解表面复合及表面复合速度的物理意义。
2. 了解表面扩散电流是怎样产生的。为什么表面净电流为零？

以上讨论的复合过程都是发生在半导体的体内。载流子的类似活动也会发生在半导体的表面。事实上，晶格结构在表面出现的不连续性在禁带中引入了大量的能量状态，这些能量状态称为表面态，它们大大地增加了表面区域的载流子复合率。除表面态外，还存在着由于紧贴表面的层内的吸附离子、分子或机械损伤等所造成的其他缺陷。例如吸附的离子可能带电，这样在接近表面处就形成一层空间电荷层。不论表面缺陷的来源是什么，实验证明在表面处的复合率和表面处的非平衡载流子浓度Δp成正比，因此表面复合率U_{S}可以写为

$$U_{\mathrm{S}} = S\Delta p \tag{5.4-1}$$

比例系数S具有速度的量纲，称为表面复合速度。根据式(5.4-1)可以给S下一个直观的定义：由于表面复合而失去的非平衡载流子的数目，就等于在表面处以大小为S的垂直速度流出表面的非平衡载流子的数量。

由于表面复合使得在半导体表面非平衡少子的浓度低于体内的非平衡少子的浓度。这就形成了一个由体内到表面的浓度梯度，而且非平衡少子浓度越大，U越大，这个浓度梯度越大。这种浓度梯度将产生一个扩散电流，它等于表面复合电流，即

$$-qD_{\mathrm{p}}\frac{\mathrm{d}\Delta p}{\mathrm{d}x}\bigg|_{x=0}=qU_{\mathrm{S}}=qS\Delta p \tag{5.4-2}$$

然而，在表面还必须有同等数目的电子以完成复合。因此，电子电流和空穴电流正好互相抵消，结果表面净电流为零。

表面复合速度的大小随大气条件以及所经受的表面处理情况而变化，可能在一宽广的范围内变动。在早期的晶体管研制中，表面漏电和击穿是影响器件性能的严重问题。平面硅器件采用氧化硅钝化技术已减少了这方面的困难。

在体内复合和表面复合同时存在的情况下，实际测得的寿命应当是体内复合和表面复合的综合结果。用 τ_{V} 表示体内复合寿命，$1/\tau_{\mathrm{V}}$ 就是体内复合概率。用 τ_{S} 表示表面复合寿命，$1/\tau_{\mathrm{S}}$ 表示表面复合概率。总的复合概率为

$$\frac{1}{\tau}=\frac{1}{\tau_{\mathrm{V}}}+\frac{1}{\tau_{\mathrm{S}}} \tag{5.4-3}$$

式中 τ 为有效寿命。

5.5 陷阱效应

教学要求

了解陷阱的概念以及陷阱和复合中心的不同之处。

在半导体中，杂质和缺陷除了起施主、受主和复合中心的作用外，还能起陷阱作用。这里介绍一种和非平衡少数载流子相关的陷阱效应。当半导体处于热平衡状态时，无论是施主、受主和复合中心或是其他的杂质能级上都有一定数目的电子。它们由平衡时费米能级的位置及分布函数决定。能级中的电子通过载流子的俘获和产生过程，保持着与载流子的平衡。出现非平衡载流子时，这种平衡被破坏，必然引起杂质能级上电子数目的改变。电子数目可能增加，也可能减少。如果电子数目增加，说明该能级有收容电子的作用，如果电子数目减少，说明该能级有收容空穴的作用。也就是说杂质能级具有积累非平衡载流子的作用。杂质能级的这种积累非平衡载流子的作用就叫做陷阱效应。所有杂质能级都有一定的陷阱作用。实际上感兴趣的只是那些具有显著的积累作用的杂质能级。把有显著陷阱效应的杂质能级称为陷阱，而把相应的杂质或缺陷称为陷阱中心。“显著的积累作用”意即陷阱所积累的非平衡载流子的数目可以与导带和价带中的非平衡载流子数目相比较。对于电子陷阱，应有

$$\Delta n_{\mathrm{t}}\geqslant\Delta n \tag{5.5-1}$$

对于空穴陷阱，应有

$$\Delta p_{\mathrm{t}}\geqslant\Delta p \tag{5.5-2}$$

代替 $\Delta p=\Delta n$，电中性方程变成

$$\Delta p_{\mathrm{t}}=\Delta n_{\mathrm{t}} \tag{5.5-3}$$

以上诸式中 Δp 和 Δn 分别为非平衡载流子引起的中心上的电子和空穴的改变量。

从以上分析可以看出，陷阱和复合中心在半导体材料中所起的作用是不同的。一个有效的复合中心一般情况下不是一个有效的陷阱。一个有效的复合中心应该使非平衡载流子通过该复合中心快速复合，所以，有效复合中心对电子和空穴的俘获系数相差不大，而且，其对非平衡载流子的俘获概率要大于载流子发射回能带的概率。一般说来，只有杂质的能级比费米能级离导带底或价带顶更远的深能级杂质，才能成为有效的复合中心。一个有效的陷阱则必须对电子和空穴的俘获概率有很大差别，比如有效的电子陷阱对电子的俘获概率远大于对空穴的俘获概

率，这样才能保持对电子的显著积累作用。一般来说，当杂质能级与平衡时费米能级重合时，是最有效的陷阱中心。

实验指出，陷阱使得过剩多子浓度比无陷阱时高出许多倍。陷阱可以显著增加光电导的灵敏度。陷阱可以使多子的稳态寿命比少子的大得多，影响光电导衰减过程，使光电导的衰减时间显著增长。陷阱还能引起“红外淬灭”现象。

小结

1. 具有显著的积累非平衡载流子作用的杂质能级或缺陷能级称为陷阱，相应的杂质或缺陷称为陷阱中心。对于电子陷阱，$\Delta n_t \geqslant \Delta n$；对于空穴陷阱，$\Delta p_t \geqslant \Delta p$。

2. 陷阱和复合中心在半导体材料中所起的作用是不同的。一个有效的复合中心一般情况下不是一个有效的陷阱。一个有效复合中心对电子和空穴的俘获系数相差不大，而且，其对非平衡载流子的俘获几率要大于载流子发射回能带的几率。一个有效的陷阱则必须对电子和空穴的俘获概率有很大差别。一般来说，当杂质能级与平衡时费米能级重合时，是最有效的陷阱中心。

5.6 准费米能级

教学要求

1. 了解引入准费米能级的意义。
2. 写出并记忆公式(5.6–1)和(5.6–2)。
3. 导出修正欧姆定律[式(5.6–7)或式(5.6–8)]。

在热平衡时，可以用一个统一的费米能级 E_F 来描述半导体中的电子浓度和空穴浓度。但在非平衡时，由于非平衡载流子的注入，系统偏离平衡态，从而使费米能级变得没有意义，载流子浓度公式[式(3.4–10)和式(3.4–11)]不再适用。需要引入准费米能级的概念。

5.6.1 准费米能级

当有非平衡载流子存在时，不存在统一的费米能级。但处于一个能带内的非平衡载流子，通过和晶格的频繁碰撞，在比寿命短得多的时间(弛豫时间)内就可以使自身的能量达到平衡分布。就是说导带电子和价带空穴相互独立地与晶格处于平衡状态。在这种情况下，处于非平衡状态的电子和空穴系统可以看做两个各自独立的系统而定义各自的费米能级，称为准费米能级。

定义 E_{Fn} 和 E_{Fp} 分别为电子和空穴的准费米能级，代替式(3.4–10)和式(3.4–11)中的 E_F，得到

$$n = n_i \exp\left(\frac{E_{Fn} - E_i}{KT}\right) = n_i \exp\left(\frac{V - \phi_n}{V_T}\right) \tag{5.6–1}$$

$$p = n_i \exp\left(\frac{E_i - E_{Fp}}{KT}\right) = n_i \exp\left(\frac{\phi_p - V}{V_T}\right) \tag{5.6–2}$$

式中，E_{Fn} 和 E_{Fp} 分别称为电子和空穴的准费米能级；ϕ_n 和 ϕ_p 分别为相应的准费米势：

$$\phi_n = -E_{Fn} / q \tag{5.6–3}$$

$$\phi_p = -E_{Fp} / q \tag{5.6–4}$$

由式(5.6–1)和式(5.6–2)有

$$np = n_i^2 \exp\left(\frac{\phi_p - \phi_n}{V_T}\right) \tag{5.6-5}$$

在热平衡条件下，$n = n_0$，$p = p_0$，$\phi_n = \phi_p = \phi$，式(5.6-5)给出

$$n_0 p_0 = n_i^2$$

即在热平衡情况下，式(5.6-5)还原为质量作用定律。从式(5.6-1)看到，随着注入的增加，$E_{Fn} - E_i$随着n的增加而增加，这使E_{Fn}更靠近导带底E_c。与此类似，由式(5.6-2)看到，随着注入的增加，E_{Fp}移向价带顶E_v。

例 5.4 例 3.4 中施主浓度 $N_D = 10^{15}\text{cm}^{-3}$ 的 N 型硅，由于光照产生非平衡载流子$\Delta n = \Delta p = 10^{14}\text{cm}^{-3}$。试计算准费米能级的位置并和原来的费米能级(在$E_i$之上 0.29eV，见例 3.4)相比较。

解：由式(5.6-1) $\quad E_{Fn} - E_i = KT\ln\frac{n}{n_i} = 0.026 \times \ln\frac{10^{15}+10^{14}}{1.5\times 10^{10}} \approx 0.29(\text{eV})$

可见电子的费米能级与原来的费米能级相差很小。

平衡空穴浓度 $\quad p_0 = n_i^2 / N_D = 2.25\times 10^{20}/10^{15} = 2.25\times 10^5(\text{cm}^{-3}) \ll \Delta p = 10^{14}(\text{cm}^{-3})$

所以

$$p = p_0 + \Delta p \approx \Delta p = 10^{14}(\text{cm}^{-3})$$

由式(5.6-2) $\quad E_i - E_{Fp} = KT\ln\frac{p}{n_i} = 0.026 \times \ln\frac{10^{14}}{1.5\times 10^{10}} = 0.23(\text{eV})$

即空穴的准费米能级在E_i之下 0.23eV。原来平衡费米能级在E_i之上 0.29eV，相差是很显著的。一般在有非平衡载流子的情况下，往往都是如此，多子的费米能级跟平衡费米能级相差不多，而少子的准费米能级则变化很大。

5.6.2 修正欧姆定律

利用式(5.6-1)或式(5.6-2)，可用更简单的形式改写电流方程。对式(5.6-1)求导，得

$$\frac{dn}{dx} = \frac{n}{V_T}\left(\frac{dV}{dx} - \frac{d\phi_n}{dx}\right) \tag{5.6-6}$$

将式(5.6-6)、式(5.6-1)、式(4.6-11)代入式(4.5-10)中，电子电流密度方程变成

$$j_n = \frac{I_n}{A} = -qn\mu_n\frac{d\phi_n}{dx} = -\sigma_n(x)\frac{d\phi_n}{dx} \tag{5.6-7}$$

同样对于空穴电流密度有

$$j_p = \frac{I_p}{A} = -qp\mu_p\frac{d\phi_p}{dx} = -\sigma_p(x)\frac{d\phi_p}{dx} \tag{5.6-8}$$

式(5.6-7)和式(5.6-8)称为修正欧姆定律，其中

$$\sigma_n(x) = qn\mu_n \tag{5.6-9}$$

$$\sigma_p(x) = qp\mu_p \tag{5.6-10}$$

分别称为电子和空穴的等效电导率。

修正欧姆定律虽然在形式上和欧姆定律一致，但它包括了载流子的漂移和扩散的综合效应。修正欧姆定律指出，在有限电导率情况下，如果费米能级等于常数，则电流为零；反之，如果电流为零则费米能级恒定。由此可见，热平衡体系的费米能级等于常数。

小结

1. 在热平衡时，由于非平衡载流子的注入，系统偏离平衡态，从而使费米能级变得没有意义。为了描述非平衡状态下的载流子浓度，引入准费米能级的概念。

2. 处于非平衡状态的电子和空穴系统可以看做两个各自独立的系统而定义各自的费米能级，称为准费米能级。

3. 载流子浓度公式

$$n = n_{\mathrm{i}} \exp\left(\frac{E_{\mathrm{Fn}} - E_{\mathrm{i}}}{KT}\right) = n_{\mathrm{i}} \exp\left(\frac{V - \phi_{\mathrm{n}}}{V_{\mathrm{T}}}\right)$$

$$p = n_{\mathrm{i}} \exp\left(\frac{E_{\mathrm{i}} - E_{\mathrm{Fp}}}{KT}\right) = n_{\mathrm{i}} \exp\left(\frac{\phi_{\mathrm{p}} - V}{V_{\mathrm{T}}}\right)$$

式中 E_{Fn} 和 E_{Fp} 为电子和空穴的准费米能级，ϕ_{n} 和 ϕ_{p} 为相应的准费米势。

4. 在非平衡态，载流子浓度之积为

$$np = n_{\mathrm{i}}^2 \exp\left(\frac{\phi_{\mathrm{p}} - \phi_{\mathrm{n}}}{V_{\mathrm{T}}}\right)$$

在平衡态，式(5.6-5)还原为质量作用定律

$$n_0 p_0 = n_{\mathrm{i}}^2$$

5. 修正欧姆定律

$$j_{\mathrm{n}} = -\sigma_{\mathrm{n}}(x) \frac{\mathrm{d}\phi_{\mathrm{n}}}{\mathrm{d}x}$$

$$j_{\mathrm{p}} = -\sigma_{\mathrm{p}}(x) \frac{\mathrm{d}\phi_{\mathrm{p}}}{\mathrm{d}x}$$

修正欧姆定律虽然在形式上和欧姆定律一致，但它包括了载流子的漂移和扩散的综合效应。

根据修正欧姆定律，可以推断：在有限电导率情况下，如果费米能级等于常数，则电流为零；如果电流为零则费米能级恒定。由此可见，热平衡体系的费米能级等于常数。

5.7 连续性方程

教学要求

1. 写出连续性方程(5.7-1)，解释式中各项的物理意义以及方程式反映的物理规律。
2. 写出连续性方程(5.7-10)和(5.7-11)并解释式中各项的物理意义。

在半导体中取一单位体积。单位时间、单位体积内空穴数量的改变与以下因素有关：单位时间流出该体积的空穴数等于空穴流密度 $\boldsymbol{s}_{\mathrm{p}}$ 的散度 $\nabla \cdot \boldsymbol{s}_{\mathrm{p}}$；由于外界作用，该体积内单位时间内产生的空穴数等于产生率 G；单位时间该体积内由于复合而减少的空穴数等于空穴的复合率 $U = \Delta p / \tau_{\mathrm{p}}$。若不存在陷阱效应和其他效应，粒子数守恒要求单位时间、单位体积内增加的净空穴数为

$$\frac{\partial p}{\partial t} = -\nabla \cdot \boldsymbol{s}_{\mathrm{p}} + G - \frac{\Delta p}{\tau_{\mathrm{p}}} \tag{5.7-1}$$

式中 τ_p 为非平衡空穴的寿命。同理，对于电子有

$$\frac{\partial n}{\partial t}=-\nabla\cdot\boldsymbol{s}_n+G-\frac{\Delta n}{\tau_n} \tag{5.7-2}$$

其中 τ_n 为非平衡电子的寿命。式(5.7-1)和式(5.7-2)称为载流子的连续性方程，它是粒子数守恒的具体表现。

利用电流密度表达式(4.5-9)和(4.5-10)，式(5.7-1)和式(5.7-2)可以分别写成

$$\frac{\partial p}{\partial t}=-\frac{1}{q}\nabla\cdot\boldsymbol{j}_p+G-\frac{\Delta p}{\tau_p} \tag{5.7-3}$$

$$\frac{\partial n}{\partial t}=\frac{1}{q}\nabla\cdot\boldsymbol{j}_n+G-\frac{\Delta n}{\tau_n} \tag{5.7-4}$$

在一维情况下，取电流沿 x 方向，式(5.7-3)和式(5.7-4)变为

$$\frac{\partial p}{\partial t}=-\frac{1}{q}\frac{\partial J_p}{\partial x}+G-\frac{\Delta p}{\tau_p} \tag{5.7-5}$$

$$\frac{\partial n}{\partial t}=\frac{1}{q}\frac{\partial J_n}{\partial x}+G-\frac{\Delta n}{\tau_n} \tag{5.7-6}$$

式(5.7-3)～式(5.7-6)是用电流密度表示的连续性方程。

在一维情况下，将空穴流密度

$$s_p=p\mu_p\mathscr{E}-D_p\frac{\partial p}{\partial x}$$

代入式(5.7-1)，有

$$\frac{\partial p}{\partial t}=D_p\frac{\partial^2 p}{\partial x^2}-\mu_p\mathscr{E}\frac{\partial p}{\partial x}-\mu_p p\frac{\partial\mathscr{E}}{\partial x}+G-\frac{\Delta p}{\tau_p} \tag{5.7-7}$$

类似地，电子一维连续性方程为

$$\frac{\partial n}{\partial t}=D_n\frac{\partial^2 n}{\partial x^2}+\mu_n\mathscr{E}\frac{\partial n}{\partial x}+\mu_n n\frac{\partial\mathscr{E}}{\partial x}+G-\frac{\Delta n}{\tau_n} \tag{5.7-8}$$

在以上两式中，右边第一项是由于扩散流密度不均匀（∇n，$\nabla p\neq$ 常数）引起的载流子积累，第二项是漂移过程中由于载流子浓度不均匀（$n\neq$ 常数）引起的载流子积累，第三项是在不均匀的电场中因漂移速度随位置的变化(电场随位置变化引起漂移速度随位置的变化)而引起的载流子积累。

在连续性方程(5.7-7)和式(5.7-8)中，电场是外加电场和载流子扩散产生的内建电场之和。它与非平衡载流子浓度之间满足泊松方程

$$\frac{\partial\mathscr{E}}{\partial x}=\frac{q(\Delta p-\Delta n)}{\varepsilon} \tag{5.7-9}$$

式中 ε 为介质(半导体)的介电常数。在严格满足电中性条件，即 $\Delta p=\Delta n$ 的情况下(见 5.8 节)，$\frac{\partial\mathscr{E}}{\partial x}=0$，则式(5.7-7)和式(5.7-8)变成

$$\frac{\partial p}{\partial t}=D_p\frac{\partial^2 p}{\partial x^2}-\mu_p\mathscr{E}\frac{\partial p}{\partial x}+G-\frac{\Delta p}{\tau_p} \tag{5.7-10}$$

和

$$\frac{\partial n}{\partial t}=D_n\frac{\partial^2 n}{\partial x^2}+\mu_n\mathscr{E}\frac{\partial n}{\partial x}+G-\frac{\Delta n}{\tau_n} \tag{5.7-11}$$

连续性方程的这种形式，有时使用起来更为方便。

在均匀掺杂的半导体中，p_0,n_0 为常数，方程(5.7-10)和方程(5.7-11)可以写为

$$\frac{\partial \Delta p}{\partial t}=D_{\mathrm{p}}\frac{\partial^2 \Delta p}{\partial x^2}-\mu_{\mathrm{p}}\mathscr{E}\frac{\partial \Delta p}{\partial x}+G-\frac{\Delta p}{\tau_{\mathrm{p}}} \tag{5.7-12}$$

$$\frac{\partial \Delta n}{\partial t}=D_{\mathrm{n}}\frac{\partial^2 \Delta n}{\partial x^2}+\mu_{\mathrm{n}}\mathscr{E}\frac{\partial \Delta n}{\partial x}+G-\frac{\Delta n}{\tau_{\mathrm{n}}} \tag{5.7-13}$$

式(5.7−12)和式(5.7−13)明确地给出了非平衡载流子满足的连续性方程。

例 5.5 一半导体，$N_{\mathrm{A}}=10^{16}\ \mathrm{cm^{-3}}$，$\tau_{\mathrm{n}}=10\ \mu\mathrm{s}$，$n_{\mathrm{i}}=10^{10}\ \mathrm{cm^{-3}}$。在光照下，半导体中非平衡载流子的产生率 $G=10^{18}\mathrm{cm^{-3}s^{-1}}$。（1）计算载流子浓度；（2）计算准费米能级。

解：（1）在仅有光照的稳态情况下，方程(5.7−13)简化为 $G-\frac{\Delta n}{\tau_{\mathrm{n}}}=0$，即 $\Delta n=\tau_{\mathrm{n}}G$，于是

$$\Delta n=\Delta p=\tau_{\mathrm{n}}G=10^{-5}\times 10^{18}=10^{13}(\mathrm{cm^{-3}})$$

$$p=p_0+\Delta p=N_{\mathrm{A}}+\Delta p=(10^{16}+10^{13})\approx 10^{16}(\mathrm{cm^{-3}})$$

$$n=n_0+\Delta n=n_{\mathrm{i}}^2/N_{\mathrm{A}}+\Delta n=(10^{20}/10^{16}+10^{13})\approx 10^{13}(\mathrm{cm^{-3}})$$

（2）由式(5.6−1)和式(5.6−2)

$$E_{\mathrm{Fn}}-E_{\mathrm{i}}=KT\ln\frac{n}{n_{\mathrm{i}}}=0.026\times\ln\frac{10^{13}}{10^{10}}=0.18(\mathrm{eV})$$

$$E_{\mathrm{i}}-E_{\mathrm{Fp}}=KT\ln\frac{p}{n_{\mathrm{i}}}=0.026\times\ln\frac{10^{16}}{10^{10}}=0.36(\mathrm{eV})$$

小结

1. 粒子数守恒要求单位时间、单位体积内增加的净粒子数为

$$\frac{\partial p}{\partial t}=-\nabla\cdot \boldsymbol{s}_{\mathrm{p}}+G-\frac{\Delta p}{\tau_{\mathrm{p}}}$$

$$\frac{\partial n}{\partial t}=-\nabla\cdot \boldsymbol{s}_{\mathrm{n}}+G-\frac{\Delta n}{\tau_{\mathrm{n}}}$$

其中 τ_{p} 和 τ_{n} 为非平衡空穴和电子的寿命。式(5.7−1)和式(5.7−2)称为载流子的连续性方程，它是粒子数守恒的具体表现。

2. 利用电流密度表达式，在一维情况下，取电流沿 x 方向，连续性方程可写为

$$\frac{\partial p}{\partial t}=-\frac{1}{q}\frac{\partial J_{\mathrm{p}}}{\partial x}+G-\frac{\Delta p}{\tau_{\mathrm{p}}}$$

$$\frac{\partial n}{\partial t}=\frac{1}{q}\frac{\partial J_{\mathrm{n}}}{\partial x}+G-\frac{\Delta n}{\tau_{\mathrm{n}}}$$

3. 在一维情况下

$$\frac{\partial p}{\partial t}=D_{\mathrm{p}}\frac{\partial^2 p}{\partial x^2}-\mu_{\mathrm{p}}\mathscr{E}\frac{\partial p}{\partial x}-\mu_{\mathrm{p}}p\frac{\partial \mathscr{E}}{\partial x}+G-\frac{\Delta p}{\tau_{\mathrm{p}}}$$

$$\frac{\partial n}{\partial t}=D_{\mathrm{n}}\frac{\partial^2 n}{\partial x^2}+\mu_{\mathrm{n}}\mathscr{E}\frac{\partial n}{\partial x}+\mu_{\mathrm{n}}n\frac{\partial \mathscr{E}}{\partial x}+G-\frac{\Delta n}{\tau_{\mathrm{n}}}$$

在以上两式中，右边第一项是由于扩散流密度不均匀（∇n，$\nabla p\neq$常数）引起的载流子积累，第二项是漂移过程中由于载流子浓度不均匀（$n\neq$常数）引起的载流子积累，第三项是在不均匀的电场中因漂移速度随位置的变化（电场随位置变化引起漂移速度随位置的变化）而引起的载流子积累。

4. 在严格满足电中性条件，即 $\Delta p = \Delta n$ 的情况下

$$\frac{\partial p}{\partial t} = D_{\rm p}\frac{\partial^2 p}{\partial x^2} - \mu_{\rm p}\mathscr{E}\frac{\partial p}{\partial x} + G - \frac{\Delta p}{\tau_{\rm p}}$$

$$\frac{\partial n}{\partial t} = D_{\rm n}\frac{\partial^2 n}{\partial x^2} + \mu_{\rm n}\mathscr{E}\frac{\partial n}{\partial x} + G - \frac{\Delta n}{\tau_{\rm n}}$$

$$\frac{\partial \Delta p}{\partial t} = D_{\rm p}\frac{\partial^2 \Delta p}{\partial x^2} - \mu_{\rm p}\mathscr{E}\frac{\partial \Delta p}{\partial x} + G - \frac{\Delta p}{\tau_{\rm p}}$$

$$\frac{\partial \Delta n}{\partial t} = D_{\rm n}\frac{\partial^2 \Delta n}{\partial x^2} + \mu_{\rm n}\mathscr{E}\frac{\partial \Delta n}{\partial x} + G - \frac{\Delta n}{\tau_{\rm n}}$$

5.8 电中性条件 介电弛豫时间

教学要求

1. 解释电中性条件所揭示的物理过程及意义。
2. 了解概念：介电弛豫时间。

设想在半导体中由于 Δp 偏离 Δn 而出现空间电荷

$$\rho = q(\Delta p - \Delta n) \tag{5.8-1}$$

空间电荷产生的电场将引起电荷的流动。电荷密度与电流密度之间满足电流连续性方程

$$\partial j / \partial x = -\partial \rho / \partial t \tag{5.8-2}$$

利用微分形式的欧姆定律和泊松方程，有

$$\partial \rho / \partial t = -\sigma \partial \mathscr{E} / \partial x = -(\sigma / \varepsilon)\rho \tag{5.8-3}$$

令

$$\tau_{\rm d} = \varepsilon / \sigma \tag{5.8-4}$$

方程(5.8-3)的解为

$$\rho = \rho_0 {\rm e}^{-t/\tau_{\rm d}} \tag{5.8-5}$$

式(5.8-5)说明，如果某一时刻在半导体中由于 Δp 偏离 Δn 而出现净的空间电荷 $\rho = q(\Delta p - \Delta n) \neq 0$，这些净的空间电荷将随时间按指数规律衰减。$\tau_{\rm d}$ 是反映空间电荷衰减快慢的时间常数，称为介电弛豫时间。在通常条件下，介电弛豫时间 $\tau_{\rm d}$ 是很短的。例如，如果 $\varepsilon = 10^{-10}$ F/m，$\sigma = 1\,\Omega^{-1}{\rm cm}^{-1}$，则由式(5.8-4)得出 $\tau_{\rm d} = 10^{-12}$ s。这个结果说明，在比非平衡载流子寿命短得多的时间内，空间电荷就消失了。因此，只要不是时间间隔短于 10^{-12} s 的瞬态现象和处理电导率比 $1\,\Omega^{-1}{\rm cm}^{-1}$ 低几个数量级的绝缘材料，都认为下式成立

$$\Delta p = \Delta n \tag{5.8-6}$$

式(5.8-6)称为电中性条件。如果在半导体的某一区域有非平衡少子注入，电中性条件反映了这样的物理过程：在非平衡少子注入的区域将出现电场，电场将驱使多子向该区域漂移。当 $\Delta p = \Delta n$ 时(所用时间即为介电弛豫时间)电场完全被中和。结果是在该区域虽然存在非平衡载流子却没有电场。电中性条件的意义在于，由于在非平衡少子存在的区域没有电场，所以在考虑非平衡载流子运动时，我们就可以仅考虑其扩散运动。

例 5.6 分别在以下两种情况下求出非平衡载流子消失的时间，比较它们的大小并简单加以说明。

(1) 一个室温下的锗样品，掺入浓度为 $10^{16}{\rm cm}^{-3}$ 杂质的砷原子，载流子寿命为 100μs。

把样品接地，设法使电子浓度增加10%；

（2）向样品中注入空穴 $\Delta p = 10^{15}\text{cm}^{-3}$，假设非平衡少数载流子的复合率 $U = 10^{11}\text{cm}^{-3}\cdot\text{s}$。

解：（1）在掺砷的N型锗中，电子是多数载流子。增加电子浓度将产生非均匀的电场，使电子流入地内，Δn 消失所需要的时间是介电弛豫时间 τ_d。

在例4.2中已经算得 $\sigma = 6.24(\Omega\text{cm})^{-1}$。于是由式(5.8-4)得

$$\tau_d = \varepsilon / \sigma = 8.85\times10^{-14}\times16/6.24 \approx 2.3\times10^{-13}(\text{s})$$

（2）在样品中注入空穴 $\Delta p = 10^{15}\text{cm}^{-3}$，电子浓度也将在短暂的介电弛豫时间内增加 $\Delta n = 10^{15}\text{cm}^{-3}$，在样品中建立电中性。之后，二者都以寿命为时间常数衰减，这是非平衡载流子的复合过程，由 $\Delta p = U/\tau_p$，得

$$\tau_p = U/\Delta p = 10^{11}/10^{15} = 10^{-4}(\text{s}) = 100(\mu\text{s})$$

可见 $\tau_p \gg \tau_d$。

通过对以上两种情况的分析可以看出，如果在半导体中增加多数载流子，可以在非常短的介电弛豫时间 τ_d 内通过多子的流动，消除半导体中电中性的扰动。对于少子注入，可以在短暂的介电弛豫时间内恢复电中性。但是，非平衡少子的消失要通过与多子复合才能实现，经历的时间是少子的寿命 τ_p。总之，在以上两种过程中，非平衡多子和非平衡少子消失的物理过程是不同的，所需要的时间有数量级上的差别。

小结

1. 电中性条件反映了这样的物理过程：在非平衡少子注入的区域将出现电场，电场将驱使多子向该区域漂移。当 $\Delta p = \Delta n$ 时（所用时间即为介电弛豫时间）电场完全被中和。结果是在该区域虽然存在非平衡载流子却没有电场。电中性条件的意义在于，由于在非平衡少子存在的区域没有电场，所以在考虑非平衡载流子运动时，可以仅考虑其扩散运动。这将使问题大为简单。

2. 介电弛豫时间 τ_d 是空间电荷衰减到初始值 1/e 所用的时间，是反映空间电荷衰减快慢的时间常数。在一般的半导体材料中，介电弛豫时间比非平衡载流子寿命短得多。

5.9 扩散长度与扩散速度

教学要求

1. 掌握概念：扩散长度以及公式 $L_p = \sqrt{D_p\tau_p}$（记忆）。
2. 了解方程(5.9-1)在不同边界条件下的求解过程。
3. 对于 $W \gg L_p$ 的厚样品，在式(5.9-4)给出的边界条件下解方程(5.9-1)求出少子分布。

本节讨论一维情况下非平衡少数载流子扩散运动并引进扩散长度和扩散速度这两个重要的概念。

设想用光注入或电注入方式在一厚度为 W 的均匀掺杂的N型半导体的一端 $(x=0)$ 注入非平衡少数载流子空穴，如图5.6所示。讨论非平衡少子空穴的运动。

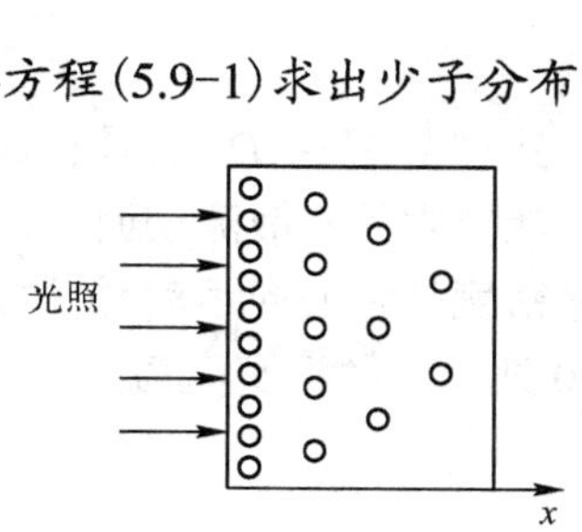

图5.6 非平衡少数载流子的扩散

当少子注入达到稳定后，诸物理量不随时间变化，因此

连续性方程(5.7–10)中 $\partial p/\partial t=0$；电场 $\mathscr{E}=0$，于是右端第二项为 0；由于注入载流子发生在表面，半导体内部没有载流子产生，$G=0$。因此只有非平衡少子空穴沿 x 方向的扩散运动和载流子的复合。连续性方程(5.7–12)简化为

$$D_{\mathrm{p}}\frac{\partial^2\Delta p}{\partial x^2}-\frac{\Delta p}{\tau_{\mathrm{p}}}=0 \tag{5.9–1}$$

式(5.9–1)是一个二阶线性常系数微分方程。引进物理量

$$L_{\mathrm{p}}=\sqrt{D_{\mathrm{p}}\tau_{\mathrm{p}}} \tag{5.9–2}$$

L_{p} 叫做空穴的扩散长度。方程(5.9–1)的普遍解为

$$\Delta p=k_1\mathrm{e}^{-x/L_{\mathrm{p}}}+k_2\mathrm{e}^{x/L_{\mathrm{p}}} \tag{5.9–3}$$

k_1，k_2 是两个由边界条件确定的常数。

假设稳定注入的非平衡少子空穴扩散到样品的另一表面后，或者因表面复合而消失，或者被电极抽出。

1．先考虑 $W\gg L_{\mathrm{p}}$ 的厚样品中的情况

边界条件是
$$\begin{cases}\Delta p=\Delta p_0 & (x=0)\\ \Delta p=0 & (x=\infty)\end{cases} \tag{5.9–4}$$

代入式(5.9–3)得 $k_1=\Delta p_0$，$k_2=0$，于是

$$\Delta p=\Delta p_0\mathrm{e}^{-x/L_{\mathrm{p}}} \tag{5.9–5}$$

以上结果说明，注入的非平衡少子空穴在扩散的过程中由于与多子复合，其浓度随 x 的增加而指数地衰减。扩散长度 L_{p} 是空穴在边扩散边复合的过程中其浓度减小到 1/e 时所扩散的距离。非平衡载流子的平均扩散距离是

$$\overline{x}=\frac{\int_0^\infty x\Delta p(x)\mathrm{d}x}{\int_0^\infty \Delta p(x)\mathrm{d}x}=\frac{\int_0^\infty x\mathrm{e}^{-x/L_{\mathrm{p}}}\mathrm{d}x}{\int_0^\infty \mathrm{e}^{-x/L_{\mathrm{p}}}\mathrm{d}x}=L_{\mathrm{p}} \tag{5.9–6}$$

可见，扩散长度 L_{p} 标志着深入样品的平均距离。扩散长度是标志半导体材料的一个重要参数。由式(5.9–2)看到，扩散长度由扩散系数和寿命决定。实际中往往是材料的扩散系数已有标准数据，通过测量扩散长度来确定材料的寿命。

对于 P 型半导体中的非平衡少子电子而言，其扩散长度为 $L_{\mathrm{n}}=\sqrt{D_{\mathrm{n}}\tau_{\mathrm{n}}}$ 。

由式(5.9–5)和扩散流密度定义式(4.5–1)，空穴的扩散流密度为

$$-D_{\mathrm{p}}\frac{\mathrm{d}\Delta p}{\mathrm{d}x}=\left(\frac{D_{\mathrm{p}}}{L_{\mathrm{p}}}\right)\Delta p_0\mathrm{e}^{-x/L_{\mathrm{p}}}=\left(\frac{D_{\mathrm{p}}}{L_{\mathrm{p}}}\right)\Delta p \tag{5.9–7}$$

式(5.9–7)中 $D_{\mathrm{p}}/L_{\mathrm{p}}$ 具有速度的量纲。按定义，扩散流是单位时间垂直通过单位面积的粒子数。就空穴的扩散流动而言，就如同它们以速度 $D_{\mathrm{p}}/L_{\mathrm{p}}$ 运动而引起的效果是一样的。因为空穴的流密度是它们的运动(扩散)速度与密度的乘积，因此把 $D_{\mathrm{p}}/L_{\mathrm{p}}$ 称为扩散速度。在半导体表面 $x=0$ 处，扩散流密度为

$$-D_{\mathrm{p}}\frac{\mathrm{d}\Delta p}{\mathrm{d}x}\bigg|_{x=0}=\left(\frac{D_{\mathrm{p}}}{L_{\mathrm{p}}}\right)\Delta p_0 \tag{5.9–8}$$

2．有限厚度样品

边界条件取为
$$\begin{cases}\Delta p=\Delta p_0 & (x=0)\\ \Delta p=0 & (x=W)\end{cases} \tag{5.9-9}$$

将一般解，即式(5.9-3)代入上式，得

$$\begin{cases}k_1+k_2=\Delta p_0\\ k_1\mathrm{e}^{-W/L_p}+k_2\mathrm{e}^{W/L_p}=0\end{cases}$$

解得
$$k_1=\frac{\Delta p_0\mathrm{e}^{W/L_p}}{2\mathrm{sh}(W/L_\mathrm{p})},\qquad k_2=-\frac{\Delta p_0\mathrm{e}^{-W/L_p}}{2\mathrm{sh}(W/L_\mathrm{p})} \tag{5.9-10}$$

代入式(5.9-3)，得到少子分布

$$\Delta p=\Delta p_0\frac{\mathrm{sh}[(W-x)/L_\mathrm{p})]}{\mathrm{sh}(W/L_\mathrm{p})} \tag{5.9-11}$$

空穴的扩散流密度为
$$-D_\mathrm{p}\frac{\mathrm{d}\Delta p}{\mathrm{d}x}=\left(\frac{D_\mathrm{p}}{L_\mathrm{p}}\right)\Delta p_0\frac{\mathrm{sh}[(W-x)L_\mathrm{p}]}{\mathrm{sh}(W/L_\mathrm{p})} \tag{5.9-12}$$

在半导体表面 $x=0$ 处
$$-D_\mathrm{p}\left.\frac{\mathrm{d}\Delta p}{\mathrm{d}x}\right|_{x=0}=\left(\frac{D_\mathrm{p}}{L_\mathrm{p}}\right)\Delta p_0\frac{1}{\mathrm{th}(W/L_\mathrm{p})} \tag{5.9-13}$$

对于厚样品($W\gg L_\mathrm{p}$)：利用 $\mathrm{th}(W/L_\mathrm{p})\approx 1$，式(5.9-11)经化简不难得到

$$\Delta p=\Delta p_0\mathrm{e}^{-x/L_p},\quad -D_\mathrm{p}\frac{\mathrm{d}\Delta p}{\mathrm{d}x}=\left(\frac{D_\mathrm{p}}{L_\mathrm{p}}\right)\Delta p,\quad -D_\mathrm{p}\left.\frac{\mathrm{d}\Delta p}{\mathrm{d}x}\right|_{x=0}=\left(\frac{D_\mathrm{p}}{L_\mathrm{p}}\right)\Delta p_0$$

以上三式分别与式(5.9-5)、式(5.9-7)和式(5.9-8)相一致。

对于 $W\ll L_\mathrm{p}$ 的薄样品，$\mathrm{th}(W/L_\mathrm{p})\approx W/L_\mathrm{p}$，式(5.9-11)可以简化为

$$\Delta p=\Delta p_0\frac{(W-x)/L_\mathrm{p}}{W/L_\mathrm{p}}=\Delta p_0\left(1-\frac{x}{W}\right) \tag{5.9-14}$$

式(5.9-14)说明，在 $W\ll L_\mathrm{p}$ 的薄样品中，非平衡少子空穴的浓度呈线性分布。在 $x=W$ 处，非平衡载流子浓度下降到零。

将式(5.9-14)代入空穴流密度公式，得到扩散流密度为

$$-D_\mathrm{p}\frac{\mathrm{d}\Delta p}{\mathrm{d}x}=\left(\frac{D_\mathrm{p}}{W}\right)\Delta p_0 \tag{5.9-15}$$

扩散流密度是一个常数。这意味着在 $W\ll L_\mathrm{p}$ 的薄样品中，少子在扩散过程中没有发生复合。

小结

1. 在稳态情况下注入非平衡少数载流子空穴沿 x 方向扩散并和多子电子复合，满足扩散方程

$$D_\mathrm{p}\frac{\partial^2\Delta p}{\partial x^2}-\frac{\Delta p}{\tau_\mathrm{p}}=0$$

2. 空穴的扩散长度 $$L_\mathrm{p}=\sqrt{D_\mathrm{p}\tau_\mathrm{p}}$$

L_p 是空穴在边扩散边复合的过程中其浓度减少到 1/e 时所扩散的距离，它标志着非平衡少子深

注：$\mathrm{sh}\,x=\frac{\mathrm{e}^x-\mathrm{e}^{-x}}{2}$，$\mathrm{ch}\,x=\frac{\mathrm{e}^x+\mathrm{e}^{-x}}{2}$，$\mathrm{th}\,x=\frac{\sinh x}{\cosh x}$，$\mathrm{c\,th}\,x=\frac{\cosh x}{\sinh x}$

$(\mathrm{sh}x)^{-1}=\mathrm{csch}x,(\mathrm{ch}x)^{-1}=\mathrm{sech}x$（双曲正弦也记做 $\sinh x$，双曲余弦也记做 $\cosh x$，双曲正切也记做 $\tanh x$，双曲余切也记做 $\coth x$）。

入样品的平均距离。扩散长度和非平衡少子的寿命与扩散系数相关。

3. 对于 $W \gg L_p$ 的厚样品，注入的非平衡少子空穴在扩散的过程中由于与多子复合，其浓度随 x 的增加而指数地衰减。

4. 空穴的扩散流密度为 $$-D_p \frac{d\Delta p}{dx} = \left(\frac{D_p}{L_p}\right)\Delta p$$

式中，D_p/L_p 具有速度的量纲，称为扩散速度。

5. 对于 $W \ll L_p$ 的薄样品 $$\Delta p = \Delta p_0\left(1-\frac{x}{W}\right)$$

在 $W \ll L_p$ 的薄样品中，非平衡少子空穴的浓度呈线性分布。扩散流密度是一个常数，少子在扩散过程中没有发生复合。

5.10 半导体中的基本控制方程

教学要求

理解并记忆半导体中的基本控制方程。

半导体作为总体是电中性的。然而，存在着局部的荷电区域。这些区域里存在空间电荷。半导体内净的空间电荷量为正电荷总量减去负电荷总量。在饱和电离的情况下，电荷密度

$$\rho(x) = q(p + N_D - n - N_A) \tag{5.10-1}$$

设空间电荷所形成的静电势分布为 V，则 V 与 ρ 之间满足泊松方程

$$\nabla^2 V(x) = -\frac{q}{\varepsilon}(p + N_D - n - N_A) \tag{5.10-2}$$

与连续性方程

$$\frac{\partial p}{\partial t} = D_p \frac{\partial^2 p}{\partial x^2} - \mu_p \mathscr{E} \frac{\partial p}{\partial x} + G - \frac{\Delta p}{\tau_p}$$

$$\frac{\partial n}{\partial t} = D_n \frac{\partial^2 n}{\partial x^2} + \mu_n \mathscr{E} \frac{\partial n}{\partial x} + G - \frac{\Delta n}{\tau_n}$$

或

$$\frac{\partial \Delta p}{\partial t} = D_p \frac{\partial^2 \Delta p}{\partial x^2} - \mu_p \mathscr{E} \frac{\partial \Delta p}{\partial x} + G - \frac{\Delta p}{\tau_p}$$

$$\frac{\partial \Delta n}{\partial t} = D_n \frac{\partial^2 \Delta n}{\partial x^2} + \mu_n \mathscr{E} \frac{\partial \Delta n}{\partial x} + G - \frac{\Delta n}{\tau_n}$$

及电流方程

$$I_p = qA\left(p\mu_p \mathscr{E} - D_p \frac{dp}{dx}\right)$$

$$I_n = qA\left(n\mu_n \mathscr{E} + D_n \frac{dn}{dx}\right)$$

共同构成半导体中的基本控制方程。当给定边界条件时，这些方程将给出唯一的、确定的电荷分布、电场分布和电流分布。

思考题与习题

5-1 在非平衡态，质量作用定律 $np = n_i^2$ 是否成立？

5-2 说明下列物理量或表达式代表的物理意义：

产生率 G，复合率 R，$d\Delta p/dt$，$-d\Delta p/dt$，τ，$1/\tau$，$\Delta p/\tau$，$U=\Delta p/\tau$。

5-3 在直接复合过程中，认为“产生率 G 与载流子浓度 n 和 p 无关”，其物理根据是什么？

5-4 为什么直接复合过程中样品电导率越高，非平衡少子的寿命越短？

5-5 通过复合中心的复合和产生有哪几种中间过程？

5-6 为什么复合中心上的电子“被激发到导带的激发概率 S_n 与导带电子浓度无关”？

5-7 $\dfrac{1}{\tau_n}=C_nN_t$，$\dfrac{1}{\tau_p}=C_pN_t$ 的物理意义是什么？

5-8 什么样的杂质才能成为有效的复合中心？

5-9 解释 $U_S=S\Delta p$ 的物理意义。

5-10 陷阱和复合中心有何区别？一个有效的陷阱是不是一个有效的复合中心？

5-11 定性画出 P 型半导体在光照(小注入)前后的简化能带图，标出原来的费米能级和光照时的准费米能级。

5-12 修正欧姆定律和欧姆定律有什么不同？引进修正欧姆定律有什么意义？

5-13 介电弛豫时间和寿命有何不同？

5-14 写出连续性方程(5.7-1)，解释式中各项的物理意义以及方程式所反映的物理规律。

5-15 写出连续性方程(5.7-10)和(5.7-11)并解释式中各项的物理意义。

5-16 导出强N型半导体($E_t<E_F<E_c$)和强P型半导体($E_v<E_F<E_t$)的寿命公式(5.3-32)和(5.3-33)。

5-17 在一块 P 型半导体中，有一种复合中心，小注入时，被这些中心俘获的电子发射回导带的过程和它与空穴复合的过程具有相同的概率。试求这种复合中心的能级位置，并说明它能否成为有效的复合中心？

5-18 N型半导体样品中，过剩空穴浓度为 $10^{13}cm^{-3}$，空穴的寿命为 $100\ \mu s$，计算空穴的复合率。

5-19 室温下，P型半导体中的电子寿命为 $\tau_n=350\mu s$，电子的迁移率为 $\mu_n=3600cm^2/(V\cdot s)$，试求电子的扩散长度。

5-20 一个N型硅样品，$\mu_p=430cm^2/(V\cdot s)$，空穴寿命为 $5\mu s$。在它的一个平面的表面有稳定的空穴注入，过剩空穴浓度 $\Delta p=10^{13}cm^{-3}$。

（1）试计算从这个表面扩散进入半导体内部的空穴电流密度。

（2）在离表面多远处过剩空穴浓度等于 $10^{12}cm^{-3}$。

5-21 有一块N型硅样品，寿命为 $1\ \mu s$，无光照时电阻率为 $10\Omega\cdot cm$。今用光照射该样品，光被半导体均匀吸收，电子-空穴对的产生率为 $10^{22}cm^{-3}\cdot s^{-1}$，试计算光照下样品的电阻率，并求电导中少数载流子的贡献占多大比例？

5-22 用光照射N型样品，假定光被均匀地吸收，产生过剩载流子，产生率为 G，空穴寿命为 τ。

（1）写出光照下过剩载流子所满足的方程；

（2）求出光照下达到稳定状态时的过载流子浓度。

5-23 一块半导体材料的寿命 $\tau=10\ \mu s$，光照在材料中产生非平衡载流子，试求光照突然停止 $20\ \mu s$ 后，其中非平衡载流子将衰减到原来的百分之几？

5-24 用光照射 N 型半导体表面。假定光在表面极薄的一层内被吸收。电子-空穴对的产生率 $G=1.5\times10^{16}cm^{-2}s^{-1}$。设样品厚度远大于空穴的扩散长度。$\mu_p=430\ cm^2/(V\cdot s)$，$\tau_p=5\ \mu s$，试计算距离表面多远处 $\Delta p=10^{12}\ cm^{-3}$？

5-25 一个P型硅样品掺入金原子浓度 $N_t=10^{15}\ cm^{-3}$，由一个边界稳定注入的电子浓度 $\Delta n=10^{10}\ cm^{-3}$，计算该边界的电子扩散电流密度。

第 6 章　半导体表面

半导体表面是半导体和外界接触的地方。在半导体表面晶格终结，因此半导体表面和半导体内部的物理性质和化学性质有很大的不同。许多半导体器件的特性都和半导体表面的性质有密切关系。比如，半导体表面状态影响着半导体器件和半导体集成电路的参数和稳定性。人们也利用半导体表面的特殊性质制造出具有表面效应的半导体器件，如 MS 器件、MOS 器件、电荷耦合器件、表面发光器件等。半导体表面一直是人们十分关注的重要研究课题。

6.1　表面态和表面空间电荷区

教学要求

1. 了解概念：悬挂键、表面能级、表面态、施主态、受主态。
2. 了解形成表面态的原因及其影响。

在理想半导体表面，晶格不完整性使势场的周期性被破坏，在禁带中形成局部状态的能级分布(产生附加能级)，这些能级称为达姆能级。达姆证明：一定条件下，每个表面原子在禁带中对应一个表面能级，叫做达姆能级。从化学键的角度来说，以硅晶体为例，因晶格在表面处突然终止，在表面最外层的每个硅原子将有一个未配对的电子，即有一个未饱和的键，这个键称为悬挂键，与之对应的电子能态就是表面态，如图 6.1 所示

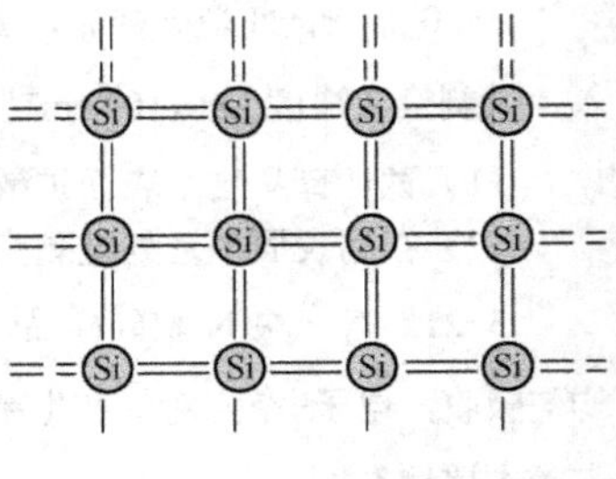

图 6.1　硅表面的悬挂键

半导体表面单位面积上的原子数约为 10^{15} cm^{-2}。比如 Si(111) 面上的表面态密度约为 $8\times10^{14}cm^{-2}$。$Si\text{-}SiO_2$ 交界面处，表面态密度(也常称为界面态密度)约为 $10^{11}cm^{-2}$。

由于垂直表面处的每个原子键都被切断，所以达姆能级密度等于表面原子密度，约为 10^{15} cm^{-2}。表面能级很密集，可以看做是准连续的能带，称为表面能带。

上述讨论为理想表面，即表面层中原子排列的对称性与体内原子完全相同，且表面上不附着任何原子或分子的半无限晶体表面。实际表面中，表面缺陷、表面玷污、表面氧化层等都可以形成表面能级。

根据表面能级的性质和费米能级的位置，表面能级可能成为施主能级、受主能级，或者成为电子-空穴对的复合中心能级。与施主能级和受主能级相对应的量子态分别称为施主态和受主态。

半导体表面态为施主态时，它可能是中性的，也可能向导带提供电子(故称为施主态)，然后变成正电荷，从而使表面带正电；若表面态为受主态，则可接受电子(故称为受主态)，变成负电荷，从而使表面带负电。于是，表面态能够在半导体表面层引起空间电荷，电场和电势以及能带的弯曲。

小结

1. 达姆证明：在一定条件下，理想半导体每个表面原子在禁带中对应一个表面能级，叫

做达姆能级。与之对应的电子能态就是表面态。表面能级可能成为施主能级、受主能级，或者成为电子–空穴对的复合中心能级。与施主能级和受主能级相对应的量子态分别称为施主态和受主态。

2. 表面态能够在半导体表面层引起空间电荷、电场和电势，以及能带的弯曲。

6.2 表面电场效应

教学要求

1. 了解理想 MIS 结构的基本假设及其意义。
2. 解释半导体表面空间电荷区的形成。
3. 解释半导体表面空间电荷区内能带的弯曲。

上节指出，表面态能够在半导体表面层引起空间电荷、电场和电势，以及引起表面能带的弯曲。除表面态以外，功函数不同的金属–半导体接触、外加电场等都可以在半导体表面引起上述现象。本节以 MIS(金属–绝缘体–半导体结构)电容器(见图 6.2(a))为例研究外加电场作用下半导体表面空间电荷区的形成，以及空间电荷区中的电场、电势和能带的变化。这些研究不仅使人们了解半导体表面的基本物理性质，而且对相关半导体器件的设计和制造具有实际的指导意义。

6.2.1 表面空间电荷区的形成

假设我们所讨论的 MIS 结构是理想的。理想 MIS 结构基于以下基本假设：

（1）金属和半导体之间不存在功函数差；

（2）绝缘体内部及绝缘体和半导体界面不存在电荷；

（3）绝缘体是良好的，即不漏电。

基本假设（1）、（2）意味着，在零偏压时，金属和半导体的费米能级相等。基本假设（3）意味着即使加有直流偏压，MIS 结构也没有电流通过。因此在稳定状态，从半导体表面到体内费米能级是恒定的。

图 6.2(b)是由金属、绝缘体和 P 型半导体构成的理想 MIS 结构热平衡情况下的能带图。图中 E_0 表示电子的真空(自由电子)能级。$q\phi_m$ 和 $q\phi_s$ 分别是金属和半导体的功函数。功函数的意义是把一个电子从费米能级移到真空中所需要做的功，即 E_0-E_F。ϕ_m 和 ϕ_s 具有电势的量纲，叫做功函数电势。

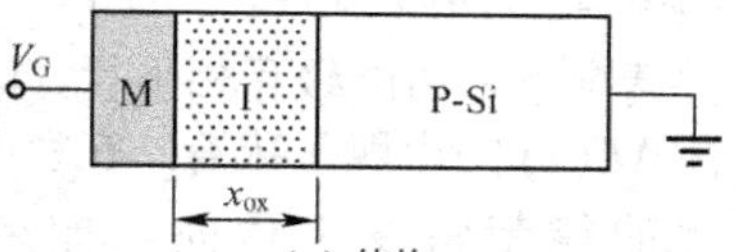

（a）结构

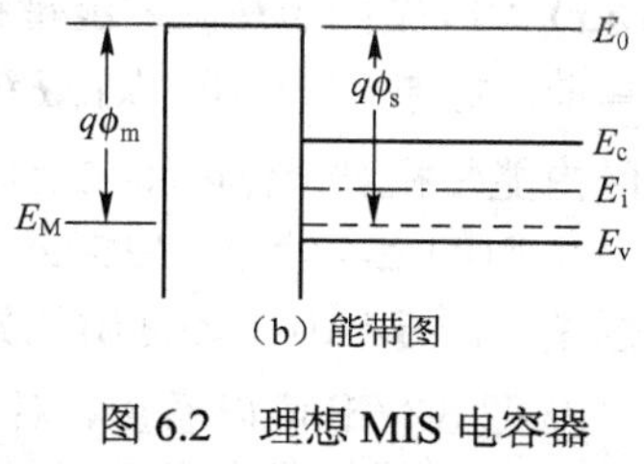

（b）能带图

图 6.2 理想 MIS 电容器

假设金属极板和半导体之间加偏压 $V_G>0$(金属接电源正极，半导体接负极)。在偏压作用下金属极板将带正电荷，半导体相对金属的表面层将带负电荷。半导体表面层的负电荷是失去空穴中和的电离受主和被电场吸引到表面层来的自由电子，这些电荷称为半导体表面空间电荷。空间电荷存在的区域叫做空间电荷区。在 P 型半导体中少子电子数量很少，可以忽略不计。因此，半导体表面空间电荷区可以看做是仅由失去空穴中和的电离受主构成。金属的空间电荷区很薄，约在小于 0.1nm 的 Thomas-Fermi 屏蔽长度内，单位面积下的电荷记为 Q_M。半导体表面单位面积下的电荷记为 Q_S，分布在厚度为 x_d 的薄层内。电中性要求 $Q_S=-Q_M$。由于半导体的杂质浓度远远低于金属的电子浓度，因此与金属表面空间电荷区相比，半导体表面下方的空间电荷区相对地要厚得多，x_d一般要达到微米数量级。

根据电磁场边界条件，可以得到如下的电荷与电场关系

$$Q_M = -Q_S = \varepsilon_{ox}\mathscr{E}_{ox} = \varepsilon_s\mathscr{E}_s \tag{6.2-1}$$

式中，ε_{ox}为绝缘体的介电常数，ε_s为半导体的介电常数，$\mathscr{E}_{ox}$为绝缘体内的电场强度，$\mathscr{E}_s$为半导体表面附近的电场强度。

6.2.2 表面势与能带弯曲

半导体表面空间电荷区中电场的出现使半导体体内与半导体表面之间产生一个电势差。这个电势差叫做空间电荷区的内建电势差，记做V_D。半导体表面的电势，被称为表面势。通常把半导体体内(中性区)取为电势参考点，半导体表面势记做V_s。显然表面势与内建电势差具有如下关系

$$V_D = -V_s \tag{6.2-2}$$

半导体体内的载流子来到半导体表面需要克服电势能qV_D，qV_D常称为势垒高度。

图 6.3 所示为金属-绝缘体和 P 型半导体的电势分布。为避免在表面处电场的不连续性，位置坐标实际是x/ε，ε为有关材料的介电常数。

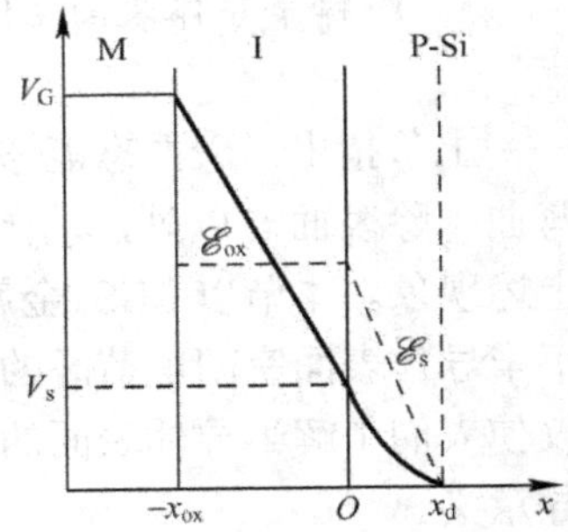

图 6.3 加偏压V_G的 MIS 结构内的电势分布

外加电压V_G由氧化层和半导体空间电荷区分摊

$$V_G = V_{ox} + V_s \tag{6.2-3}$$

其中V_{ox}为氧化层电压，V_s为半导体表面势。

在空间电荷区，电势为$V(x)$处的电子获得附加电势能

$$\Delta E(x) = -qV(x) \tag{6.2-4}$$

由于$V(x)$是位置x的函数，附加电势能也是x的函数。这个附加电势能与晶体中的周期性势场相比是非常微弱的。附加电势能叠加到各个能级上，使各能级发生变化。比如本征费米能级变成

$$E_i(x) = E_{i0} + \Delta E_i(x) = E_{i0} - qV(x)$$

这里E_{i0}表示半导体体内本征费米能级。在非简并情况下，诸能级互相平行。因此，附加电势能$\Delta E(x)$的出现意味着，在空间电荷区内半导体的能带将发生弯曲。如果$V(x) > 0$，则$\Delta E(x) < 0$，空间电荷区内能带将相对于体内向下弯曲。如果$V(x) < 0$，则$\Delta E(x) > 0$，空间电荷区内能带相对于体内将向上弯曲。图 6.4 是$V_G > 0$时的电场分布、电势分布和能带弯曲的示意图，图 6.4(d)中还标出了势垒高度qV_D。

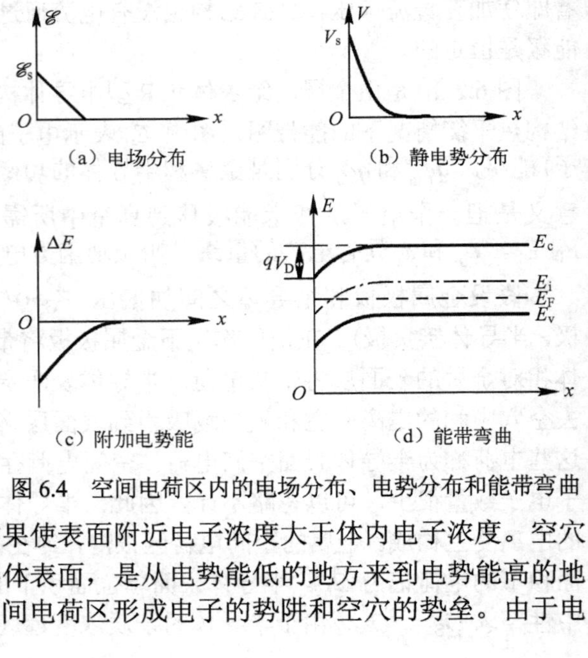

(a) 电场分布 (b) 静电势分布 (c) 附加电势能 (d) 能带弯曲

图 6.4 空间电荷区内的电场分布、电势分布和能带弯曲

从图 6.4(d)可以看出，对于 P 型半导体，偏压$V_G > 0$使能带向下弯曲。由于电子带有负电荷，因此，电子从半导体体内来到表面，是从电势能高的地方来到电势能低的地方。结果使表面附近电子浓度大于体内电子浓度。空穴带有正电荷，因此，空穴从半导体体内到半导体表面，是从电势能低的地方来到电势能高的地方，需要跨越势垒qV_D。所以，半导体表面空间电荷区形成电子的势阱和空穴的势垒。由于电

子和空穴带电符号相反，电子的势垒就是空穴的势阱，电子的势阱就是空穴的势垒。载流子的势垒区又称为载流子的阻挡层。反之，势阱区被称为反阻挡层。

小结

1. 理想 MIS 结构基于以下基本假设：（1）金属和半导体之间不存在功函数差；（2）绝缘体内部及绝缘体和半导体界面不存在电荷；（3）绝缘体是良好的，即不漏电。上述基本假设意味着，在零偏压时，金属和半导体的费米能级相等；即使加有直流偏压，MIS 结构也没有电流通过，因此在稳定状态，从半导体表面到体内费米能级是恒定的。

2. 假设金属极板和 P 型半导体之间加偏压 $V_G > 0$。半导体表面空间电荷区可以看做是仅由失去空穴中和的电离受主构成。金属的空间电荷区很薄。半导体表面下方的空间电荷区相对地要厚得多，其空间电荷区宽度 x_d 一般要达到微米数量级。

3. 半导体体内与表面之间的电势差叫做内建电势差，记做 V_D。qV_D 称为半导体表面势垒高度。

4. 半导体表面 $x=0$ 处的电势叫做表面势，记做 V_s。

$$V_s = -V_D$$

5. 外加电压 V_G 为跨越氧化层的电压 V_{ox} 和表面势 V_s 所分摊

$$V_G = V_{ox} + V_s$$

6. 空间电荷区内的电子获得附加电势能

$$\Delta E(x) = -qV(x)$$

附加电势能将叠加到各个能级上，使半导体空间电荷区内能带发生弯曲。$\Delta E(x) < 0$，能带相对于体内向下弯曲；$\Delta E(x) > 0$，能带向上弯曲。

6.3 载流子积累、耗尽和反型

教学要求

1. 掌握概念：载流子积累、耗尽和反型。
2. 导出式(6.3-8)和式(6.3-12)
3. 正确画出载流子积累、耗尽、反型和强反型四种情况下的能带图。
4. 导出发生载流子反型和强反型条件[见式(6.3-23)和式(6.3-25)]。

空间电荷区内电势 $V(x)$ 的出现，改变了空间电荷区中的能带图。根据所加电压 V_G 的极性和大小，有可能实现三种不同情况的载流子分布：载流子积累、载流子耗尽和载流子反型。下面具体分析这几种情况下空间电荷区内载流子分布情况以及电场和能带的变化情况。

第 3 章给出了热平衡时载流子浓度公式[式(3.4-10)、式(3.4-11)]，现重写如下

$$n = n_i e^{[(E_F - E_i)/KT]} \tag{6.3-1}$$

$$p = n_i e^{[(E_i - E_F)/KT]} \tag{6.3-2}$$

我们将根据以上两式讨论发生载流子积累、载流子耗尽和载流子反型时空间电荷区内的载流子分布发生的变化。

设半导体体内本征费米能级为 E_{i0}，则在空间电荷区内

$$E_i(x) = E_{i0} - qV(x)$$

令 $$\phi_f = (E_{i0} - E_F)/q \tag{6.3-3}$$

ϕ_f 称为半导体的体费米势。由能带图不难看出，P 型半导体 $\phi_f > 0$，N 型半导体 $\phi_f < 0$。

在半导体体内 $$n_0 = n_i e^{(E_F - E_{i0})/KT} = n_i e^{-\phi_f/V_T} \tag{6.3-4}$$

$$p_0 = n_i e^{(E_{i0} - E_F)/KT} = n_i e^{\phi_f/V_T} \tag{6.3-5}$$

由式(6.3-1)、式(6.3-2)和式(6.3-4)、式(6.3-5)，不难得到空间电荷区内

$$n(x) = n_0 e^{[V(x)/V_T]} \tag{6.3-6}$$

在半导体表面 $x = 0$ 处 $$n_s = n_0\, e^{V_s/V_T} \tag{6.3-7}$$

或者 $$n(x) = n_i e^{[V(x) - \phi_f]/V_T} \tag{6.3-8}$$

$$n_s = n_i e^{(V_s - \phi_f)/V_T} \tag{6.3-9}$$

以及 $$p(x) = p_0 e^{-V(x)/V_T} \tag{6.3-10}$$

$$p_s = p_0 e^{-V_s/V_T} \tag{6.3-11}$$

或者 $$p(x) = n_i e^{[\phi_f - V(x)]/V_T} \tag{6.3-12}$$

$$p_s = n_i e^{(\phi_f - V_s)/V_T} \tag{6.3-13}$$

上述公式是我们讨论空间电荷区内载流子分布的根据。

6.3.1 载流子积累

以下讨论都以 P 型半导体的 MIS 结构为例。

半导体表面的多数载流子浓度大于体内热平衡多数载流子浓度的现象称为载流子积累。当金属电极上加上负电压时，在半导体表面形成负表面电势 V_s，表面空间电荷区中附加电势能 $\Delta E(x) > 0$，因此能带图向上弯曲，如图 6.5(b)所示。图 6.5(a)给出了空间电荷分布示意图。

由于费米能级 E_F 保持常数，能带向上弯曲使接近表面处有更大的 $E_i(x) - E_F$，因此，根据式(6.3-1)和式(6.3-2)，与体内相比，在表面处有比体内更低的电子浓度和更高的空穴浓度。也就是说，能带上弯，在半导体表面形成了电子的势垒和空穴的势阱。多数载流子空穴在表面积累。多子空穴在表面积累，增加了表面的电导率。空间电荷为积累的多数载流子空穴

$$Q_S = \int_0^{x_d} [p(x) - p_0]\mathrm{d}x \tag{6.3-14}$$

这里以金属-绝缘体-P 型半导体载流子积累状态为例说明画能带图的依据。

（1）由于 $V_G < 0$，半导体处于正电位，因此，与加偏压之前相比，半导体体内诸能级及半导体一侧的真空能级相对于金属下移 qV_G。

$$E_{0M} - E_{0S} = E_{FM} - E_{FS} = |qV_G|$$

半导体体内各个能级的相对位置与热平衡时的情况相同。

（2）半导体的费米能级等于常数(从半导体表面到体内费米能级相等)。

（3）外加偏压 V_G 降落在绝缘层(V_{ox})和半导体表面空间电荷区上(V_s)：

$$V_G = V_{ox} + V_s$$

（4）真空能级连续，各能级与真空能级平行。

图 6.5 中为简明去掉了真空能级。

6.3.2 载流子耗尽

当金属电极加上不太大的正偏压 V_G 时，表面势 V_s 为正，空间电荷区中能带向下弯曲，准

费米能级 E_i 靠近费米能级 E_{FS}，$E_i - E_{FS}$ 值减小。由式(6.3-2)，表面空穴浓度远远低于体内热平衡值，可以忽略，这种现象称为多数载流子耗尽。少数载流子电子有所增加，但由于平衡少子数目极小，因此，少子数目仍然可以忽略。上述自由载流子可以忽略的假设称为耗尽近似。空间电荷由没有空穴中和的固定的受主离子构成，如图 6.6(a)所示。由于自由载流子耗尽，所以也把这种空间电荷区称为耗尽区(或耗尽层)。由于 $V_s > 0$，$\Delta E < 0$，能带下弯，在半导体表面形成电子的势阱和空穴的势垒。图 6.6(b)是载流子耗尽状态的能带图。

下面详细探讨载流子耗尽状态下半导体表面空间电荷区中的电场分布、电势分布和空间电荷区宽度以及它们之间的关系。

半导体表面单位面积下的总电荷为

$$Q_S = Q_B = -qN_A x_d \tag{6.3-15}$$

式中 x_d 为空间电荷区(耗尽层)宽度，如图 6.6(c)所示。Q_B 定义为半导体空间电荷区中单位面积下的总电离受主电荷，称为空间电荷区体电荷，负号表示电荷的极性。

采用耗尽近似解泊松方程

$$\frac{d^2V}{dx^2} = \left(-\frac{\rho}{\varepsilon_s}\right) = \frac{qN_A}{\varepsilon_s} \tag{6.3-16}$$

可以求出电场 $\mathscr{E}(x)$、电势 $V(x)$、表面势 V_s 和耗尽层厚度 x_d 之间的关系。

对方程(6.3-16)积分，有

$$\frac{dV}{dx} = \frac{qN_A}{\varepsilon_s}x + A \tag{6.3-17}$$

边界条件取为半导体内部电场为零，即，$x = x_d$，$dV/dx = 0$。代入上式得

$$A = -\frac{qN_A}{\varepsilon_s}$$

于是

$$\frac{dV}{dx} = \frac{qN_A}{\varepsilon_s}(x - x_d) \tag{6.3-18}$$

得到电场强度

$$\mathscr{E}(x) = -\frac{dV}{dx} = -\frac{qN_A}{\varepsilon_s}(x - x_d) \tag{6.3-19}$$

最大电场

$$\mathscr{E}_{max} = \frac{qN_A x_d}{\varepsilon_s}$$

发生在 $x = 0$ 处。取半导体体内的电势为零，对式(6.3-18)从 x_d 到零积分，得到电势分布

$$V = \frac{qN_A}{2\varepsilon_s}(x - x_d)^2 \tag{6.3-20}$$

令 $x = 0$，得表面势

$$V_s = \frac{qN_A x_d^2}{2\varepsilon_s} \tag{6.3-21}$$

根据式(6.3-21)可以求出空间电荷区宽度

$$x_d = \sqrt{\frac{2\varepsilon_s V_s}{qN_A}} \tag{6.3-22}$$

6.3.3 载流子反型

若在耗尽基础上进一步增加偏压 V_G，MIS 系统半导体表面空间电荷区中的能带进一步下弯。大的能带弯曲使半导体表面及其附近的禁带中央能级 E_i 超越恒定的费米能级，即来到费米能级 E_{FS} 的下面，如图 6.7(b)所示。由式(6.3-1)和式(6.3-2)可知，由于少数载流子电子浓度高于本征载流子浓度，而多数载流子空穴的浓度低于本征载流子的浓度，这一层半导体由 P 型变

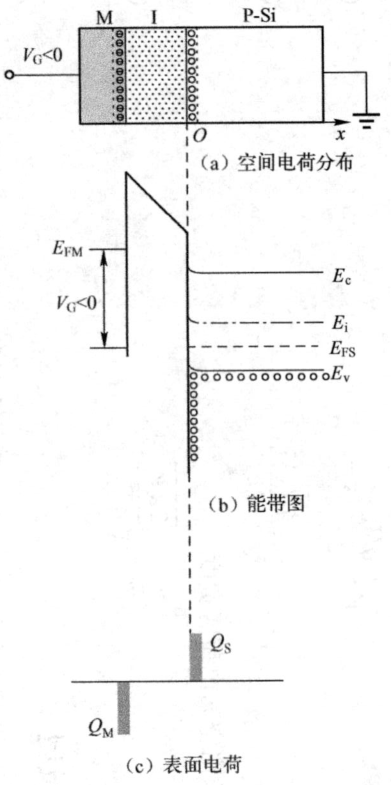

（a）空间电荷分布

（b）能带图

（c）表面电荷

图 6.5　载流子积累

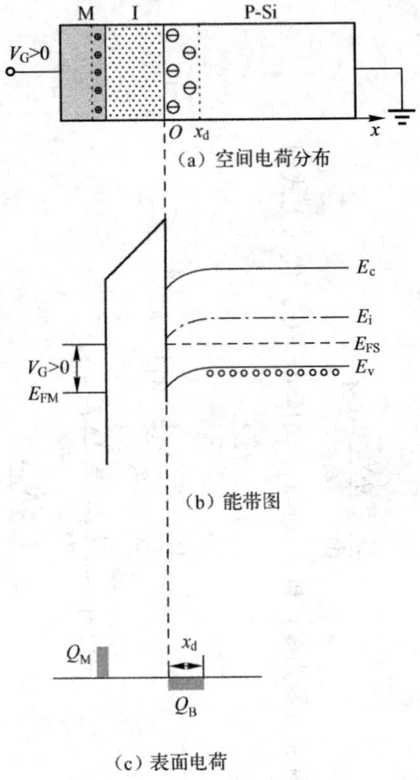

（a）空间电荷分布

（b）能带图

（c）表面电荷

图 6.6　载流子耗尽

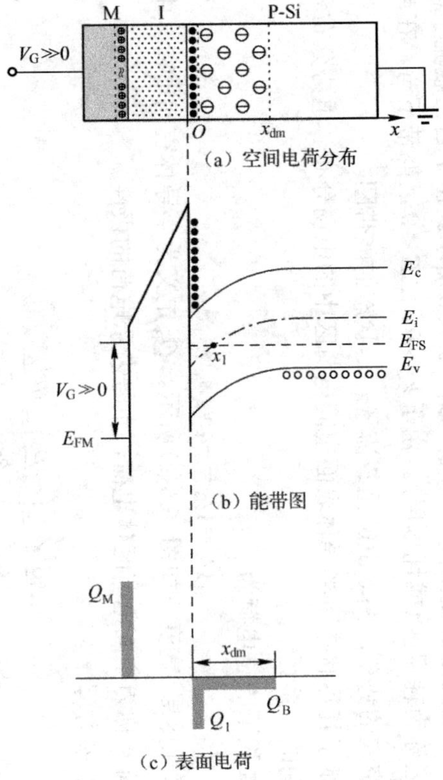

（a）空间电荷分布

（b）能带图

（c）表面电荷

图 6.7　载流子反型

成了 N 型，称为反型层。反型层厚度为 x_I，如图 6.7(b)所示，这种现象称为载流子反型。在图 6.7(b)中，x_I 的右边 $E_i > E_F$，仍为 P 型，而 x_I 左边已变成 N 型，因而在金属电极下边感应出 PN 结。当外加电压 V_G 撤掉之后，反型层消失，PN 结也随之消失。这种 PN 结称为物理 PN 结，是场感应结，它不同于合金 PN 结。图 6.7(a)是载流子反型情况下空间电荷分布示意图。

下面分析发生反型和强反型的条件。

反型条件可以由式(6.3−9)给出。由式(6.3−9)，当 $n_s = n_i$ 时，在半导体表面 $x = 0$ 处，电子浓度等于空穴浓度，半导体表面呈现本征状态，此后，再增加 V_s，半导体表面就会发生反型，于是由式(6.3−9)令 $n_s = n_i$，得到

$$V_s = \phi_f \tag{6.3−23}$$

一般规定，当表面势等于体内费米势时，半导体表面开始发生反型。式(6.3−23)常称为反型条件，是半导体发生载流子反型的判据。根据式(6.3−5)，以及饱和电离时 $p_0 = N_A$，可以得出

$$\phi_f = V_T \ln \frac{N_A}{n_i} \tag{6.3−24}$$

给定半导体材料，形成载流子反型所需要的表面势是一定的，由掺杂浓度决定。

根据以上分析，当半导体表面 E_{is} 一旦向下超过 E_{FS} 时，表面就发生反型。除非 E_{is} 低于 E_{FS} 很多，否则表面电子浓度很低，这种现象叫做弱反型。对于大多数 MOSFET 运用来说，希望确定一种条件，在超过它之后，反型层中的电子电荷浓度相当高。规定当表面电子浓度等于体内平衡多子空穴浓度时，半导体表面形成强反型层。由式(6.3−9)和式(6.3−4)得出

$$V_{si} = 2\phi_f \tag{6.3−25}$$

式中 V_{si} 表示出现强反型时的表面势。式(6.3−25)也叫做强反型条件。强反型条件下的能带图示于图 6.8 中。

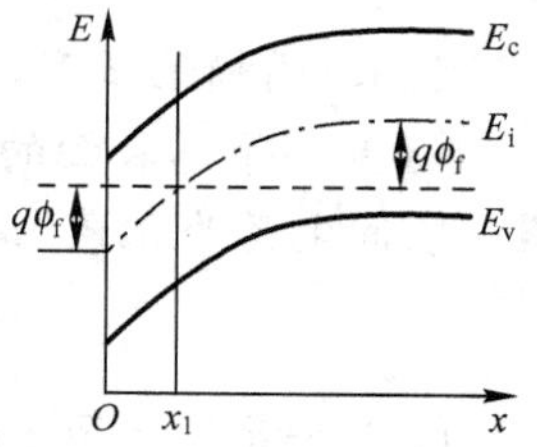

图 6.8　强反型能带图

一旦实现了强反型条件后，如果继续增加偏压 V_G，能带弯曲并不显著增加。这是因为式(6.3−7)中的指数项现在已经相当大。当偏压 V_G 继续增加时，导带电子在很薄的强反型层中迅速增加，而空间电荷区的势垒高度、固定的受主负电荷以及空间电荷区的宽度，则基本上保持不变。

从以上分析可见，在外电场的作用下，可以改变半导体表面以内相当厚的一层中的载流子浓度和它们的型号，从而可以控制该层中的导电能力和性质，这一反型层又常称为导电沟道。这就是 MOS 场效应晶体管工作的物理基础。

利用式(6.3−21)，并令 $V_s = V_{si}$，得到相应的感应 PN 结耗尽层宽度为

$$x_{dm} = \sqrt{\frac{2\varepsilon_s V_{si}}{qN_A}} = \sqrt{\frac{4\varepsilon_s \phi_f}{qN_A}} \tag{6.3−26}$$

而电离受主

$$Q_B = -qN_A x_{dm} = -\sqrt{4\varepsilon_s q N_A \phi_f} \tag{6.3−27}$$

x_{dm} 为形成强反型层空间电荷区宽度。超过强反型以后，表面区内的空间电荷，由以下条件确定

$$Q_S = Q_I + Q_B = Q_I - qN_A x_{dm} \tag{6.3−28}$$

式中，Q_I 为反型层中单位面积下的可动电荷，又称为沟道电荷。对于 P 型半导体的情况，Q_I 就是反型层中单位面积下的电子电荷。

$$Q_I = -q\int_0^{x_I} n_I(x)\mathrm{d}x \tag{6.3−29}$$

式中，x_I 是反型层宽度，$n_I(x)$ 是反型层中电子浓度。Q_I 是外加电压 V_G 的函数，在 MOSFET

中是传导电流的载流子。

对于金属–绝缘体–N 型半导体系统，分析方法完全一样，只不过Q_B为正的离化施主。发生反型时，E_{is}向上超越E_{FS}。与P型半导体一样，$V_s=\phi_f$为反型条件，强反型条件是$V_{si}=2\phi_f$。

例 6.1 300K 的 P 型硅，掺杂浓度$N_A=10^{16}\ \text{cm}^{-3}$，本征载流子浓度$n_i=1.5\times10^{10}\ \text{cm}^{-3}$。计算强反型情况下空间电荷区宽度、表面势和电离受主电荷。

解： 由式(6.3–24)

$$\phi_f=V_T\ln\frac{N_A}{n_i}=0.026\times\ln\left(\frac{10^{16}}{1.5\times10^{10}}\right)=0.349(\text{V})$$

$$V_{si}=2\phi_f=0.698(\text{V})$$

由式(6.3–26)

$$x_{dm}=\sqrt{\frac{2\varepsilon_s V_{si}}{qN_A}}=\left(\frac{2\times1.18\times8.85\times10^{-14}\times0.698}{1.6\times10^{-19}\times10^{16}}\right)^{1/2}=3.0\times10^{-5}(\text{cm})$$

（与金属表面空间电荷区宽度$0.1\ \text{nm}=10^{-8}\ \text{cm}$相比较，可以说，半导体表面空间电荷区是"相当的宽"。）

由式(6.3–27)，体电荷为

$$Q_B=-qN_Ax_{dm}=-1.6\times10^{-19}\times10^{16}\times3\times10^{-5}\ =-4.8\times10^{-8}(\text{C}\cdot\text{cm}^{-2})$$

小结

1．不同栅偏压下，半导体表面会出现载流子积累、耗尽和反型等不同状态。

（1）半导体表面的多数载流子浓度大于体内热平衡多数载流子浓度的现象称为载流子积累。空间电荷为积累的多数载流子空穴

$$Q_S=\int_0^{x_d}[p(x)-p_0]\mathrm{d}x$$

（2）半导体表面多数载流子浓度远远低于体内热平衡值，可以忽略。这种现象称为载流子耗尽。空间电荷由没有空穴中和的固定的受主离子构成。单位面积下的总电荷为

$$Q_S=Q_B=-qN_Ax_d$$

空间电荷区内的电场分布 $$\mathscr{E}(x)=-\frac{qN_A}{\varepsilon_s}(x-x_d)$$

电势分布 $$V=\frac{qN_A}{2\varepsilon_s}(x-x_d)^2$$

表面势 $$V_s=\frac{qN_Ax_d^2}{2\varepsilon_s}$$

耗尽层宽度 $$x_d=\sqrt{\frac{2\varepsilon_sV_s}{qN_A}}$$

（3）若在耗尽基础上进一步增加偏压，使半导体表面及其附近的禁带中央能量E_{is}来到费米能级E_{FS}的下面。这使得表面附近少数载流子浓度高于本征载流子浓度，而多数载流子浓度低于本征载流子的浓度，形成反型层，这种现象称为载流子反型。载流子反型条件：一般规定，当表面势等于体内费米势时，半导体表面开始发生反型。

$$V_s=\phi_f$$

$$\phi_f=V_T\ln\frac{N_A}{n_i}$$

给定半导体材料，形成载流子反型所需要的表面势是一定的，由掺杂浓度决定。

（4）规定当表面少子浓度等于体内平衡多子浓度时，半导体表面形成强反型层。强反型条件：

$$V_{si}=2\phi_f$$

一旦实现了强反型条件后，如果继续增加偏压 V_G，能带弯曲并不显著增加。这是因为 $n_s=n_0\,e^{V_s/V_T}$ 中的指数项中的 V_s 已经相当大，当偏压 V_G 继续增加时，导带电子在很薄的强反型层中迅速增加，而空间电荷区的势垒高度、固定的受主负电荷以及空间电荷区的宽度，则基本上保持不变。

感生 PN 结耗尽层宽度为 $\quad x_{dm}=\sqrt{\dfrac{2\varepsilon_s V_{si}}{qN_A}}=\sqrt{\dfrac{4\varepsilon_s\phi_f}{qN_A}}$

电离受主 $\quad Q_B=-qN_A x_{dm}=-\sqrt{4\varepsilon_s qN_A\phi_f}$

表面区内的空间电荷 $\quad Q_S=Q_I+Q_B=Q_I-qN_A x_{dm}$

沟道电荷 $\quad Q_I=-q\int_0^{x_I} n_I(x)\mathrm{d}x$

2. 画能带图的依据(以金属-绝缘体-P 型半导体载流子积累状态为例)。

（1）由于 $V_G<0$，半导体处于正电位，因此，与加偏压之前相比，半导体体内诸能级及其真空能级相对于金属下移 $|qV_G|$。半导体体内各个能级的相对位置与热平衡时的情况相同。

$$E_{0M}-E_{0S}=E_{FM}-E_{FS}=|qV_G|$$

（2）半导体的费米能级等于常数(从半导体表面到体内费米能级相等)。

（3）外加偏压 V_G 降落在绝缘层(V_{ox})和半导体表面空间电荷区上(V_s)：

$$V_G=V_{ox}+V_s$$

（4）真空能级连续，各能级与真空能级平行。

6.4 理想 MOS 电容

教学要求

1. 理解：MOS 电容 C 可以看做是绝缘层电容 C_{ox} 和半导体表面电容 C_s 的串联。
2. 根据图 6.10 了解 MOS 电容随偏压变化的基本规律。

下面以金属-氧化物-半导体(MOS)电容为例分析 MIS 电容的特性。对于一个理想的 MOS 系统，当外加偏压 V_G 变化时，金属电极上的电荷 Q_M 和半导体表面空间电荷 Q_S 都要相应地变化。这就是说，MOS 系统有一定的电容效应，所以把它叫做 MOS 电容器。但一般说来，Q_M 并不正比于外加偏压 V_G。有意义的是微分电容。

MOS 系统单位面积的微分电容定义为

$$C=\mathrm{d}Q_M/\mathrm{d}V_G \tag{6.4-1}$$

微分电容 C 的值随外加偏压 V_G 变化的规律称为 MOS 系统的电容-电压特性(C-V 特性)。C-V 特性可以用来分析半导体表面的性质。由式(6.4-1)

$$\frac{1}{C}=\frac{\mathrm{d}V_G}{\mathrm{d}Q_M}=\frac{\mathrm{d}V_{ox}}{\mathrm{d}Q_M}+\frac{\mathrm{d}V_s}{\mathrm{d}Q_M} \tag{6.4-2}$$

若令

$$C_{ox}=\frac{\mathrm{d}Q_M}{\mathrm{d}V_{ox}} \tag{6.4-3}$$

$$C_s = dQ_M / dV_s = -dQ_S / dV_s \tag{6.4-4}$$

则

$$\frac{1}{C} = \frac{1}{C_{ox}} + \frac{1}{C_s} \tag{6.4-5}$$

式中，C_{ox} 为绝缘层单位面积电容，C_s 为半导体表面空间电荷区单位面积电容，简称为半导体表面电容。式(6.4-5)表示，MOS 电容 C 是绝缘层电容 C_{ox} 和半导体表面电容 C_s 串联的结果，如图 6.9 所示。电容串联后，总电容变小，而且其数值主要由较小的一个电容所决定，因为大部分电压都落在小电容上。式(6.4-5)可改写成

$$C = \frac{C_{ox} C_s}{C_{ox} + C_s} \tag{6.4-6}$$

或者

$$\frac{C}{C_{ox}} = \frac{1}{1 + C_{ox}/C_s} \tag{6.4-7}$$

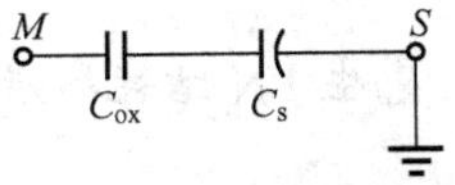

图 6.9　MOS 电容 C 的等效电路

C/C_{ox} 称为 MOS 系统的归一化电容。

对于理想 MOS 系统，由高斯定律：$\mathscr{E} = Q_M / \varepsilon_{ox} = V_{ox} / x_{ox}$，求得

$$C_{ox} = dQ_M/dV_{ox} = \varepsilon_{ox} / x_{ox} \tag{6.4-8}$$

可见，C_{ox} 是一个不随外加电压变化的常数，它与通常平板电容器是一样的。

半导体的表面电容 C_s 是表面势 V_s 的函数，因而也是外加偏压 V_G 的函数。求出了 C_s 随 V_G 变化的规律，也就得到了 MOS 系统的总电容 C 随外加偏压 V_G 变化的规律。将 MOS 电容随偏压的变化分成几个区域，归一化 MOS 电容随电压变化大致情况如图 6.10 所示。

1．积累区(V_G<0)

当 MOS 电容器的金属电极上加有较大的负偏压时，能带明显向上弯曲，在表面造成多数载流子空穴的大量积累。根据式(6.3-11)，只要表面势 V_s 稍有变化，就会引起表面空间电荷 Q_S 的很大变化，所以半导体表面电容比较大。它与绝缘体电容串联起来以后，可以把它忽略不计。MOS 系统的电容 C 基本上等于绝缘体电容 C_{ox}。当负偏压的数值逐渐减小时，空间电荷区积累的空穴数随之减少，Q_S 随 V_s 的变化也逐渐减慢，C_s 变小。它的作用就不能忽略。由于电容串联起来以后将使总电容减小，所以负偏压的数值越小，C_s 越小，MOS 电容器的总电容 C 也就越小。图 6.10 的 C-V 曲线中 V_G<0 部分，代表积累层的特性。随着 V_G 的增加(即绝对值减小)，电容 C 逐渐减小。

2．平带情况(V_G=0)

当 $V_G = 0$ 时，$V_s = 0$，能带是平直的，称为平带情况。

在平带情况附近，Q_S 随 V_s 的变化可由求解泊松方程求得。在平带附近，由式(6.3-10)，空间电荷区中

$$p(x) = p_0 e^{-V(x)/V_T}$$

由空穴的过剩或欠缺引起的电荷密度为

$$\rho(x) = q(p - p_0) = qp_0(e^{-V/V_T} - 1) \tag{6.4-9}$$

在平带附近，$|V| \ll V_T$。将式(6.4-9)中的指数项展开，保留前两项，有

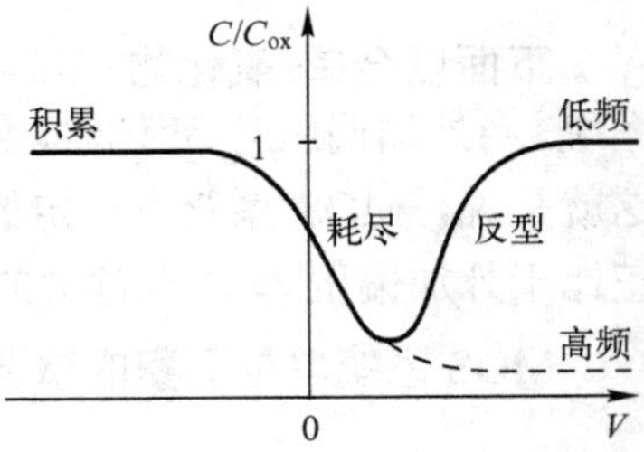

图 6.10　P 型半导体 MOS 电容的 C-V 特性曲线

$$\rho(x) \approx -\frac{qp_0 V}{V_T} = -\frac{q^2 p_0 V}{KT} \tag{6.4-10}$$

于是，空间电荷区内泊松方程为

$$\frac{d^2V}{dx^2}=\frac{q^2p_0}{\varepsilon_s KT}V=\frac{V}{L_D^2} \tag{6.4-11}$$

式中
$$L_D=\left(\frac{\varepsilon_s KT}{q^2p_0}\right)^{1/2} \tag{6.4-12}$$

式(6.4-11)的普遍解为
$$V=k_1e^{-x/L_D}+k_2e^{x/L_D} \tag{6.4-13}$$

由于要求在体内当 x 很大时 $V=0$，所以 $k_2=0$，满足这种条件的解为
$$V=V_se^{-x/L_D} \tag{6.4-14}$$

式中，V_s 为表面势。将式(6.4-14)代入式(6.4-10)中，得到电荷密度为
$$\rho(x)=-\frac{q^2p_0}{KT}V_se^{-x/L_D}=-\frac{\varepsilon_s}{L_D^2}V_se^{-x/L_D} \tag{6.4-15}$$

式(6.4-14)和式(6.4-15)分别表示电势和电荷密度随着 x 的增加按指数规律衰减。常数 L_D 标志着为了屏蔽外电场而形成的空间电荷区厚度，通常称为德拜(Debye)屏蔽长度。L_D 与 $p_0^{-1/2}$ 成比例。若 $\varepsilon_{rs}=10$，$p_0=10^{14}\sim10^{17}\ \text{cm}^{-3}$，则室温下 $L_D=1.1\times10^{-6}\sim3.5\times10^{-5}\ \text{cm}$。这是几十到上千个原子间距的数量级。

单位面积内的总电荷为
$$Q_S=\int_0^\infty\rho dx=-\frac{\varepsilon_s}{L_D^2}V_s\int_0^\infty e^{-x/L_D}dx=-\frac{\varepsilon_s}{L_D}V_s \tag{6.4-16}$$

式(6.4-16)表示，空间电荷 Q_S 与表面势 V_s 成正比，符号相反。对式(6.4-16)取微商，便得到平带情况下半导体表面的小信号微分电容
$$C_s=-dQ_S/dV_s=\varepsilon_s/L_D \tag{6.4-17}$$

平带电容的表示式与相距为 L_D 的平板电容器的电容公式在形式上是类似的。在杂质饱和电离的情况下，L_D 可表示为
$$L_D=\left(\frac{\varepsilon_s KT}{q^2N_A}\right)^{1/2} \tag{6.4-18}$$

将式(6.4-17)代入式(6.4-7)，则得到平带情况下的 MOS 电容为
$$\frac{C_{FB}}{C_{ox}}=\frac{1}{1+\frac{\varepsilon_{ox}L_D}{\varepsilon_s x_{ox}}} \tag{6.4-19}$$

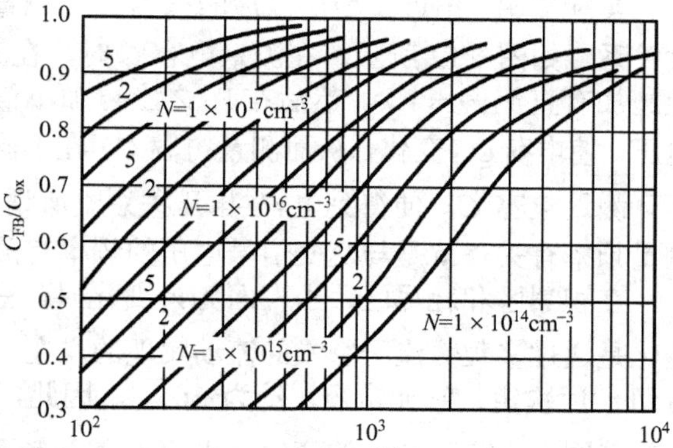

图 6.11　理想 MOS 的归一化平带电容与杂质浓度和氧化层厚度的关系曲线

C_{FB} 叫做平带电容。C_{FB}/C_{ox} 称为归一化平带电容。因为 L_D 与掺杂浓度有关，所以 C_{FB}/C_{ox} 与掺杂浓度有关，也和氧化层厚度 x_{ox} 有关。图 6.11 为不同掺杂浓度的 C_{FB}/C_{ox} 随 x_{ox} 的变化曲线。在分析实际问题时，常需要根据掺杂浓度和 x_{ox} 求出归一化平带电容。

3．耗尽区(V_G>0)

在耗尽区，由 $Q_S=-qN_Ax_d$ 和 $V_s=\frac{qN_Ax_d^2}{2\varepsilon_s}$，有

$$Q_S = -(2qN_A\varepsilon_s V_s)^{1/2} \tag{6.4-20}$$

于是求得

$$C_s = -\frac{dQ_S}{dV_s} = \frac{\varepsilon_s}{x_d} \tag{6.4-21}$$

C_s相当于一个两板间距为x_d的平板电容。由于x_d随偏压变化，所以半导体表面电容不等于常数。从式(6.4-21)可见，随着外加偏压V_G的增加，x_d将增大，因而电容C_s将减小。由C_s和C_{ox}串联而成的MOS电容也将随V_G的增加而减小。归一化电容表示为

$$\frac{C}{C_{ox}} = \frac{1}{1+\dfrac{\varepsilon_{ox}x_d}{\varepsilon_s x_{ox}}} \tag{6.4-22}$$

下面求出耗尽区归一化电容和偏压V_G的关系。对于氧化层电容，$V_{ox} = -Q_S / C_{ox}$，代入到式(6.2-2)中有

$$V_G = -\frac{Q_S}{C_{ox}} + V_s \tag{6.4-23}$$

把式(6.3-15)和式(6.3-21)代入式(6.4-23)解出

$$x_d = \frac{\varepsilon_s}{C_{ox}} + \frac{\varepsilon_s}{C_{ox}}\sqrt{1+\frac{2V_G}{qN_A\varepsilon_s}C_{ox}^2} \tag{6.4-24}$$

代入式(6.4-22)，得到

$$\frac{C}{C_{ox}} = \left[1+\left(\frac{2C_{ox}^2}{qN_A\varepsilon_s}\right)V_G\right]^{-1/2} = \left[1+\frac{2\varepsilon_{ox}^2}{qN_A\varepsilon_s x_{ox}^2}V_G\right]^{-1/2} \tag{6.4-25}$$

在耗尽区，归一化MOS电容C/C_{ox}随外加偏压V_G的增加而减小，如图6.10所示。

4. 反型区（$V_G > 0$）

实际证明，出现反型层以后的电容C与测量频率有很大关系，如图6.12所示。在测量电容C时，在MOS系统上施加有直流偏压V_G，然后在V_G之上再加小信号的交变电压，使电荷Q_M变化，从而测量电容C。在不同的直流偏压下测量电容C，便得到电容–电压关系。所谓电容C与测量频率有关，就是与交变信号电压的频率有关。

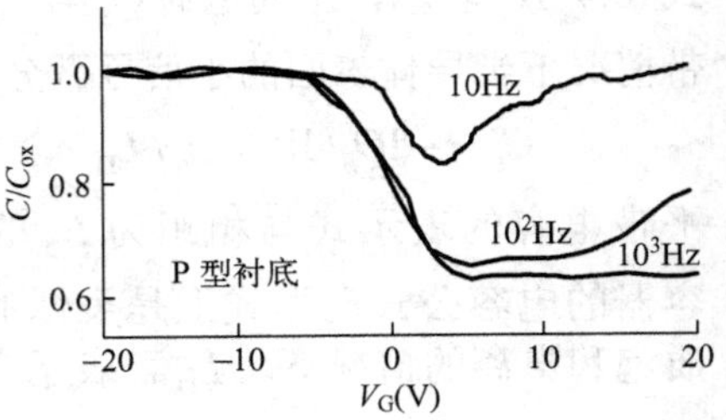

图6.12　C-V特性的频率依赖性

在积累区和耗尽区，当表面势V_s变化时，空间电荷的变化是通过多数载流子空穴的流动实现的。在这种情况下，电荷变化的快慢由衬底的介电弛豫时间τ_d所决定，它非常短，约为10^{-12}s。因此，只要交变电压信号的频率$f \ll 1/\tau_d$，电荷的变化就能跟得上交变电压的变化，电容C就与频率无关。

在出现反型层以后，特别是在接近强反型时，表面电荷则由两部分组成：一部分是反型层中的电子电荷Q_I，它是由少子的增加引起的；另一部分是耗尽层中的电离受主电荷Q_B，它是由于多子空穴的丧失引起的：

$$Q_s = Q_I + Q_B$$

表面电容为

$$C_s = -\frac{dQ_S}{dV_s} = -\frac{dQ_I}{dV_s} - \frac{dQ_B}{dV_s} \tag{6.4-26}$$

等式右边的两项分别表示Q_I和Q_B对C_s的贡献。

为了分析电容与测量频率之间的关系，需要考虑Q_I是怎样积累起来的。例如，当MOS上的电压增加时，反型层中的电子数目要增多。P型衬底中的电子是少子，由衬底流到表面的电子非常少，因此，反型层中电子数目的增多主要依靠耗尽层中电子–空穴对的产生。这个过程

的弛豫时间由非平衡载流子的寿命所决定，一般比较长。因此，在反型层中实现电子的积累是需要一个过程的。同样，当 MOS 上的电压减小时，反型层中的电子要减少。电子数目的减少主要依靠电子和空穴在耗尽层中的复合来实现，这个过程的弛豫时间也是由非平衡载流子的寿命所决定的。

如果测量电容的信号频率比较高，耗尽层中电子-空穴对的产生和复合过程跟不上信号的变化，那么反型层中的电子电荷 Q_I 也就来不及改变，于是

$$dQ_I/dV_s \approx 0$$

这样，在高频情况下，反型区的电容表达式(6.4-26)可以被简化，并能利用耗尽层近似来求得，即

$$C_s \approx -dQ_B / dV_s = \varepsilon_s / x_d \quad (6.4\text{-}27)$$

$$\frac{C}{C_{ox}} \approx \frac{1}{1+\dfrac{\varepsilon_{ox} x_d}{\varepsilon_s x_{ox}}} \quad (6.4\text{-}28)$$

随着直流偏压 V_G 的增加，x_d 增大，电容 C 按耗尽层的电容变化规律而减小。当表面形成了强反型层时，强反型层中的电子电荷随直流偏压而增加，对直流偏置电场起屏蔽作用。于是，耗尽层宽度不再改变，达到极大值 x_{dm}。这时，MOS 系统的电容 C 要达到极小值 C_{min}，之后，不随 V_G 的增加而变化。

对于由金属-二氧化硅-硅构成的电容器，在高频条件下，归一化电容极小值与半导体掺杂浓度和氧化层厚度的关系曲线如图 6.13 所示。

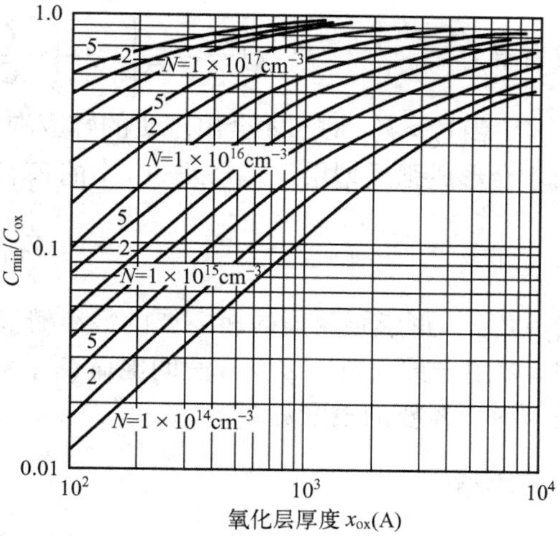

图 6.13 C_{min}/C_{ox} 与半导体掺杂浓度和氧化层厚度的关系曲线

在接近强反型区，如果测量电容的信号频率比较低，耗尽层中电子-空穴对的产生与复合过程能够跟得上信号的变化，那么反型层中的电子电荷的变化屏蔽了信号电场，dQ_I/dV_s 对表面电容的贡献是主要的，而耗尽层的宽度和电荷基本上不变。因此

$$dQ_B / dV_s \approx 0$$

在这种情况下，表面电容由反型层中电子电荷的变化所决定，即

$$C_s \approx -dQ_I / dV_s$$

在形成强反型以后，Q_I 随 V_s 变化很快，C_s 的数值很大。于是，根据式(6.4-7)，MOS 系统的电容 C 趋近 C_{ox}，即

$$C / C_{ox} \approx 1 \quad (6.4\text{-}29)$$

从图 6.10 中的低频 C-V 曲线可以看出，随着 V_G 的增加，C 经过一个极小值，而后迅速增大，最后趋近于 C_{ox}。

以上说明了 MOS 系统的 C-V 关系随测量频率变化的原因。在实验中通常利用约 10Hz 的频率可以测得低频曲线，用大于 10^4～10^5Hz 的频率可以测得高频曲线。至于究竟在什么频率下 MOS 电容由高频值过渡到低频值，这取决于耗尽层中少数载流子的产生率和复合率，以及有无提供少子的外界因素。例如，升高温度和光照等，都可以增加少数载流子，使表面少数载流子电荷随偏压的变化更加迅速，促使电容由高频值向低频值过渡。

如果 MOS 电容器是用 N 型半导体材料为衬底做成的，对 C-V 曲线的分析方法是完全类似的。对于这种情况，当偏压为正时，属于积累区；当偏压为负时，属于耗尽区和反型区。它们

的 C-V 曲线同 P 型的刚好相反。

5．阈值电压

MOS 结构的阈值电压定义为强反型层开始出现时所需的最小栅偏压，用 V_{TH} 表示。根据

$$V_G = -\frac{Q_S}{C_{ox}} + V_s$$

发生强反型时，$V_s = V_{si}$，$Q_s = Q_I + Q_B$，于是有

$$V_G = -\frac{Q_I}{C_{ox}} - \frac{Q_B}{C_{ox}} + V_{si}$$

或表示为
$$Q_I = -C_{ox}\left[V_G - \left(-\frac{Q_B}{C_{ox}} + V_{si}\right)\right] = -C_{ox}(V_G - V_{TH}) \tag{6.4-30}$$

可见，当 $V_G > V_{TH}$ 时，才会出现负的感应沟道电荷 Q_I。也就是说，只有当 $V_G > V_{TH}$ 时，半导体表面才会形成强反型层。式(6.4-30)中的 V_{TH} 就称为理想 MOS 结构的阈值电压，表示为

$$V_{TH} = -\frac{Q_B}{C_{ox}} + V_{si} \tag{6.4-31}$$

$V_G = V_{TH}$ 为形成强反型时所需要的最小栅极电压。从物理上说，它的第一项表示在形成强反型时，要用一部分电压去支撑空间电荷 Q_B；第二项表示要用一部分电压为半导体表面提供达到强反型时所需要的表面势 V_{si}。

小结

1. MOS 电容定义为
$$C = \mathrm{d}Q_M / \mathrm{d}V_G$$

MOS 电容由氧化层电容和半导体表面空间电荷区电容串联而成：$\frac{1}{C} = \frac{1}{C_{ox}} + \frac{1}{C_s}$，或 $\frac{C}{C_{ox}} = \frac{1}{1 + C_{ox}/C_s}$（后者称为归一化电容）。氧化层电容 $C_{ox} = \mathrm{d}Q_M/\mathrm{d}V_{ox} = \varepsilon_{ox}/x_{ox}$ 可以看做是介质层厚度为 x_{ox} 的平板电容。半导体表面电容定义为 $C_s = \mathrm{d}Q_M/\mathrm{d}V_s = -\mathrm{d}Q_S/\mathrm{d}V_s$。

2. 微分电容随偏压的变化规律称为电容-电压特性（C-V 特性）。由于氧化层电容是不变的常数，因此，MOS 电容的 C-V 特性反映了半导体表面电容随偏压变化的规律。

3. 在耗尽区
$$C_s = -\frac{\mathrm{d}Q_S}{\mathrm{d}V_s} = \frac{\varepsilon_s}{x_d}$$

$$\frac{C}{C_{ox}} = \left[1 + \left(\frac{2C_{ox}^2}{qN_A\varepsilon_s}\right)V_G\right]^{-1/2} = \left[1 + \frac{2\varepsilon_{ox}^2}{qN_A\varepsilon_s x_{ox}^2}V_G\right]^{-1/2}$$

式(6.4-21)表示，C_s 相当于一个两板间距为 x_d 的平板电容。由于随着外加偏压 V_G 的增加，x_d 将增大，因而电容 C_s 将减小。由 C_s 和 C_{ox} 串联而成的 MOS 电容也将随 V_G 的增加而减小。式(6.4-25)和图 6.13 给出了 MOS 归一化电容与杂质浓度和氧化层厚度的关系。

4. 在反型区
$$C_s = -\frac{\mathrm{d}Q_I}{\mathrm{d}V_s} - \frac{\mathrm{d}Q_B}{\mathrm{d}V_s}$$

沟道电荷的变化主要依靠少子的产生与复合，这个过程的快慢由少子寿命决定，也和测量信号的频率有关。在高频情况下，当表面形成了强反型层时，MOS 系统的电容 C 达到极小值 C_{min}。在低频情况下在形成强反型以后 $C/C_{ox} \approx 1$。

5. 形成强反型时所需要的最小栅极电压称为理想 MOS 结构的阈值电压：

$$V_{TH} = -Q_B / C_{ox} + V_{si}$$

第一项表示在形成强反型时，要用一部分栅偏压去支撑体空间电荷Q_B；第二项表示要用一部分栅偏压为半导体表面提供达到强反型时所需要的表面势V_{si}。

6. 沟道电荷与偏压的关系为

$$Q_I = -C_{ox}(V_G - V_{TH})$$

这说明沟道电荷(从而沟道电导)受到偏压V_G控制，这正是MOSFET工作的基础——场效应。

6.5 实际MOS电容的*C-V*特性

教学要求

1. 正确画出铝-二氧化硅-硅系统的能带图。
2. 根据能带图说明$V_{G1} = \phi'_{ms} = \phi'_m - \phi'_s$。
3. 了解在二氧化硅、二氧化硅-硅界面系统存在的电荷及其主要性质。
4. 导出平带电压式(6.5-4)，理解并掌握式(6.5-10)。
5. 理解式(6.5-11)各项的意义。

对于实际的MOS系统，由于金属与半导体的功函数不同，它们之间有接触电势差。在氧化层中存在着固定电荷和可动电荷，在氧化层和半导体交界面上存在着界面态。这些因素都能在半导体表面产生电场，影响MOS系统的*C-V*特性。正因为如此，通过分析实际MOS系统的*C-V*特性与理想结果的差别，就能对绝缘层中的电荷、半导体界面态等有比较清楚的了解。测试MOS系统的*C-V*特性成为研究半导体表面的有力工具，也能够为有关器件的设计提供指导性的意见。

6.5.1 功函数差的影响

首先考虑金属和半导体功函数差的影响。以铝电极和P型硅衬底为例，铝的功函数比P型硅的小，前者的费米能级比后者的高。构成MOS系统，当达到热平衡时，要求系统的费米能级为常数。功函数差的存在使面对二氧化硅一侧的硅表面形成空间电荷区，空间电荷区中能带将向下弯曲。这意味着当MOS系统没有外加偏压时，半导体表面就存在着表面势V_s，能带下弯说明$V_s>0$，如图6.14(a)所示。图中，$q\phi'_m$和$q\phi'_s$分别为金属和半导体相对于二氧化硅的修正功函数，这是由于功函数定义为把一个电子从费米能级移到真空能级上所需要做的功。在MOS系统中，相应地考虑从金属和半导体中的费米能级到二氧化硅的导带边缘的修正功函数(真空能级到二氧化硅的导带边缘的能量差为 0.9eV)更方便些。几种金属的功函数和修正功函数列于表6.1中。图6.14(b)中χ'为硅的修正电子亲合能，它定义为把一个电子从硅的导带底E_c移到二氧化硅的导带底所需要做的功。电子亲和能用χ来表示，定义为把一个电子从导带E_c移到真空能级所需要做的功。χ'和χ相差0.9eV。

从能带图可以看出，由于接触前金属的费米能级和半导体的费米能级不同，也就是说由于存在

$$E_{FM} - E_{FS} = -(q\phi'_m - q\phi'_s) = -q\phi'_{ms} \tag{6.5-1}$$

造成了半导体表面能带的弯曲。式(6.5-1)中$\phi'_{ms} = \phi'_m - \phi'_s$定义为金属与半导体的功函数电势差。因此，欲使半导体表面能带恢复平直，需要加栅极偏压V_{G1}，使得

$$qV_{G1} = q\phi'_m - q\phi'_s$$

即

$$V_{G1} = \phi'_{ms} \tag{6.5-2}$$

对于Al-SiO_2-Si(P)系统，$\phi'_{ms} < 0$。另一种广泛应用的栅极材料是重掺杂的多晶硅。铝的电子功函数是4.1eV，N^+多晶硅的电子功函数是3.95eV。实验证明，对于P型硅，用铝和N^+多晶硅做栅电极，ϕ'_{ms}总是负的，多晶硅的ϕ'_{ms}负得更多。偏压V_{G1}的一部分用来拉平二氧化硅的能带，一部分用来抵消半导体的表面势V_s，拉平半导体表面的能带，故称为平带电压，结果如图6.14(b)所示。

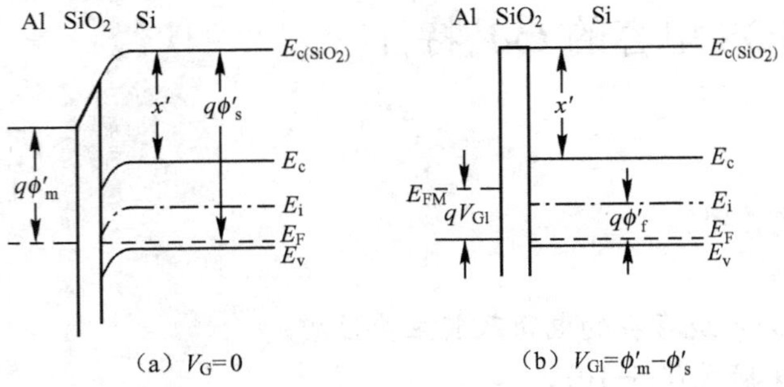

图6.14 Al-SiO_2-Si(P)结构的能带图

表6.1 金属-SiO_2系统的功函数和修正函数

金 属	ϕ_m（V）	ϕ'_m（V）
Al	4.1	3.2
Ag	5.1	4.2
Au	5.0	4.1
Cu	4.7	3.8
Mg	3.35	2.45
Ni	4.55	3.65

注：$\phi'_m = \phi_m - 0.9$ V

在室温下，硅的修正电子亲合能χ'的实验值为3.25 eV，$E_g = 1.1$ eV。因而，根据图6.14(b)，硅的修正功函数可表示为

$$\phi'_s = 3.25 + \frac{1.1}{2} + \phi_f = (3.8 + \phi_f)\text{V} \tag{6.5-3}$$

对于以上结构，由于功函数差的出现，使得平带状况所对应的外加偏压由原来的$V_G = 0$改变为$V_G = V_{G1}$。在一般情况下，外加偏压V_G的一部分V_{G1}用来使能带拉平，剩下的一部分$(V_G - |V_{G1}|)$起到理想MOS系统中V_G的作用。这一事实表明，对于半导体的空间电荷以及MOS的C-V特性而言，$(V_G - |V_{G1}|)$起着有效电压的作用。实际MOS系统的电容C作为$(V_G - |V_{G1}|)$的函数，与理想MOS系统的电容C作为V_G的函数，在形式上应该是一样的。也就是说，将理想MOS的C-V特性中的V_G换成$(V_G - |V_{G1}|)$就得到了实际MOS的C-V特性。考虑到功函数差的影响，式(6.4-31)应当改写成

$$V_{TH} = \phi'_{ms} - \frac{Q_B}{C_{ox}} + V_{si} \tag{6.5-4}$$

例6.2 在$N_D = 10^{15}\ \text{cm}^{-3}$的N型{111}硅衬底上制成一铝栅MOS结构。栅极氧化层厚度为120nm，在氧化硅–硅界面的表面电荷密度为$3\times10^{11}\ \text{cm}^{-2}$，计算阈值电压(二氧化硅相对介电常数$\varepsilon_{rox} = 4$)。

解： 首先求氧化硅电容 $C_{ox} = \varepsilon_{ox} / x_{ox} = 2.9\times10^{-8}(\text{F/cm}^2)$

令$n = N_D$，由式(6.3-24)求得 $\phi_f = -V_T \ln\dfrac{N_D}{n_i} = -0.29$ (V)

由表6.1和式(6.5-2)计算功函数差

$$\phi'_{ms} = 3.2 - (3.8 - 0.29) = -0.31(\text{V})$$

$$Q_B = \sqrt{-4\varepsilon_s q N_D \phi_f} = \sqrt{-4\times11.8\times8.85\times10^{-14}\times1.6\times10^{-19}\times10^{15}\times(-0.29)} = 1.4\times10^{-8}(\text{C/cm}^2)$$

由式(6.5-4)，阈值电压为

$$V_{TH}=\phi'_{ms}-\frac{Q_B}{C_{ox}}+V_{si}=-0.31-2\times0.29-\frac{(1.6\times10^{-19})(3\times10^{11})}{2.9\times10^{-8}}-\frac{1.4\times10^{-8}}{2.9\times10^{-8}}$$
$$=-0.31-0.58-1.65-0.48\approx-3.0(\text{V})$$

6.5.2 界面陷阱和氧化物电荷的影响

在热平衡时，MOS 系统除功函数差之外，还受氧化层电荷和 Si-SiO$_2$ 界面陷阱的影响，这些陷阱和电荷的基本分类如图 6.15 所示。这些电荷主要有界面陷阱电荷、氧化物固定电荷、氧化物陷阱电荷和可动离子电荷。

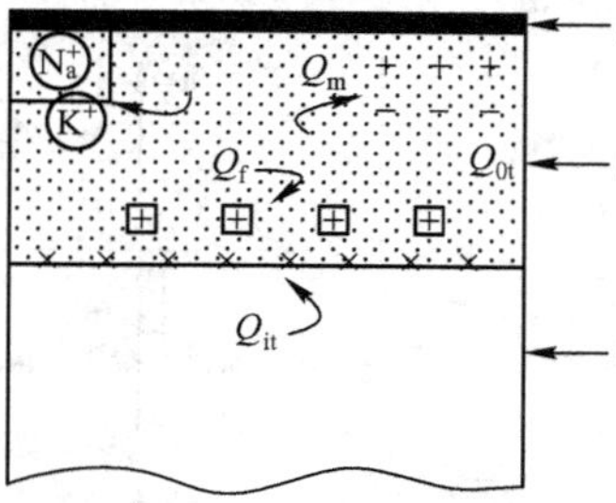

图 6.15　Si-SiO$_2$ 系统中的各类电荷

1．界面陷阱电荷(interface trapped charge) Q_{it}

Q_{it} 起因于 Si-SiO$_2$ 界面的性质，并取决于界面的化学成分。在 Si-SiO$_2$ 界面上的陷阱等界面态，其能级位于硅禁带之内。这种界面态可以在很短的时间内和二氧化硅下面的半导体交换电荷，故有快界面态之称。界面态密度(即单位面积陷阱数)和晶面取向有关。(100)面的界面态密度比(111)面的约小一个数量级。对于硅(100)面，Q_{it} 很低，约为10^{10} cm^{-2}，即大约10^5个表面原子才有一个界面陷阱电荷；对于硅(111)面，Q_{it} 约为10^{11} cm^{-2}。

2．氧化物固定电荷(Oxide fixed charge) Q_f

Q_f 位于 Si-SiO$_2$ 界面约 3 nm 的范围内，这些电荷是固定的，在表面势 V_s 大幅度变化时，它们不能充放电。Q_f 通常是正的，并和氧化、退火条件以及 Si 的晶面取向有关，经仔细处理的 Si-SiO$_2$ 系统，(100)面的氧化层固定电荷密度的典型值为10^{10} cm^{-2}，(111)面的典型值为5×10^{10} cm^{-2}，因为(100)面的 Q_{it} 和 Q_f 较低，故硅 MOSFET 一般多使用(100)晶面。

3．氧化物陷阱电荷(Oxide trapped charge) Q_{ot}

Q_{ot} 和二氧化硅缺陷有关。例如，在受到 X 射线辐射或高能电子轰击时，就可能产生这类电荷。这些陷阱分布在二氧化硅层内。这些电荷和工艺过程有关，大都可以通过低温退火消除。

4．可动离子电荷(Mobile ionic charge) Q_m

对于诸如钠离子和其他碱金属离子，在高温和高压下工作时，它们能在氧化层内移动。半导体器件在高偏置电压和高温条件下工作时的可靠性问题，可能和微量的碱金属离子玷污有关。在高偏置电压和高温条件下，可动离子随着偏置条件的不同，可以在氧化层内来回移动，引起 C-V 曲线沿电压轴移动。因此，在器件制造过程中要特别注意可动离子玷污问题。

上述各类电荷是指单位面积中有效的净电荷。下面将计算这些电荷对平带电压的影响。

设氧化层单位面积上有正电荷 Q_{ox}，位于 x 处的一薄层中，如图 6.16(a)所示。这些正电荷会在金属表面上感应出一部分负电荷 Q_M，在半导体表面感应出一部分负电荷 Q_S，并且 $Q_M+Q_S=Q_{ox}$。由于 Q_S 的出现，在没有外加偏压 V_G 的情况下，也将使半导体表面能带发生弯曲，半导体表面带有正的表面势 V_s。若克服该表面势或者说使能带平直，则需在金属电极上加一负电压 V_{G2}，使得金属上负的面电荷 Q_M 增加到与绝缘层中的正电荷 Q_{ox} 数值相等。这样使氧化层中的正电荷发出的电力全部终止到金属电极上而对半导体表面不发生影响，如图 6.16(b)所示。这时，半导体表面恢复到平带情况(不考虑功函数差的影响)。金属电极上所加的电压 V_{G2} 即为克服 Q_{ox} 影响所需要的平带电压，显然

$$V_{G2} = -Q_{ox} / C$$

式中

$$C = \varepsilon_{ox} / x$$

是厚度为 x 的氧化层电容。于是有

$$V_{G2} = \frac{Q_{ox}}{\varepsilon_{ox}} x = \frac{Q_{ox}}{C_{ox}} \frac{x}{x_{ox}} \tag{6.5-5}$$

式中，C_{ox} 为单位面积的氧化层电容。

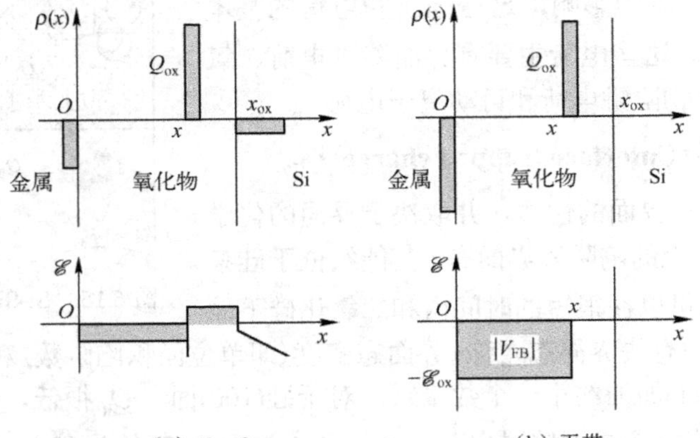

图 6.16　氧化层内薄层电荷的影响

从式(6.5-5)可以看出，绝缘层中正电荷对平带电压的影响与它们的位置有关。它们离金属电极越近（x 越小），对平带电压的影响越小。如果正电荷在金属与绝缘层界面附近，则对平带电压的影响可以忽略不计。

如果氧化层中正电荷连续分布，电荷体密度为 $\rho(x)$，则在位于 x 到 $x+\mathrm{d}x$ 的薄层中，面电荷密度为 $\rho(x)\mathrm{d}x$。根据式(6.5-5)，克服它们的影响所需要的平带电压为

$$\mathrm{d}V_{G2} = -\frac{1}{C_{ox}} \frac{x}{x_{ox}} \rho(x)\mathrm{d}x \tag{6.5-6}$$

将式(6.5-6)对整个氧化层厚度积分(叠加法)，便得到与这些正电荷有关的总的平带电压

$$V_{G2} = -\frac{1}{C_{ox}} \int_0^{x_{ox}} \frac{x}{x_{ox}} \rho(x)\mathrm{d}x = -\frac{Q_{ox}}{C_{ox}} \tag{6.5-7}$$

式中

$$Q_{ox} = \int_0^{x_{ox}} \frac{x}{x_{ox}} \rho(x)\mathrm{d}x \tag{6.5-8}$$

式(6.5-8)表明，氧化层中连续分布的正电荷，就其对 C-V 特性和平带电压的影响而言，相当于在氧化层与半导体交界面附近存在面密度为 Q_{ox} 的正电荷是一样的，所以 Q_{ox} 被称为有效面电荷。有效面电荷与实际面电荷不同，它不仅与电荷的实际数量有关，而且还依赖于在绝缘层中的分布情况。

根据式(6.5-8)，对于氧化层内陷阱电荷和可动离子电荷，由电荷体密度 $\rho_{ot}(x)$ 和 $\rho_m(x)$，就可以得到 Q_{ot}、Q_m，以及它们各自对平带电压的影响，表示为

$$Q_{ot} = \int_0^{x_{ox}} \frac{x}{x_{ox}} \rho_{ot}(x)\mathrm{d}x \tag{6.5-9}$$

$$Q_m = \int_0^{x_{ox}} \frac{x}{x_{ox}} \rho_m(x)\mathrm{d}x \tag{6.5-10}$$

为方便计算，把上述四种电荷统称为氧化层电荷，且记为 Q_{ox}。

在大多数情况下，在硅-二氧化硅界面上由界面态引起电荷占优势。在式(6.5-5)中取 $x = x_{ox}$，则得平带电压

$$V_{G2} = -Q_{ox} / C_{ox} \tag{6.5-11}$$

6.5.3 实际 MOS 的 *C-V* 曲线和阈值电压

综合功函数差和氧化层电荷的影响，为实现平带条件所需的偏压(即平带电压)，表示为

$$V_{FB} = V_{G1} + V_{G2} = \phi'_{ms} - Q_{ox} / C_{ox} \tag{6.5-12}$$

以上分析说明，平带电压的出现，使得平带状态所对应的外加偏压，由原来的理想 MOS 电容的 $V_G = 0$，改变为 $V_G = V_{FB}$。在一般情况下，V_G 的一部分 V_{FB} 用来拉平二氧化硅和半导体的能带，剩下的一部分($V_G - |V_{FB}|$)起到理想 MOS 系统 V_G 的作用。因此，考虑到平带电压，*C-V* 特性曲线则沿着电压轴整个平移了一段距离 V_{FB}。由于 V_{FB}<0，所以 *C-V* 曲线向左移动，如图 6.17 所示。

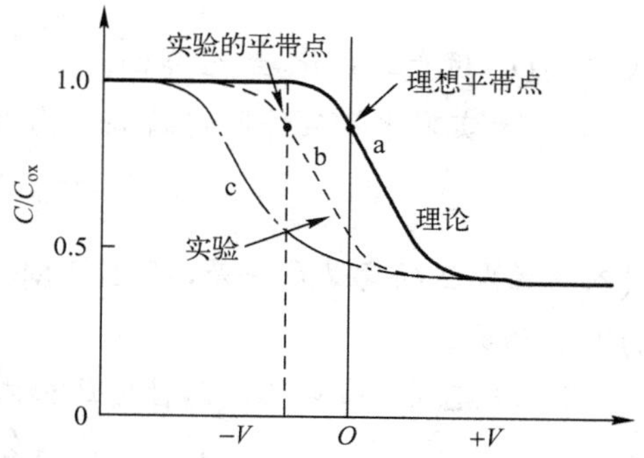

图 6.17 氧化物固定电荷和界面电荷对 MOS 二极管 *C-V* 曲线的影响

在图 6.17 中，曲线 a 表示理想 MOS 电容的 *C-V* 曲线，曲线 b 为考虑到平带电压 V_{FB} 影响的 MOS 电容的 *C-V* 曲线，它是由曲线 a 沿着电压轴平移 V_{FB} 而得到的。此外，如果存在大量的随表面势变化的界面陷阱电荷，那么也将使 *C-V* 曲线位移，并且位移量本身是随着表面势变化的。因此，由于界面陷阱电荷的作用，曲线 c 不仅平移，而且变形。

考虑到平带电压，阈值电压必须修正。对于功函数差和氧化层电荷的影响，阈值电压公式(6.4-31)应该改写成

$$V_{TH} = V_{FB} - \frac{Q_B}{C_{ox}} + V_{si} = \phi'_{ms} - \frac{Q_{ox}}{C_{ox}} - \frac{Q_B}{C_{ox}} + V_{si} \tag{6.5-12}$$

式中，第一项是为消除半导体和金属的功函数差的影响，在金属电极上相对于半导体所需要外加的电压；第二项是为了把绝缘层中正电荷发出的电力线全部吸引到金属电极一侧，即消除硅-二氧化硅界面陷阱和二氧化硅电荷的影响，所需要外加的电压；第三项是当半导体表面开始出现强反型层时，半导体空间电荷区中的体电荷 Q_B 与金属电极的相应电荷在绝缘层上所产生的电压降，即支撑出现强反型时体电荷 Q_B 所需要的外加电压；第四项是开始出现强反型层时，半导体表面所需的表面势，也就是跨在空间电荷区上的电压降。

使用式(6.5-12)所给出的 V_{TH}，式(6.4-30)仍然成立。

小结

1. 由于功函数差，MOS 系统在没有外加偏压的时候，在半导体表面就存在表面势。因此，欲使能带平直，即除去功函数差所带来的影响，就必须在金属电极上加电压，即

$$V_{G1} = \phi'_m - \phi'_s = \phi'_{ms}$$

这个电压一部分用来拉平二氧化硅的能带，一部分用来拉平半导体的能带，使 $V_s = 0$，因此称其为平带电压。

2. 在二氧化硅和二氧化硅-硅界面系统，存在界面陷阱电荷 Q_{it}、氧化物固定电荷 Q_f、氧化物陷阱电荷 Q_{ot}、可动离子电荷 Q_m。综合看来，可以把它们看做是位于二氧化硅-硅界面的正电荷 Q_{ox}。

3. 克服二氧化硅内位于 x 处的电荷片 Q_{ox} 造成的能带弯曲所需的平带电压为

$$V_{G2} = \frac{Q_{ox}}{\varepsilon_{ox}} x = \frac{Q_{ox}}{C_{ox}} \frac{x}{x_{ox}}$$

如果氧化层中正电荷连续分布，电荷体密度为 $\rho(x)$，则总的平带电压为

$$V_{G2} = -\frac{1}{C_{ox}} \int_0^{x_{ox}} \frac{x}{x_{ox}} \rho(x) \mathrm{d}x = -\frac{Q_{ox}}{C_{ox}}$$

在大多数情况下，在硅-二氧化硅界面上由界面态引起的电荷占优势，平带电压为

$$V_{G2} = -Q_{ox} / C_{ox}$$

式中，Q_{ox} 位于二氧化硅-硅界面。

4. 为实现平带条件所需的偏压称为平带电压。在实际 MOS 系统中

$$V_{FB} = V_{G1} + V_{G2} = \phi'_{ms} - \frac{Q_{ox}}{C_{ox}}$$

引入平带电压的意义之一是，将理想 MOS 的 C-V 曲线沿着电压轴平移 V_{FB}，即可得到实际 MOS 的 C-V 曲线。

5. 考虑到平带电压，阈值电压公式(6.4-31)应该改写成

$$V_{TH} = V_{FB} - \frac{Q_B}{C_{ox}} + V_{si} = \phi'_{ms} - \frac{Q_{ox}}{C_{ox}} - \frac{Q_B}{C_{ox}} + V_{si}$$

思考题与习题

6-1 什么是施主态、受主态、表面复合中心？

6-2 叙述理想 MIS 的基本假设，说明其意义。

6-3 什么是功函数？用表达式表示出功函数之差与费米能级之差的关系。

6-4 表面势是怎样定义的？确定表面势以何处作为电势参考点？表面势是否等于偏压 V_G？表面势与空间电荷区内建电势差有何关系？

6-5 以金属-绝缘体-N 型半导体理想 MIS 结构为例，用结构示意图说明空间电荷区的形成并指出其空间电荷的种类：（1）$V_G > 0$；（2）$V_G < 0$。

6-6 在题 6-5 中：（1）标明空间电荷区和绝缘层中的电场方向；（2）指出表面势的正负号。

6-7 写出半导体表面空间电荷区内，电势 $V(x)$ 与附加电势能 $\Delta E(x)$ 之间关系的表达式。

6-8 分别指出题 6-5 中两种情况下的附加电势能 ΔE 的正负号并判断能带弯曲的方向。

6-9 已知半导体的导电类型，能否根据表面势的符号判断能带弯曲的方向？

6-10 什么是载流子反型？判断载流子反型的标准(或者说载流子反型的条件)是什么？

6-11 什么是强反型？判断强反型的标准是什么？

6-12 什么是体费米势？N 型半导体的体费米势大于零还是小于零？P 型半导体呢？

6-13 发生载流子反型以后，表面空间电荷由哪几种电荷构成？

6-14 以金属-绝缘体-N 型半导体理想 MIS 结构为例，分别画出下列五种情况下的简化能带图：（1）热平衡状态；（2）载流子积累；（3）载流子耗尽；（4）刚刚发生载流子反型；（5）强反型。

6-15 为什么发生强反型以后，偏压 V_G 继续增加，半导体表面势、空间电荷区的势垒高度、固定的电离杂质电荷 Q_B 以及空间电荷区的宽度基本上保持不变？

6-16 理想 MOS 微分电容可以看做是氧化层电容和半导体表面微分电容的串联，画出 MOS 电容的等效电路并写出归一化 MOS 电容的表达式。

6-17 分别绘出 MOS 电容在低频和高频情况下的 C-V 特性曲线，分段解释电容随偏压变化的物理原因。

6-18 在 MOS 结构中，减薄氧化层厚度对 C-V 曲线有何影响？如果改变衬底掺杂浓度，对 C-V 曲线有

何影响？

6-19　什么是理想MOS的阈值电压？解释阈值电压公式(6.4-31)中各项的物理意义。

6-20　以铝-二氧化硅-P型硅MOS为例，画出能带图说明功函数差对半导体表面势和能带的影响。

6-21　在二氧化硅、二氧化硅-硅界面系统存在哪些电荷？它们的主要性质是什么？对半导体的能带有什么影响？

6-22　什么是平带电压？引入平带电压有什么意义？

6-23　写出阈值电压公式(6.5-12)，解释各项的物理意义。

6-24　导出平带电压公式(6.5-2)、(6.5-7)。

6-25　根据电磁场边界条件导出式(6.2-1)。

6-26　由式(4.3-10)和式(4.3-11)导出式(6.3-4)和式(6.3-5)。

6-27　由式(4.3-10)和式(4.3-11)导出式(6.3-9)和式(6.3-13)。

6-28　解泊松方程，导出耗尽层中电场强度表达式(6.3-19)、电势表达式(6.3-20)、表面势表达式(6.3-21)和空间电荷区宽度表达式(6.3-22)。

6-29　导出反型条件公式(6.3-23)。

6-30　导出强反型条件公式(6.3-25)。

6-31　导出理想MOS阈值电压公式(6.4-31)。

6-32　根据能带图6.14(b)验证，硅的修正功函数为

$$\phi_s' = 3.25 + \frac{1.1}{2} + \phi_f = (3.8 + \phi_f)\text{V}$$

6-33　计算受主浓度$N_A = 10^{17}\text{cm}^{-3}$的P型硅室温下的修正功函数。不考虑表面态的影响，它分别同Al, Au, Pt接触时，形成势垒(阻挡层)还是势阱(反阻挡层)？

6-34　对于电阻率为8 Ω·cm的N型硅，求当表面势$V_s = -0.24\text{V}$时耗尽层的宽度。

6-35　设氧化层厚度为1μm的P型Si MOS结构的衬底掺杂浓度N_A分别为$10^{15}/\text{cm}^3$和$10^{16}/\text{cm}^3$，比较这两种结构的耗尽层电容和MOS电容的极小值。

6-36　施主浓度为$N_D = 10^{16}\text{cm}^{-3}$的N型衬底MOS电容，施加偏压$V_G < 0$，使半导体表面处于耗尽状态。

（1）求耗尽层内的电势分布$V(x)$；

（2）若表面势$V_s = -0.4\text{V}$，$V_G = -5\text{V}$，求耗尽层厚度。

6-37　理想MOS电容器，衬底是掺杂浓度$N_A = 1.5\times10^{15}\text{cm}^{-3}$的P型硅。如果氧化层厚度$x_{ox} = 0.1\mu\text{m}$时，阈值电压$V_{TH} = 1.1\text{V}$。求氧化层厚度$x_{ox} = 0.2\mu\text{m}$时的阈值电压。

6-38　一个N型硅样品，电阻率为$3\Omega\cdot\text{cm}$。试求在开始出现强反型时，表面空间电荷区中反型层边界的位置x_I。硅的介电常数$\varepsilon_r = 12$，$\mu_n = 1350/(\text{V}\cdot\text{s})$。

6-39　导出下列情况下的平带电压。

（1）氧化层中均匀分布着电荷；

（2）三角形电荷分布，金属附近高，硅附近为零；

（3）三角形电荷分布，硅附近高，金属附近为零。

设三种情况下，单位面积的总离子数都为10^{12}cm^{-2}，氧化层厚度为0.2μm，$\varepsilon_{rSiO_2} = 4.0$。

6-40　P型硅样品$N_A = 1.04\times10^{16}\text{cm}^{-3}$，修正电子亲合能$\chi' = 3.25\text{eV}$，修正功函数为$\phi_s' = 3.9\text{eV}$。求室温下半导体的表面势。

6-41　一个均匀掺杂的N型硅样品$N_A = 2.8\times10^{16}\text{cm}^{-3}$。设样品表面存在密度为$N_s = 6.0\times10^{11}\text{cm}^{-2}$的受主态，它们的相应能级连续地、均匀地分布在价带顶和导带底之间。求半导体的表面势。

第 7 章　PN 结

由 P 型半导体和 N 型半导体实现冶金学接触（原子级接触）所形成的结构叫做 PN 结。PN 结是几乎所有半导体器件的基本单元。除金属-半导体接触器件外，所有结型器件的基本结构单元都是 PN 结。PN 结本身就是一种器件——整流器。PN 结包含丰富的半导体物理学和半导体器件物理知识，掌握 PN 结的物理原理是学习半导体器件物理的基础。

任何两种物质（绝缘体除外）的冶金学接触都称为结，有时也称为接触。

由同种半导体（如硅）构成的结称为同质结，由不同种半导体（如硅和锗）构成的结称为异质结。由同种导电类型的半导体（如 P-硅和 P-硅、P-硅和 P-锗）构成的结称为同型结，由不同种导电类型的半导体（如 P-硅和 N-硅、P-硅和 N-锗）构成的结称为异型结。因此，半导体结有同型同质结、同型异质结、异型同质结和异型异质结之分。广义地说，金属和半导体接触也是异质结，不过为了更突出其具体意义，把它们叫做金属-半导体接触或金属-半导体结（M-S 结）。

自 20 世纪 70 年代以来，制备硅 PN 结的主要技术是硅平面工艺。硅平面工艺包括以下主要的工艺技术：

1950 年，奥尔（R.Ohl）和肖克利（Shockley）发明的离子注入工艺；

1956 年，富勒（C.S.Fuller）发明的扩散工艺；

1960 年，卢尔（H.H.Loor）和克里斯坦森（Christenson）发明的外延工艺；

1970 年，斯皮勒（E.Spiller）和卡斯特兰尼（E.Castellani）发明的光刻工艺；正是光刻工艺的出现才使硅器件制造技术进入平面工艺技术时代，才有大规模集成电路和微电子学飞速发展的今天。

上述工艺和真空镀膜技术、氧化技术以及测试、封装工艺等构成了硅平面工艺的主体。

形成 PN 结的最普遍方法是杂质扩散。图 7.1 所示为采用硅平面工艺制备 PN 结的主要工艺过程及 PN 结的结构。扩散方法得到的杂质分布与余误差函数或高斯函数相符。图 7.2 所示为杂质扩散 PN 结的杂质分布示意图。在实际问题中，通常用突变结和线性缓变结来近似地描述扩散结。突变结的杂质分布如图 7.2（a）所示，在 N 型区和 P 型区之间杂质分布的过渡是陡峭的，即

$$N(x)=N_A-N_D=N_A,\ x\leqslant x_j \tag{7.0-1}$$

$$N(x)=N_A-N_D=-N_D,\ x\geqslant x_j \tag{7.0-2}$$

x_j 为 PN 结结深。线性缓变结的杂质分布如图 7.2（b）所示，杂质分布在 N 型区和 P 型区之间的过渡是渐变的，即

$$N(x)=N_A-N_D=-ax \quad \text{（杂质渐变区）} \tag{7.0-3}$$

采用这两种模型进行的理论计算和实际扩散结的一级近似符合得很好。由于突变结更易于进行解析描述，所以以下的分析主要是建立在突变结的基础上，同时给出线性缓变结的相应结果。

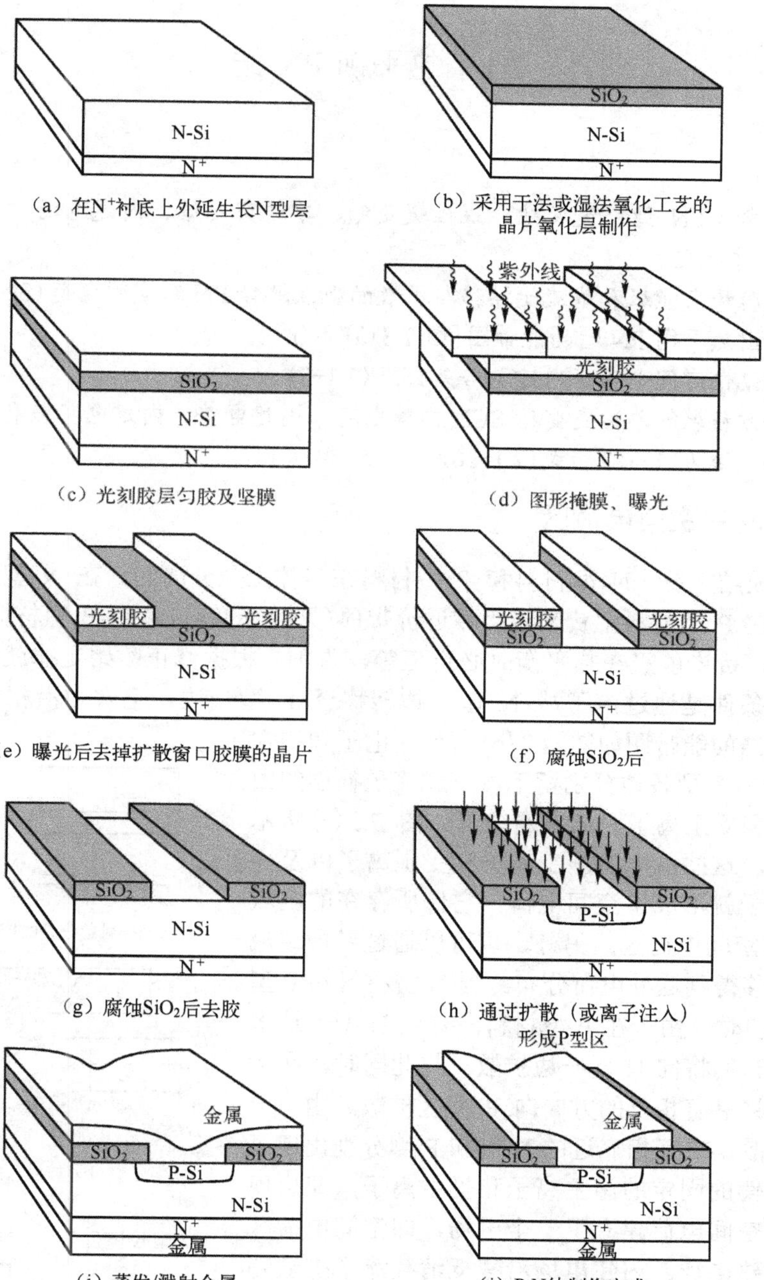

（a）在N+衬底上外延生长N型层
（b）采用干法或湿法氧化工艺的晶片氧化层制作
（c）光刻胶层匀胶及坚膜
（d）图形掩膜、曝光
（e）曝光后去掉扩散窗口胶膜的晶片
（f）腐蚀SiO_2后
（g）腐蚀SiO_2后去胶
（h）通过扩散（或离子注入）形成P型区
（i）蒸发/溅射金属
（j）P-N结制作完成

图 7.1　采用单晶硅材料制作的 PN 结的主要工艺过程

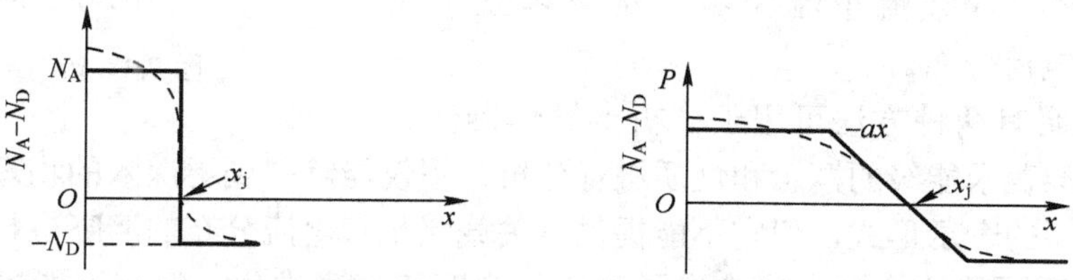

（a）突变结近似（实线）的窄扩散结（虚线）　（b）线性缓变结近似（实线）的深扩散结（虚线）

图 7.2　杂质扩散 PN 结的杂质分布示意图

7.1　热平衡PN结

教学要求

1. 掌握概念：PN 结、突变结、线性缓变结、单边突变结、内建电场、内建电势差、势垒、耗尽近似、中性区。

2. 分别采用费米能级和载流子漂移与扩散的观点解释PN结空间电荷(SCR)的形成。

3. 正确画出热平衡PN结的能带图[图7.3(a)和(b)]。

4. 导出并记忆空间电荷区内建电势差公式(7.1-7)。

5. 解泊松方程求解单边突变结SCR内建电场、内建电势、内建电势差和耗尽层宽度，并记忆式(7.1-17)、式(7.1-18)和式(7.1-20)。

7.1.1　PN结空间电荷区

假设在形成结之前，N型材料和P型材料在实体上是分离的。在N型材料中费米能级靠近导带底，在P型材料中费米能级靠近价带顶(见图7.3(a))。当P型材料和N型材料被连接在一起时，费米能级在热平衡时必定恒等，否则，根据修正欧姆定律就要流过电流。恒定费米能级的条件是通过电子从N型一边转移至P型一边，空穴则沿相反方向转移实现的。平衡PN结的能带图如图7.3(b)所示。电子和空穴的转移在N型和P型各边分别留下没有载流子补偿的固定的施主离子和受主离子。结果建立了如图7.3(c)所示的两个电荷层。这些荷电的施主离子和受主离子以及少量的自由载流子就形成了空间电荷。它们所存在的区域就是PN结的空间电荷区。另外，也可以通过考虑载流子的扩散和漂移得到这种电荷分布。当N型材料和P型材料形成PN结时，由于在P型材料中有比N型一边多得多的空穴，它们将向N型一边扩散。与此同时，在N型一边的电子将沿着相反的方向向P型区扩散。由于电子和空穴的扩散，在互相靠近的N侧和P侧分别出现了没有载流子补偿的固定的施主离子和受主离子，即出现了空间电荷。空间电荷建立了一个电场，即空间电荷区电场，也叫内建电场。内建电场沿着抵消载流子扩散趋势的方向，它使载流子向着与扩散运动相反的方向做漂移运动。在热平衡时，载流子的漂移运动和扩散运动达到动态平衡，使得净载流子流为零。结果建立了如图7.3(c)所示的电荷分布。

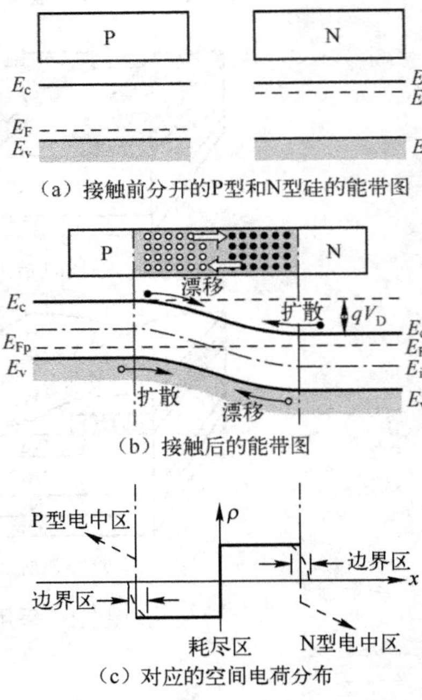

图7.3　PN结示意图

上述讨论说明有两种方法可用于分析半导体器件。采用费米能级和准费米能级的概念和性质进行分析，不仅能够得到更深入的物理理解，往往还会导致简单而精巧的表示形式，但它不能提供有关载流子和电流分布的清晰资料。

载流子扩散和漂移的分析直接给出了载流子浓度和电流成分，但它不能提供有关内部物理机制的详细知识。在大多数工程书籍中，采用的是第二种方法。下面将采用这种方法并将准费米能级描述作为讨论的补充。

7.1.2 电场分布与电势分布

电荷分布与静电势之间的关系可用泊松方程，即式(5.10-12)表示。在一维情况下为

$$\frac{d^2V}{dx^2}=-\frac{\rho}{\varepsilon}=-\frac{q}{\varepsilon}(p-n+N_D-N_A) \tag{7.1-1}$$

电子和空穴浓度分别用式(4.6-6)和式(4.6-7)表示。若取费米势为零基准，则可分别采用式(4.6-9)和式(4.6-10)，现重写如下：

$$n=n_i e^{V/V_T} \tag{7.1-2a}$$

$$p=n_i e^{-V/V_T} \tag{7.1-2b}$$

式(7.1-1)和式(7.1-2)可用于 PN 结中的各种区域。这些区域是：(1) 远离空间电荷区的中性区；(2) 其中有固定电荷但无自由载流子的区域，即耗尽区或耗尽层；(3) 中性区和耗尽区之间的边界层。

1．中性区

远离空间电荷区的 P 型区和 N 型区不存在空间电荷，电阻率很低，称为中性区。在中性区，电荷的总密度为零。于是，式(7.1-1)成为

$$d^2V/dx^2=0 \tag{7.1-3}$$

$$p-n+N_D-N_A=0 \tag{7.1-4}$$

对于 N 型中性区，$N_A=0$，$p\ll n$。在图 7.3(b)中，将 N 型中性区中的电势记为V_n。在式(7.1-4)中，令$N_A=p=0$并代入式(7.1-2a)中，得

$$V_n=V_T\ln\frac{N_D}{n_i} \tag{7.1-5}$$

在 P 型中性区采用同样的方法，得到 P 型中性区的电势为

$$V_p=-V_T\ln\frac{N_A}{n_i} \tag{7.1-6}$$

因而，在 N 型一边与 P 型一边中性区之间的电位差为

$$V_D=V_n-V_p=V_T\ln\frac{N_D N_A}{n_i^2} \tag{7.1-7}$$

V_D称为内建电势差或扩散电势差。这一电势差存在于热平衡的 PN 结中。在热平衡情况下，由于V_D的存在，电子从 N 区进入到 P 区，空穴从 P 区进入到 N 区，都需要克服静电势能qV_D，或者说需要跨越势垒qV_D。

从费米能级恒定的原理来看，热平衡 PN 结具有统一的费米能级。形成 PN 结之前，N 区费米能级比 P 区费米能级高。形成 PN 结之后，费米能级恒定，要求 N 区费米能级相对 P 区费米能级下降 $E_{Fn}-E_{Fp}$。根据式(5.6-1)和式(5.6-2)，得

$$E_{Fn}-E_{Fp}=qV_T\ln\frac{N_D N_A}{n_i^2}=qV_D$$

即

$$qV_D=E_{Fn}-E_{Fp} \tag{7.1-8}$$

可见，内建电势差qV_D就是热平衡情况下 N 型半导体和 P 型半导体费米能级之差。

2．边界层

在边界层中，既存在着一些失去电子和空穴中和的离化施主和离化受主，又存在着一些

自由载流子，电荷分布是很复杂的，所以难以得到式(7.1−1)和式(7.1−2)的解析解。在计算机计算的基础上，得到边界层的宽度约为一个特征长度的 3 倍，此特征长度称为非本征德拜(Debye)长度，表示为

$$L_D = \left(\frac{\varepsilon V_T}{q|N_D - N_A|}\right)^{1/2} \tag{7.1-9}$$

L_D 是对耗尽层边缘锐度的量度。例如，在净杂质浓度为 $10^{16}\,\text{cm}^{-3}$ 的硅中，$L_D \approx 3\times10^{-6}\,\text{cm}$，边界层小于 $10^{-5}\,\text{cm}$。通常，边界层小于耗尽区的宽度，所以它完全可以忽略。于是，PN 结可简单地划分为中性区和耗尽区。

3. 耗尽区

由于忽略了边界层，所以突变结的空间电荷可满意地用如图 7.4(a)所示的箱式分布表示。在此区域中，与电离杂质浓度相比，自由载流子浓度可以忽略，按照耗尽近似，空间电荷区是耗尽区，自由载流子密度为零($n = p = 0$)，式(7.1−1)简化为

$$\frac{d^2V}{dx^2} = \frac{q}{\varepsilon}(N_A - N_D) \tag{7.1-10}$$

于是在 N 侧和 P 侧，泊松方程分别为

$$\frac{d^2V}{dx^2} = -\frac{qN_D}{\varepsilon} \quad (0 \leqslant x \leqslant x_n) \tag{7.1-11}$$

$$\frac{d^2V}{dx^2} = \frac{qN_A}{\varepsilon} \quad (-x_p \leqslant x \leqslant 0) \tag{7.1-12}$$

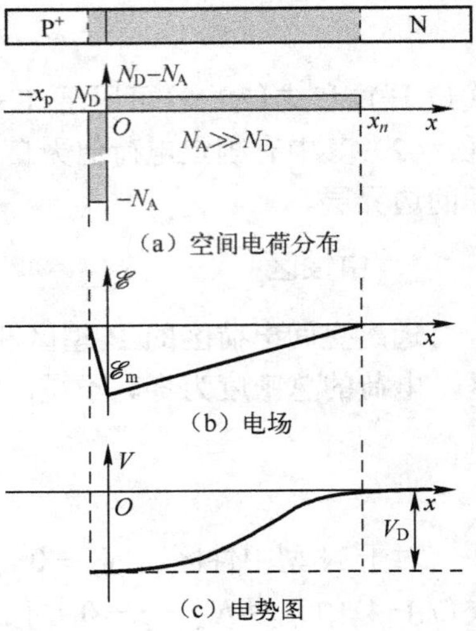

图 7.4　单边突变结

把半导体视为一个整体，空间电荷的电中性要求在 PN 结的两边电荷相等，即

$$N_A x_p = N_D x_n \tag{7.1-13}$$

式中，x_p 和 x_n 分别表示在 P 侧和 N 侧的耗尽层宽度。整个空间电荷层宽度为

$$W = x_p + x_n \tag{7.1-14}$$

对于 $0 \leqslant x \leqslant x_n$ 的区域，对式(7.1−11)积分，得

$$\frac{dV}{dx} = -\frac{qN_D}{\varepsilon}(x - x_n) \tag{7.1-15}$$

边界条件取为：$x = x_n$ 处，$dV/dx = 0$。

由于电场强度 $\mathscr{E} = -dV/dx$，所以上面的方程式可改写为

$$\mathscr{E} = \mathscr{E}_m\left(1 - \frac{x}{x_n}\right) \tag{7.1-16}$$

式中

$$\mathscr{E}_m = -qN_d x_n/\varepsilon \tag{7.1-17}$$

$\mathscr{E}_m$ 表示 PN 结中的最大电场强度。式(7.1−16)绘于图 7.4(b)中。

对式(7.1−15)从 x_n 到零积分，得到电势分布

$$V = -\frac{qN_d x_n^2}{2\varepsilon}\left(1 - \frac{x}{x_n}\right)^2 \tag{7.1-18}$$

这里取 $V = 0$ 作为在 $x = x_n$ 处的边界条件(取空间电荷区以外的中性区为电势零点)。

利用同样的方法解方程式(7.1−12)可以求出 $-x_p \leqslant x \leqslant 0$ 区域内的电场分布和电势分布。

PN 结的内建电势差则可由 $V_D = V(x_n) - V(-x_p)$ 求出。

若在结的一边杂质浓度远高于结的另一边，如图 7.4(a)所示的情形，则称此结为单边突变结，记做 P^+N 或 N^+P。单边突变结对于结深很浅的扩散结是一个很好的近似。

对于 P^+N 结，由于 $N_A \gg N_D$，则 $x_n \gg x_p$。由式(7.1-14)得到 $W \approx x_n$。这在物理上意味着在重掺杂一边的空间电荷区的厚度可以忽略。

由于单边突变 P^+N 结的 x_p 很小，根据电势连续性，$V(-x_p) \approx V(0)$，于是空间电荷区两边的内建电势差为

$$V_D = V(x_n) - V(-x_p) \approx V(x_n) - V(0)$$

即

$$V_D = \frac{qN_D x_n^2}{2\varepsilon} \tag{7.1-19}$$

P^+N 结的空间电荷区内的电势分布 $V(x)$ 如图 7.4(c)所示。

由式(7.1-19)可以求出单边突变结的耗尽层宽度为

$$W = x_n = \left(\frac{2\varepsilon V_D}{qN_D}\right)^{1/2} \tag{7.1-20}$$

例 7.1 硅突变 PN 结二极管 N 侧与 P 侧的掺杂分别为 $N_D = 10^{16}\,\text{cm}^{-3}$ 和 $N_A = 4\times10^{18}\,\text{cm}^{-3}$。计算在室温下零偏压时的内建电势差、耗尽层宽度和最大电场。

解： 根据式(7.1-7) $V_D = 0.026\ln\dfrac{4\times10^{18}\times10^{16}}{2.25\times10^{20}} = 0.85(\text{V})$

根据式(7.1-20) $W = x_n = \left(\dfrac{2\varepsilon V_D}{qN_D}\right)^{1/2} = 3.28\times10^{-5}(\text{cm})$

根据式(7.1-17) $\mathscr{E}_m = -qN_D x_n/\varepsilon = -5\times10^4(\text{V/cm})$

例 7.1 提供了典型的 PN 结中有关参量的数值的数量级。

在线性缓变结中，耗尽层内空间电荷分布可表示为

$$N_D - N_A = ax \tag{7.1-21}$$

式中，a 为杂质浓度的斜率。因而，泊松方程可写为

$$\frac{d^2V}{dx^2} = -\frac{q}{\varepsilon}ax \tag{7.1-22}$$

解此方程可以求得平衡时耗尽层宽度和内建电势差分别为

$$W = \left(\frac{12\varepsilon V_D}{qa}\right)^{1/3} \tag{7.1-23}$$

$$V_D = 2V_T \ln\frac{aW}{2n_i} \tag{7.1-24}$$

注意式(7.1-23)中的指数为1/3，与突变结耗尽层宽度的平方根依赖关系不同。

小结

1. 由两种不同材料(绝缘体除外)形成的冶金学接触称为结或接触。半导体结有同型同质结、同型异质结、异型同质结和异型异质结之分。

2. 根据杂质分布的情况，PN 结又有突变结(P 区和 N 区杂质过渡陡峭)、线性缓变结(两区之间杂质过渡是渐变的)、单边突变结(一侧的杂质浓度远远大于另一侧的杂质浓度的突变结)等。

3. 可以根据热平衡系统费米能级恒定的原理，也可以通过考虑载流子的扩散和漂移过程来说明 PN 结空间电荷区的形成。

4. 耗尽近似：在空间电荷区，与电离杂质浓度相比，自由载流子浓度可以忽略，这种近似称为耗尽近似。因此，PN 结空间电荷区也称为耗尽区(或耗尽层)。

5. 内建电势差：由于内建电场，空间电荷区两侧存在电势差，这个电势差称为内建电势差(用 V_D表示)。

6. 势垒区：N 区电子通过空间电荷区进入 P 区需要克服势垒 qV_D，P 区空穴进入 N 区也需要克服势垒 qV_D。因此，空间电荷区又称为势垒区。

7. 中性区：在理想情况下，PN 结空间电荷区外部区域不存在净电荷和电场，常称为中性区。

8. 画出热平衡 PN 结能带图的依据如下：

（1）热平衡 PN 结费米能级恒定。于是，N 侧中性区费米能级 E_{Fn} 相对 P 侧中性区费米能级向下移动 $E_{Fn}-E_{Fp}$。

（2）N 侧中性区各个能级(E_c、E_v 及真空能级 E_0 等)与 E_{Fn} 平行地向下移动 $E_{Fn}-E_{Fp}$。

（3）真空能级连续。

（4）各个能级与真空能级平行。

9. 可以利用中性区电中性条件和费米能级恒定两种方法导出空间电荷区内建电势差

$$V_D = V_n - V_p = V_T \ln \frac{N_D N_A}{n_i^2}$$

方法一：中性区电中性条件公式(7.1-1)～式(7.1-7)。

方法二：费米能级恒定：形成 PN 结之前的 N 区(P 区)的电子(空穴)浓度为

$$n = N_D = n_i \exp\left(\frac{E_{Fn} - E_i}{KT}\right),\quad p = N_A = n_i \exp\left(\frac{E_i - E_{Fp}}{KT}\right)$$

由此得到 N 区和 P 区的费米能级分别为

$$E_{Fn} = E_i + KT \ln \frac{N_D}{n_i},\quad E_{Fp} = E_i - KT \ln \frac{N_A}{n_i}$$

于是

$$qV_D = E_{Fn} - E_{Fp} = KT \ln \frac{N_D N_A}{n_i^2}$$

即

$$V_D = V_T \ln \frac{N_D N_A}{n_i^2}$$

10. 解泊松方程求得 PN 结空间电荷区内建电场、内建电势、内建电势差和耗尽层宽度分别为

$$\mathscr{E} = \mathscr{E}_m \left(1 - \frac{x}{x_n}\right)$$

$$\mathscr{E}_m = -qN_D x_n / \varepsilon$$

$$V = \frac{-qN_D x_n^2}{2\varepsilon}\left(1 - \frac{x}{x_n}\right)^2$$

$$V_D = \frac{qN_D x_n^2}{2\varepsilon}$$

P^+N 单边突变结：
$$W = x_n = \left(\frac{2\varepsilon V_D}{qN_D}\right)^{1/2} \tag{7.1-20}$$

11. 由$-qV(x)$可以得到空间电荷区能带$E(x)$。

7.2 偏压 PN 结

教学要求

1. 理解：正向注入、反向抽取、扩散近似、扩散区。
2. 正确画出加偏压 PN 结的能带图(见图 7.5)。
3. 根据能带图和修正的欧姆定律分析 PN 结的单向导电性。
4. 根据载流子扩散与漂移的观点分析 PN 结的单向导电性。
5. 记忆反偏压下突变结耗尽层宽度公式(7.2-1)，理解偏压对耗尽层宽度的影响。
6. 导出 PN 结边缘少数载流子浓度公式(7.2-11)和(7.2-12)。

7.2.1 PN 结的单向导电性

当有一外电源连接在 PN 结两端时，热平衡被破坏，会有电流在半导体内流过。一般情况下，空间电荷区的电阻远远高于电中性区，使得后一区域内的电压降与前者相比可以忽略不计，即空间电荷区以外的中性区不产生电压降。因此，可以认为外加电压直接加于空间电荷区的两端。

流过 PN 结的传导电流的大小强烈地依赖于外加电压的极性。

若在 P 侧加上相对 N 侧为正的电压 V，如图 7.5(b)所示，PN 结的势垒高度下降至 $q(V_D - V)$。减小了的势垒高度有助于载流子通过 PN 结扩散，形成大的电流。这种电压偏置称为正向偏压。正偏压给 PN 结造成了低阻的电流通路。

若在 P 侧加上相对 N 侧为负的电压$-V_R$，如图 7.5(c)所示，势垒高度增加至 $q(V_D + V_R)$。增高的势垒阻挡载流子通过 PN 结扩散。因此，通过 PN 结的电流非常小，结的阻抗则很高。这种电压偏置称为反向偏压。PN 结的这种特性叫做单向导电性，又叫做整流特性。

在图 7.5(b)和(c)中，概略地画出了在正向和反向偏压两种条件下的准费米能级。准费米能级通过式(4.6-6)和式(4.6-7)与载流子浓度相联系，而电流则与 ϕ_n 和 ϕ_p 的梯度有关。

在图 7.5(b)中，在电中性区多数载流子浓度仍保持其相应的平衡数值，所以在这些区域内，多数载流子的准费米能级未偏离平衡费米能级。在空间电荷区，考虑到空间电荷区很薄，以及忽略载流子的产生和复合，载流子浓度几乎不发生变化，所以准费米能级不变。但是，外加电压 V 使 N 区中的 ϕ_n 与 P 区中的 ϕ_p 错开。准费米能级的分裂表明在紧靠耗尽区的电中性区内出现了过量载流子。这些物理图像将和以后要推导的载流子分布和电流分布一起进行分析。

在反偏压下，如果用 $V_D + V_R$ 代替内建电势差 V_D，耗尽近似仍然成立，因此，式(7.1-20)和式(7.1-23)也仍然成立。对于单边突变结，耗尽层宽度变为

$$W = \left[\frac{2\varepsilon(V_D + V_R)}{qN_D}\right]^{1/2} \tag{7.2-1}$$

对于线性缓变结
$$W = \left[\frac{12\varepsilon(V_D + V_R)}{qa}\right]^{1/3} \tag{7.2-2}$$

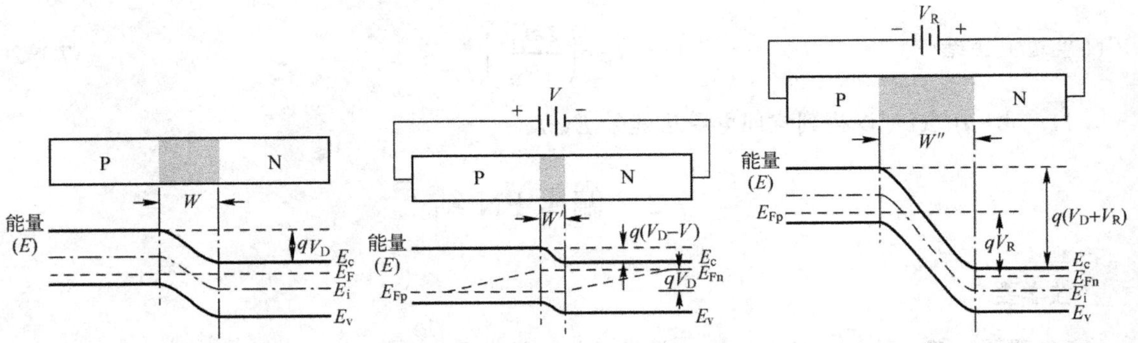

（a）热平衡，耗尽层宽度为W　（b）加正向电压V，耗尽层宽度$W'<W$　（c）加反向偏压V_R，耗尽层宽度$W''>W$

图 7.5　单边突变结的能带图

式(7.2−1)和式(7.2−2)说明，PN 结耗尽层的宽度随反向偏压的增加而增加。

在正偏压的条件下，载流子的注入是穿过空间电荷层进行的。对于很小的电流，注入载流子浓度没有达到严重影响空间电荷的地步，因此若用$-V$ 代替V_R，式(7.2−1)和式(7.2−2)仍能使用。但是当电流增加时，空间电荷区的载流子浓度将达到与固定的杂质离子浓度可以比拟的程度，耗尽近似不再成立。在这种条件下，不能再应用式(7.2−1)和式(7.2−2)。在实际中，对于正向电流的大部分范围，式(7.2−1)和式(7.2−2)不适用。

7.2.2　少数载流子的注入与输运

在正偏压下，如图 7.5(b)所示的情形，外加电压降低了 PN 结空间电荷区的势垒。势垒的降低加强了电子从 N 侧向 P 侧的扩散，以及空穴从 P 侧向 N 侧的扩散。换句话说，电子由 N 区注入到 P 区，而空穴则由 P 区注入到 N 区。由于注入到 N(P)区的空穴(电子)对于 N(P)区来说是少数载流子，所以这种现象称为少数载流子的注入。本节将讨论少数载流子注入和输运的现象和规律。

1．扩散近似

现在考虑伴随空穴的注入，在电中性的 N 侧载流子的行为。由于有注入的少子空穴的正电荷存在，在注入空穴存在的区域将建立起一个电场。此电场将吸引过量电子以中和注入的空穴。过量电子的分布与注入的过量空穴的分布相同。过量电子的出现抵消了由注入空穴所引起的电场，使电中性得以恢复(所用的时间为静电弛豫时间，约 10^{-12}s)。根据以上分析可以认为，在注入载流子存在的区域不存在电场。结果如图 7.6 所示，可能有很高的过量载流子浓度而无显著的空间电荷效应。

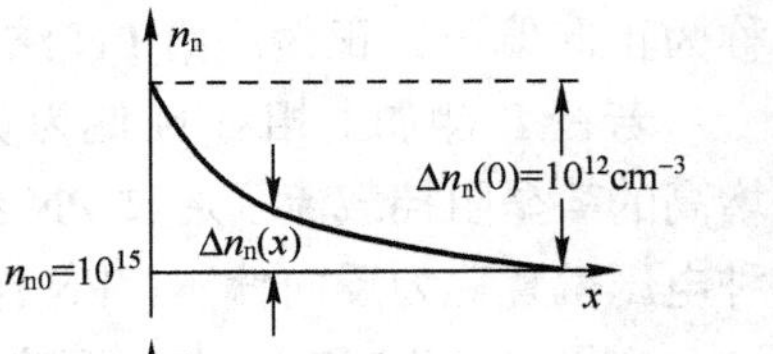

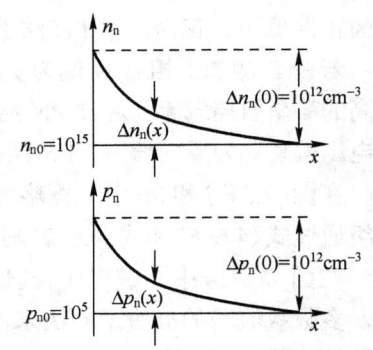

图 7.6　注入 PN 结的 N 侧的空穴及其所造成的电子分布

考虑到这种物理图像，可以推断，在正偏压 PN 结中，注入的少数载流子是决定因素。多数载流子处于被动地位，它们的功能只限于中和注入的少数载流子所引起的电场。可以忽略多数载流子的影响。在注入载流子存在的区域，假设空间电荷的电中性条件完全得到满足。于是，少数载流子将通过扩散运动在电中性区中输运，这种近似称为扩散近似。令电场$\mathscr{E}=0$，空穴连续性方程(5.7−10)变为

$$\frac{\partial p_n}{\partial t}=D_p\frac{\partial^2 p_n}{\partial x^2}-\frac{\Delta p_n}{\tau_p} \tag{7.2-3}$$

空穴电流为
$$I_p = -qAD_p \frac{dp_n}{dx} \tag{7.2-4}$$

通过选择适当的边界条件解方程式(7.2-3)和式(7.2-4)，便可得到注入的空穴分布和空穴电流的大小。

与此类似，在结的P侧，电子连续性方程和电流分别为

$$\frac{\partial n_p}{\partial t} = D_n \frac{\partial^2 n_p}{\partial x^2} - \frac{n_p}{\tau_n} \tag{7.2-5}$$

$$I_n = qAD_n \frac{dn_p}{dx} \tag{7.2-6}$$

式(7.2-3)～式(7.2-6)中，下标 n 和 p 分别表示半导体的型号(或区域)，下标0表示热平衡条件。例如，n_{n0} 和 n_{p0} 分别表示N侧和P侧的热平衡电子浓度。

2. 空间电荷区边界的少数载流子浓度

解连续性方程求少数载流子分布，需要知道问题的边界条件。其中一个边界条件就是空间电荷区边界的少数载流子浓度值。

利用质量作用定律 $p_{p0}n_{p0} = n_i^2$，式(7.1-7)可改写成

$$V_D = V_T \ln \frac{p_{p0}n_{n0}}{n_i^2} = V_T \ln \frac{n_{n0}}{n_{p0}} \tag{7.2-7}$$

式中，分别用多数载流子浓度 p_{p0} 和 n_{n0} 代替了 N_A 和 N_D。从式(7.2-7)可以得到

$$n_{n0} = n_{p0}e^{V_D/V_T} \tag{7.2-8}$$

与此类似，可以得到
$$p_{p0} = p_{n0}e^{V_D/V_T} \tag{7.2-9}$$

从式(7.2-8)和式(7.2-9)可以看出，在结的空间电荷区，两边的载流子浓度是和势垒高度 qV_D 相联系的。当势垒高度被外加电压改变时，有理由假设仍满足同样的规律。

忽略中性区电阻，加上偏压 V，空间电荷区电势差变成 $V_D - V$，所以式(7.2-8)被修改为

$$n_n = n_p e^{(V_D - V)/V_T} \tag{7.2-10}$$

由于偏压 V 加在空间电荷区两侧，因此式中 n_n 和 n_p 分别为在N侧和P侧空间电荷区边缘的非平衡电子浓度。对于低水平注入，N 侧的过量电子浓度与 n_{n0} 相比是很小的，因此可以假设 $n_n = n_{n0}$。把这一条件和式(7.2-8)代入式(7.2-10)，得到

$$n_p = n_{p0}e^{V/V_T} \tag{7.2-11}$$

类似地可以得到
$$p_n = p_{n0}e^{V/V_T} \tag{7.2-12}$$

式(7.2-11)和式(7.2-12)确定了空间电荷区边界的少数载流子浓度值。它们是少子连续性方程在 PN 结空间电荷区边界的边界条件。从式(7.2-11)和式(7.2-12)可以看出，空间电荷区边缘的少数载流子浓度值与偏压成指数关系。此外，空间电荷区边缘的少数载流子浓度值与热平衡少数载流子浓度值成正比，即与杂质浓度成反比。例如 P^+N 单边突变结，从 P 区注入到N区的空穴要比从N区注入到P区的电子多得多，这种现象称为单边注入。

根据式(7.2-11)和式(7.2-12)，当 PN 结加上正向偏压时，在结边缘 $n_p > n_{p0}$，$p_n > p_{n0}$，这种现象称为载流子正向注入。当 PN 结加上反向偏压时，将偏压 V 换成 $-V_R$，式(7.2-11)和式(7.2-12)仍然成立。此时，$n_p < n_{p0}$，$p_n < p_{n0}$，这种现象称为载流子反向抽取。

例 7.2 硅 PN 结 N 区掺杂浓度为 $N_D = 1\times10^{16}\text{cm}^{-3}$，正偏压 V=0.6V，计算 300K 下空间电荷区边界的少子空穴浓度。

解：
$$p_{n0} = n_i^2 / N_D = (1.5\times10^{10})^2/10^{16} = 2.25\times10^4(\text{cm}^{-3})$$

将其代入式(7.2-12)得
$$p_n = p_{n0}e^{V/V_T} = 2.25\times10^4 e^{0.6/0.026} = 2.59\times10^{14}(\text{cm}^{-3})$$

从该例题可以看出，在 PN 结边界注入的少数载流子浓度是体内少子浓度的10^{10}倍，但仍满足远远小于热平衡多子浓度。因此小注入的假设仍然满足。

小结

1. PN 结具有单向导电性：

（1）在空穴扩散区，由于准费米能级不等于常数，由修正欧姆定律

$$j_p(x) = -\sigma(x)\partial\phi_p/\partial x = \frac{1}{q}\sigma(x)\partial E_{Fp}/\partial x$$

可知必有电流产生。在正偏压情况下，由于$(\partial E_{Fp}/\partial x)>0$，电流沿 x 轴正方向，即为正向电流。又由于在空间电荷区边界注入的非平衡少子浓度很大，因此，在空间电荷区边界电流密度也很大。离开空间电荷区边界，随着距离的增加，注入的非平衡少子浓度越来越小，电流密度也越来越小。对电子扩散区可以做出同样的分析。可见正偏压 PN 结允许流过大的电流。反偏压 PN 结扩散区内费米能级的梯度小于零，因此会有反向电流产生。由于空间电荷区电场的抽取作用，在扩散区载流子浓度很低，等效电导率很小，因此，虽然有很大的费米能级梯度，电流却很小且趋于饱和。

（2）根据载流子扩散与漂移的观点，正偏压 V 使空间电荷区内建电势差由 V_D 下降到 V_D-V。降低了的势垒使载流子的扩散运动相对于漂移运动占优势，即造成少子的正向注入且电流很大。反偏压使空间电荷区内建电势差由 V_D 上升到 V_D+V_R，势垒增高阻碍了载流子的扩散，使漂移运动占优势。漂移是 N 区少子空穴向 P 区和 P 区少子电子向 N 区的漂移，因此电流是反向的。由于热平衡少子浓度很小，因此反向电流很小。

2. 在反偏压下，突变结耗尽层宽度为

$$W = \left[\frac{2\varepsilon(V_D+V_R)}{qN_D}\right]^{1/2} \tag{7.2-1}$$

式(7.2-1)说明，反偏压使 PN 结耗尽层展宽。式(7.2-1)在较低的正偏压情况下也可以使用，正偏压将使耗尽层变窄。在大的正偏压情况下，由于耗尽近似不再成立，式(7.2-1)不再适用。

3. 在注入载流子存在的区域，假设电中性条件完全得到满足。注入载流子通过扩散运动在电中性区中输运，这种近似称为扩散近似。

4. 空间电荷区边界的少数载流子浓度为

$$n_p = n_{p0}e^{V/V_T} \tag{7.2-11}$$

$$p_n = p_{n0}e^{V/V_T} \tag{7.2-12}$$

正向偏压，$n_p > n_{p0}$，$p_n > p_{n0}$，载流子正向注入。反向偏压，$n_p < n_{p0}$，$p_n < p_{n0}$，载流子反向抽取。

7.3　理想PN结二极管的直流电流–电压(*I-V*)特性

教学要求

1. 理解理想PN结基本假设及其意义。
2. 导出式(7.3–4)。
3. 根据式(7.3–4)导出长PN结和短PN结少子分布表达式。
4. 导出式(7.3–16)。
5. 理解式(7.3–17)～式(7.3–21)所包含的物理意义。
6. 根据式(7.3–20)解释理想PN结反向电流的来源。
7. 画出PN结少子分布、电流分布和总电流示意图。

PN结二极管(diode)是指封装好PN结所制得的两端器件。在大多数情况下，一个二极管只包含一个PN结。因此，结和二极管这两个名词经常可交替使用。PN结中的直流电流–电压关系(简称*I-V*特性)也称为PN结的直流特性。

理想PN的直流特性，基于以下几个基本假设：

(1) 忽略中性区的体电阻和接触电阻，外加电压全部降落在耗尽区上；

(2) 半导体均匀掺杂；

(3) 小注入，即 $p_n \ll n_{n0}$ 和 $n_p \ll p_{p0}$；

(4) 空间电荷区内不存在复合电流和产生电流；

(5) 半导体非简并。

PN结的电流–电压关系可通过解连续性方程式(7.2–3)、式(7.2–5)和电流方程式(7.2–4)、式(7.2–6)求得。

在N型中性区，稳态时 $\partial p_n/\partial t = 0$，于是

$$D_p \frac{d^2 p_n}{dx^2} - \frac{\Delta p_n}{\tau_p} = 0 \tag{7.3–1}$$

如图7.4取坐标，取PN结空间电荷区N侧边界坐标为 x_n，外部接触坐标为 W_n。由于半导体均匀掺杂，将式(7.3–1)写为

$$\frac{d^2(p_n - p_{n0})}{dx^2} - \frac{p_n - p_{n0}}{L_p^2} = 0 \tag{7.3–2}$$

式中，$L_p = (D_p\tau_p)P^{1/2}$ 为空穴的扩散长度。边界条件取为

$$p_n - p_{n0} = \begin{cases} 0 & (x = W_n) \\ p_{n0}(e^{V/V_T} - 1) & (x = x_n) \end{cases} \tag{7.3–3}$$

式(7.3–2)满足上述边界条件的解为

$$p_n - p_{n0} = p_{n0}(e^{V/V_T} - 1)\frac{\mathrm{sh}\left(\dfrac{W_n - x}{L_p}\right)}{\mathrm{sh}\left(\dfrac{W_n - x_n}{L_p}\right)} \quad (x \geqslant x_n) \tag{7.3–4}$$

对于N区很长($W_n \gg L_p$)的PN结(称为长二极管)，式(7.3–4)简化为

$$p_n - p_{n0} = p_{n0}(e^{V/V_T} - 1)e^{-(x-x_n)/L_p} \quad (x \geqslant x_n) \tag{7.3-5}$$

二极管中，注入空穴的扩散运动所引起的电流（称为扩散电流）为

$$j_p = -qD_p \frac{dp_n}{dx} = \frac{qD_p}{L_p} p_{n0}(e^{V/V_T} - 1)e^{-(x-x_n)/L_p} \quad (x \geqslant x_n) \tag{7.3-6}$$

$$I_p = \frac{qAD_p}{L_p} p_{n0}(e^{V/V_T} - 1)e^{-(x-x_n)/L_p} \quad (x \geqslant x_n) \tag{7.3-7}$$

在空间电荷层边缘 $x = x_n$ 处，空穴电流为

$$I_p(x_n) = \frac{qAD_p}{L_p} p_{n0}(e^{V/V_T} - 1) \tag{7.3-8}$$

于是式(7.3-7)给出的空穴电流分布可改写成

$$I_p = I_p(x_n)e^{-(x-x_n)/L_p} \quad (x \geqslant x_n) \tag{7.3-9}$$

从式(7.3-9)中可以得到，N 侧的空穴电流沿远离 PN 结的方向呈指数减小。因为总电流相对于 x 来说必定不变才能满足电流连续性，所以多子电子电流必须随着 x 增大而增加，以补偿空穴电流的下降。也就是说，少子电流通过电子–空穴对的复合不断地转换为多子电流。

与此类似，在 PN 结 P 侧的电子分布为

$$n_p - n_{p0} = n_{p0}(e^{V/V_T} - 1)\frac{\mathrm{sh}\left(\dfrac{W_p + x}{L_n}\right)}{\mathrm{sh}\left(\dfrac{W_p - x_p}{L_n}\right)} \quad (x \leqslant -x_p) \tag{7.3-10}$$

对于长 PN 结，有

$$n_p - n_{p0} = n_{p0}(e^{V/V_T} - 1)e^{(x+x_p)/L_n} \tag{7.3-11}$$

式中，$-x_p$ 为空间电荷区在 P 侧的边界。电子电流为

$$j_n = qD_n \frac{dn_p}{dx} = \frac{qD_n}{L_n} n_{p0}(e^{V/V_T} - 1)e^{(x+x_p)/L_n} \quad (x \leqslant -x_p) \tag{7.3-12}$$

$$I_n = \frac{qAD_n}{L_n} n_{p0}(e^{V/V_T} - 1)e^{(x+x_p)/L_n} \quad (x \leqslant -x_p) \tag{7.3-13}$$

式中，$L_n = (D_n \tau_n)^{1/2}$ 为电子的扩散长度。在 $x = -x_p$ 处，电子电流为

$$I_n(-x_p) = \frac{qAD_n}{L_n} n_{p0}(e^{V/V_T} - 1) \tag{7.3-14}$$

电流分布为

$$I_n = I_n(-x_p)e^{(x+x_p)/L_n} \quad (x \leqslant -x_p) \tag{7.3-15}$$

图 7.7 所示为注入的少子分布和电子、空穴的扩散电流分布及总电流 $I = I_p(x) + I_n(x)$。注入的少子离开边界后便不断地与多子复合。在 N 区中的空穴电流和 P 区的电子电流都随着距离的增加而呈指数衰减，分别在 L_n 和 L_p 的距离上衰减到 1/e。为方便起见，把 PN 结空间电荷区 N 侧边缘附近一个 L_p 左右的范围称为少子空穴的扩散区，把空间电荷区 P 侧边缘附近一个 L_n 左右的范围称为少子电子的扩散区。扩散区的意思是指在该区域注入的非平衡少数载流子以扩散的方式输运。

忽略空间电荷区的复合电流和产生电流，总电流 $I = I_p(x_n) + I_n(-x_p)$，即

$$I = I_0(e^{V/V_T} - 1) \tag{7.3-16}$$

式中

$$I_0 = \frac{qAD_p p_{n0}}{L_p} + \frac{qAD_n n_{p0}}{L_n} \tag{7.3-17}$$

称为二极管饱和电流。式(7.3-16)称为肖克利(Shockley)方程。

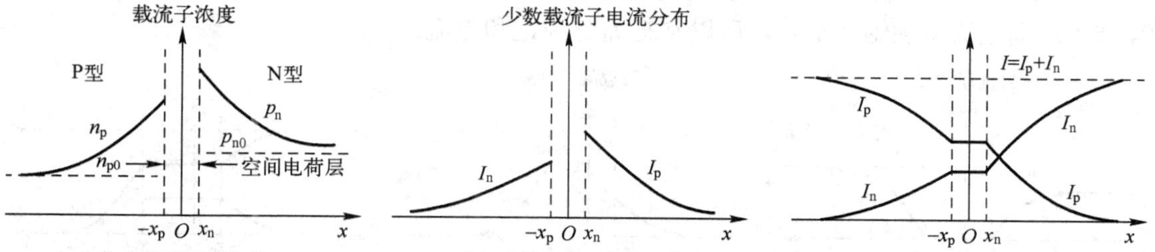

图 7.7　正向偏压情况下的 PN 结

例 7.3　硅长 PN 结具有下列参数：$N_A=5\times10^{18}\text{cm}^{-3}$，$N_D=10^{16}\text{cm}^{-3}$，$\tau_p=\tau_n=1\mu\text{s}$，$A=10^{-2}\text{cm}^2$。求在 300K 下的反向饱和电流和正向电流为 1mA 时的结电压。

解：从图 4.6 查得，P 区的电子迁移率为 $180\text{cm}^2/(\text{V·s})$，N 区的空穴迁移率为 $500\text{cm}^2/(\text{V·s})$。利用爱因斯坦关系，有

$$D_p = V_T\mu_p = 0.026\times500 = 13\,(\text{cm}^2/\text{s})$$

$$D_n = V_T\mu_n = 0.026\times180 = 4.7\,(\text{cm}^2/\text{s})$$

于是

$$L_p=\sqrt{D_p\tau_p} = 3.6\times10^{-3}(\text{cm}),\quad L_n=\sqrt{D_n\tau_n} = 2.2\times10^{-3}(\text{cm})$$

$$p_{n0} = \frac{n_i^2}{N_D} = \frac{(1.5\times10^{10})^2}{10^{16}} = 2.25\times10^4(\text{cm}^{-3}),\quad n_{p0} = \frac{n_i^2}{N_A} = \frac{(1.5\times10^{10})^2}{5\times10^{18}} = 45(\text{cm}^{-3})$$

由式(7.3-17)，得

$$I_0 = 1.6\times10^{-19}\times0.01\times\left(\frac{13\times2.25\times10^4}{3.6\times10^{-3}}+45\right) = 1.3\times10^{-3}(\text{A})$$

由式(7.3-16)，得

$$V = V_T\ln\left(\frac{I}{I_0}+1\right) \approx 261\text{n}\frac{10^{-3}}{1.3\times10^{-13}} = 610(\text{mV})$$

在讨论 PN 结各种特性时，为了方便往往把 I_0 写成下面几种形式。

● 根据 $n_0 p_0 = n_i^2$，以及 $n_0 = N_D$ 和 $p_0 = N_A$，有

$$I_0 = qA\left(\frac{D_p}{L_p N_D} + \frac{D_n}{L_n N_A}\right)n_i^2 \tag{7.3-18}$$

● 根据 $n_i^2 = N_c N_v e^{-E_g/KT}$，有

$$I_0 = qAN_c N_v\left(\frac{D_p}{L_p N_D} + \frac{D_n}{L_n N_A}\right)e^{-E_g/KT} \tag{7.3-19}$$

● 根据 $L_p^2 = D_p\tau_p$，$L_n^2 = D_n\tau_n$，有

$$I_0 = qA\left(\frac{p_{n0}}{\tau_p}L_p + \frac{n_{p0}}{\tau_n}L_n\right) \tag{7.3-20}$$

以及

$$I_0 = qAn_i^2\left(\frac{L_p}{N_D\tau_p} + \frac{L_n}{N_A\tau_n}\right) \tag{7.3-21}$$

对于反偏压，只要给电压 V 加上负号(或者说将 V 换成$-V_R$)，以上有关公式仍然适用。反偏压下 PN 结的少子分布和电流分布如图 7.8 所示。

二极管正向工作时，一般地 $V \gg V_T$（只要 V>0.1V)，故

$$I = I_0(e^{V/V_T} - 1) = I_0 e^{V/V_T} \tag{7.3-22}$$

反向偏压$V_R \gg V_T$，故

$$I = I_0(e^{-V_R/V_T} - 1) = -I_0 \tag{7.3-23}$$

式(7.3-23)中右端的负号表示反向电流方向与正向电流方向相反。式(7.3-23)说明，PN 结的反向电流呈现饱和形式，所以常把I_0称为饱和电流。

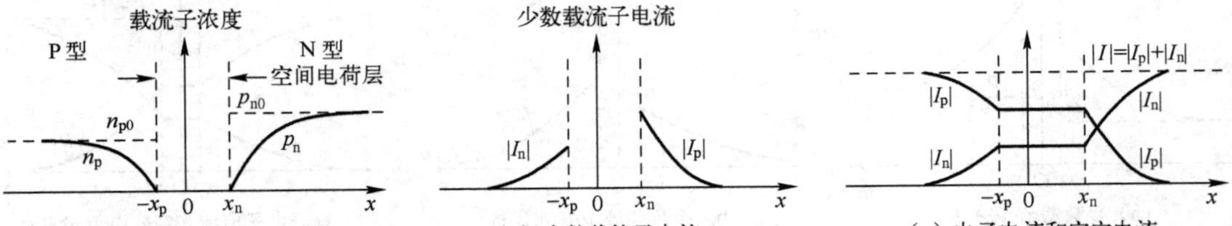

（a）少数载流子浓度分度　（b）少数载流子电流　（c）电子电流和空穴电流

图 7.8　反向偏压情况下的 PN 结

下面分析 PN 结反向电流的来源。由式(7.3-20)，得到反向电流为

$$I = -qAL_p\frac{p_{n0}}{\tau_p} - qAL_n\frac{n_{p0}}{\tau_n} \tag{7.3-24}$$

式中，n_{p0}/τ_n和p_{n0}/τ_p实际上等于 P 区和 N 区的少子的产生率。因为加反向偏压时，边界附近少子浓度几乎为 0，平均非平衡载流子浓度近似为$-n_{p0}$和$-p_{n0}$。而根据式(5.1-8)，电子和空穴的复合率分别为

$$\frac{\Delta n_p}{\tau_n} = -\frac{n_{p0}}{\tau_n} \text{和} \frac{\Delta p_n}{\tau_p} = -\frac{p_{n0}}{\tau_p}$$

负的复合率意味着正的产生率。因此，式(7.3-24)中的两项分别是 PN 结空穴扩散区和电子扩散区中所发生的空穴产生电流和电子产生电流。这表明在反向偏压的情况下，由于空间电荷区中电场的加强，几乎每一个能扩散到空间电荷区的少数载流子都立即被电场扫走。因此，反向电流就是由在 PN 结空间电荷区附近所产生的而又有机会扩散到空间电荷区边界的少数载流子形成的，这当然是扩散区内产生的少数载流子。可见，反向 PN 结具有少子抽取的作用，它把 P 区边界$-x_p$附近的电子拉向 N 区，把 N 区边界x_n附近的空穴拉向 P 区，于是造成了扩散区内少子浓度梯度，使少子向空间电荷区扩散。一般情况下，由于 P 区中的电子和 N 区中的空穴都是少数载流子，浓度很小，因而反向电流通常很小且呈饱和性质。正因为如此，人们也常常把I_0叫做反向饱和电流。

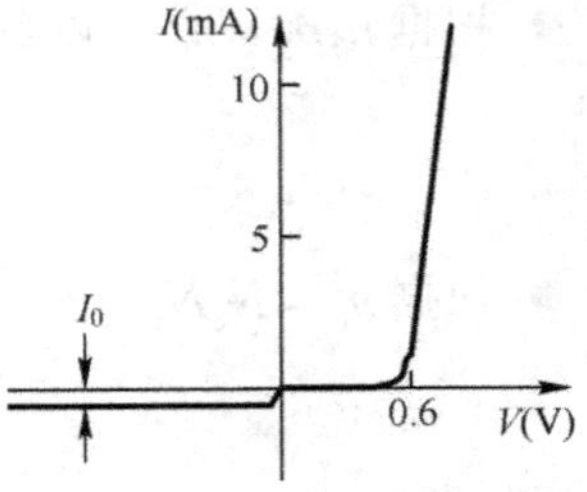

图 7.9　硅 PN 结的典型电流–电压特性曲线

式(7.3-16)揭示的硅 PN 结的典型电流-电压特性曲线如图 7.9 所示。PN 结正向电流随外加电压呈指数增加，反向电流则很小。这就是 PN 结的单向导电性。

小结

1. 稳态 PN 结二极管中载流子分布满足扩散方程。
2. 解扩散方程求得满足边界条件

$$p_n - p_{n0} = \begin{cases} 0 & (x = W_n) \\ p_{n0}(e^{V/V_T} - 1) & (x = x_n) \end{cases}$$

的解为
$$p_n - p_{n0} = p_{n0}(e^{V/V_T}-1)\frac{\text{sh}\left(\dfrac{W_n - x}{L_p}\right)}{\text{sh}\left(\dfrac{W_n - x_n}{L_p}\right)}, \quad x \geqslant x_n$$

对于长二极管，式(7.3-4)简化为

$$p_n - p_{n0} = p_{n0}(e^{V/V_T}-1)e^{-(x-x_n)/L_p}, \quad x \geqslant x_n$$

类似地可得，PN 结 P 侧的电子分布为

$$n_p - n_{p0} = n_{p0}(e^{V/V_T}-1)e^{(x+x_p)/L_n}, \quad x \leqslant -x_p$$

3. 电流分布：少子注入引起的电流常称为扩散电流。在长二极管中，空穴电流分布为

$$I_p = I_p(x_n)e^{-(x-x_n)/L_p}, \quad x \geqslant x_n$$

电子电流分布为
$$I_n = I_n(-x_p)e^{(x+x_p)/L_n}, \quad x \leqslant -x_p$$

式中
$$I_p(x_n) = \frac{qAD_p}{L_p}p_{n0}(e^{V/V_T}-1)$$

$$I_n(-x_p) = \frac{qAD_n}{L_n}n_{p0}(e^{V/V_T}-1)$$

式(7.3-9)和式(7.3-15)指出，少子电流沿远离 PN 结的方向呈指数减小。因为总电流相对于 x 来说必定不变才能满足电流连续性，所以多子电流必须随着 x 增大而增加，以补偿空穴电流的下降。也就是说，少子电流通过电子-空穴对的复合不断地转换为多子电流。

4. 电流-电压公式(Shockley 方程)

$$I = I_0(e^{V/V_T}-1)$$

$$I_0 = \frac{qAD_p p_{n0}}{L_p} + \frac{qAD_n n_{p0}}{L_n}$$

为讨论问题方便，可以把 I_0 写成以下几种形式：

$$I_0 = qA\left(\frac{D_p}{L_p N_D} + \frac{D_n}{L_n N_A}\right)n_i^2$$

$$I_0 = qAN_c N_v\left(\frac{D_p}{L_p N_D} + \frac{D_n}{L_n N_A}\right)e^{-E_g/KT}$$

$$I_0 = qA\left(\frac{p_{n0}}{\tau_p}L_p + \frac{n_{p0}}{\tau_n}L_n\right)$$

$$I_0 = qAn_i^2\left(\frac{L_p}{N_D\tau_p} + \frac{L_n}{N_A\tau_n}\right)$$

式(7.3-17)～式(7.3-21)指出，二极管电流由电子扩散电流和空穴扩散电流两部分构成；对于 P^+N(或 N^+P)单边突变结，电子电流(空穴电流)可以忽略(单边注入)。饱和电流 I_0 与半导体材料的禁带宽度有密切关系：禁带宽度大，I_0 小。理想 PN 结反向饱和电流来源于扩散区内产生的非平衡少数载流子。

7.4 空间电荷区复合电流和产生电流

教学要求

1. 理解并掌握概念：正偏复合电流、反偏产生电流。
2. 了解 SCR 复合电流和产生电流的产生机制。
3. 推导式(7.4–4)、式(7.4–5)、式(7.4–8)。
4. 了解复合电流和产生电流的性质及其对二极管行为的影响。

实际的 PN 结中，电流–电压特性显著地偏离式(7.3–16)，造成这种现象的原因是空间电荷层内部载流子的复合和产生，以及外部接触电阻等因素。在 7.3 节讨论有关 PN 结二极管的直流特性时，曾经假设在空间电荷区内没有载流子的产生与复合。然而，正偏压使 P 区空穴通过空间电荷区向 N 区注入，电子通过空间电荷区向 P 区注入。这些载流子穿越空间电荷区时，根据式(5.6–5)，$pn = n_i^2 e^{(\phi_p - \phi_n)} > n_i^2$，将使得空间电荷区载流子浓度超过平衡值。因此，可以预料在空间电荷区会发生非平衡载流子的复合。在 PN 结反向偏压的情况下，空间电荷区中 $np < n_i^2$。这将引起非平衡载流子的产生。非平衡载流子的复合和产生将引起复合电流和产生电流，这是 PN 结电流中的重要非理想因素。

7.4.1 正偏复合电流

在空间电荷区中发生的非平衡载流子复合，主要是通过复合中心的复合。根据电流定义，正偏复合电流定义为

$$I_R = qA\int_0^W U \mathrm{d}x \tag{7.4-1}$$

式中，W 为空间电荷区宽度，U 为载流子通过复合中心复合的复合率，由式(5.3–31)给出。考虑最大复合所带来的影响。由式(5.3–31)，当 $E_t = E_i$ 时

$$U = \frac{1}{\tau_0}\frac{np - n_i^2}{(n+p) + 2n_i}$$

式中，$(n+p)$ 最小时，U 最大。由 $\begin{cases} \mathrm{d}(n+p) = 0 \\ np = n_i^2 e^{V/V_T} \end{cases}$，得到

$$n = p = n_i e^{V/(2V_T)} \tag{7.4-2}$$

于是

$$U_{max} = \frac{n_i(e^{V/V_T} - 1)}{2\tau_0(e^{V/(2V_T)} + 1)} \tag{7.4-3}$$

对于 $V \gg V_T$，最大复合率为

$$U_{max} = \frac{n_i}{2\tau_0} e^{V/(2V_T)} \tag{7.4-4}$$

把式(7.4–4)代入式(7.4–1)，得到

$$I_R = \frac{qAn_iW}{2\tau_0} e^{V/(2V_T)} = I_r e^{V/(2V_T)} \tag{7.4-5}$$

式中

$$I_r = \frac{qAn_iW}{2\tau_0} \tag{7.4-6}$$

I_R 是在极端的条件下，也就是复合率最大的情况下推导出来的。图 7.10 所示为典型硅二极管的情形，在低电流水平时，复合电流成分占优势。用半对数坐标所绘制的曲线表明，随着电流增加，斜率从 $1/2V_T$ 改变至 $1/V_T$。

在高电流水平，串联电阻造成的较大欧姆电压降支配着电流-电压特性。

下面我们把空间电荷区复合电流与载流子注入引起的扩散电流进行比较。根据式(7.3.21)，为方便，这里把扩散电流记为 I_d，对于 P^+N 结

$$I_d = qAL_P \frac{n_i^2}{\tau_p N_D} e^{V/V_T} \approx qAL_P \frac{n_i^2}{\tau_0 N_D} e^{V/V_T}$$

于是

$$\frac{I_d}{I_R} = 2\left(\frac{L_P}{W}\right)\left(\frac{n_i}{N_D}\right) e^{V/(2V_T)} \tag{7.4-7}$$

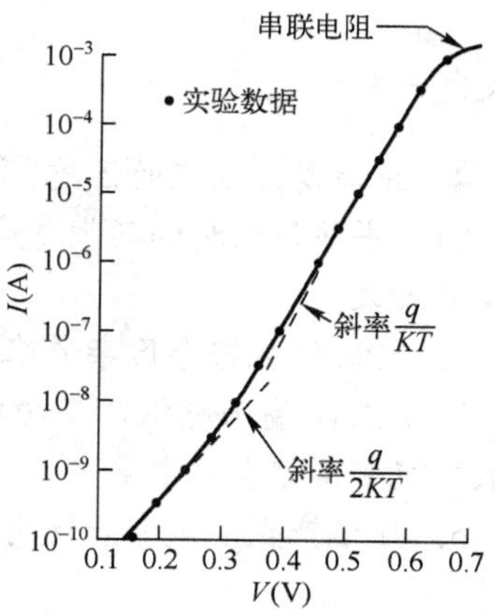

图 7.10　衬底掺杂浓度为 $10^{16}cm^{-3}$ 的硅扩散结的电流-电压特性曲线

式(7.4-7)表明，n_i/N_D 越小，电压越低，势垒区复合电流的影响越大。禁带宽度较小的半导体材料，n_i 比较大。用硅制作的 PN 结，在小注入情况下，正向电流可能由空间电荷区的复合电流所控制。锗 PN 结空间电荷区复合电流的影响可以忽略不计，正向电流遵守通常扩散电流的规律。

当外加偏压增加 0.1V 时，正向注入电流增加 $e^{\Delta V/V_T} = e^{0.1/0.026} \approx 50$（倍），空间电荷区复合电流增加 $e^{\Delta V/2V_T} = e^{0.1/2\times 0.026} \approx 7$（倍）。因此，在工作电流较小或者说在较低的正偏压下，空间电荷区复合电流的作用将不可忽略。随着正向电压的增加，扩散电流变得越来越主要。例如，硅 PN 结，通常 $V > 0.5V$，电流密度 $j > 10^{-5}A/cm^2$ 时，空间电荷区复合电流的影响就变得比较小了。

7.4.2　反偏产生电流

PN 结在反向偏压的条件下，空间电荷区中 $np < n_i^2$。与复合电流分析方法类似，由式(5.3-31)，复合率为

$$U = -\frac{n_i}{2\tau_0} \tag{7.4-8}$$

$U < 0$ 意味着正的产生率，所形成的电流是空间电荷区产生的电流而不是复合电流。产生电流

$$I_G = qA\int_0^W G\mathrm{d}x = \frac{qn_i AW}{2\tau_0} \tag{7.4-9}$$

由于空间电荷区的宽度随着反向偏压的增加而增加，所以反偏产生电流 I_G 也将随着反向偏压的增加而增加，因而反向电流并不是饱和的。在实际的硅二极管中，产生电流常常大于式(7.3-17)所表示的饱和电流。硅中的金杂质会减小非平衡少数载流子的寿命，增加产生率。

小结

1. 正偏压注入载流子穿越空间电荷区，使得空间电荷区载流子浓度超过平衡值，以致 $pn > n_i^2$。因而，在空间电荷区中会有非平衡载流子的复合，从而产生电流，这个电流称为空间电荷区正偏复合电流。

2. 反偏 PN 结空间电荷区中，$np \ll n_i^2$。这将引起非平衡载流子的产生，从而引起电流，这个电流称为反偏产生电流。

3. 正偏压下，空间电荷区最大复合率条件为

$$n = p = n_i e^{V/2V_T}$$

最大复合率
$$U_{max} = \frac{n_i}{2\tau_0} e^{V/2V_T}$$

4. 正偏复合电流的性质[见式(7.4-5)]如下：

（1）半导体材料的禁带宽度越大，势垒区复合电流越大。硅 PN 结比锗 PN 结空间电荷区复合电流大。

（2）PN 结轻掺杂区杂质浓度越大，将造成更多的复合中心，空间电荷区复合电流越大。

（3）正向偏压越低，正向电流中的空间电荷区复合电流越显著。随着正向电压的增加，扩散电流变得越来越主要。

5. 反偏产生电流随着反向偏压的增加而增加，所以实际 PN 结反向电流不饱和。

7.5 隧道电流

教学要求

1. 了解产生隧道电流的条件。
2. 根据能带图解释隧道二极管的电流-电压特性。
3. 了解隧道二极管的特点。

7.3 节讨论了由注入载流子越过结势垒形成的扩散电流。在 P 侧和 N 侧均为重掺杂的情况时，由于量子力学的隧道效应，有些载流子还可能隧道穿透(代替越过)势垒而产生额外的电流——隧道电流。

在下列情况下可以产生隧道电流：（1）费米能级进入能带，即费米能级位于导带和价带的内部。（2）空间电荷区的宽度很窄，因而有高的隧道穿透概率。（3）在相同的能量水平上，在一侧的能带中有电子而在另一侧的能带中有空的状态。当结的两边均为重掺杂，从而成为简并半导体时，条件（1）和（2）得到满足。图 7.11(a)所示为这样的结处在 0K 和没有外加偏压的情形。温度选为绝对零度是为了使得在费米能级以下的状态都被占据，而在费米能级以上的状态都空着。这种假设简化了物理图像而又不失去室温下物理真相的本质。

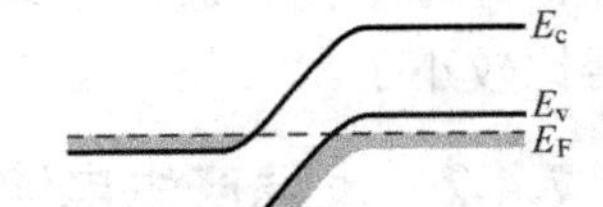

图 7.11 各种偏压下隧道结的能带图

当加上正向偏压时，能带图就变成图 7.11(b)的情形。注意现在 N 侧导带中一些电子的能量被提高到与结的 P 侧空状态相对应的水平。结果使电子可能隧道穿透结势垒而产生电流。这种隧道电流的大小受 N 侧提供的能够隧道穿透的电子数和 P 侧能够提供的与可穿透电子处于相同能量水平的空状态数的限制。在图 7.11(c)所示的偏压条件下达到最大电流。进一步增加正向偏压，由于在 P 侧能容纳隧道穿透电子的空状态变少，电流便会减小。在图 7.11(d)的能带图中实现了隧道电流为零的条件。图 7.11(e)的能带图说明，在反向偏压下，反向隧道电流随着反偏压的增加而增加。

除隧道电流成分外，扩散电流在高的正偏压下变得主要，如图 7.12(a)所示。包括隧道分量和扩散分量的结电流–电压特性叠加在一起，$a\sim e$ 五个点分别对应图 7.11(a)～(e)五种情况。具有这种 $I-V$ 曲线的二极管称为隧道二极管或江崎二极管。杂质浓度一般为 $5\times10^{19}\text{cm}^{-3}$ 左右，耗尽层厚度在 5～10nm 数量级。

若掺杂浓度稍微减小，使正向隧道电流可以忽略，那么电流–电压特性曲线将改变成图 7.12(b)中的情形。这种二极管称为反向二极管。

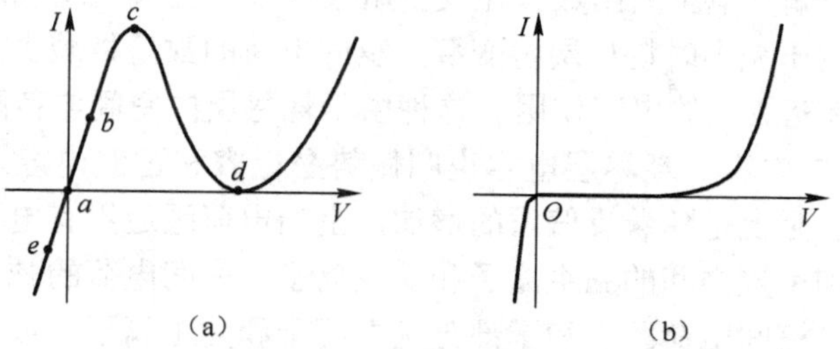

图 7.12　江崎二极管(a)和反向二极管(b)电流–电压特性曲线

由以上分析可以看出，隧道二极管是利用多子的隧道效应工作的。由于单位时间内通过 PN 结的多数载流子的数目起伏较小，所以隧道二极管具有较低的噪声。隧道结是用重掺杂的简并半导体制成的，温度对多子的影响小，这使隧道二极管的工作温度范围大。此外，由于隧道效应的本质是量子跃迁过程，电子穿越势垒极其迅速，不受电子渡越时间的限制，所以它可以在极高的频率下工作。这种优越的性能使隧道二极管能够应用于振荡器、双稳态触发器和单稳多谐振荡器、高速逻辑电路，以及低噪声微波放大器。

小结

1. 产生隧道电流的条件：

(1) 费米能级进入能带；

(2) 空间电荷层的宽度很窄，因而有高的隧道穿透概率；

(3) 在相同的能量水平上，在一侧的能带中有电子而在另一侧的能带中有空的状态。

2. 隧道电流的大小受 N 侧提供的能够隧道穿透的电子数和 P 侧能够提供的与可穿透电子处于相同能量水平的空状态数的限制。对应的状态数越多，电流越大。

3. 隧道二极管的工作原理是多子隧穿势垒，所以具有以下特点：(1)低噪声；(2)工作温度范围大；(3)工作频率高。

7.6　PN 结电容

教学要求

1. 掌握概念：耗尽层电容，扩散电容。
2. 记忆耗尽层电容公式(7.6–4)。
3. 了解 C-V 特性关系式(7.6–7)的应用。
4. 理解扩散电容的起因以及影响扩散电容的主要因素。
5. 记忆扩散电容公式(7.6–18)。

7.6.1 耗尽层电容

在 7.2 节指出，式(7.2-1)，即

$$W=\left[\frac{2\varepsilon\left(V_{\mathrm{D}}+V_{\mathrm{R}}\right)}{qN_{\mathrm{D}}}\right]^{1/2}$$

中的耗尽层宽度 W 是偏置电压的函数。在反偏压条件下，当偏压增加时耗尽层将展宽，空间电荷的数量增加；当偏压减小时耗尽层将变窄，空间电荷的数量将减少。以上分析说明，在偏压作用下，PN 结具有充放电的电容作用。这种由于耗尽层内空间电荷随偏压变化所引起的电容称为 PN 结的耗尽层电容。耗尽层电容也叫做势垒电容和过渡电容。空间电荷是固定不动的，空间电荷的增加实际上是随着反偏压的增加，空间电荷区边界有电子和空穴被抽出，从而露出更多的没有电子和空穴中和的施主离子和受主离子。空间电荷的减少则是随着反偏压的减小，有电子和空穴注入空间电荷区中和了部分施主离子和受主离子。可见，偏压的改变引起空间电荷区载流子的注入和抽出是耗尽层电容充放电的本质。

耗尽层电容强烈地依赖于偏压信号的频率。小信号耗尽层电容定义为

$$C_{\mathrm{T}}=\frac{\mathrm{d}Q}{\mathrm{d}V_{\mathrm{R}}} \tag{7.6-1}$$

PN 结耗尽层两个半边内的空间电荷正比于耗尽层宽度。对于 $\mathrm{P^+N}$ 结，有

$$Q=qAN_{\mathrm{D}}W \tag{7.6-2}$$

式中，A 为 PN 结面积，W 为耗尽层宽度。假设在某一偏压下耗尽层边界在 $x=W$ 处。对于均匀掺杂的 $\mathrm{P^+N}$ 结，当增加偏压使 W 增加 $\mathrm{d}W$ 时，电荷的增量为

$$\mathrm{d}Q=qAN_{\mathrm{D}}\mathrm{d}W \tag{7.6-3}$$

由泊松方程

$$\mathscr{E}=Q/(\varepsilon A)$$

电场的增量为

$$\mathrm{d}\mathscr{E}=\mathrm{d}Q/(\varepsilon A) \tag{7.6-4}$$

电场的增量可以表示为偏压的增量的函数，即

$$\mathrm{d}\mathscr{E}=\mathrm{d}V_{\mathrm{R}}/W \tag{7.6-5}$$

比较式(7.6-4)和式(7.6-5)得到

$$C_{\mathrm{T}}=\mathrm{d}Q/\mathrm{d}V_{\mathrm{R}}=A\varepsilon/W \tag{7.6-6}$$

式(7.6-6)说明耗尽层电容相当于一个介质(介电常数为 ε 的半导体)厚度为 W 的平板电容。

下面讨论 PN 结的 C-V 特性。将式(7.2-1)代入式(7.6-6)，得到

$$C_{\mathrm{T}}=A\left[\frac{q\varepsilon N_{\mathrm{D}}}{2\left(V_{\mathrm{R}}+V_{\mathrm{D}}\right)}\right]^{1/2} \tag{7.6-7}$$

式(7.6-7)说明，C_{T} 与 V_{R} 的 1/2 次方成反比，随着反偏压的增加而减小。

例 7.4 计算例 7.1 中的硅突变 PN 结二极管的耗尽层电容，PN 结横截面积 $A=10^{-4}\mathrm{cm}^2$，反向偏压 V_{R}=5V。

解：

$$C_{\mathrm{T}}=A\left[\frac{q\varepsilon N_{\mathrm{D}}}{2\left(V_{\mathrm{R}}+V_{\mathrm{D}}\right)}\right]^{1/2}=10^{-4}\times\left[\frac{1.6\times10^{-19}\times11.8\times8.85\times10^{-14}\times10^{16}}{2\times(5+0.83)}\right]^{1/2}$$

$$=1.95\times10^{-13}\ (\mathrm{F})$$

式(7.6-7)可改写为 $$\frac{1}{C_T^2}=\frac{2}{q\varepsilon N_D A^2}\left(V_R+V_D\right) \quad (7.6\text{-}8)$$

$1/C_T^2$ 对 V_R 的实验曲线如图 7.13 所示。图中给出的 C_T-V 关系，常称为 PN 结的 C_T-V 特性。根据 C-V 特性曲线的直线的斜率可以计算出施主浓度。此外，由式(7.6-8)，使直线外推至电压轴可求出内建电压，即 $1/C_T^2=0$ 时，可求得内建电势差 $V_D=-V_R$。由式(7.6-8)表示的 PN 结 C_T-V 特性曲线在半导体技术中非常有用。

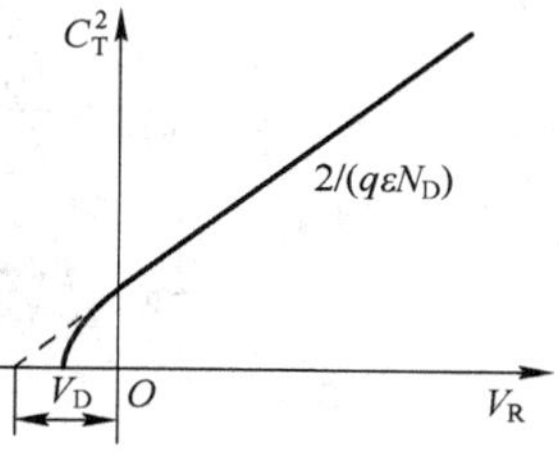

图 7.13 P⁺N 二极管的电容-电压特性曲线

例 7.5 若 T=300K 时，在图 7.13 中，P⁺N 结 $n_i=1.5\times10^{10}\text{cm}^{-3}$，截距的绝对值为 V_R=0.855V，斜率为 $1.32\times10^{15}(\text{F/cm}^2)^{-2}(\text{V})^{-1}$。试确定 P⁺N 结杂质浓度。

解： 图中曲线斜率为

$$\frac{2}{q\varepsilon N_D}=\frac{2}{1.6\times10^{-19}\times11.8\times8.85\times10^{-14}\times N_D}=1.32\times10^{15}[(\text{F/cm}^2)^{-2}\cdot(\text{V})^{-1}]$$

解得

$$N_D=9.15\times10^{15}(\text{cm})^{-3}$$

由式(7.1-7)

$$V_D=V_T\ln\frac{N_D N_A}{n_i^2}$$

有

$$N_A=\frac{n_i^2}{N_D}e^{V_D/V_T}=\frac{(1.5\times10^{10})^2}{9.15\times10^{15}}e^{0.855/0.026}=5.34\times10^{18}(\text{cm}^{-3})$$

例题结果 $N_A\gg N_D$，是典型的单边突变结。单边 PN 结可以很方便地用来确定杂质浓度和内建电势差。

在正偏压条件下，空间电荷区宽度与偏压关系不满足式(7.2-1)，为了某些计算的方便，用下式估算正偏压耗尽层电容，即

$$C_T=4C_T(0) \tag{7.6-9}$$

$C_T(0)$ 由式(7.6-7)中取 V_R=0 得到，即

$$C_T(0)=A\left[\frac{q\varepsilon N_D}{2V_D}\right]^{1/2} \tag{7.6-10}$$

7.6.2 扩散电容

在正偏压情况下，电子从 N 区注入到 P 区，空穴从 P 区注入到 N 区。注入的非平衡少数载流子在少子扩散区，将以扩散的方式运动，同时与多子复合。对于长 PN 结，少子浓度呈指数形式衰减。达到稳定状态以后，中性区内少子分布如图 7.7(a)所示。空间电荷区 N 侧中性区内少子空穴的总电荷量用 Q_{sp} 表示

$$Q_{sp}=qA\int_{X_n}^{W_n}(p_n-p_{n0})\mathrm{d}x \tag{7.6-11}$$

在稳定状态，由于少子分布是确定的，因此 Q_{sp} 的值也是确定的，Q_{sp} 叫做存储电荷或储存电荷。在正偏压情况下，中性区存在着确定的存储电荷的现象，叫做 PN 结的电荷存储效应或电荷储存效应。对于长 PN 结，将式(7.6-11)中的积分上限换成∞，再将式(7.3-5)代入，得到

$$Q_{sp}=qA\int_{x_n}^{\infty}p_{n0}(e^{V/V_T}-1)e^{-(x-x_n)/L_p}\mathrm{d}x=qAL_p p_{n0}(e^{V/V_T}-1) \tag{7.6-12}$$

可见，存储电荷随着正向偏压的变化而变化，引起电容效应。将式(7.6-12)右端分子、分母同

时乘以 L_pD_p，得

$$Q_{sp}=\frac{L_p^2D_p}{L_pD_p}qAp_{n0}(e^{V/V_T}-1)=\frac{L_p^2}{D_p}\frac{qAD_pp_{n0}}{L_p}(e^{V/V_T}-1)$$

利用 $$L_p^2=D_p\tau_p，\quad Q_{sp}=\tau_p\frac{qAD_pp_{n0}}{L_p}(e^{V/V_T}-1)=\tau_pI_p(x_n)$$

其中 $$I_p(x_n)=\frac{qAD_pp_{n0}}{L_p}(e^{V/V_T}-1) \tag{7.3-8}$$

为 PN 结 N 区边界 x_n 处的正向注入空穴电流。

通过以上分析，得到存储电荷与 PN 结扩散电流的关系

$$Q_{sp}=\tau_pI_p(x_n) \tag{7.6-13}$$

或写做 $$I_p(x_n)=Q_{sp}/\tau_p \tag{7.6-14}$$

式(7.6-13)和式(7.6-14)反映了少子扩散电流和存储电荷之间的关系。

对空间电荷区 P 侧少子电子存储电荷做类似分析，得到

$$Q_{sn}=\tau_nI_n(-x_p) \tag{7.6-15}$$

或 $$I_n(-x_p)=Q_{sn}/\tau_n \tag{7.6-16}$$

PN 结总的存储电荷 $Q_s=Q_{sp}+Q_{sn}=\tau_pI(x_n)+\tau_nI(-x_p)$。

由于 PN 结的两个扩散区的存储电荷受到同一个偏压的控制，因此两个扩散区对应于两个并联的扩散电容。按照扩散电容的定义，存储电荷引起的扩散电容为

$$C_D=dQ_s/dV \tag{7.6-17}$$

对于 P^+N 结，电子存储电荷和电流可以忽略，有

$$Q_s=Q_{sp}=\tau_pI_p(x_n)=\tau_pI_F$$

式中 $I_F=I_p(x_n)$ 为 P^+N 结正向扩散电流。

代入式(7.6-17)且利用式(7.3-8)得到

$$C_D=\tau_pI_F/V_T \tag{7.6-18}$$

式中 $$I_F=\frac{qAD_pp_{n0}}{L_p}e^{V/V_T}$$

以上的结果是由长 P^+N 结稳态分布推得的，在施加交变信号的情况下，实际分布与稳态分布有所不同，而且在扩散区各点，载流子分布随时间的变化和信号之间会有大小不同的位相差。在器件物理中常用 $\omega\tau$ 来划分频率的高低，其中 τ 为非平衡少子寿命。$\omega\tau\ll1$ 的条件标志着，外加信号变化周期远大于低频情况存储电荷再分布时间的低频情况。在 $\omega\tau\ll1$ 的低频条件下，严格的推导所得到的结果为式(7.6-18)的结果的 1/2，即

$$C_D=\frac{\tau_pI_F}{2V_T} \tag{7.6-19}$$

对于 $\omega\tau\gg1$ 的高频情况，存储电荷跟不上结电压的变化，扩散电容很小，其作用可以忽略。

式(7.6-18)说明，扩散电容与电流成正比，随直流偏压的增加而增加。在反向偏压情况下，存储电荷很少，扩散电容可以忽略，可仅考虑耗尽层电容的作用。扩散电容是影响 PN 结器件在高频、高速情况下工作的重要因素。扩散电容与少子寿命成正比，在硅器件中，掺金可以减少少子寿命，因而可减小扩散电容，提高器件的工作频率和速度。

例 7.6 P^+N 结在 $T=300K$ 时，$I_F=1mA$，$\tau_p=10^{-7}s$，计算扩散电容。

解：

$$C_D=\frac{\tau_p I_F}{2V_T}=\frac{10^{-3}\times10^{-7}}{2\times0.026}=1.92\times10^{-9}(F)$$

与例 7.4 比较，PN 结的扩散电容比耗尽层电容要大 3～4 个数量级，可见在低频正向偏压下，扩散电容的影响特别重要。

小结

1. PN 结耗尽层内空间电荷随偏压变化所引起的电容叫做 PN 结的耗尽层电容，也称为势垒电容和过渡电容。PN 结耗尽层电容相当于一个介质厚度为 W 的平板电容：

$$C=A\varepsilon/W$$

2. 耗尽层电容可表示为

$$C=A\left[\frac{q\varepsilon N_D}{2(V_R+V_D)}\right]^{1/2}$$

3. 式

$$\frac{1}{C^2}=\frac{2}{q\varepsilon N_D A^2}(V_R+V_D)$$

称为 PN 结的 C-V 特性。利用 C-V 特性曲线，可以求出 PN 结轻掺杂区的杂质浓度和 PN 结的内建电势。

4. 在较大正偏压条件下，用下式估算正偏压耗尽层电容

$$C=4C(0)$$

$C(0)$ 由式(7.6−8)中取 $V_R=0$ 得到。

5. 在正偏压情况下，中性区存在着存储电荷的现象，叫做 PN 结的电荷存储效应或电荷储存效应。对于长 PN 结，PN 结 N 侧少子空穴的存储电荷为

$$Q_{sp}=qAL_p p_{n0}(e^{V/V_T}-1)$$

即

$$Q_{sp}=\tau_p I_p(x_n)$$

或

$$I_p(x_n)=Q_{sp}/\tau_p$$

式(7.6−13)和式(7.6−14)反映了少子扩散电流和存储电荷之间的关系。

6. 存储电荷随着正向偏压的变化而变化，引起电容效应。称该电容为扩散电容，其定义为

$$C_D=\mathrm{d}Q_s/\mathrm{d}V$$

对于 P^+N 结

$$C_D=\frac{\tau_p I_F}{2V_T}$$

I_F 为 P^+N 结正向电流。

7. 对扩散电容的进一步理解：扩散电容对应于扩散区中重叠在一起的等量的正(空穴)、负(电子)电荷(见 7.2.2 节)。它们的数量受到偏压的控制，因而引起电容效应。

8. 扩散电容与电流成正比，随直流偏压的增加而增加。在反向偏压情况下，存储电荷很少，扩散电容可以忽略，可仅考虑耗尽层电容的作用。

9. 在正向偏压、低频情况下，扩散电容很重要，一般要比耗尽层电容大 3～4 个数量级。对于 $\omega\tau\gg1$ 的高频情况，存储电荷跟不上结电压的变化，扩散电容很小，其作用可以忽略。

10. 对于反偏 PN 结，可以忽略扩散电容的作用，对于低频正偏情况，二者都有贡献，但扩散电容往往起主要作用。

7.7 PN结击穿

教学要求

1. 了解概念：PN结击穿、齐纳击穿、雪崩击穿、电离率、雪崩倍增因子、电离积分。
2. 导出雪崩倍增因子和雪崩击穿判据的表达式(7.7–9)和(7.7–10)。

当 PN 结反偏电压增加到一定数值时，PN 结的反向电流会急剧增加。这种现象称为 PN 结击穿。击穿过程并非都是破坏性的，只要最大电流受到限制，击穿过程可以长期地重复。

在早期的研究中，PN 结击穿是在齐纳(Zener)的场发射理论基础上做出解释的。齐纳提出，在高电场下耗尽区的共价键断裂产生电子和空穴，即有些价电子通过量子力学的隧道效应从价带转移到导带，从而形成反向隧道电流，这种机制称为齐纳击穿。后来发现，齐纳模型只能描述具有低击穿电压的结。对于在高电压下击穿的结(如在硅中击穿电压大于 6V)，雪崩机制是产生击穿的原因。由于大多数结是通过雪崩过程达到击穿的，所以这里的讨论将仅限于这种效应。

考虑如图 7.14 所示的一反偏结的空间电荷区。在 N 区的一个杂散空穴进入空间电荷区，在它掠向 P 区的过程中，从电场获得动能。空穴带着高能和晶格碰撞，可以从晶格中电离出一个电子，产生一个电子–空穴对。在第一次碰撞之后，原始的和产生的载流子将继续它们的行程，并且可能发生更多次的碰撞，产生更多的载流子。结果，载流子的增加是一个倍增过程，这种现象称为雪崩倍增或碰撞电离。

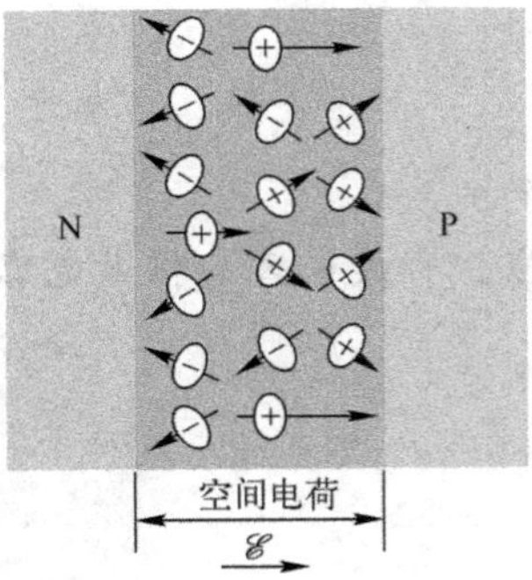

图 7.14 由从 N 侧注入一个空穴引起的在空间电荷区的雪崩倍增

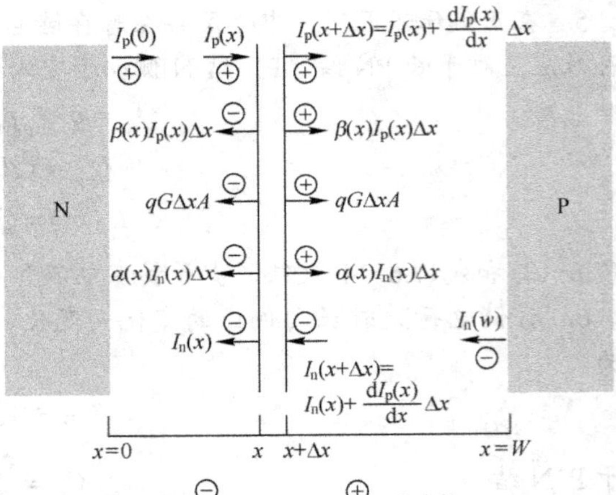

图 7.15 在雪崩击穿条件下反偏压 PN 结中的电流成分

一个电子(空穴)在单位距离路程上所产生的电子–空穴对数称为电子(空穴)的电离系数。电子的电离系数 $\alpha(x)$ 和空穴的电离系数 $\beta(x)$ 都是电场强度的函数，在一般情况下它们是不相等的。然而，为了推导的简化，在下面的分析中，将假设 $\alpha(x)$ 和 $\beta(x)$ 相同。

考察图 7.15 中的物理图像。没有发生碰撞电离的载流子是以 $I_p(0)$、$I_n(W)$ 和空间电荷产生项 G 引入空间电荷区的。$I_p(0)+I_n(W)$ 就是饱和电流 I_0。I_0+I_G 就是 PN 结的反向电流。发生碰撞电离之后，反向电流将增加为 M（I_0+I_G）。从理论上说，当 M 接近无限大时雪崩击穿就发生了。M 称为雪崩倍增因子。下面考察图 7.15 中发生的物理过程，分析雪崩过程的物理机制，以及和雪崩倍增因子有关的因素。在碰撞电离过程中，空穴向着右方边走边增加，电子向着左方边走边增加。在Δx内空穴电流的连续性要求

$$I_p(x+\Delta x)-I_p(x)=\alpha(x)[I_n(x)+I_p(x)]\Delta x+qAG\Delta x \tag{7.7-1}$$

或是

$$dI_p(x)/dx=\alpha(x)I+qAG \tag{7.7-2}$$

式中

$$I=I_n(x)+I_p(x) \tag{7.7-3}$$

与此类似

$$I_n(x)-I_n(x+\Delta x)=\alpha(x)\left[I_n(x)+I_P(x)\right]\Delta x+qAG\Delta x$$

或

$$-dI_n(x)/dx=\alpha(x)I+qAG \tag{7.7-4}$$

式(7.7-4)左边的负号是由于从x到$x+\Delta x$电子电流减少的缘故。

对式(7.7-2)从0至x求积分，对式(7.7-4)从x至W求积分，得到

$$I_p(x)-I_p(0)=I\int_0^x\alpha(x)dx+\int_0^x qAGdx \tag{7.7-5}$$

和

$$-I_n(W)+I_n(x)=I\int_x^W\alpha(x)dx+\int_x^W qAGdx \tag{7.7-6}$$

将式(7.7-5)和式(7.7-6)相加并整理后，得到

$$I=\frac{I_0+I_G}{1-\int_0^W\alpha(x)dx} \tag{7.7-7}$$

符号I_0和I_G分别表示PN结饱和电流和空间电荷区产生电流。把式(7.7-7)写为

$$I=M(I_0+I_G) \tag{7.7-8}$$

式中，M就是雪崩倍增因子，定义为

$$M=\frac{1}{1-\int_0^W\alpha(x)dx} \tag{7.7-9}$$

从理论上讲，当M接近无限大时，就达到雪崩击穿的条件。因此击穿的判据为

$$\int_0^W\alpha(x)dx=1 \tag{7.7-10}$$

在这里，需要求出电离系数作为x的函数。该函数可以利用下面的经验公式推导出来

$$\alpha=A\exp\left[-\left(\frac{B}{|\mathscr{E}|}\right)^m\right] \tag{7.7-11}$$

式中，A和B是材料常数。对于硅，$A=9\times10^5\,\text{cm}^{-1}$，$B=1.8\times10^6\,\text{V/cm}$。对于Ge,Si，$m=1$；GaAs,GaP，$m=2$。电场的大小则要通过对每个结解泊松方程进行计算求得的。

小结

1. 当反偏电压增加到一定数值时，PN结的反向电流会急剧增加。这种现象称为PN结击穿。PN结击穿机制有齐纳击穿和雪崩击穿两种。齐纳模型只能描述具有低击穿电压的结。雪崩机制适用于在高电压下击穿的结。

2. 一个电子(空穴)在单位距离路程上所产生的电子–空穴对数称为电子(空穴)的电离系数。电子的电离系数$\alpha(x)$和空穴的电离系数$\beta(x)$都是电场强度的函数。

3. I_0+I_G是PN结的反向电流。发生碰撞电离之后，反向电流将增加为$M(I_0+I_G)$。从理论上说，当M接近无限大时雪崩击穿就发生了，称M为雪崩倍增因子，表示为

$$M = \frac{1}{1 - \int_0^W \alpha(x)\mathrm{d}x}$$

雪崩击穿的判据表示为 $M = \infty$，即

$$\int_0^W \alpha(x)\mathrm{d}x = 1$$

其中，α 可用以下经验公式表示

$$\alpha = A\exp\left[-\left(\frac{B}{|\mathscr{E}|}\right)^m\right]$$

7.8 异 质 结

教学要求

1. 了解 $Al_xGa_{1-x}As$ 等固溶体合金的禁带宽度 E_g 随合金的摩尔分数的变化而变化的现象。
2. 了解异质结与同质结能带图的区别。

异质结是由两种不同的半导体材料形成的 PN 结。例如，在 P 型 GaAs 上形成 N 型 $Al_xGa_{1-x}As$，它是 AlAs 和 GaAs 这两种 III–V 族化合物半导体固溶形成的合金。x 是 AlAs 在合金中所占的摩尔分数。异质结具有许多同质结所不具有的特性，在半导体技术中得到了许多重要的应用，尤其是在光电子器件和量子效应器件方面。

7.8.1 热平衡异质结

本节以 P 型 GaAs 和 N 型 $Al_xGa_{1-x}As$ 异质结为例介绍异质结的基本概念和理论。$Al_xGa_{1-x}As$ 等固溶体合金的禁带宽度 E_g 随合金的摩尔分数的变化而变化，人们可以根据需要设计和制造禁带宽度。这使它们成为制备异质结器件的重要材料，该项工作被称为禁带工程。

在 $Al_xGa_{1-x}As$ 中，禁带宽度 E_g 随 x 的变化如图 7.16 所示。对于 $0 < x < 0.45$，Γ 方向上的禁带宽度 E_g^Γ 小于 X 方向和 L 方向上的禁带宽度 E_g^X 和 E_g^L，近似表示为

$$E_g^\Gamma(\mathrm{eV}) = 1.424 + 1.247x \tag{7.8-1}$$

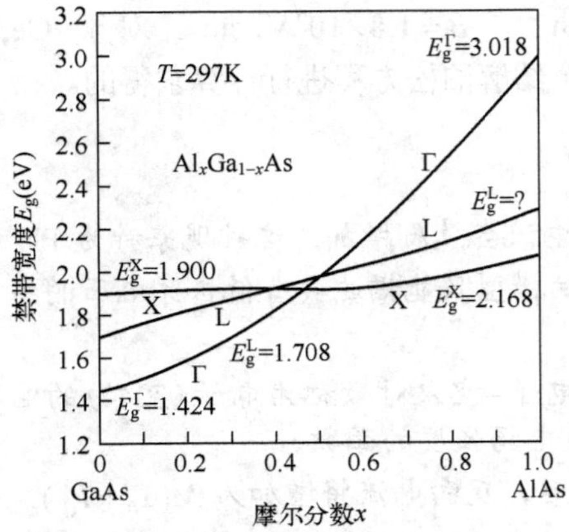

图 7.16 禁带宽度随摩尔分数 x 的变化

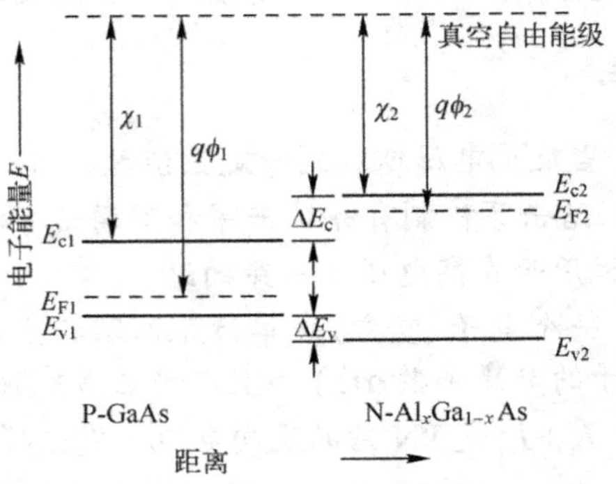

图 7.17 形成 GaAs – $Al_xGa_{1-x}As$ 异质结前的能带图

对于 $0.45 < x < 1.0$，X 方向上的禁带宽度小于 E_g^Γ 和 E_g^L，表示为

$$E_g^\Gamma(\text{eV}) = 1.424 + 1.247x + 1.147(x - 0.45)^2 \tag{7.8-2}$$

从图 7.16 中还看到，除了 E_g 随 x 增加而增加之外，当 $x > 0.45$ 时，由于 $E_g^X < E_g^\Gamma$，材料由直接带隙转变为间接带隙。显然，当 $x = 0$ 时，材料为 GaAs。当 $x = 1$ 时，材料为 AlAs。在 300K，GaAs 的禁带宽度为 1.424eV，AlAs 禁带宽度为 2.168eV。

在 300K，GaAs 的晶格常数为 0.56533nm，AlAs 的晶格常数为 0.56606nm。$Al_xGa_{1-x}As$ 的晶格常数随 x 的变化很小，甚至在 $x = 0$ 和 $x = 1$ 的两种极端情况下，晶格失配也仅为 0.1%。晶格常数匹配是形成高质量异质结所需要的重要条件。

图 7.17 所示为形成异质结之前，分离的 N 型 $Al_xGa_{1-x}As$ 和 P 型 CaAs 的能带图。这两个半导体有不同的禁带宽度 E_g，不同的介电常数 ε，不同的功函数 $q\phi_s$ 以及不同的电子亲和能 χ_s。下面，用下标 1 代表窄禁带半导体，用下标 2 代表宽禁带半导体。两种半导体导带边缘的能量差用 ΔE_c 表示，价带边缘的能量差用 ΔE_v 表示，如图 7.17 所示。从图中可以看出

$$\Delta E_c = \chi_1 - \chi_2 \tag{7.8-3}$$

$$\Delta E_v = (E_{g2} - E_{g1}) - \Delta E_c \tag{7.8-4}$$

$$\Delta E_c + \Delta E_v = E_{g2} - E_{g1} \tag{7.8-5}$$

当两种半导体形成冶金学接触以后，在热平衡情况下费米能级恒等的事实要求，P 区空穴向 N 区转移，N 区电子向 P 区转移，结果在接触面附近形成空间电荷区。与同质结一样，在突变结及耗尽近似下，空间电荷区内的泊松方程为

$$\frac{d^2V_1}{dx^2} = \frac{qN_A}{\varepsilon_1} \tag{7.8-6}$$

$$\frac{d^2V_2}{dx^2} = -\frac{qN_D}{\varepsilon_2} \tag{7.8-7}$$

式中，V_1 和 V_2 分别为 GaAs 区和 $Al_xGa_{1-x}As$ 区空间电荷区的电势分布。$\varepsilon_{rGaAs} = \varepsilon_{r1} = 13.1$，$\varepsilon_{rAlAs} = 10.06$，对于 $Al_xGa_{1-x}As$

$$\varepsilon_{rAl_xGa_{1-x}As} = \varepsilon_{r2} = 13.1 - 3.0x \tag{7.8-8}$$

对式(7.8-6)、式(7.8-7)积分一次，取空间电荷区边界电场为零，得到

$$\mathscr{E}_1 = -\frac{dV_1}{dx} = -\frac{qN_A}{\varepsilon_1}(x + x_p), \qquad -x_p \leqslant x \leqslant 0 \tag{7.8-9}$$

$$\mathscr{E}_2 = -\frac{dV_2}{dx} = -\frac{qN_D}{\varepsilon_2}(x_n - x), \qquad 0 \leqslant x \leqslant x_n \tag{7.8-10}$$

式(7.8-9)和式(7.8-10)中 $-x_p$ 和 x_n 分别为空间电荷区在 GaAs 区和 $Al_xGa_{1-x}As$ 区中的边界。

对式(7.8-9)再积分一次，取 $V_1(-x_p) = 0$，得

$$V_1(x) = \frac{qN_A}{2\varepsilon_1}(x_p + x)^2 \tag{7.8-11}$$

当 $x = 0$ 时

$$V_1(0) = \frac{qN_A}{2\varepsilon_1}x_p^2 \tag{7.8-12}$$

则 P 区的内建电势差为

$$V_{D1} = V_1(0) - V_1(-x_p) = \frac{qN_A}{2\varepsilon_1}x_p^2 \tag{7.8-13}$$

取 $V_2(x_N) = V_0$ 为整个内建电势差，则 N 区电势分布为

$$V_2(x)=V_D-\frac{qN_D}{2\varepsilon_2}(x_n-x)^2,\quad 0\leqslant x\leqslant x_n \tag{7.8-14}$$

$$V_2(0)=V_D-\frac{qN_D}{2\varepsilon_2}{x_n}^2 \tag{7.8-15}$$

则N区内建电势差为 $V_{D2}=V_D-V_2(0)=\frac{qN_D}{2\varepsilon_2}x_n^2$ (7.8-16)

在 $x=0$ 处，$V_1(0)=V_2(0)$，于是

$$V_D=V_{D1}+V_{D2}=\frac{qN_A}{2\varepsilon_1}{x_p}^2+\frac{qN_D}{2\varepsilon_2}{x_n}^2 \tag{7.8-17}$$

也可以写为

$$V_2(x)=V_{D1}+\frac{qN_D}{2\varepsilon_2}[{x_n}^2-(x_n-x)^2],\quad 0\leqslant x\leqslant x_n \tag{7.8-18}$$

图7.18所示为根据以上分析所得到的异质结的空间电荷分布、电场分布和内建电势分布示意图。

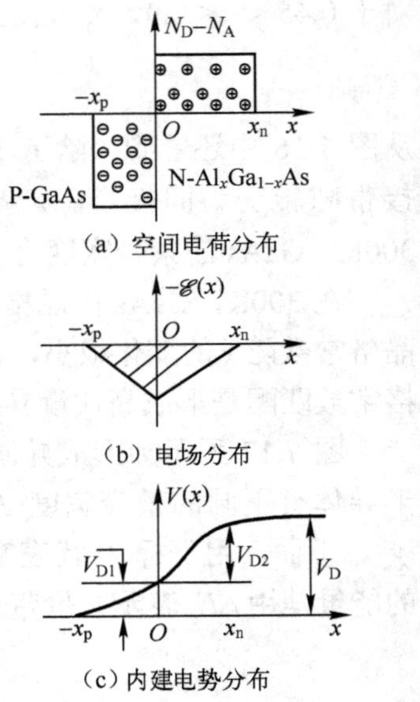

图7.18 热平衡GaAs－Al$_x$Ga$_{1-x}$As异质结

由于异质结界面上(在 $x=0$ 处)没有自由电荷，所以电位移矢量连续，即 $\varepsilon_1\mathscr{E}_1=\varepsilon_2\mathscr{E}_2$。在空间电荷区，电中性要求

$$N_A x_p=N_D x_n \tag{7.8-19}$$

式(7.8-13)除以式(7.8-16)有

$$\frac{V_{D1}}{V_{D2}}=\frac{\varepsilon_2 N_A {x_p}^2}{\varepsilon_1 N_D {x_n}^2} \tag{7.8-20}$$

把式(7.8-19)代入式(7.8-20)，得到

$$\frac{V_{D1}}{V_{D2}}=\frac{\varepsilon_2 N_D}{\varepsilon_1 N_A} \tag{7.8-21}$$

式(7.8-13)和式(7.8-16)给出P侧和N侧耗尽层宽度分别为

$$x_p=\left(\frac{2\varepsilon_1 V_{D1}}{qN_A}\right)^{1/2} \tag{7.8-22}$$

$$x_n=\left(\frac{2\varepsilon_2 V_{D2}}{qN_D}\right)^{1/2} \tag{7.8-23}$$

根据以上分析可见，空间电荷区内建电场 $V(x)$ 的存在，电子出现附加电势能 $E(x)=-qV(x)$。在空间电荷区内与同质PN结不同的是，在能带图上要加上附加电势能，还要加上导带和价带的不连续性引起的 ΔE_c 和 ΔE_v。热平衡N-A1$_x$Ga$_{1-x}$As异质PN结界面处亲和势突变，它对载流子的运动有阻碍和限制作用，这是同质结中所没有的现象。图7.19所示为N型A1$_x$Ga$_{1-x}$As和P型GaAs异质PN结的能带图。

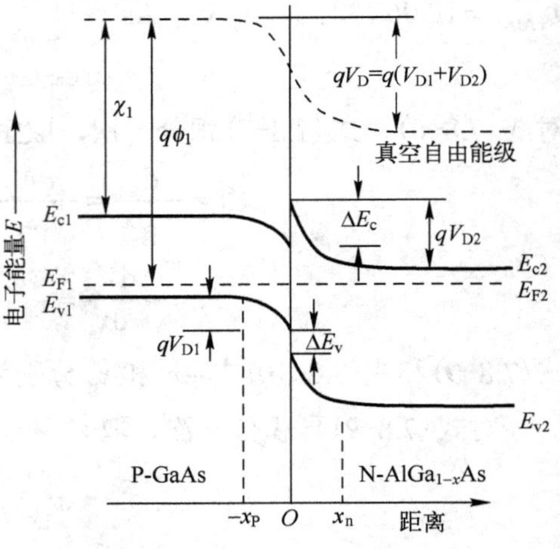

图7.19 热平衡N-Al$_x$Ga$_{1-x}$As/P-GaAs异质PN结能带图

7.8.2 加偏压的异质结

如果在异质结两端加上任意偏压 $V=V_1+V_2$，其中 V_1 和 V_2 分别为分配在两种半导体上的电

压。方程(7.8-13)变为

$$V_1(0)=V_{D1}-V_1 \tag{7.8-24}$$

$$V_{D1}-V_1=\frac{qN_A x_p^{\ 2}}{2\varepsilon_1} \tag{7.8-25}$$

类似地，方程(7.8-16)变为

$$V_{D2}-V_2=\frac{qN_D x_n^{\ 2}}{2\varepsilon_2} \tag{7.8-26}$$

相应地，式(7.8-21)变为

$$\frac{V_{D1}-V_1}{V_{D2}-V_2}=\frac{\varepsilon_2 N_D}{\varepsilon_1 N_A} \tag{7.8-27}$$

耗尽层宽度则相应地变为

$$x_p=[2\varepsilon_1(V_{D1}-V_1)/qN_A]^{1/2} \tag{7.8-28}$$

$$x_n=[2\varepsilon_2(V_{D2}-V_2)/qN_A]^{1/2} \tag{7.8-29}$$

与同质 PN 结一样，在有外加偏压的情况下，N 区和 P 区费米能级分开，如果是正向偏压 V，则 N 区费米能级相对 P 区费米能级上移 qV；对于反向偏压 $-V_R$，N 区费米能级相对 P 区费米能级向下移动 qV_R。

小结

1. 形成异质结的两种半导体有不同的禁带宽度，不同的介电常数，不同的功函数和不同的电子亲和能，因此，两种半导体导带边缘形成能量差 ΔE_c，价带边缘形成能量差 ΔE_V

$$\Delta E_c=\chi_1-\chi_2$$

$$\Delta E_v=(E_{g2}-E_{g1})-\Delta E_c$$

$$\Delta E_c+\Delta E_v=E_{g2}-E_{g1}$$

2. 当两种半导体形成冶金学接触以后，在热平衡情况下费米能级恒等的事实要求，P 区空穴向 N 区转移，N 区电子向 P 区转移，结果在接触面附近形成空间电荷区。空间电荷区的电场使能带发生弯曲。

3. 与同质 PN 结不同的是在空间电荷区内，在能带图上还要加上导带和价带的不连续性引起的 ΔE_c 和 ΔE_v。热平衡 N 型 $Al_xGa_{1-x}As$ 和 P 型 GaAs 异质结界面处亲和势突变，对载流子的运动有阻碍和限制作用。

4. 与同质 PN 结一样，在有外加偏压的情况下，N 区和 P 区费米能级分开，如果是正向偏压 V，则 N 区费米能级相对 P 区费米能级上移 qV；对于反向偏压 $-V_R$，N 区费米能级相对 P 区费米能级向下移动 qV_R。

思考题与习题

7-1 画出结构示意图，利用载流子漂移和扩散的观点解释 PN 结空间电荷区的形成，标出内建电场的方向和内建电势差。

7-2 根据热平衡体系费米能级恒定的原理，解释 PN 结空间电荷区的形成，标出势垒高度。

7-3 能否用电压表测量 PN 结的内建电势差？为什么？

7-4 用导线把 PN 结两端连接起来会不会有电流通过？为什么？

7-5 利用载流子漂移和扩散的观点说明 PN 结的单向导电性。

7-6 根据修正欧姆定律，解释 PN 结的单向导电性。

7-7 为什么在少子注入区可以仅考虑少数载流子的扩散运动？

7-8 根据式(7.2-11)和式(7.2-12)，解释正偏少子注入和反偏少子抽取现象。

7-9 写出反偏 P^+N 结空间电荷区宽度表达式(7.2-1)，说明结空间电荷区宽度随反向偏压变化的规律。

7-10 理想 PN 结基本假设有哪些？有什么意义？

7-11 说明 PN 结反向电流的来源。

7-12 产生正偏复合电流和反偏产生电流的原因是什么？

7-13 产生隧道电流的条件是什么？

7-14 隧道二极管有什么特性？

7-15 什么是耗尽层电容？产生耗尽层电容的原因是什么？

7-16 PN 结耗尽层电容 *C-V* 特性曲线有什么实际意义？

7-17 什么是扩散电容？产生扩散电容的原因是什么？

7-18 在正偏和反偏两种情况下，扩散电容和耗尽层电容哪个起主要作用？

7-19 分析雪崩击穿的物理过程。

7-20 解泊松方程导出 N^+P 结空间电荷区电场分布和电势分布；导出内建电势差和空间电荷区宽度表达式。

7-21 导出空间电荷区边界少数载流子浓度表达式。

7-22 导出式(7.3-4)。根据式(7.3-4)导出长 PN 结和短 PN 结的少数载流子浓度表达式。

7-23 导出空间电荷区内载流子最大复合率公式(7.4-4)。

7-24 画出热平衡 PN 结能带图。

7-25 画出偏压 PN 结能带图。

7-26 画出 PN 结正、反偏两种情况下少子分布、电流分布和总电流形成的示意图。

7-27 硅突变结二极管的掺杂浓度为：$N_D = 10^{15}\text{cm}^{-3}$，$N_A = 4\times10^{20}\text{cm}^{-3}$，计算在室温下：

（1）内建电势差；（2）耗尽层宽度；（3）零偏压下的最大内建电场。

7-28 若突变结两边的掺杂浓度为同一数量级，试证明内建电势和耗尽层宽度可表示为

$$V_D = \frac{qN_A N_D(x_n + x_p)^2}{2\varepsilon(N_A + N_D)} \qquad x_n = \left[\frac{2\varepsilon V_D N_A}{qN_D(N_A + N_D)}\right]^{1/2} \qquad x_p = \left[\frac{2\varepsilon V_D N_D}{qN_A(N_A + N_D)}\right]^{1/2}$$

7-29 推导出 N^+N 结(常称为高低结)内建电势差表达式。

7-30 P^+N 结空间电荷区边界分别为 $-x_p$ 和 x_n，利用 $np = n_i^2 e^{V/V_T}$，导出一般情况下的 $p_n(x_n)$ 表达式。根据该表达式给出 N 区空穴为小注入和大注入两种情况下的 $p_n(x_n)$ 表达式。

7-31 根据电子电流公式 $I_n = qA\left(n\mu_n\mathscr{E} + D_n\dfrac{\partial n}{\partial x}\right)$ 推导公式(7.1-7)，即

$$V_D = V_n - V_p = V_T \ln\frac{N_D N_A}{n_i^2}$$

7-32 根据修正欧姆定律和空穴扩散电流公式证明，在外加正向偏压 V 作用下，PN 结 N 侧空穴扩散区准费米能级的改变量为 $\Delta E_{FP} = qV$。

7-33 （1）PN 结的空穴注射效率定义为在 $x=0$ 处的 I_p/I，证明此效率可表示为

$$\gamma = \frac{I_p}{I} = \frac{1}{1+(\sigma_n L_p)/(\sigma_p L_n)}$$

（2）在实际的二极管中怎样才能使 γ 接近 1？

7-34 长 PN 结二极管处于反偏压状态时，求解下列问题。

（1）解扩散方程求少子分布 $n_p(x)$ 和 $p_n(x)$，并画出它们的分布示意图；

（2）计算扩散区内少子存储电荷；

（3）证明反向电流 $I=-I_0$ 为 PN 结扩散区内的载流子产生电流。

7-35　P^+N 结杂质分布 N_A=常数，$N_D=N_{D0}e^{-x/L}$。假设空间电荷区宽度 $W \ll L$（$e^{-W/L} \approx 1-W/L$）。

（1）解泊松方程求空间电荷区电场分布和电势分布（取 N 侧空间电荷区边界 $x=x_n=W$ 处电场强度为零）；

（2）求空间电荷区内建电势差 V_D；

（3）导出总空间电荷的表达式；

（4）导出耗尽层电容表达式。

7-36　在硅中当最大电场接近 10^6V/cm 时发生击穿。假设在 P 侧 $N_A=10^{20}\text{cm}^{-3}$，为得到 2V 的击穿电压，采用单边突变近似，求 N 侧的施主浓度。

第 8 章　金属-半导体接触

金属-半导体接触(MS 接触)是由金属和半导体互相接触所形成的结构。金属-半导体接触也叫做金属-半导体结(junction)。把须状的金属触针压在半导体晶体上(形成点接触)或者在高真空下向半导体表面上蒸镀大面积的金属薄膜(形成面接触)，都可以获得金属-半导体接触。金属-半导体接触产生两个重要的效应：整流效应和欧姆效应。前者称为整流接触，又叫做整流结。后者称为欧姆接触，又叫做非整流结或欧姆结。金属-半导体结是形成金属-半导体器件的基础。金属-半导体器件是应用于电子学的最古老的固态器件。与 PN 结型器件相比，金属-半导体器件具有高频、高速的特点，使其在微波技术、高速集成电路等许多领域都有重要的应用。另一方面，半导体器件一般都要利用金属电极输入和输出电流，这就要求金属和半导体形成良好的欧姆接触。特别是超高频和大功率器件，欧姆接触是器件设计和制造中的一个重要关键环节。本章将阐述这两类接触的基本原理，讨论影响其特性的主要因素。

8.1　理想的金属-半导体整流接触 肖特基势垒

教学要求

1. 画出热平衡情况下的理想肖特基势垒能带图。
2. 根据能带图指出

$$q\phi_b = q\phi_m - \chi_s$$

$$V_D = \phi_m - \phi_s$$

$$\phi_b = V_D + V_n$$

3. 画出加偏压的肖特基势垒能带图，根据能带图解释肖特基势垒二极管的整流特性。
4. 解释为什么偏压情况下 $q\phi_b$ 保持不变。
5. 掌握式(8.1-8)、式(8.1-12)、式(8.1-13)。
6. 通过例 8.1 掌握利用 $V_R - 1/C^2$ 曲线求内建电势差、杂质浓度和肖特基势垒高度的方法。

理想的金属-半导体接触假设：半导体表面没有表面态，因此半导体的能带从体内到表面都是平直的。图 8.1(a)是金属和 N 型半导体在形成接触之前的理想能带图。图中，金属功函数 $q\phi_m$ 大于半导体的功函数 $q\phi_s$。χ_s 为半导体的电子亲和能。金属的费米能级用 E_{FM} 表示，它位于导带中填满的和空着的能级的分界面上。就是说，金属导带中 E_{FM} 以下的能级基本上被电子填满，E_{FM} 以上的能级基本上是空的。

用某种方法把金属和半导体接触，由于 $q\phi_s < q\phi_m$，$E_{FS} > E_{FM}$，半导体中的电子比金属中的电子占据更高的能级。于是，半导体中的电子将渡越到金属，使二者的费米能级拉平。这种渡越首先发生在半导体表面。在半导体表面，由于电子转移到金属，出现了由失去电子中和的离化施主构成的空间电荷区。在金属表面则出现了一个由电子积累而形成的空间电荷区。电中性要求，金属表面的负电荷量与半导体表面的正电荷量相等。由于金属中具有大量的自由电子，所以金属表面的空间电荷区很薄(约 1 个或几个原子层的厚度)。半导体中施主浓度比金属中电子浓度低几个数量级，所以半导体的空间电荷区相对要厚得多。空间电荷的电场方向从半导体的空间电荷区指向金属。半导体表面正的空间电荷和金属表面的电子之间形成电场，其方向由半导体指向金属。电场将阻止半导体中的电子流入金属。达到热平衡时形成了确定的空间电荷区宽度、稳定的电场分布和电势分布。半导体表面空间电荷区中的电场也叫做内建电场。表面空间电荷区中的电势叫做内建电势。跨在空间电荷区两端的电势差即为内建电势差。

内建电场使空间电荷区内半导体的能带向上弯曲，形成了阻止半导体中电子向金属渡越的势垒（阻挡层），如图 8.1(b)所示。用V_D表示内建电势差，内建电势差V_D由宽度为 W 的空间电荷层所承担。从能带图可以看出，半导体导带电子从半导体到金属的势垒高度为$qV_D = q\phi_m - q\phi_s$。所以内建电势差为

$$V_D = \phi_m - \phi_s = \phi_{ms} \tag{8.1-1}$$

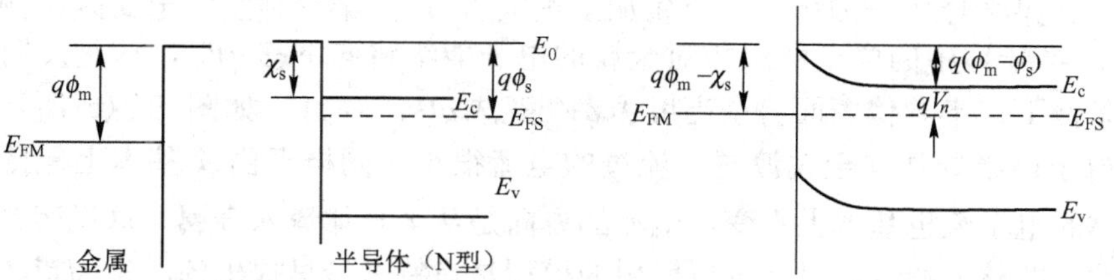

（a）在接触之前　　（b）在接触之后并处于热平衡状态

图 8.1　$\phi_m > \phi_s$ 的金属–半导体接触能带图

从图 8.1(b)还可以看出，对于从金属流向半导体的电子，需要跨过势垒

$$q\phi_b = q\phi_m - \chi_s \tag{8.1-2}$$

$q\phi_b$称为肖特基势垒高度，简称为势垒高度。注意，肖特基势垒高度和半导体表面势垒高度是两个不同的概念。上式说明，理想肖特基势垒高度与金属功函数$q\phi_m$有关。不同金属的功函数不同，所以不同金属与半导体接触形成的肖特基势垒的势垒高度是不同的。

从图 8.1(b)还可以看出，势垒高度也可以表示为

$$q\phi_b = q\left(V_D + V_n\right) \tag{8.1-3}$$

式中

$$V_n = (E_c - E_F)/q = V_T \ln\frac{N_c}{n} = V_T \ln\frac{N_c}{N_D} \tag{8.1-4}$$

此处利用了式(3.3-2)。V_n常称为半导体的体电势。给定杂质浓度 N_D，在给定温度下，V_n的数值是确定的，可由式(8.1-4)计算出来。

对于热平衡肖特基结，在半导体空间电荷区解泊松方程

$$d^2V(x)/dx^2 = -qN_D/\varepsilon \quad (0 \leqslant x \leqslant W)$$

可以求得半导体的表面势V_s、内建电势差V_D和半导体表面空间电荷区宽度 W。由于肖特基结和 P^+N 结空间电荷区内的泊松方程相同，预期二者具有相同的相关结果。边界条件取为$V(W)=0$，解得

$$V_s = -\frac{qN_DW^2}{2\varepsilon} \tag{8.1-5}$$

$$V_D = -V_s \tag{8.1-6}$$

注：在一些半导体物理教材中，分别用W_m和W_s表示金属和半导体的功函数，并且定义半导体相对于金属的电势差为$V_{ms} = (1/q)\ (W_m - W_s)$，称为半导体相对于金属的接触电势差。

和
$$W=\left(\frac{2\varepsilon V_D}{qN_D}\right)^{1/2} \tag{8.1-7}$$

下面考虑偏压的作用。在平衡态，从半导体进入到金属的电子和从金属进入到半导体的电子数目达到动态平衡，净电流为零。如果在半导体上相对于金属加一负电压V（金属接正电位，半导体接负电位），平衡态被打破。由于金属一侧的空间电荷层相对很薄，ϕ_b基本上保持不变，外加电压将全部加在半导体表面空间电荷区上，内建电场将被削弱。半导体空间电荷区两侧电势差减小为V_D-V，半导体中的电子能级相对金属的电子能级将向上移qV。半导体表面势垒高度则由qV_D变成$q(V_D-V)$，如图 8.2(b)所示，这种偏压方式称为正向偏压。半导体一边势垒的降低使得半导体中的电子更易于移向金属，能够流过大的电流，电流的方向是从金属流向半导体。

相反地，如果半导体一侧相对于金属加上正电压 V_R，半导体空间电荷区两侧的电势差增加为V_D+V_R。半导体中的电子能级相对金属的电子能级将向下移qV_R，这是反向偏压条件。在反向偏压条件下，半导体表面势垒高度由qV_D变成$q(V_D+V_R)$，如图 8.2(c)所示。被提高的势垒，阻挡电子由半导体向金属渡越，流过的电流很小。同样理由ϕ_b基本上保持不变，从金属进入半导体的电子流也基本上不变，电流的方向是从半导体流入金属。这说明肖特基势垒具有单向导电性，即整流特性。以上分析所用的模型是肖特基最早提出的，称为肖特基模型。

对于均匀掺杂的半导体，偏压仅改变半导体表面的势垒高度，因此，根据式(8.1-7)，对于反向偏压的肖特基势垒，空间电荷区宽度可以表示为

$$W=\left[\frac{2\varepsilon(V_D+V_R)}{qN_D}\right]^{1/2} \tag{8.1-8}$$

设金属-半导体接触面积为 A，则半导体表面总的空间电荷为

$$Q=qAN_DW$$

将式(8.1-8)代入上式，有

$$Q=A\sqrt{2q\varepsilon N_D(V_D+V_R)} \tag{8.1-9}$$

式(8.1-9)说明，空间电荷随反向偏压变化而变化。这说明肖特基势垒具有电容效应。类似于 PN 结耗尽层电容的分析，定义小信号肖特基势垒电容为

$$C=\mathrm{d}Q/\mathrm{d}V_R \tag{8.1-10}$$

可以把肖特基势垒电容看做接触面积为 A、厚度为 W 的平板电容[见式(7.6-6)的推导]。

$$C=\frac{A}{\varepsilon W} \tag{8.1-11}$$

将式(8.1-9)代入式(8.1-10)，得到

$$C=A\left[\frac{q\varepsilon N_D}{2(V_D+V_R)}\right]^{1/2} \tag{8.1-12}$$

上式也可以写为
$$\frac{1}{C^2}=\frac{2}{q\varepsilon N_D A^2}(V_R+V_D) \tag{8.1-13}$$

根据式(8.1-13)，$1/C^2$ 与 V_R 具有线性关系。式(8.1-13)也称为肖特基势垒的 C-V 特性。

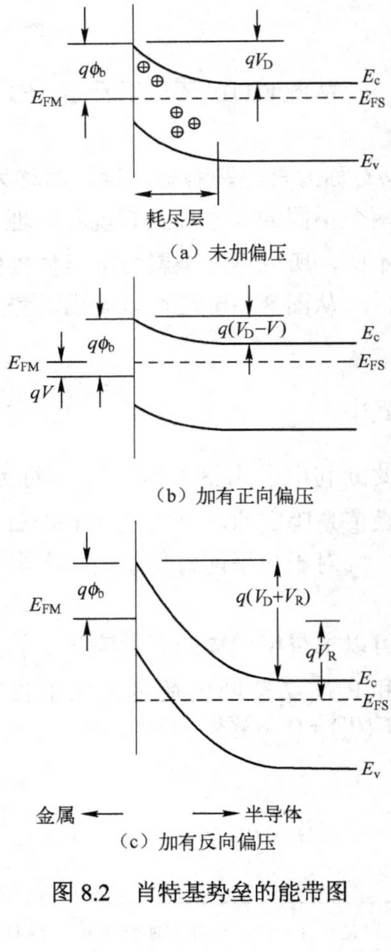

(a) 未加偏压

(b) 加有正向偏压

(c) 加有反向偏压

图 8.2　肖特基势垒的能带图

图 8.3 为计算所得的钨-硅和钨-砷化镓的相关结果。可以根据这种电容-电压曲线的斜率和截距计算出内建电势差和半导体的掺杂浓度。

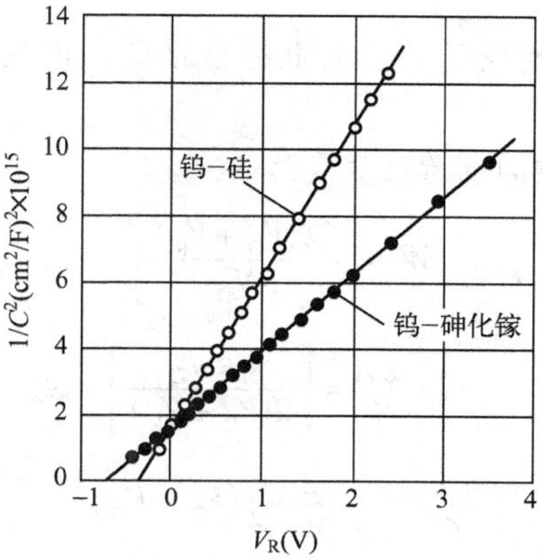

图 8.3 钨-硅和钨-砷化镓的二极管 $1/C^2$ 与外加电压的对应关系曲线

例 8.1 从图 8.3 计算钨-硅肖特势垒的施主浓度、内建电势差和势垒高度。

解：利用式(8.1-13)，有

$$N_D=\frac{2}{q\varepsilon A^2}\frac{d(V_R+V_D)}{d(1/C^2)}=\frac{2}{q\varepsilon A^2}\frac{\Delta V_R}{\Delta(1/C^2)}$$

在图 8.3 中，电容是按单位面积表示的，因此，$A=1$。求得：$V_R=1$V 时，$1/C^2=6\times10^{15}(\text{cm}^2/\text{F})^2$；$V=2$V 时，$1/C^2=10.6\times10^{15}(\text{cm}^2/\text{F})^2$。因此

$$\frac{\Delta V_R}{\Delta(1/C^2)}=\frac{1}{4.6\times10^{15}}=2.17\times10^{-16}(\text{V}\cdot\text{F}^2/\text{cm}^2)$$

$$N_D=\frac{2\times2.17\times10^{-16}}{1.6\times10^{-19}\times11.8\times8.84\times10^{-14}}=2.6\times10^{15}(\text{cm}^{-3})$$

$$V_n=V_T\ln\frac{N_c}{N_D}=0.026\times\ln\frac{2.8\times10^{19}}{2.6\times10^{15}}=0.24(\text{V})$$

从图 8.3 可知，$V_D=0.4$V，所以有

$$\phi_b=V_D+V_n=(0.4+0.24)=0.64(\text{V})$$

小结

1. 金属-半导体接触产生两个最重要的效应：整流效应和欧姆效应。前者称为整流接触，又叫做整流结；后者称为欧姆接触，又叫做欧姆结。

2. 根据热平衡情况下理想金属与 N 型半导体接触的肖特基势垒能带图，半导体表面空间电荷区内建电势差为

$$V_D=\phi_m-\phi_s=\phi_{ms}$$

肖特基势垒高度为

$$q\phi_b=q\phi_m-\chi_s$$

$$\phi_b=V_D+V_n$$

式中

$$V_n=(E_c-E_F)/q=V_T\ln\frac{N_c}{n}=V_T\ln\frac{N_c}{N_D}$$

3. 根据加偏压的肖特基势垒能带图，正偏压下半导体一边势垒的降低使得半导体中的电

子更易于移向金属，能够流过大的电流。在反向偏压条件下，半导体一边势垒被提高。被提高的势垒阻挡电子由半导体向金属渡越，流过的电流很小。这说明肖特基势垒具有单向导电性，即整流特性。

4. 由于金属中具有大量的电子，空间电荷区很薄，因此加偏压的肖特基势垒能带图中 $q\phi_b$ 几乎不变。

5. 反偏压肖特基势垒的空间电荷区宽度为

$$W = \left[\frac{2\varepsilon(V_D + V_R)}{qN_D}\right]^{1/2}$$

6. 肖特基势垒电容

$$C = \frac{\varepsilon A}{W} = \left[\frac{q\varepsilon N_D}{2(V_D + V_R)}\right]^{1/2} A$$

或

$$\frac{1}{C^2} = \frac{2}{q\varepsilon N_D A^2}(V_R + V_D)$$

可以由 $1/C^2$ 与 V_R 的关系曲线求出内建电势差和半导体的掺杂浓度。

7. 式(8.1-5)～式(8.1-13)与 P^+N 单边突变结的相应公式完全相同，这是因为二者在空间电荷区内泊松方程相同。

8.2 界面态对势垒高度的影响

教学要求

了解以下知识：(1)费米能级钉扎效应；(2)1/3 定则；(3)表面态的存在使势垒高度与金属功函数以及半导体中的掺杂度几乎无关。

根据式(8.1-2)，由于不同金属的功函数不同，不同金属与半导体接触形成的肖特基势垒的势垒高度 $q\phi_b$ 应该是不同的。但实验发现金属功函数的差别对肖特基势垒高度影响并不显著。表 8.1 是实验测得的几种金属的功函数和这些金属与几种半导体形成的肖特基势垒高度。可以看出，不同金属的功函数有很大差别，而对比起来，势垒高度的差别却很小，不符合式(8.1-2)。特别是，按以上的分析，如果 $q\phi_m < \chi_s$，根据式(8.1-2)，$q\phi_b < 0$，将不能形成势垒。换句话说，这样的金属-半导体接触将不具有单向导电性。但实际并不是这样，例如硅的电子亲和势为 4.15eV，铝的功函数为 4.1eV，低于硅的电子亲和势，但铝和 N 型硅是广泛应用的整流接触。

表 8.1 以电子伏特为单位的 N 型半导体上的肖特基势垒高度

金属	$q\phi_m$ eV	Si ($\chi=4.15$)	Ge ($\chi=4.13$)	GaAs ($\chi=4.07$)	GaP ($\chi=4.0$)
Al	4.1	0.5~0.77	0.48	0.80	1.05
Au	4.7	0.81	0.45	0.90	1.28
Cu	4.4	0.69~0.79	0.48	0.82	1.20
Pt	5.4	0.9	—	0.86	1.45

为了说明金属功函数对肖特基势垒高度的影响并不显著这一事实，巴丁在 1947 年提出了一个应该考虑半导体表面态的作用的模型。巴丁提出，如果认为在金属和半导体表面之间存在着原子线度的间隙 δ，那么表面态中的电荷可通过在间隙中产生的电势差对势垒高度起钳制作用。也就是说，当金属和半导体接触时，首先要和半导体的表面态中的电子达到平衡。只要表面态足够多，能态密度足够大，它们与金属的这种相互作用将在很大程度上屏蔽了金属对半导体的影响。

按照巴丁模型，在界面处晶格的断裂产生大量能量状态，称为界面态或表面态。界面态位于禁带内。界面态通常按能量连续分布，并可用一中性能级 E_0 表征。如果被占据的界面态高达 E_0，而 E_0 以上空着，则这时的表面为电中性。也就是说，当 E_0 以下的状态空着时，表面带正电，类似于施主的作用；当 E_0 以上的状态被占据时，表面带负电，类似于受主的作用。若 E_0 与费米能级对准，则净表面电荷为零。在实际的 M-S 接触中，当 $E_0>E_F$ 时，界面态的净电荷为正，类似于施主。这些正电荷和金属表面的负电荷所形成的电场，在金属和半导体之间的微小间隙 δ 中产生电势差，所以耗尽层内需要较少的电离施主以达到平衡。结果使得内建电势被显著降低，如图 8.4(a)所示，并且根据式(8.1-3)，势垒高度 ϕ_b 也被降低。从图 8.4(a)可以看到，更小的 ϕ_b 使 E_F 更接近 E_0。与此类似，若 $E_0<E_F$，则在界面态中有负电荷，并使 ϕ_b 增加，还使 E_F 和 E_0 接近(见图 8.4(b))。因此，界面态的电荷具有负反馈效应，它趋向于使 E_F 和 E_0 接近。若界面态密度很大，则费米能级实际上被钳位在 E_0(称为费米能级钉扎效应)，而 ϕ_b 变成与金属和半导体的功函数无关。在大多数实用的肖特基势垒中，界面态在决定 ϕ_b 的数值中处于支配地位，势垒高度基本上与两个功函数差以及半导体中的掺杂度无关。人们发现，大多数半导体的表面中性能级 E_0 是在价带边之上 $E_g/3$ 附近，这称为 1/3 定则。

在半导体技术中，由于表面态强烈地依赖于工艺技术，所以势垒高度是一个经验值。

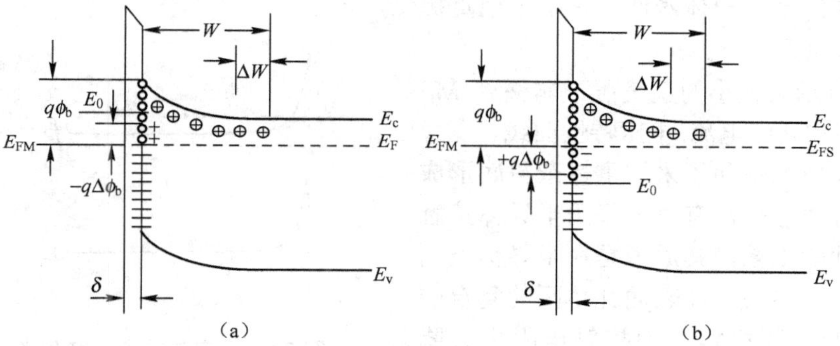

图 8.4 被表面态钳制的费米能级

小结

1. 表面态的存在使势垒高度与金属功函数以及半导体中的掺杂度几乎无关。
2. 若表面态密度很大，则费米能级实际上被钳位在表面态电中性能级 E_0，这称为费米能级钉扎效应。
3. 对于大多数半导体，E_0 位于价带顶之上 $1/3E_g$，这称为 1/3 定则。
4. 在半导体技术中，由于表面态密度无法确定，所以势垒高度是一个经验值。

8.3 欧姆接触

教学要求

1. 掌握概念：欧姆接触。
2. 画出能带图说明金属和重掺杂半导体之间形成欧姆接触。

欧姆接触定义为这样一种接触，它在所使用的结构上不会添加较大的寄生阻抗，且不足以改变半导体内的平衡载流子浓度使器件特性受到影响。这就要求在接触处几乎不存在势垒，因此，不论外加电压的极性如何，载流子都可以自由地通过任一方向，而且不呈整流效应。这种接触几乎对所有半导体器件的研制和生产都是不可缺少的部分，因为所有半导体器件都需要用欧姆接触与其他器件或电路元件相连接。

8.1 节指出对于理想的 MS 接触，金属-N 型半导体接触，当 $q\phi_m > q\phi_s$ 时可以形成整流接触。类似分析不难得出以下结论：$q\phi_m < q\phi_s$ 的金属-N 型半导体将形成欧姆接触；$q\phi_m > q\phi_s$ 的金属与 P 型半导体将形成欧姆接触。当 $q\phi_m < q\phi_s$ 时，金属-P 型半导体将形成肖特基势垒。

以上分析基于理想金属-半导体接触的假设。如果考虑到表面态存在的实际情况，不论是 N 型半导体还是 P 型半导体，根据 1/3 定则，都将形成势垒。根据以上分析，实际金属和半导体之间的直接接触一般不形成欧姆接触，特别是当半导体为低掺杂时尤其如此。

金属-半导体接触，一般都会形成势垒，但是，如果采用重掺杂半导体，例如具有 $10^{19}cm^{-3}$ 或更高的杂质浓度，与金属接触就可获得欧姆接触。这是由于重掺杂半导体的空间电荷区宽度 W 变得如此之薄，以至于载流子可以隧道穿透而不是越过势垒。势垒每边的电子都可能隧道穿透到另一边，呈现出正、反向偏压下基本上对称的电流-电压特性。因此，势垒是非整流的，并有低的电阻。在 $N_D > 10^{19}cm^{-3}$ 的 N 型 Si 上蒸发 Al、Au 或 Pt 都可以实现实际的欧姆接触。这也是半导体器件工艺中采用重掺杂衬底的主要原因之一。

图 8.5 所示为在小的正偏压下非整流 MS 接触的能带图和它的电流-电压特性曲线。

在半导体技术中除了采用重掺杂衬底形成欧姆接触的方法之外，有时还采用半导体接触面粗磨或喷砂的工艺。其原理是在半导体表面形成大量的复合中心，使表面耗尽区的复合成为控制电流的主要机构，使接触电阻大大降低，接近欧姆接触。

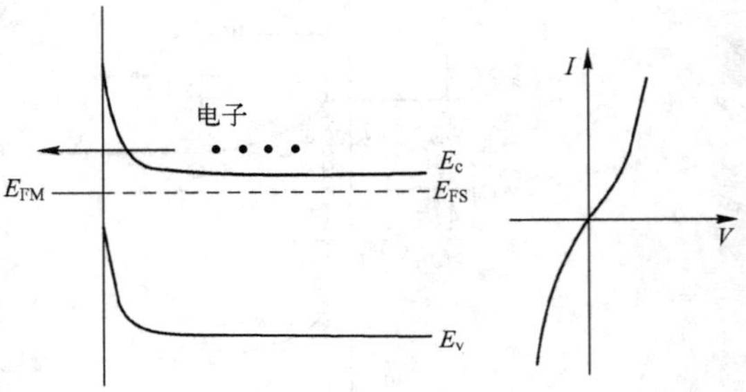

图 8.5　金属与重掺杂 N 型半导体的接触能带图和电流-电压特性曲线

小结

1. 理想的金属-P 型半导体接触中，$\phi_m > \phi_s$，形成欧姆接触；$\phi_m < \phi_s$，形成整流接触。理想的金属-N 型半导体接触中，$\phi_m > \phi_s$，形成整流接触；$\phi_m < \phi_s$，形成欧姆接触。

2. 由于表面态的存在，一般情况下，金属和半导体不能形成欧姆接触。

3. 金属和重掺杂半导体之间能够形成欧姆接触。这是由于重掺杂半导体的空间电荷区宽度 W 变得如此之薄，以至于载流子可以隧道穿透而不是越过势垒。势垒每边的电子都可能隧道穿透到另一边，呈现出正、反向偏压下基本上对称的电流-电压特性。因此，势垒是非整流的，并有低的电阻。

8.4　镜像力对势垒高度的影响——肖特基效应

教学要求

1. 什么是肖特基效应？解释肖特基效应的物理机制。

2. 导出肖特基势垒降低公式(8.4-7)和总能量最大值发生位置公式(8.4-6)。

在半导体中，金属表面附近的电子会在金属上感应出正电荷。电子与感应正电荷之间的吸引力等于位于 x 处的电子和位于 $-x$ 处的等量正电荷之间的静电引力，这个正电荷称为镜像电荷，静电引力称为镜像力。根据库仑定律，镜像力为

$$F=-\frac{q^2}{4\pi\varepsilon(2x)^2}=-\frac{q^2}{16\pi\varepsilon x^2} \tag{8.4-1}$$

距金属表面 x 处的电子的电势能为

$$E_1(x)=\int_x^{\infty}F\mathrm{d}x=-\frac{q^2}{16\pi\varepsilon x} \tag{8.4-2}$$

式中，边界条件取为：$x=\infty$ 时 $E=0$ 和 $x=0$ 时 $E=-\infty$。

对于肖特基势垒，这个势能将叠加到理想肖特基势垒能带图上，使理想肖特基势垒的电子能量在 $x=0$ 处下降。也就是说，使肖特基势垒高度下降，这种现象称为肖特基势垒的镜像力降低，又称为肖特基效应，如图 8.6 所示。

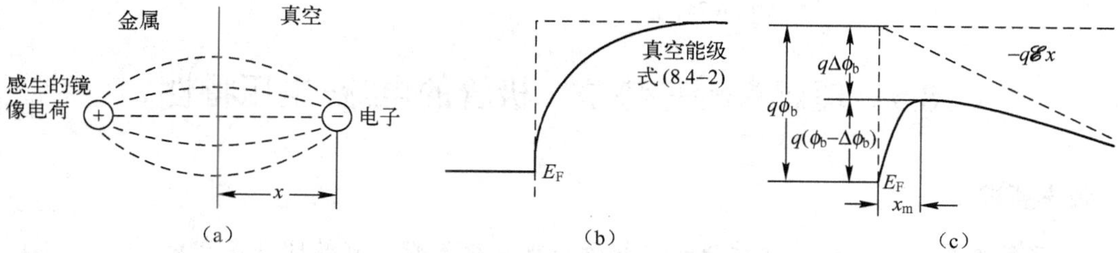

图 8.6　电子镜像力降低的肖特基势垒

为求出势垒降低的大小和发生的位置，现将界面附近原来的势垒近似地看成线性的，即界面附近的导带底势能曲线为

$$E_2(x)=-q\mathscr{E}x \tag{8.4-3}$$

式中，$\mathscr{E}$ 为表面附近的电场(内建电场和外加电场)，取其为势垒区最大电场。总能量为

$$E(x)=E_1(x)+E_2(x)=-\frac{q^2}{16\pi\varepsilon x}-q\mathscr{E}x \tag{8.4-4}$$

设势垒高度降低的位置发生在 x_m 处，势垒高度降低值为 $q\Delta\phi_b$。令 $\mathrm{d}E(x)/\mathrm{d}x=0$，由式(8.4-4)得到

$$\mathscr{E}=\frac{q}{16\pi\varepsilon x_m^2} \tag{8.4-5}$$

$$x_m=\left(\frac{q}{16\pi\varepsilon\mathscr{E}}\right)^{1/2} \tag{8.4-6}$$

由于 $$E(x_m)=-q\Delta\phi_b=-\frac{q^2}{16\pi\varepsilon x_m}-q\mathscr{E}x_m$$

所以 $$\Delta\phi_b=\mathscr{E}x_m+\frac{q}{16\pi\varepsilon x_m}=2\mathscr{E}x_m=\sqrt{\frac{q\mathscr{E}}{4\pi\varepsilon}} \tag{8.4-7}$$

式(8.4-7)说明，在大电场下，肖特基势垒被镜像力降低很多。

镜像力使肖特基势垒高度降低的前提是，金属表面附近的半导体导带要有电子存在。因此，在测量势垒高度时，如果所用方法与电子在金属和半导体间的输运有关，则所得结果是 $\phi_b-\Delta\phi_b$；如果测量方法只与耗尽层的空间电荷有关而不涉及电子的输运(如电容方法)，则测量结果不受镜像力影响。

空穴也产生镜像力，它的作用是使半导体能带的价带顶附近向上弯曲，如图 8.7 所示，但

价带顶不像导带底那样有极值，结果接触处的能带变窄。

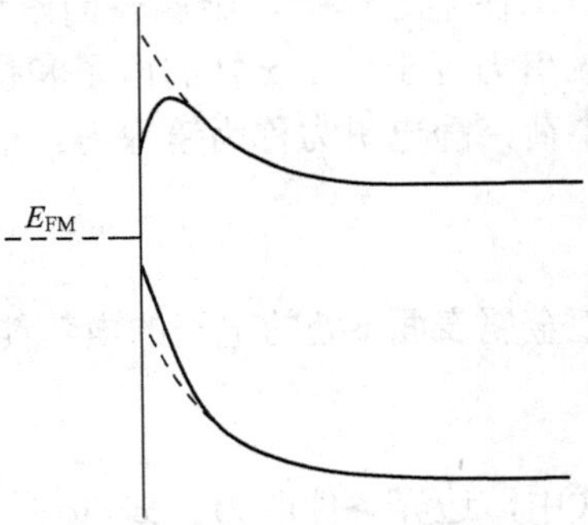

图 8.7　空穴镜像力的影响

小结

1. 镜像力使肖特基势垒高度下降，这种效应称为肖特基效应。

2. 作为一种近似，把理想肖特基结半导体势垒区电子能量看做线性的，表示为

$$E_2(x) = -q\mathscr{E}x$$

3. 肖特基势垒的降低值和总能量最大值发生的位置为

$$\Delta\phi_b = \sqrt{\frac{q\mathscr{E}}{4\pi\varepsilon}}$$

$$x_m = \left(\frac{q}{16\pi\varepsilon\mathscr{E}}\right)^{1/2}$$

8.5　理想肖特基势垒二极管的电流-电压特性

教学要求

1. 了解概念：热电子、热载流子二极管、理查森常数、有效理查森常数。
2. 导出半导体表面电子浓度表达式(8.5-3)。
3. 导出理查森-杜师曼方程(8.5-11)。
4. 根据理查森-杜师曼方程讨论 SBD 的电流-电压特性。

肖特基势垒也叫做肖特基势垒二极管(Schottky Barrier Diode，SBD)。肖特基势垒的电流受到从半导体空间电荷层边缘向金属输运的载流子支配。在图 8.2(b)中，正向偏压减小了耗尽层内的电场和势垒，结果是电子以速度 v_d 扩散通过耗尽层，再以速度 v_E 从半导体向金属发射。若 $v_E \gg v_d$，则电流受跨越空间电荷层的载流子的扩散所控制。若 $v_E \ll v_d$，则电流为 MS 界面附近的发射过程所支配。现已清楚，在室温下大多数实用的 SBD 的电流输运机制受到发射过程的限制。载流子跨越空间电荷层的扩散效应在讨论中可以忽略。

当电子来到势垒顶上向金属发射时，它们的能量比金属中的电子的能量高出约 $q\phi_b$。进入金属之后，它们在金属中碰撞以给出这份多余的能量之前，由于它们的等效温度高于金属中的电子，因而把这些电子看成热的，叫做热电子。由于这个缘故，肖特基势垒二极管有时被称为热载流子二极管。这些进入到金属中的载流子在很短的时间内就会和金属中的电子达到平衡，这个时间一般小于 0.1ns。

根据气体动力论，如果金属表面外的电子密度为 n_s，则单位时间通过单位面积进入金属的电子数为 $\frac{1}{4}n_s\overline{v}_{th}$，$\overline{v}_{th} = \sqrt{\frac{8KT}{\pi m_n}}$ 为热电子的平均热运动速度，m_n 为电子有效质量。显然，金属表面外的电子密度就是半导体表面的电子浓度。因此，根据式(6.3-7)半导体表面电子浓度为

$$n_s = n_0 e^{V_s/V_T}$$

式中，V_s 为半导体表面势。由于 $V_s = -V_D$，于是在界面的电子浓度可以表示为

$$n_s = n_0 e^{-V_D/V_T} \tag{8.5-1}$$

半导体表面的电子浓度可以用 ϕ_b 表示出来。根据式(8.1-3)，$V_D = \phi_b - V_n$，代入式(8.5-1)，得到

$$n_s = N_c e^{-\phi_b/V_T} \tag{8.5-2}$$

式(8.5-2)说明，能量在$q\phi_b$之上的电子才能进入金属。当有外加电压V时，可以认为上述关系仍然成立，只不过把ϕ_b换成$\phi_b - V$，或者说外加电压V使电子浓度增加e^{V/V_T}倍，即

$$n_s = N_c e^{-(\phi_b - V)/V_T} \tag{8.5-3}$$

也就是说，能量在$q(\phi_b - V)$之上的电子能够进入金属。外加电压V降低了进入到金属的电子的能量阈值。

于是，电子从半导体越过势垒向金属发射所形成的电流密度为

$$j_{SM} = \frac{qN_c\overline{v}_{th}}{4} e^{-(\phi_b - V)/V_T} \tag{8.5-4}$$

与此同时，也有电子从金属向半导体中发射，由于金属一侧的势垒高度$q\phi_b$不受偏压的影响，所以这个电流密度总是

$$j_{MS} = \frac{qN_c\overline{v}_{th}}{4} e^{-\phi_b/V_T} \tag{8.5-5}$$

总电流密度为

$$j = j_{SM} - j_{MS} = \frac{qN_c\overline{v}_{th}}{4} e^{-\phi_b/V_T}\left(e^{V/V_T} - 1\right) \tag{8.5-6}$$

把导带有效状态密度$N_c = 2(2\pi m_n KT)^{3/2}/h^3$和$\overline{v}_{th} = \sqrt{\dfrac{8KT}{\pi m_n}}$代入上式，得到热电子发射理论的电流-电压关系

$$j = R^* T^2 e^{-\phi_b/V_T}\left(e^{V/V_T} - 1\right) = j_0\left(e^{V/V_T} - 1\right) \tag{8.5-7}$$

式中

$$j_0 = R^* T^2 e^{-\phi_b/V_T} \tag{8.5-8}$$

$$R^* = 4\pi m_n q K^2 / h^3 \tag{8.5-9}$$

R^*称为有效理查森(Richardson)常数，它是在电子向真空中发射时的理查森常数R中，用半导体电子的有效质量代替自由电子质量而得到的

$$R^* = R(m_n/m) = 120(m_n/m)[\mathrm{A}/(\mathrm{cm}^2 \cdot \mathrm{K}^2)] \tag{8.5-10}$$

R^*的单位为$\mathrm{A}/(\mathrm{K}^2 \cdot \mathrm{cm}^2)$，其数值依赖于有效质量。对于N型硅和P型硅，$R^*$分别为110和32；对于N型GaAs和P型GaAs，R^*分别为8和74。

当肖特基势垒被施加反向偏压$-V_R$时，将式(8.5-7)中的V换成$-V_R$，即可得到反向偏压下的电流-电压关系。于是，SBD在正反两种偏压下的电流-电压关系可以统一表示为

$$j = j_0\left(e^{V/nV_T} - 1\right) \tag{8.5-11}$$

$$I = I_0\left(e^{V/nV_T} - 1\right) \tag{8.5-12}$$

式(8.5-11)和式(8.5-12)称为理查森-杜师曼(Richardson-Dushman)方程。式中，n称为理想化因子，它是由非理想效应引起的。对于理想的肖特基势垒二极管，$n=1$。两种肖特基二极管的实验特性曲线如图8.8所示。使正向I-V曲线延伸至$V=0$，可以求出参数j_0，可以用它和式(8.5-8)一起来求出

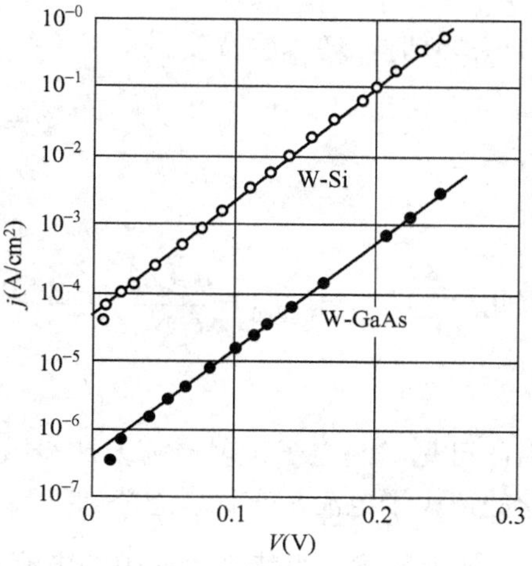

图8.8 W-Si和W-GaAs肖特基二极管正向电流密度与电压的关系曲线[12]

势垒高度。理想化因子可由半对数曲线的斜率计算出来。对于 Si 二极管，得到$n=1.02$；对于 GaAs 二极管，得到$n=1.04$。可见，式(8.5-11)较好地适用于 Ge、Si 和 GaAs 等常用半导体材料做成的肖特基势垒二极管。

值得指出的是，根据式(8.5-8)，反向电流应为常数，这与实验数据出现偏差。其原因之一是 8.4 节中所提出的镜像力作用，把ϕ_b换成$\phi_b-\Delta\phi_b$，则饱和电流改为

$$j_0 = R^*T^2 e^{-(\phi_b-\Delta\phi_b)/V_T}$$

实验发现，用上式来描述肖特基势垒二极管的电流-电压特性更为精确，特别是对反向偏压情况的描述。

热离子发射电流是跨越肖特基势垒的多数载流子(电子)电流。除了多数载流子电流以外，还有一少数载流子电流存在，它是由空穴从金属注入到半导体中形成的。这个电流实际上是半导体价带顶附近的电子流向金属费米能级以下的空状态而形成的。空穴注入和在 PN 结中情况相同，电流可表示成

$$I_p = I_{p0}(e^{V/V_T}-1) \tag{8.5-13}$$

式中

$$I_{p0} = \frac{qAD_pN_cN_v}{N_DL_p}e^{-E_g/(kT)} \tag{8.5-14}$$

可以看到，式(8.5-13)所表示的少数载流子电流与式(8.5-12)所表示的多数载流子电流具有相同的形式。式(8.5-14)的书写形式很利于对I_{p0}和I_0的大小进行比较。在像硅这样的共价键半导体中，ϕ_b要比E_g小得多，结果是热离子发射电流通常远大于少数载流子电流。

例 8.2 一个钨-硅(W-Si)肖特基势垒二极管，$N_D=10^{16}\text{cm}^{-3}$，计算势垒高度和耗尽层宽度。比较多数载流子电流和少数载流子电流，假设$\tau_p=10^{-6}\text{s}$，$D_p=36\text{cm}^2/\text{s}$。

解： 由图 8.8 求得$j_0=6.5\times10^{-5}\ \text{A/cm}^2$。

由方程式(8.5-8)

$$\phi_b = V_T\ln\frac{R^*T^2}{j_0} = 0.026\times\ln\frac{110\times300^2}{6.5\times10^{-5}} = 0.67(\text{V})$$

$$V_n = V_T\ln\frac{N_c}{N_D} = 0.17(\text{V})$$

于是

$$V_D = \phi_b - V_n = 0.67-0.17 = 0.50(\text{V})$$

当$V_R=0$时，耗尽层宽度为

$$W = \sqrt{\frac{2\varepsilon V_D}{qN_D}} = 2.6\times10^{-5}(\text{cm})$$

$$L_p = \sqrt{D_p\tau_p} = 6\times10^{-3}(\text{cm})$$

因此

$$j_{p0} = \frac{qD_pn_i^2}{L_pN_D} = \frac{1.6\times10^{-19}\times36\times(1.5\times10^{10})^2}{6\times10^{-3}\times10^{16}} = 2\times10^{-11}\ (\text{A/cm}^2)$$

$$j_0/j_{p0} = 6.5\times10^{-5}/2\times10^{-11} = 3.2\times10^6$$

由此可见，热电子发射电流要比少数载流子电流大得多。肖特基势垒电流基本上是由多子传导的，少子电流常常可以忽略。

如上所述，肖特基势垒中的电流是由多数载流子传导的。与 PN 结二极管相比较，不难看出肖特基势垒二极管具有以下几个方面的特点。

（1）高的工作频率和开关速度。肖特基势垒二极管是多子器件，没有少数载流子存储，

所以频率特性没有电荷存储效应的影响，只受 *RC* 时间常数的限制。由于这个原因，肖特基势垒二极管对于高频和快速开关的应用是理想的。

（2）大的饱和电流。由于多数载流子电流远高于少数载流子电流，肖特基势垒中的饱和电流远高于具有同样面积的 PN 结二极管的饱和电流。

（3）低的正向电压降。由于肖特基势垒二极管中的饱和电流远高于具有同样面积的 PN 结二极管的饱和电流，所以对于同样的电流，在肖特基势垒上的正向电压降要比 PN 结上的低得多。图 8.9 所示为 Al-Si(N) 肖特基势垒二极管和 PN 结二极管的电流–电压特性曲线。肖特基势垒二极管的接通电压或开启电压（*I-V* 曲线的拐弯处）一般为 0.3V，而硅 PN 结为 0.6～0.7V。低的接通电压使得肖特基二极管对于钳位和限幅的应用具有吸引力。然而在反偏压下，肖特基二极管具有更高的非饱和反向电流。另外，在肖特基二极管中通常存在额外的漏电流和软击穿，因而在器件制造中必须十分小心。

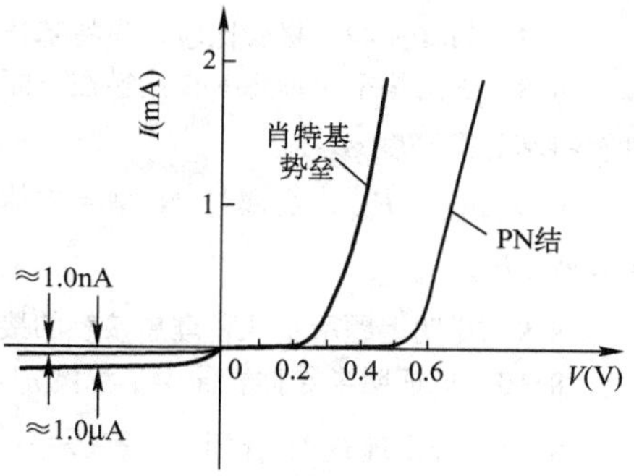

图 8.9 PN 结二极管和肖特基势垒二极管的电流–电压特性曲线

（4）肖特基势垒二极管具有更稳定的温度特性。

小结

1. 肖特基势垒二极管是热电子发射器件。

2. 根据气体动力学，单位时间入射到金属单位面积上的电子数（进入金属的电子数）为 $\frac{1}{4}n_s\bar{v}_{th}$。当有外加电压 V 时

$$n_s = N_c e^{-(\phi_b - V)/V_T}$$

只有能量在 $q(\phi_b - V)$ 之上的电子才能进入金属。

3. SBD 在正反两种偏压下的电流–电压关系可以统一表示为

$$j = j_0\left(e^{V/nV_T} - 1\right)$$

$$I = I_0\left(e^{V/nV_T} - 1\right)$$

称为理查森–杜师曼方程。

4. 根据式(8.5-11)，正偏压下，$V \gg V_T$，$j = j_0 e^{V/V_T}$，正向电流随偏压的增加而呈指数增加。反偏压下，$e^{-V_R/V_T} \approx 0$，$j = -j_0$，反向电流很小且等于常数，因此 j_0 被称为饱和电流。负号表示反向电流的方向是从半导体流入金属。反向电流是金属发射到半导体的电子流形成的。

5. SBD 中的电流主要是热电子发射电流，少子电流可以不计。因此。SBD 是依靠多数载流子输运电荷的器件，也叫多子器件。正向偏压下，半导体的多数载流子热发射进入金属变成漂移电流而流走。正是这个重要特性使得 SBD 以及基于 SBD 的器件在高频、高速技术中有着重要的应用。

思考题与习题

8-1 金属与半导体接触产生哪两种效应？

8-2 解释肖特基势垒的单向导电性。

8-3 为什么在偏压下肖特基势垒高度 $q\phi_b$ 可视为不变？

8-4 为什么说实际的肖特基势垒高度是经验值？

8-5 为什么金属和重掺杂半导体能够形成欧姆接触？半导体杂质浓度一般在什么样的数量级？

8-6 什么是肖特基效应？

8-7 与 PN 结二极管比较，肖特基势垒二极管有哪些特点？

8-8 画出热平衡理想 MS 接触在下面几种情况下的能带图，并正确标出半导体空间电荷区势垒高度 qV_D 和肖特基势垒高度 $q\phi_b$。

（1）$E_{FM} > E_{FS}$，金属与 N 型半导体；（2）$E_{FM} > E_{FS}$，金属与 P 型半导体；（3）$E_{FM} < E_{FS}$，金属与 P 型半导体。

8-9 说明上题所示几种理想接触的接触类型。

8-10 试证明半导体表面电子浓度 $n_s = N_c e^{-\phi_b/V_T}$。

8-11 导出理查森-杜师曼方程。

8-12 设 P 型硅受主浓度 $N_A = 10^{17}\text{cm}^{-3}$，$N_v = 10^{19}\text{cm}^{-3}$。试求：

（1）室温下该半导体的费米能级的位置和功函数；

（2）不计表面态的影响，该 P 型硅分别与铂(Pt)和银(Ag)接触后是否形成肖特基势垒？已知铂和银的功函数分别为 5.36eV 和 4.81eV，硅的电子亲合能 $\chi = 4.05\text{eV}$；

（3）如果能够形成肖特基势垒，求内建电势差。

8-13 一硅肖特基势垒二极管有 0.01cm^2 的接触面积，半导体中施主浓度为 10^{16}cm^{-3}。设 $V_D = 0.7\text{V}$，$V_R = 10.3\text{V}$。计算：(1)耗尽层厚度；(2)势垒电容；(3)在表面处的电场。

8-14 （1）根据图 8.3 的 GaAs 肖特基二极管电容-电压特性曲线，求出它的施主浓度和势垒高度；

（2）根据图 8.8，计算势垒高度并与（1）的结果进行比较。

8-15 自由硅表面的施主浓度为 10^{15}cm^{-3}，均匀分布的表面态密度为 $D_{ss} = 10^{12}\text{cm}^{-2}\text{eV}^{-1}$，电中性级为 $E_v + 0.3\text{eV}$，计算该表面的表面势(提示：首先求出费米能级与电中性能级之间的能量差，存在于这些表面态中的电荷必定与表面势所承受的耗尽层电荷相等)。

8-16 已知肖特基二极管的参数为：$\phi_m = 5.0\text{V}$，$\chi_s = 4.05\text{eV}$，$N_c = 10^{19}\text{cm}^{-3}$，$N_D = 10^{15}\text{cm}^{-3}$，$\varepsilon_r$=11.8。假设界面态密度是可以忽略的，在 300K 时计算：

（1）零偏压时势垒高度、内建电势差和耗尽层宽度；

（2）在 0.3V 的正偏压时的热离子发射电流密度。

8-17 在一金属-硅的接触中，势垒高度为 $q\phi_b = 0.8\text{eV}$，有效理查森常数为 $R^* = 10^2\text{A}/(\text{cm}^2\cdot\text{K}^2)$，$E_g = 1.1\text{eV}$，$N_D = 10^{16}\text{cm}^{-3}$，$N_c = N_v = 10^{19}\text{cm}^{-3}$。

（1）计算在 300K、零偏压时半导体的体电势 V_n 和内建电势差。

（2）假设 $D_p = 15\text{cm}^2/\text{s}$ 和 $L_p = 10\mu\text{m}$，计算多数载流子电流对少数载流子电流的注入比。

8-18 计算室温时金-N-GaAs 肖特基势垒的多数载流子电流对少数载流子电流的比例。已知施主浓度为 10^{15}cm^{-3}，$L_p = 1\mu\text{m}$，$\tau_p = 10^{-6}\text{s}$ 和 $R^* = 0.068R$。

8-19 在一金属-半导体势垒中，外电场 $\mathscr{E} = 10^4\text{V/cm}$，在相对介电常数 $\varepsilon_r = 4$ 和 12 时，计算 $\Delta\phi_b$ 和 x_m。

8-20 （1）推导出在肖特基二极管中温度系数 $\text{d}V/\text{d}T$ 作为电流密度函数的表达式。假设少数载流子可以忽略。

（2）如果在 300K 时，$V = 0.25\text{V}$，$\phi_b = 0.7\text{V}$，估计温度系数。

第 9 章　半导体的光学性质

半导体的光学性质主要涉及半导体的光吸收、反射和发光等方面。对半导体的光学性质的研究是半导体基本研究的一个极为重要的方面。它是认识半导体的许多基本性质，特别是半导体能带结构和其他电子状态的重要手段。

早在 20 世纪 30 年代人们就通过光吸收测量了半导体的禁带宽度。20 世纪 50 年代对吸收光谱的研究所取得的最重要的进展是，区别了直接带隙半导体和间接带隙半导体，并测量了一些重要的能带参数。通过对微波范围的共振吸收——回旋共振，相当直接地证明了 Ge、Si 的导带的多谷结构。与此同时，准确地测量了有效质量。20 世纪 60 年代以来，相继对许多半导体的反射光谱进行了研究，配合理论计算，对半导体的能带结构取得了相当系统的认识。

对半导体的光学性质的研究也是设计和制造半导体光电器件的理论依据。

这里我们不涉及那些较为深入的，专题性的内容，仅介绍半导体光吸收和发光的基本现象和性质。

9.1　半导体的光学常数

1. 折射率和吸收系数

角频率为 ω 的平面电磁波，沿固体中 x 方向传播时，电场强度为

$$\mathscr{E}_y = \mathscr{E}_{y0} \exp\left[\mathrm{i}\omega\left(t - \frac{x}{v}\right)\right] \tag{9.1-1}$$

式中，v 是光的传播速度

$$v = c / n_{\mathrm{c}} \tag{9.1-2}$$

c 是光波在真空中的传播速度。

$$n_{\mathrm{c}} = n - \mathrm{i}\kappa \tag{9.1-3}$$

式中，n_{c} 是复折射率，n 是折射率实部，虚部 κ 称为消光系数。由式(9.1-2)和式(9.1-3)，有

$$\frac{1}{v} = \frac{n}{c} - \frac{\mathrm{i}\kappa}{c} \tag{9.1-4}$$

将式(9.1-4)代入式(9.1-1)得

$$\mathscr{E}_y = \mathscr{E}_{y0} \exp\left[\mathrm{i}\omega\left(t - \frac{nx}{c}\right)\right] \exp\left(-\frac{\omega\kappa x}{c}\right) \tag{9.1-5}$$

光强

$$I(x) \propto \left|\mathscr{E}_y\right|^2,\quad I(x) = I_0 \mathrm{e}^{-\alpha x} \tag{9.1-6}$$

其中

$$\alpha = 2\omega\kappa / c \tag{9.1-7}$$

α 称为吸收系数，其量纲为 cm^{-1}。它的物理意义是光在介质中传播距离 $1/\alpha$ 时，光强衰减到原来的 1/e。可以看出，α 是频率的函数。

2. 折射率与介电常数和电导率的关系

根据电磁场理论，折射率与介电常数和电导率具有如下关系：

$$n^2 = \frac{1}{2}\varepsilon_r\left[\left(1+\frac{\sigma^2}{\omega^2\varepsilon^2}\right)^{1/2}+1\right] \tag{9.1-8}$$

$$\kappa^2 = \frac{1}{2}\varepsilon_r\left[\left(1+\frac{\sigma^2}{\omega^2\varepsilon^2}\right)^{1/2}-1\right] \tag{9.1-9}$$

式中，ε为介电常数，ε_r为相对介电常数，κ为消光系数。对于电介质材料，$\sigma \to 0$，则折射率$n=\sqrt{\varepsilon_r}$，消光系数$\kappa \to 0$。这说明在这些材料中没有光吸收，材料是透明的。在金属和半导体中，$\kappa \neq 0$，存在光吸收，光的强度随着透入深度的增加按指数规律衰减[见式(9.1-6)]。

3．反射率和透射率

反射率
$$R=\frac{(n-1)^2+\kappa^2}{(n+1)^2+\kappa^2} \tag{9.1-10}$$

透射率
$$T=1-R \tag{9.1-11}$$

9.2 本 征 吸 收

教学要求

1. 写出并记忆光子波长和能量的转换关系式(9.2-1)。
2. 掌握概念：本征吸收、本征吸收限、吸收系数、吸收谱、吸收边、直接跃迁、间接跃迁。
3. 写出直接跃迁和间接跃迁过程中的准动量守恒和能量守恒公式。
4. 了解吸收系数公式(9.2-10)和(9.2-12)，说明根据吸收谱可以确定半导体禁带宽度的原理。

图 9.1 所示为光学区域的电磁波谱图。人眼只能检测波长范围大致在 0.4～0.7μm 的光。在图 9.1 中，还用展宽了的标尺(线性)表示从紫色到红色的主要色带。紫外区的波长范围为 0.01～0.4μm。红外区的波长范围为 0.7～1000μm。光子的波长和能量的转换关系为

$$\lambda=\frac{c}{\nu}=\frac{hc}{h\nu}=\frac{1.24}{h\nu(\text{eV})}[\mu\text{m}] \tag{9.2-1}$$

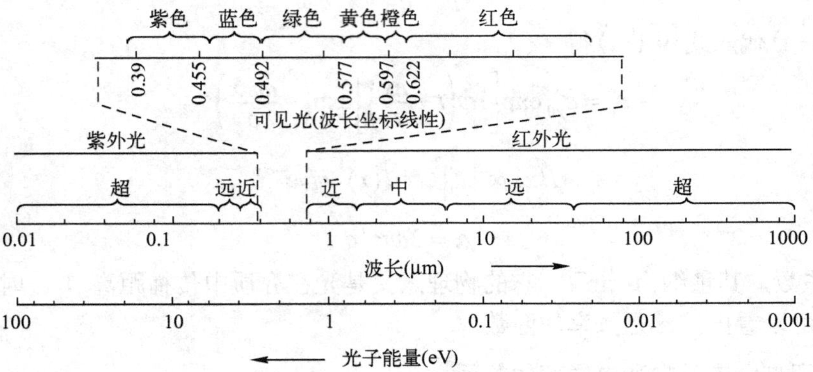

图 9.1　从紫外区到红外区的电磁波谱图

式中，c 为真空中的光速，ν 为光的频率，h 为谱朗克常量，$h\nu$ 为光子能量，单位是 eV。

半导体材料吸收光子能量使电子从能量较低的状态跃迁到能量较高的状态，如图 9.2 所示。这些跃迁可以发生在：(a)不同能带的状态之间；(b)、(c)、(e)禁带中分立能级和能带的状态之间；(d)禁带中分立能级的不同状态之间；(f)同一能带的不同状态之间；……它们引起不同的光吸收过程。

半导体中最主要的光吸收过程是电子由价带顶到导带底的跃迁。这种跃迁所引起的光吸收称为本征吸收或基本吸收。这种吸收伴随着电子-空穴对的产生，使半导体的电导率增加，即产生光电导。显然引起本征吸收的光子能量必须等于或大于半导体的禁带宽度，即

$$h\nu \geqslant E_g = h\nu_0 \tag{9.2-2}$$

式中，$h\nu_0$ 是引起本征吸收的最低光子能量。频率 ν_0 和与 ν_0 对应的波长 λ_0 称为本征吸收限。本征吸收限波长

$$\lambda_0 = \frac{c}{\nu_0} = \frac{hc}{h\nu_0} = \frac{1.24}{E_g(\text{eV})}(\mu\text{m}) \tag{9.2-3}$$

吸收系数与光子能量或波长的关系叫做吸收谱。图 9.3 是半导体的吸收系数与波长的关系。曲线在短波端陡峭上升是半导体吸收谱的一个显著特点，它标志着本征吸收的开始。吸收限附近的吸收谱叫做吸收边。吸收边对应于电子从价带顶向导带底的跃迁。

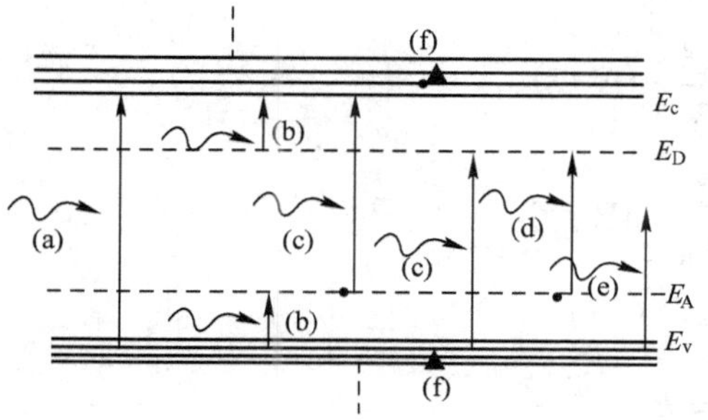

图 9.2　半导体中的电子跃迁与光吸收

(a)本征吸收 (b)中性杂质吸收 (c)电离杂质吸收
(d)施主-受主对吸收 (e)激子吸收 (f)自由载流子吸收

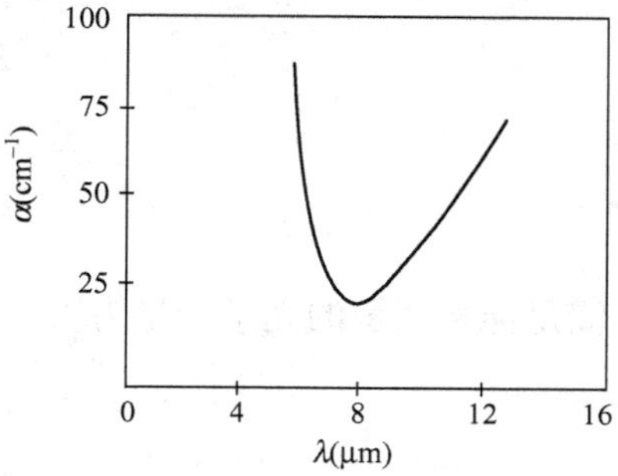

图 9.3　半导体的吸收系数与波长的关系曲线

与本征吸收有关的电子跃迁过程可以分为直接跃迁和间接跃迁两种类型。

9.2.1　直接跃迁

电子在跃迁过程中必须遵守能量守恒和准动量守恒。设电子的初态和末态波矢量分别为 $\boldsymbol{k}_i$ 和 $\boldsymbol{k}_f$，在仅涉及光子的跃迁过程中，准动量守恒要求

$$\hbar\boldsymbol{k}_f - \hbar\boldsymbol{k}_i = \hbar\boldsymbol{k}_L \tag{9.2-4}$$

$\boldsymbol{k}_L$ 表示入射光子的波矢量。对于典型的半导体，禁带宽度为 1eV 的数量级，对应的引起本征吸收的光子的波数 $2\pi/\lambda = 5\times10^4\text{cm}^{-1}$。电子的波数在布里渊区为 $2\pi/a \sim 10^8\text{cm}^{-1}$，可见光子的准动量比电子的准动量小得多，因此，式(9.2-4)可近似写成

$$\boldsymbol{k}_f = \boldsymbol{k}_i \tag{9.2-5}$$

上式表明在只有光子参加的跃迁过程中，电子在跃迁前后的波矢量保持不变，如图 9.4 所示的直接带隙半导体中所发生的电子跃迁。电子吸收光子发生跃迁时波矢保持不变(电子能量增加)，这就是电子跃迁的选择定则。为了满足选择定则，以使电子在跃迁的过程中波矢保持不

变，则原来在价带中的状态 A 的电子只能跃迁到导带中的状态 B。A 与 B 在 $E(k)$ 曲线上位于同一垂线上。因而这种跃迁称为竖直跃迁也叫做直接跃迁。在 A 到 B 直接跃迁中所吸收光子的能量与图中垂直距离 AB 相对应。显然，对应于不同的 $\boldsymbol{k}$，垂直距离各不相等。即相对于任何一个 $\boldsymbol{k}$ 值的不同能量的光子都有可能被吸收，而吸收的光子最小能量应等于禁带宽度 E_g。由此可见，本征吸收形成一个连续吸收带，并具有一长波吸收限：

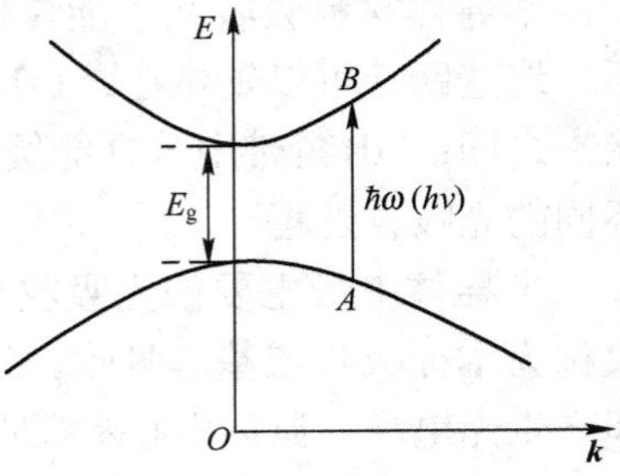

图 9.4　直接跃迁示意图

$$\lambda_0 = \frac{1.24}{E_g(\mathrm{eV})}(\mu\mathrm{m})$$

可见从光吸收的测量，可求得半导体的禁带宽度。

下面根据直接跃迁过程中的能量守恒关系讨论本征吸收的吸收系数公式。吸收系数取决于初态到末态的跃迁几率 P_k 和可能发生跃迁的那些状态的状态密度 $N(\hbar\omega)$。引入比例常数 A，直接吸收系数 α_d 可以写为

$$\alpha_d = AP_k N(\hbar\omega) \tag{9.2-6}$$

$N(\hbar\omega)$ 可由能量守恒关系求得。

参见图 9.4，设导带底和价带顶都是球形等能面，电子和空穴的有效质量分别为 m_n 和 m_p。初态和末态电子的能量分别为

$$E_i = E_v - \frac{\hbar^2 k^2}{2m_p} \quad (\text{A 点})$$

$$E_f = E_c + \frac{\hbar^2 k^2}{2m_n} \quad (\text{B 点})$$

满足能量守恒的光子能量为

$$\hbar\omega = E_f - E_i = E_g + \frac{\hbar^2 k^2}{2m_r}$$

即

$$\hbar\omega = E_g + \frac{\hbar^2 k^2}{2m_r} \tag{9.2-7}$$

式中，m_r 为电子和空穴的折合有效质量

$$m_r^{-1} = m_n^{-1} + m_p^{-1} \tag{9.2-8}$$

式(9.2-7)说明直接跃迁所需要的最低光子能量为禁带宽度。对比式(9.2-7)和球形等能面

$$E = E_c + \frac{\hbar^2 k^2}{2m_n}$$

及其状态密度公式

$$N_c(E) = \frac{4\pi(2m_{dn})^{3/2}}{h^3}(E - E_c)^{1/2}$$

将 $E_c \to E_g$，$E \to \hbar\omega$，可得

$$N(\hbar\omega) = \frac{4\pi(2m_r)^{3/2}}{h^3}(\hbar\omega - E_g)^{1/2} \tag{9.2-9}$$

式(9.2-9)中的 $N(\hbar\omega)$ 是满足式(9.2-7)的能量关系的初态能量 E_i 和末态能量 E_t 的状态对之间跃迁的状态密度，故称为状态对密度或联合态密度。

如果在 $k=0$ 处的跃迁几率 P_k 不为零，这种情况下的跃迁称为允许跃迁。理论分析指出，这时跃迁几率近似为常数。于是由式(9.2-6)和式(9.2-9)得到

$$\alpha_{\mathrm{d}}=\begin{cases}B(\hbar\omega-E_{\mathrm{g}})^{1/2}, & \hbar\omega\geqslant E_{\mathrm{g}}\\ 0, & \hbar\omega<E_{\mathrm{g}}\end{cases} \tag{9.2-10}$$

式中 B 基本上等于常数。

在某些材料中，在 $k=0$ 处的跃迁几率 $P_{\mathrm{k}}=0$，这种跃迁叫做禁戒直接跃迁。但是当 k 不为零时跃迁几率 P_{k} 与 k^2 成正比，于是由式(9.2-7)，可以写为

$$P_{\mathrm{k}}=\text{常数}\times(\hbar\omega-E_{\mathrm{g}}) \tag{9.2-11}$$

代入到式(9.2-6)，再利用式(9.2-9)，得到吸收系数 α'_{d} 与光子能量关系为

$$\alpha'_{\mathrm{d}}=C(\hbar\omega-E_{\mathrm{g}})^{3/2} \tag{9.2-12}$$

式中，C 基本上是常数。图 9.5 中分别示意了 $\alpha_{\mathrm{d}},\alpha'_{\mathrm{d}}$ 与 $\hbar\omega$、$\alpha_{\mathrm{d}}^2,\alpha_{\mathrm{d}}'^2$ 与 $\hbar\omega$ 关系曲线。对于允许直接跃迁，α_{d}^2 与 $\hbar\omega$ 关系曲线为一直线，将此直线外推到 $\alpha_{\mathrm{d}}=0$ 处，可得出禁带宽度 E_{g}。

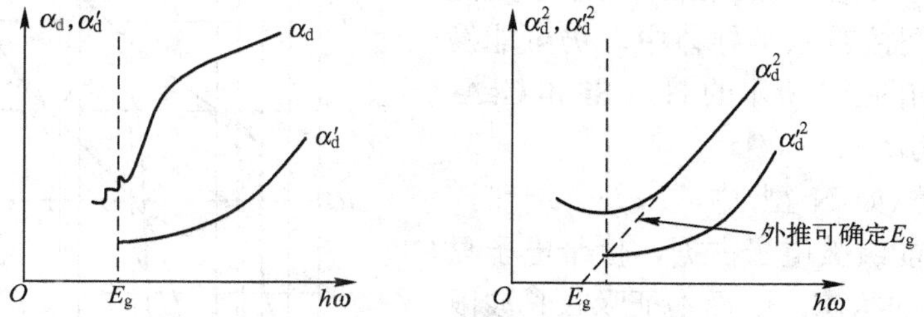

图 9.5　直接跃迁吸收系数与光子能量的关系曲线

9.2.2　间接跃迁

在间接带隙半导体中，导带极小值和价带极大值不是发生在布里渊区的同一地点，而是具有不同的 $\boldsymbol{k}$ 值(见图 9.6)，因此这种跃迁是非竖直跃迁。跃迁过程中由于光子的波数比电子的波数小得多，因此，准动量守恒要求必须有第三者——声子参加。就是说，在跃进过程中必须伴随声子的吸收或放出，即

$$\boldsymbol{k}_{\mathrm{f}}-\boldsymbol{k}_{\mathrm{i}}=\pm\boldsymbol{q} \tag{9.2-13}$$

式中 $\boldsymbol{q}$ 为声子的波矢，正号表示吸收声子，负号表示放出声子。相应的能量守恒条件为

$$E_{\mathrm{f}}-E_{\mathrm{i}}=\hbar\omega\pm E_{\mathrm{p}} \tag{9.2-14}$$

声子的能量 $E_{\mathrm{p}}=h\nu_{\mathrm{p}}$，一般比电子能量小得多，可以略去。所以间接跃迁所涉及的光子能量仍然接近于禁带宽度。

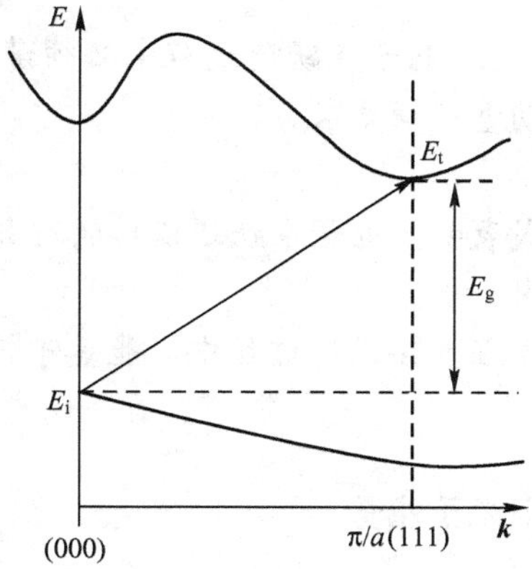

图 9.6　锗的能带

从以上讨论可以看出，非竖直跃迁，一方面涉及到电子和电磁辐射相互作用，另一方面又涉及到电子和晶格的作用，是一个电子、光子和声子共同参与的跃迁过程。在理论上，这是一个二级过程，相应的吸收系数也小。Ge、Si 和Ⅲ-Ⅴ族化合物中的 GaP、AlAs 、AlSb 等都属于这一类半导体。

理论分析给出间接跃迁吸收系数的理论表达式为

$$
\alpha_i = \begin{cases} A\left[\dfrac{(\hbar\omega - E_g + E_p)^2}{1-\exp(-E_p/KT)} + \dfrac{(\hbar\omega - E_g + E_p)^2}{\exp(E_p/KT)-1}\right], & \hbar\omega \geqslant E_g + E_p \\ \dfrac{A(\hbar\omega - E_g + E_P)^2}{\exp(E_p/KT)-1}, & E_g - E_p < \hbar\omega \leqslant E_g + E_p \\ 0, & \hbar\omega < E_g - E_p \end{cases} \quad (9.2\text{-}15)
$$

计算表明直接跃迁的吸收系数 $\alpha_d \approx (1\sim10^3)\ \text{cm}^{-1}$。间接跃迁的吸收系数 $\alpha_i \approx (10^{-4}\sim 10^{-6})\text{cm}^{-1}$。直接吸收系数要比间接吸收系数大好几个数量级。

直接带隙半导体中，涉及声子发射和吸收的间接跃迁也可能发生，主要涉及光学声子。发射声子过程(吸收的光子的能量要更大些)，吸收应发生在直接跃迁吸收限短波一侧。吸收声子过程(吸收的光子的能量可以小些)发生在吸收限长波一侧，可使直接跃迁吸收边不是陡峭地下降为零。间接带隙半导体中，仍可能发生直接跃迁，例如图 9.7 所示的 Ge、Si 和 GaAs 吸收谱的肩形结构。

重掺杂半导体(如 N 型)中，E_F 进入导带，低温时，E_F 以下能级被电子占据，价带电子只能跃迁到 E_F 以上的状态，因而本征吸收长波限蓝移，称为伯斯坦移动(Burstein-Moss 效应)。

强电场作用下，能带倾斜，小于 E_g 的光子可通过光子诱导的隧道效应发生本征跃迁，使本征吸收长波限红移，称为弗朗兹-克尔德什(Franz-Keldysh)效应。

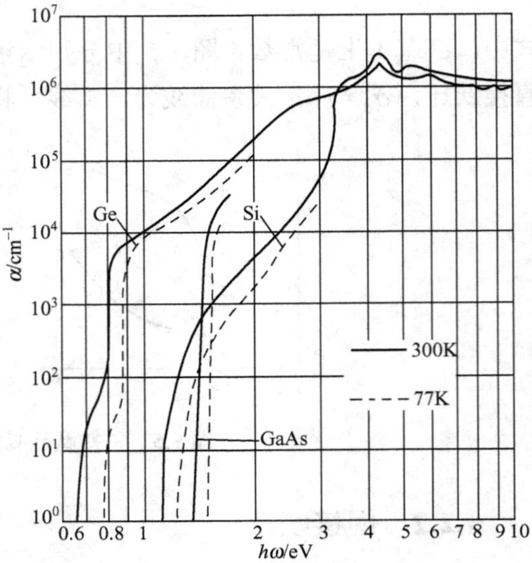

图 9.7 Ge、Si 和 GaAs 的吸收谱

小结

1. 电子在跃迁过程中必须遵守准动量守恒和能量守恒。在仅有光子参加的跃迁过程中，准动量守恒要求

$$
\boldsymbol{k}_f = \boldsymbol{k}_i
$$

上式表明，电子在跃迁前后的波矢量保持不变。这种跃迁称为直接跃迁，发生在直接带隙半导体中。

在直接跃迁过程中，能量守恒要求光子能量为

$$
\hbar\omega = E_g + \frac{\hbar^2 k^2}{2m_r}
$$

最小光子能量 $\hbar\omega = E_g$

即在直接跃迁过程中吸收的光子最小能量应等于禁带宽度 E_g。长波吸收限 $\lambda_0 = \dfrac{1.24}{E_g(\text{eV})}(\mu\text{m})$。

2. 如果在 $k=0$ 处的跃迁几率不为零，这种情况下的跃迁称为允许跃迁。

$$
\alpha_d = \begin{cases} B(\hbar\omega - E_g)^{1/2}, & \hbar\omega \geqslant E_g \\ 0, & \hbar\omega < E_g \end{cases}
$$

式中，B 基本上等于常数。

3. 在某些材料中，在 $k=0$ 处的跃迁几率 $P_k=0$，这种跃迁叫做禁戒直接跃迁。得到吸收系数

$$\alpha_d' = C(\hbar\omega - E_g)^{3/2}$$

式中，C 基本上是常数。

4. 对于允许直接跃迁，α_d^2 与 $\hbar\omega$ 关系曲线为一直线，将此直线外推到 $\alpha_d=0$，可得出禁带宽度 E_g。

5. 在间接带隙半导体中，导带极小值和价带极大值具有不同的 $\boldsymbol{k}$ 值。这种跃迁是非竖直跃迁。准动量守恒要求必须有声子参加。就是说，在跃进过程中必须伴随声子的吸收或放出，即

$$\boldsymbol{k}_f - \boldsymbol{k}_i = \pm\boldsymbol{q}$$

式中，$\boldsymbol{q}$ 为声子的波矢，正号表示吸收声子，负号表示放出声子。相应的能量守恒条件为

$$E_f - E_i = \hbar\omega \pm E_p$$

略去声子的能量

$$E_f - E_i = \hbar\omega$$

6. 计算表明直接跃迁的吸收系数 $\alpha_d \approx (1\sim10^3)\text{cm}^{-1}$。间接跃迁的吸收系数 $\alpha_i \approx (10^{-4}\sim10^{-6})\text{cm}^{-1}$。直接吸收系数要比间接吸收系数大好几个数量级。

9.3 激子吸收

教学要求

1. 掌握激子的概念及其主要性质。
2. 区别 E_{exc}^n 和 $\left|E_{exc}^n\right|$ 所代表的意义。

如果半导体吸收能量小于禁带宽度的光子，电子被从价带激发。但由于库仑作用，它仍然和价带中留下的空穴联系在一起，形成束缚状态。这种被库仑能束缚在一起的电子-空穴对称为激子(见图 9.2(e))。激子作为一个整体，可以在晶体中自由运动。由于在整体上激子是电中性的，因此激子的运动不会引起电流。根据束缚程度的不同，可以把激子分成两种类型。一种称为弗兰克尔(Frenkel)激子，或紧束缚激子，其半径为晶格常数数量级。另一种称为沃尼尔(Wannier)激子，这种激子的电子和空穴束缚较弱，它们之间的距离远大于晶格常数。通常半导体中遇到的就是沃尼尔激子。

激子在晶体中运动的过程中可以受到束缚，受束缚的激子不能再在晶体中自由运动，这种激子称为束缚激子。在晶体中能束缚激子的有施主、受主、施主-受主对和等电子陷阱等。

对于电子和空穴具有各向同性有效质量 m_n 和 m_p 的情况，激子能级可以用类氢模型计算

$$E_{exc}^n = -\frac{1}{{\varepsilon_{sr}}^2}\left(\frac{m_r}{m}\right)\frac{E_I}{n^2} \tag{9.3-1}$$

式中，E_{exc}^n 为激子能级，ε_{sr} 为晶体的相对介电常数，m_r 为式(9.2-8)所定义的电子和空穴的有效折合质量，E_I 为氢原子的基态电离能，等于 13.6eV

E_{exc}^n 的绝对值 $\left|E_{exc}^n\right|$ 表示激子能级与导带底 E_c 的距离，也就是激子的束缚能。激子有一系列分立的能级(见图 9.8)。$n=1$ 时，是激子的基态能级。GaAs 的基态激子束缚能约为

4.8meV，可见激子吸收谱紧靠近本征吸收边。当$n=\infty$时，$E_{exc}^{\infty}=0$，它相当于导带底。因为在这种情况下，电子和空穴完全摆脱了束缚，电子进入了导带，空穴进入了价带。

由于激子吸收谱紧靠近本征吸收边，因此激子吸收谱在低温时才能观察到。第一个吸收峰对应光子能量为$E_g-\left|E_{exc}^1\right|$。$n$ 值更大，激子能级准连续，与本征吸收合并。室温下，激子吸收峰完全被抹掉。

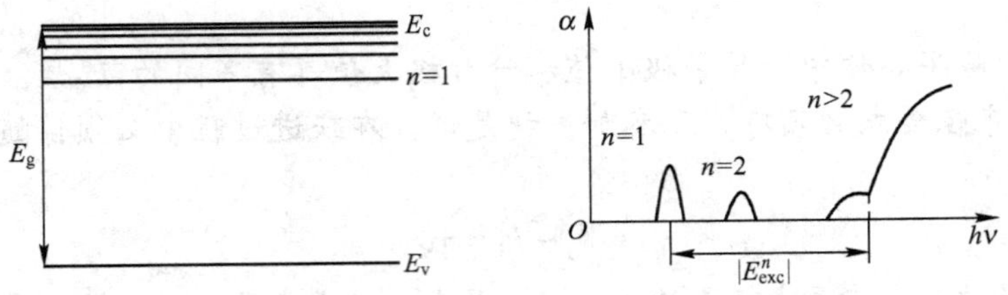

图 9.8　激子能级和激子吸收光谱

小结

1. 半导体中被库仑能束缚在一起的电子-空穴对称为激子。

2. 由于在整体上激子是电中性的，因此激子的运动不会引起电流。

3. 根据束缚程度的不同，可以把激子分成两种类型：紧束缚激子和沃尼尔(Wannier)激子。后者电子和空穴束缚较弱，它们之间的距离远大于晶格常数。通常半导体中遇到的就是沃尼尔激子。

4. 激子在晶体中运动的过程中可以受到束缚，从而不能再在晶体中自由运动，这种激子称为束缚激子。可以在晶体中自由运动的激子叫做自由激子。

5. E_{exc}^n 是激子能级，E_{exc}^n 的绝对值$\left|E_{exc}^n\right|$表示激子能级与导带底 E_c 的距离，也就是激子的束缚能。第一个激子吸收峰对应光子能量为 $E_g-\left|E_{exc}^1\right|$。

9.4　其他光吸收过程

教学要求

了解几种光吸收的机理和特点。

当入射光的波长较长，不足以引起带间跃迁或形成激子时，半导体中仍然可能存在光吸收。下面介绍几种主要的光吸收过程。

9.4.1　自由载流子吸收

这是自由载流子在同一能带内的跃迁引起的吸收。自由载流子吸收涉及的是同一能带中的载流子吸收光子从低能级到高能级引起的跃迁过程，由于光子动量很小，则只有通过吸收或发射声子，或经电离杂质中心的散射作用，才能满足准动量守恒。 所以这种跃迁必然伴随着准动量的变化。如图 9.9 所示为导带内自由载流子吸收引起的电子跃迁。自由载流子吸收谱出现在本征吸收限长波一侧，吸收系数随波长的增加而增大，$\alpha\propto\lambda^n$。对于极性光学波散射，n≈2.5；电离杂质散射，n≈3～3.5。如果以上散射机构同时存在，则吸收相加。自由载流子吸收是二级过程

子带间跃迁是自由载流子跃迁的另一种类型。吸收谱有明显精细结构。P 型半导体，价带顶被空穴占据时，可以引起三种光吸收的过程，如图 9.10 所示。图中 V_1 为重空穴带，V_2 为轻空穴带，V_3 为自旋劈裂带。过程 a 为 $V_2 \to V_1$ 的跃迁，过程 b 为 $V_3 \to V_1$ 的跃迁，过程 c 为 $V_3 \to V_2$ 的跃迁。

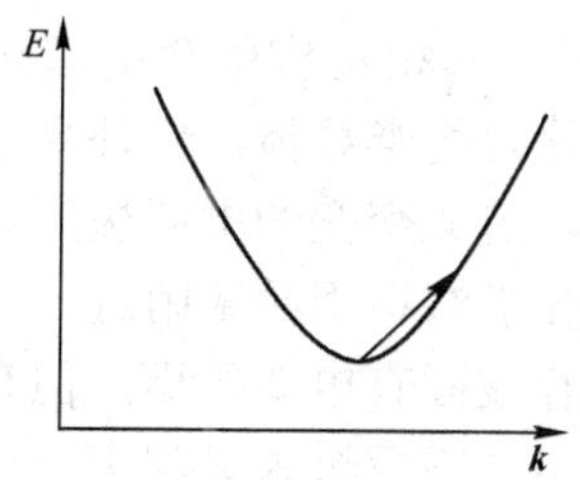

图 9.9　导带中自由电子跃迁曲线

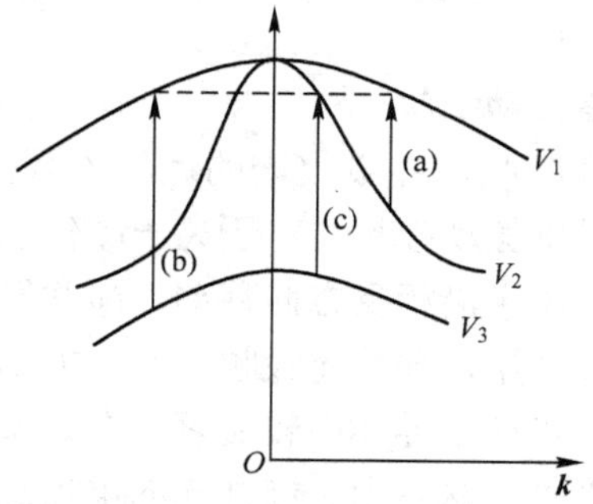

图 9.10　Ge 的价带子带间跃迁

对于 N 型半导体，如 N 型 GaP 中，实验上也观察到了导带子带之间的跃迁所引起的吸收峰。

9.4.2　杂质吸收

占据杂质能级的电子或空穴的跃迁所引起的光吸收，如图 9.2(b)～(d)所示。杂质吸收又有以下两种情况：

1．中性杂质吸收

中性杂质吸收涉及以下两个过程：

（1）杂质-能带的跃迁

由于吸收光子，中性施主上的电子可以从基态跃迁到导带；中性受主上的空穴也从基态跃迁到价带(见图 9.2(b))。由于束缚态没有一定的准动量(测不准原理)，则电子或空穴在上述状态的跃迁前后波矢不受限制，可以跃迁到导带或价带的任意能级。因而引起连续的吸收谱。一般情况下，电子跃迁到导带中越高能级，或空穴跃迁到价带越低能级，跃迁几率越小。所以，相应吸收谱主要集中在吸收限 E_I(电离能)附近的吸收带。对于通常的浅能级杂质，电离能 E_I 很小，中性杂质的吸收谱出现在远红外区。

（2）杂质原子由基态跃迁到激发态的跃迁

这种跃迁引起光吸收，所吸收的光子能量等于杂质原子激发态能量与基态能量之差。吸收光谱为线状谱，不连续。图 9.11 是硅中杂质硼(受主)的吸收光谱。图中的几个吸收尖峰反映了受主中的空穴由基态到激发态跃迁引起的光吸收。几个吸收峰后面出现较宽的吸收带说明杂质完全电离，空穴由受主基态跃迁入价带。

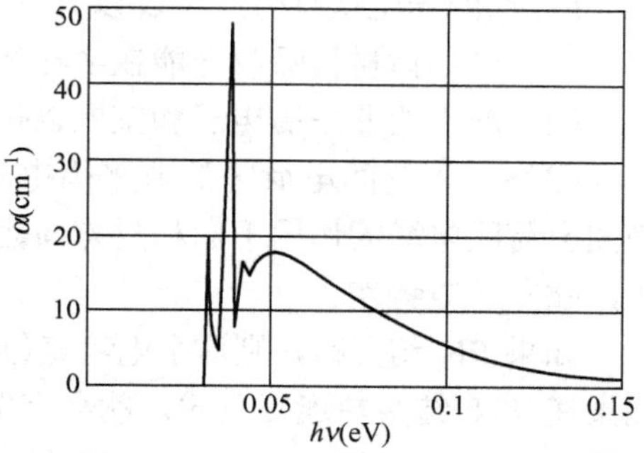

图 9.11　Si 中杂质硼的吸收光谱

2．电离杂质吸收

电离杂质吸收有以下两种情况：

（1）带边吸收

价带电子吸收光子跃迁到电离施主上的空状态，或电离受主上的电子吸收光子跃迁到导带(见图 9.2(c))。对于浅施主或浅受主，这种跃迁对应的光子能量与禁带宽度接近，将在本征吸收限的低能一侧引起光吸收，故称为带边吸收。带边吸收形成连续谱。

(2) 施主-受主对(D-A)对跃迁

电离受主上的电子跃迁到电离施主上的空状态(见图 9.2(d))。吸收光子的能量低于带边吸收光子的能量。

(3) 晶格振动吸收

除了杂质吸收，在吸收谱的远红外区，光子与晶格振动的相互作用会引起光吸收，这种光吸收称为晶格振动吸收。对于离子晶体或具有离子性的化合物半导体，红外高频电场会使离子晶体的正负离子沿相反方向移动，即激发长光学波振动，造成交变的电偶极矩。电偶极矩与电磁场的相互作用，导致光吸收。晶格振动吸收局限在长光学波极限频率附近。晶格振动吸收在离子晶体、极性半导体中较显著。在元素半导体中，不存在固有电偶极矩，但有时也能观察到晶格振动吸收。这是由于红外光的电场感应产生电偶极矩，它反过来又与电场耦合，引起光吸收。这种吸收是一种二级效应，较为微弱。

9.5 PN 结的光生伏打效应

教学要求

1. 掌握概念：光生伏打效应。
2. 画出示意图，分析 PN 结光生伏打效应的基本过程。
3. 理解并记忆太阳电池 I-V 特性公式(9.5-2)。

光生伏打效应是半导体吸收光产生的一种效应。用光照射半导体，如果入射光子的能量等于或大于半导体的禁带宽度，半导体会吸收光子，产生电子-空穴对，在 PN 结的两边产生电势差。这种把光能转换成电能的机制就叫做光生伏打效应。半导体太阳电池和光电二极管就是利用光生伏打效应把光能转换成电能的典型器件。光生伏打效应的倒转机制是电致发光效应。后者是把电能转换成光能的过程。典型的电致发光器件是利用外加正向电流发光的 PN 结发光二极管(LED)。这些利用半导体光电性质工作的器件都称为半导体光电器件。

PN 结的光生伏打效应涉及以下三个主要的物理过程：

(1) 半导体材料吸收光能在半导体中产生非平衡的电子-空穴对(见图 9.12(a))；

(2) 产生的非平衡电子和空穴以扩散或漂移的方式进入 PN 结的空间电荷区；

(3) 进入空间电荷区的非平衡电子-空穴对连同在空间电荷区中产生的电子-空穴对，在空间电荷区电场的作用下向相反方向运动而分离，于是在 P 侧积累了空穴，在 N 侧积累了电子，建立起电势差。

如果 PN 结开路，则这个电势差(开路电压)就是电动势，称为光生电动势(见图 9.12(b))。如果在 PN 结两端连接负载，就会有电流通过，这个电流称为光电流(见图 9.12(c))。于是，光照 PN 结实现了光能向电能的转换。除 PN 结外，利用金属-半导体结或异质结等也可以产生光生伏打效应。

PN 结短路时的电流称为短路光电流。对于在整个器件中均匀吸收的情形，显然短路光电流 I_L 可以表示为

$$I_L = qAG_L(L_n + L_p + W) \tag{9.5-1}$$

式中，G_L 为光照电子–空穴对的产生率，A 为 PN 结面积，W 是空间电荷区宽度(在一般 PN 结中 $W \ll L_n, L_p$，可以略去)，$A(L_n + L_p + W)$ 为光生载流子区域的体积。由式(9.5–1)可知，短路光电流取决于光照强度和 PN 结的性质。

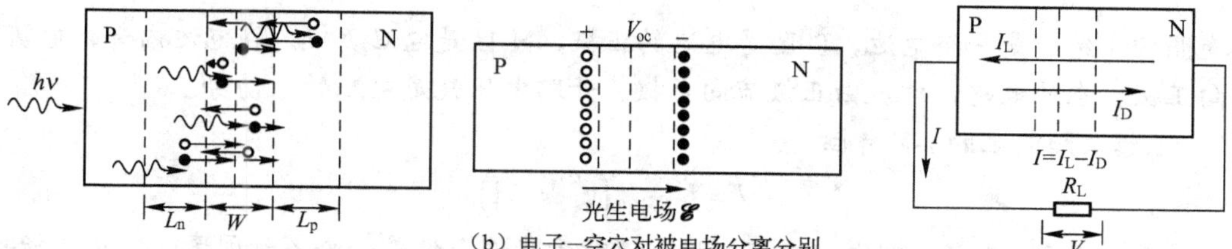

(a) 光照产生电子–空穴对

(b) 电子–空穴对被电场分离分别积累在结的N侧和P侧

(c) 光电池

图 9.12　PN 结的光生伏打效应

从图 9.12(c)可以看出，光电流 I 流过负载电阻 R_L 产生电压降 V，电压降 V 使 PN 结的势垒高度下降，相当于给 PN 结施加一正向偏压，从而产生正向电流 I_D：

$$I_D = I_0\left(e^{V/V_T} - 1\right)$$

在图 9.12(c)中，I_L 的方向在 PN 结内部是从 N 到 P，I_D 是从 P 到 N。因此光电流即流过负载的电流为

$$I = I_L - I_D$$

即

$$I = I_L - I_0\left(e^{V/V_T} - 1\right) \tag{9.5–2}$$

PN 结正向电流 I_D 叫做暗电流。暗电流对于器件来说是一个不利因素，但它不能去除，只能设法减小。在一个大面积的 PN 结两端做上欧姆接触就构成一个太阳电池。式(9.5–2)就是一个忽略串联电阻等因素的理想太阳电池的 I-V 特性。

根据式(9.5–2)，PN 结上的电压为

$$V = V_T \ln\left(\frac{I_L - I}{I_0} + 1\right) \tag{9.5–3}$$

在开路情况下，$I = 0$，得到的开路电压为

$$V_{oc} = V_T \ln\left(1 + \frac{I_L}{I_0}\right) \tag{9.5–4}$$

这是太阳电池能够提供的最大电压。

在短路情况下($V = 0$)，有

$$I = I_L \tag{9.5–5}$$

这是太阳电池能够提供的最大电流。

太阳电池提供的电功率为

$$P = VI = VI_L - VI_0\left(e^{V/V_T} - 1\right) \tag{9.5–6}$$

小结

1. 半导体吸收光子产生电子–空穴对，在 PN 结的两边产生电势差的效应叫做光生伏打效应。光生伏打效应的倒转的机制是电致发光效应。

2. PN 结的光生伏打效应涉及以下三个主要的物理过程：

(1) 半导体材料吸收光能产生非平衡的电子–空穴对(见图 9.12(a))；

(2) 产生的非平衡电子和空穴以扩散或漂移的方式进入 PN 结的空间电荷区；

（3）进入空间电荷区的非平衡电子和空穴连同在空间电荷中区产生的电子–空穴对，在强电场的作用下向相反方向运动而分离，于是在P侧积累了空穴，在N侧积累了电子，建立起电势差。如果在PN结两端连接负载，就会有电流通过。于是，光照PN结实现了光能向电能的转换。

光照PN结就是一个电池，P区是电池的正极，N区是电池负极。在电池内部，电流从负极流向正极，在外电路，电流由正极流向负极。开路电压就是电池的电动势。

3．理想太阳电池的 I-V 特性

$$I = I_L - I_0\left(e^{V/V_T} - 1\right)$$

I_D 是PN结正向电流，叫做暗电流。暗电流对于器件来说是一个不利因素，但它不能去除，只能设法减小

4．PN结上的电压就是负载两端的电压

$$V = V_T \ln\left(\frac{I_L - I}{I_0} + 1\right)$$

在开路情况下，$I = 0$，得到开路电压为

$$V_{oc} = V_T \ln\left(1 + \frac{I_L}{I_0}\right)$$

这是太阳电池能够提供的最大电压。

在短路情况下（$V = 0$），有 $$I = I_L$$

这是太阳电池能够提供的最大电流。

太阳电池提供的电功率为

$$P = VI = VI_L - VI_0\left(e^{V/V_T} - 1\right)$$

9.6 半导体发光

本节及以下各节介绍半导体发光现象。在第5章介绍了半导体中的复合。在复合过程中，电子多余的能量可以以辐射的形式(即发射光子)释放出来，因此这种复合称为辐射复合。辐射复合就是半导体发射光子的过程即发光的过程，因此，辐射复合也叫发光复合。它是光吸收的逆过程。在复合过程中，电子的多余能量也可以以其他形式释放出来，而不发射光子，这种复合称为非辐射复合。半导体光电器件利用的是辐射复合过程，非辐射复合过程则是不利的。了解半导体中辐射复合过程和非辐射复合过程不仅可以获知半导体的相关性质，也是了解半导体光电器件工作原理和进行器件设计的基础。

辐射复合过程与产生非平衡载流子的源无关，而与材料的物理性质密切相关。辐射复合可直接由带间电子和空穴的复合实现，也可以通过由晶体自身的缺陷，掺入的杂质和杂质聚合物所形成的中间能级来实现。在实际半导体材料中，不是只存在着一种辐射复合过程，也不是存在着所有种类的辐射复合过程，而是可以有几种类型的辐射复合。为了方便，现分别讨论几种主要的辐射复合过程。

9.6.1 直接辐射复合

直接辐射复合属于带间辐射复合。带间辐射复合是半导体中最主要和最重要、应用最为广泛的复合过程。带间辐射复合是导带中的电子直接跃迁到价带，与价带中的空穴复合，它是本征吸收的逆过程。带间辐射复合是通过在接近能带边缘的那些能级上的电子和空穴的复合来实

现的，因此发射的光子的能量接近或等于半导体材料的禁带宽度 E_g。由于载流子的热分布，电子并不完全处于导带底，空穴也并不完全处于价带顶，所以这种复合的发射光谱有一定的宽度。由于半导体材料能带结构的不同，带间复合又可以分为直接辐射复合和间接辐射复合两种。本节讨论直接辐射复合的一些现象和性质。

对于直接带隙半导体，导带极小值和价带极大值发生在布里渊区同一点，即具有相同的 k 值，如图 9.13(a)所示。

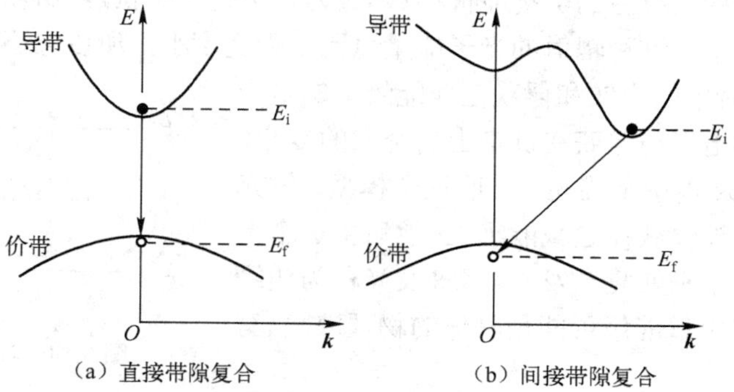

图 9.13　带间辐射复合

令 $\boldsymbol{k}_i$ 为跃迁前电子的波矢量，$\boldsymbol{k}_f$ 为跃迁后电子的波矢量，$\boldsymbol{k}_L$ 为跃迁过程中辐射的光子的波矢量。与本征吸收的讨论一样，电子在跃迁过程中必须遵守能量守恒和准动量守恒。准动量守恒要求

$$\boldsymbol{k}_i-\boldsymbol{k}_f=\boldsymbol{k}_L \tag{9.6-1}$$

由 9.2.2 节已知光子的准动量比电子的准动量小得多。式(9.6-1)可以表示为

$$\boldsymbol{k}_f=\boldsymbol{k}_i \tag{9.6-2}$$

即跃迁是发生在 k 空间的同一地点的竖直跃迁。

在直接辐射复合过程中，发射光子的能量为

$$h\nu=E_i-E_f\approx E_g \tag{9.6-3}$$

式中，E_i 为跃迁前电子的能量，E_f 为跃迁后电子的能量，$h\nu$ 为辐射光子的能量。从式(9.6-2)或图 9.13(a)可以看出，在直接跃迁过程中，电子的准动量守恒易于满足，所以跃迁概率大，也就是说，直接辐射复合的发光效率高。GaAs 等Ⅲ-Ⅴ族化合物半导体具有直接带隙的能带结构，是重要的发光材料。

9.6.2　间接辐射复合

图 9.13(b)是间接带隙半导体中的带间辐射跃迁示意图。在这种半导体中，导带极小值和价带极大值不是发生在布里渊区的同一地点，这种跃迁是非竖直跃迁。在跃迁过程中，准动量守恒要求在跃进过程中必须伴随声子的吸收或放出，即

$$\boldsymbol{k}_i-\boldsymbol{k}_f=\boldsymbol{q} \tag{9.6-4}$$

式中，$\boldsymbol{q}$ 为声子的波矢，正号表示放出声子，负号表示吸收声子。相应的能量守恒条件为

$$h\nu=E_i-E_f\pm h\nu_p\approx E_g \tag{9.6-5}$$

式中，ν_p 为声子频率。声子的能量可以略去。

非竖直跃迁为一个二级过程，是一个比竖直跃迁概率小得多的过程，所以间接辐射复合的发光效率也比直接辐射复合的发光效率低得多。Ge，Si 和Ⅲ-Ⅴ族化合物中的 GaP、AlAs、AlSb 等都属于这一类半导体。

虽然间接辐射复合跃迁概率很低，但若在这一类材料中掺以适当的杂质，也可以改变其复合概率，提高发光效率。例如，在磷化镓中掺入氮或氧等杂质，会形成等电子陷阱，使电子与空穴的复合概率大大增加，显著地提高了磷化镓的发光效率，使之成为重要的发光材料。

9.6.3 浅能级和主带之间的复合

浅能级与主带之间的复合如图 9.14 所示。它可以是浅施主与价带空穴或浅受主与导带电子间的复合。由于浅施(受)主的电离能很小(一般为几个毫电子伏)，所以往往很难同带间跃迁区分开来。但实验证明，这种辐射的光子能量总比禁带宽度小，所以它不是带间复合发光引起的。可以认为它是价带中的空穴和俘获在浅能级上的电子的复合，或者是导带电子与俘获在价带上的空穴的复合，通常采用 Lambe-Klick 模型来描述。按照这个模型，发光过程首先是导带电子被俘获在定域能级上，然后由这个定域能级上的电子和价带空穴复合发光，这种发光称为边缘发光。实验证明，这些定域能级可能是晶体的物理缺陷(空位或间隙)。

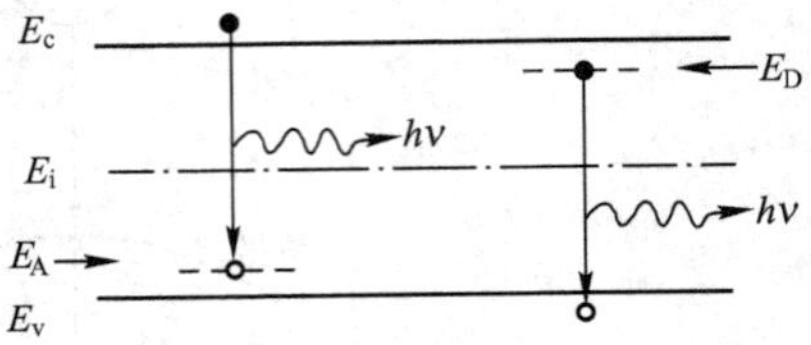

图 9.14　浅能级与主带的复合

由于浅能级和主带之间的复合发射的光子能量小于禁带宽度，因此光子逸出概率大，有利于提高发光二极管的量子效率。

9.6.4 施主–受主对(D-A 对)复合

施主–受主对复合是施主俘获的电子和受主俘获的空穴之间的复合。在复合过程中发射光子，光子的能量小于禁带宽度。这是辐射能量小于禁带宽度的一种重要的复合发光机制，这种复合也称为 D-A 对复合。D-A 对复合模型认为，当施主杂质和受主杂质同时以替位原子进入晶格格点并形成近邻时，这些集结成对的施主和受主系统由于距离较近，波函数相互交叠使施主和受主各自的定域场消失而形成偶极势场，从而结合成施主–受主对联合发光中心，称为 D-A 对。D-A 对发光中心的能级图如图 9.15 所示。

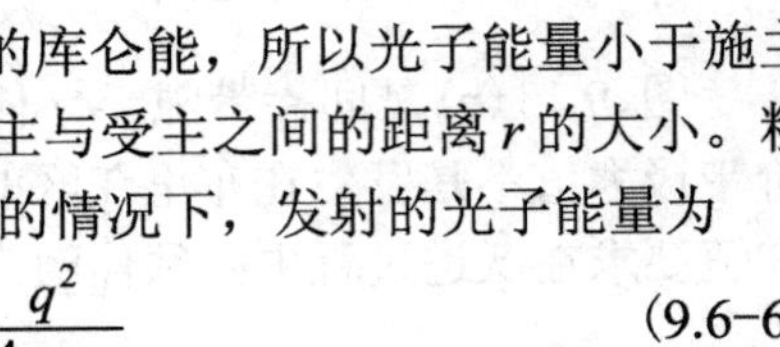

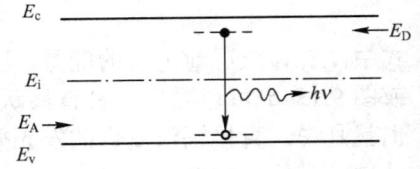

图 9.15　D-A 对发光中心能级图

PN 结的正向注入使施主获得电子，受主获得空穴。获得电子的施主和获得空穴的受主呈电中性状态，系统增加了库仑能$-q^2/(4\pi\varepsilon_s r)$。施主上的电子与受主上的空穴复合后，施主上的电子转移到受主上，施主再带正电，受主再带负电。所以，D-A 对复合过程是中性组态产生电离施主–受主对的过程，故复合是具有库仑作用的。D-A 对复合释放的能量一部分以光子放出，一部分用于克服电离施主和电离受主之间的库仑能，所以光子能量小于施主与受主之间的能量差。在跃迁中，库仑作用的强弱取决于施主与受主之间的距离 r 的大小。粗略地以类氢原子模型处理 D-A 对中心。在没有声子参与复合的情况下，发射的光子能量为

$$h\nu_{\text{D-A}}(r)=E_g-(\Delta E_D+\Delta E_A)+\frac{q^2}{4\pi\varepsilon_s r} \tag{9.6-6}$$

式中，ΔE_D 和 ΔE_A 分别为施主和受主电离能。式(9.6-6)最后一项表示在电子由施主向受主跃迁时，将同时释放所获得的库仑能。r 取决于晶格的不连续值，所以 D-A 对复合发射的光谱是一系列不连续的谱线，谱线间隔取决于 r 值。r 值增大时，光谱线向长波移动，以至随 r 值增大而使光谱连续成带，这是 D-A 对复合发光的特点。对于 GaP 材料，不同杂质原子和它们的替位状态会造成 D-A 对的电离能不同。例如，氧施主和碳受主杂质替代磷的位置，在温度为 1. 6K 时，

$\Delta E_A + \Delta E_D = 941\text{meV}$；而氧施主杂质是磷替位、锌受主杂质是镓替位，在温度为 1.6K 时，$\Delta E_A + \Delta E_D = 956.6\text{meV}$。

D-A 对的发光在室温下由于与声子相互作用较强，所以很难发现 D-A 对复合的线光谱。但是在低温下可以明显地观察到 D-A 对发射的线光谱系列。这种发光机构已为实验证实并对发光光谱做出了合理的解释。

9.6.5 通过深能级的复合

电子和空穴通过深能级复合时，辐射的光子能量远小于禁带宽度，发射光的波长远离吸收边。对于窄禁带材料，要得到可见光是困难的；但对于宽禁带材料，这类发光还是有实际意义的，例如，GaP 中的红色发光便是缘于这类复合。

深能级杂质除了对辐射复合有影响外，往往还是造成非辐射复合的根源，特别是在直接带隙材料中更是如此。因此，在实际工作中，往往需要尽量减少深能级，以提高发光效率。在半导体技术中，人们一直关注半导体发光材料中位错及深能级的作用。位错可以引起发光的猝灭，也可引起老化(发光器件的效率随工作时间的增加而降低)。深能级的研究对了解非辐射跃迁是十分重要的。因为如果存在深能级，并且可以稳定地俘获多数载流子，那么少数载流子的寿命将取决于它们和这些深能级上多数载流子的复合概率，发光效率就要下降。

9.6.6 激子复合

对于自由激子，当电子和空穴复合时，会把能量释放出来产生光子。直接带隙半导体材料中，自由激子复合发射光子的能量为

$$h\nu = E_g - \left|E_{exc}^n\right| \tag{9.6-7}$$

对于间接带隙半导体材料，自由激子复合发射光子的能量可以表示为

$$h\nu = E_g - \left|E_{exc}^n\right| \pm NE_p \tag{9.6-8}$$

式中，$\pm NE_p$ 表示吸收或放出能量为 E_p 的 N 个声子。

对于束缚激子，若激子对杂质的结合能为 E_{bx}，则其发射光谱的峰值为

$$h\nu = E_g - \left|E_{exc}^n\right| - E_{bx} \tag{9.6-9}$$

式中，E_{bx} 为材料和束缚激子中心的电离能 ΔE 的函数。

近年来，在发光材料的研究中，发现束缚激子的发光起重要作用，而且有很高的发光效率。例如，在 GaP 材料中，Zn-O 对产生的束缚激子引起红色发光，氮等电子陷阱产生的束缚激子引起绿色发光。这两种发光机制使 GaP 发光二极管的发光效率大大提高，成为 GaP 发光二极管的主要发光机构。激子发光的研究越来越受到人们的重视。

9.6.7 等电子陷阱复合

等电子陷阱俘获了某一种载流子以后，成为带电中心，这个带电中心又由库仑作用俘获带电符号相反的载流子，形成束缚激子态，这是一个束缚在等电子杂质上的束缚激子。当激子复合时，就能以发射光子的形式释放能量。例如，在 GaP:N 中，氮原子取代了晶格上的磷原子形成等电子陷阱，它先俘获电子，然后俘获空穴形成束缚激子。氮等电子陷阱俘获电子和空穴的能量分别为 0.01eV和0.037eV，激子复合时产生绿色发光。辐射光子的能量近似等于 GaP 的禁带宽度，如图 9.16 所示。

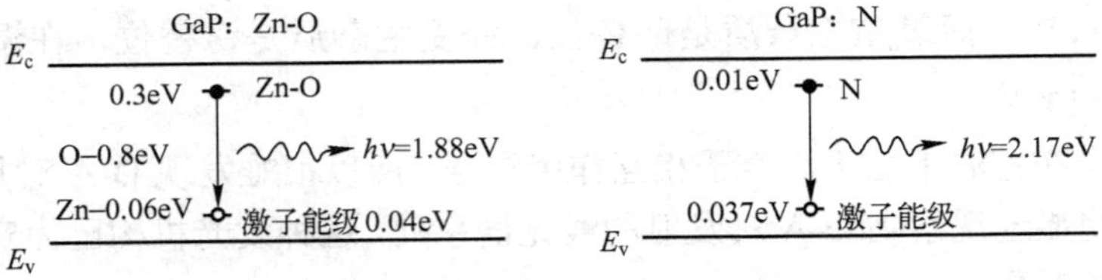

图 9.16　GaP : N 和 GaP : Zn - O 对电子陷阱束缚

等电子陷阱能够有效地提高 GaP 的发光效率的原因是缓和了间接能隙电子跃迁的选择定则。GaP 是间接带隙半导体，带间电子跃迁是一种要有声子参与的二级过程，跃迁概率很小，不能实现有效的发光。当氮原子进入 GaP 取代磷原子形成等电子陷阱时，等电子杂质对电子的束缚是短程力，因此，被束缚的电子定域在杂质原子附近很窄的范围内。由于电子的波函数在位形空间中的定域是很确定的，所以根据海森堡测不准关系，电子波函数在动量空间中会扩展到很宽的范围，因而被束缚在等电子陷阱的电子在 k 空间中从 Γ 到 X 的概率改变，使电子在 Γ 点的概率密度 $|\psi|^2$ 提高，如图 9. 17 所示。氮等电子陷阱的引入，使 Γ 点出现电子的概率比间接跃迁的 GaP 材料提高的三个数量级，从而使电子通过等电子陷阱实现跃迁而无须声子参与，大大地提高了 GaP : N 的发光效率。因此，等电子陷阱对发光材料的意义在于能增强间接能隙材料的发光效率。在三元化合物半导体中，如 $GaAs_{1-x}P_x$，在 $x > 0.45$ 时作为间接能隙材料也利用掺氮形成电子陷阱，以提高发光效率。当然，与直接跃迁相比，GaP : N 的跃迁概率还是很小的。

GaP : N 是典型的等电子陷阱材料，用孤立的氮原子形成等电子陷阱。两个或多个氮原子也可以形成等电子陷阱，如 $GaAs_{1-x}P_x$: NN 和 $GaAs_{1-x}P_x$: NN_3 等材料。

目前，随着半导体技术的发展，GaP 已经不是重要的发光材料了，但是 GaP 中的 D-A 对、等电子陷阱等现象仍然为人们研究半导体的发光机制提供着重要的参考。

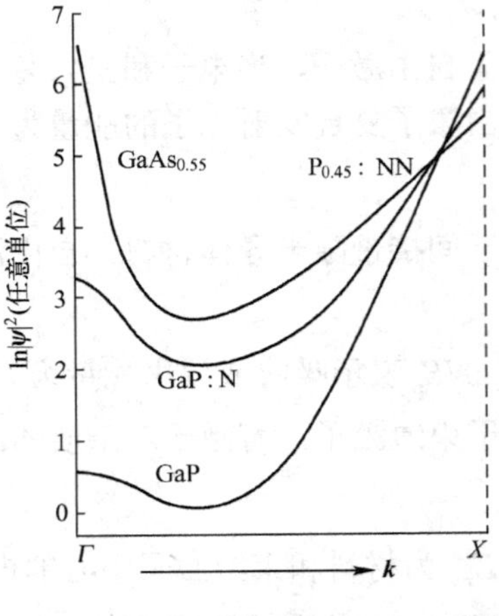

图 9.17　GaP，GaP : N 和 $GaAs_{0.55}P_{0.45}$: NN 的等电子陷阱束缚电子的几率密度 $|\psi|^2$ 在 k 空间的分布

小结

1．带间辐射复合是导带中的电子直接跃迁到价带，与价带中的空穴复合，它是本征吸收的逆过程。发射的光子的能量接近或等于半导体材料的禁带宽度 E_g。复合的发射光谱有一定的宽度。由于半导体材料能带结构的不同，带间复合又可以分为直接辐射复合和间接辐射复合两种。

2．对于直接带隙半导体，准动量守恒和能量守恒要求

$$\boldsymbol{k}_f = \boldsymbol{k}_i$$

$$h\nu = E_i - E_f \approx E_g$$

在直接跃迁过程中，电子的准动量守恒易于满足，所以跃迁概率大，也就是说，直接辐射复合的发光效率高。

3．间接带隙半导体跃迁是非竖直跃迁。准动量守恒要求

$$\boldsymbol{k}_i - \boldsymbol{k}_f = \pm q$$

能量守恒条件为

$$h\nu = E_i - E_f \pm h\nu_p \approx E_g$$

间接跃迁是一个二级过程，所以间接辐射复合的发光效率也比直接辐射复合的发光效率低得多。

4．在半导体技术中，通过掺以适当的杂质，改变间接复合的复合概率，提高间接带隙半导体材料的发光效率。

5．浅能级与主带之间的复合可以是浅施主与价带空穴或浅受主与导带电子间的复合。由于浅能级和主带之间的复合发射的光子能量小于禁带宽度，因此光子逸出概率大，有利于提高发光二极管的量子效率。

6．施主–受主对的复合是施主俘获的电子和受主俘获的空穴之间的复合。在复合过程中发射光子，光子的能量小于禁带宽度。这是辐射能量小于禁带宽度的一种重要的复合发光机制。PN 结的正向注入使施主获得电子，受主获得空穴。获得电子的施主和获得空穴的受主呈电中性状态，系统增加了库仑能$-q^2/(4\pi\varepsilon r^2)$。施主上的电子与受主上的空穴复合后，施主上的电子转移到受主上，施主再带正电，受主再带负电。所以 D-A 对复合过程是中性组态产生电离施主–受主对的过程，故复合是具有库仑作用的。D-A 对复合释放的能量一部分以光子放出，一部分用于克服电离施主和电离受主之间的库仑能，所以光子能量小于施主与受主之间的能量差。

7．电子和空穴通过深能级复合时，辐射的光子能量远小于禁带宽度，发射光的波长远离吸收边。深能级杂质，往往还是造成非辐射复合的根源，降低发光效率。

8．直接带隙半导体材料中，自由激子复合发射光子的能量为

$$h\nu = E_g - \left|E_{exc}^n\right|$$

对于间接带隙半导体材料，自由激子复合发射光子的能量为

$$h\nu = E_g - \left|E_{exc}^n\right| \pm NE_p$$

式中，$\pm NE_p$表示吸收或放出能量为E_p的N个声子。

对于束缚激子，若激子对杂质的结合能为E_{bx}，则其发射光谱的峰值为

$$h\nu = E_g - \left|E_{exc}^n\right| - E_{bx}$$

式中，E_{bx}为材料和束缚激子中心的电离能ΔE的函数。

激子复合发光有很高的发光效率。激子发光的研究越来越受到人们的重视。

9．等电子陷阱俘获了某一种载流子以后，成为带电中心，这个带电中心又由库仑作用俘获带电符号相反的载流子，形成束缚激子态，这是一个束缚在等电子杂质上的束缚激子。当激子复合时，就能以发射光子的形式释放能量。等电子陷阱对发光材料的意义在于能增强间接能隙材料的发光效率。

9.7　非辐射复合

教学要求

1．了解概念：多声子跃迁、俄歇复合、表面复合。

2．了解图 9.19 中的各种俄歇过程。

半导体材料中存在着非辐射复合中心，又称为消光中心。它们使许多半导体材料中的非辐射复合过程成为占优势的过程。材料的本底杂质，晶格缺陷，缺陷与杂质的复合体等都可能成为非辐射复合中心，它们对发光的危害很大。许多类型的非辐射复合过程尚不清楚。解释得比较清楚的有以下几个。

9.7.1 多声子跃迁

晶体中电子和空穴复合时，可以以激发多个声子的形式放出多余的能量，通常发光半导体的禁带宽度均在1 eV以上，而一个声子的能量约为0.06eV。因此，在这种形式的跃迁中，若导带电子的能量全部形成声子，则能产生20多个声子，这么多的声子同时生成的概率是很小的。但是，由于实际晶体总是存在着许多杂质和缺陷，因而在禁带中也就自然地存在着许多分立的能级。当电子依次落在这些能级时，声子也就接连地产生，这就是多声子跃迁，如图9.18所示。图中每一个峰表示一次声子的发射。多声子跃迁是一个概率很低的多级过程。

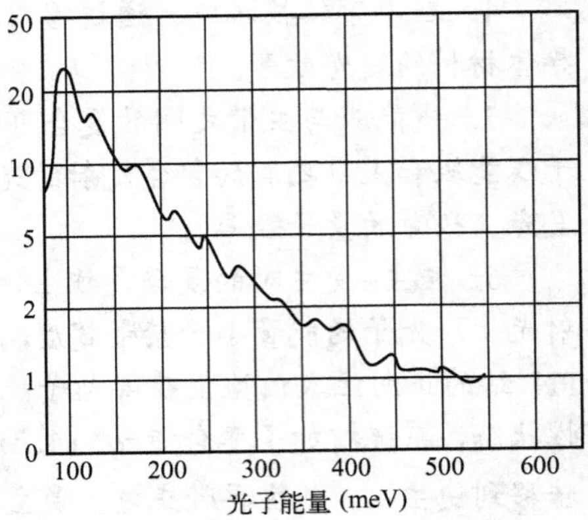

图 9.18　多声子跃迁

9.7.2 俄歇（Auger）过程

电子和空穴复合时，把多余的能量传输给第三个载流子，使它在导带或价带内部激发。第三个载流子在能带的连续态中做多声子发射跃迁，来耗散它多余的能量而回到初始状态，这种复合称为俄歇复合。由于在此过程中，得到能量的第三个载流子是在能带的连续态中做多声子发射跃迁，所以俄歇复合是非辐射的。这一过程包括了两个电子(或空穴)和一个空穴(或电子)的相互作用，故当电子(或空穴)浓度较高时，这种复合较显著。因而也就限制了发光管PN结的掺杂浓度不能太高。

除了自由载流子的俄歇过程外，电子在晶体缺陷形成的能级中跃迁时，多余能量也可被其他的电子和空穴获得，从而产生另一种类型的俄歇过程。在实际的发光器件中，通过缺陷能级实现的俄歇过程也是相当重要的。

各种俄歇过程如图9.19所示。(a)、(b)、(c)对应于N型材料，(d)、(e)、(f)对应于P型材料。最简单的过程是带内复合方式，如图9.19(a)和(d)，发生概率与n^2p或np^2成比例。图9.19(b)和(e)对应于多子和一个陷在禁带中的能级上的少子的复合。在高掺杂的半导体中，如在直接带隙的GaAs中，带-带或带-杂质能级的俄歇过程将成为主要的非辐射复合过程。

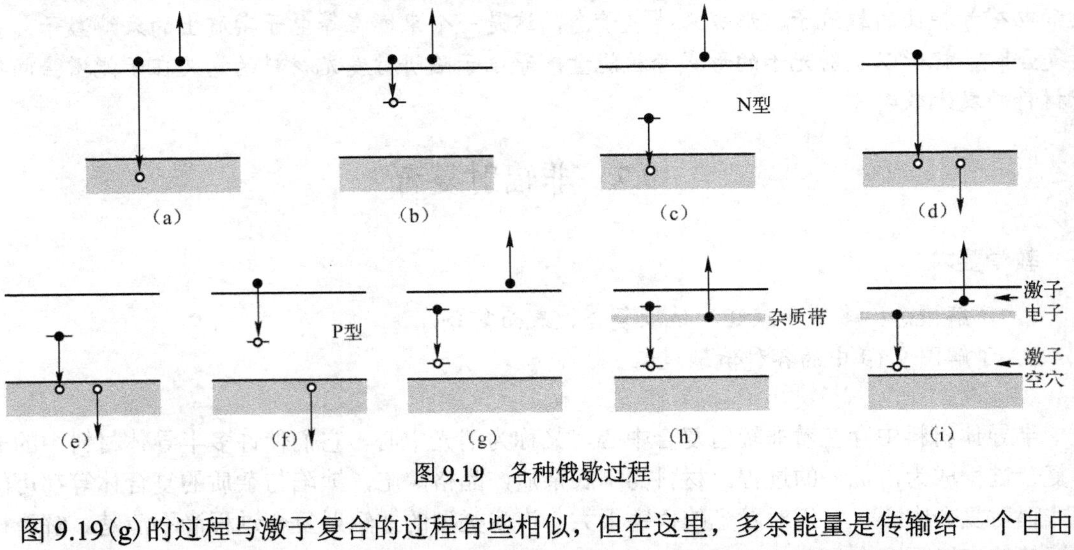

图 9.19　各种俄歇过程

图9.19(g)的过程与激子复合的过程有些相似，但在这里，多余能量是传输给一个自由载流子，而不是产生一个光子。对GaP : Zn - O红色发光的研究说明了这种俄歇过程，并且当受

主浓度增加到 10^{18} cm^{-3} 以上时观察到了发光效率的降低。在图 9.19(h)，(i)的过程中，三个载流子全部在禁带，两个以电子-空穴对束缚激子的形式存在，另一个电子在杂质带中。例如在GaP中，高浓度的硫形成一个施主带，在其中电子是非局域的，所以容易形成束缚激子，使得俄歇复合变为可能。在这里有两种可能性，或者是激子电子，或者是硫杂质带的电子激发进入导带。

9.7.3 表面复合

晶体表面处晶格的中断，产生能从周围吸附杂质的悬挂键，从而能够产生高浓度的深能级和浅能级，它们可以充当复合中心。虽然对这些表面态的均匀分布没有确定的论据，但是当假定是均匀分布时，表面态的分布为 $N_s(E)=4\times10^{14}cm^{-2}\cdot(eV)^{-1}$，这与实验的估计良好地一致。

图 9.20 所示为半导体表面处能态连续分布的模型。这个模型适合于称之为缺陷或夹杂物的界面的概念。由于在表面一个扩散长度以内的电子和空穴的表面复合是通过表面连续态的跃迁进行的，所以容易发生非辐射复合。因此，做好晶体表面的处理和保护也是提高发光器件发光效率的一个重要方面。

研究非辐射复合过程和研究辐射过程是同样重要的。为了提高发光二极管的发光效率，多年以来，人们对非辐射复合中心进行了大量的研究，但许多规律仍然没有找到。非辐射复合过程的研究成为当前发光学中比较集中的研究领域之一。

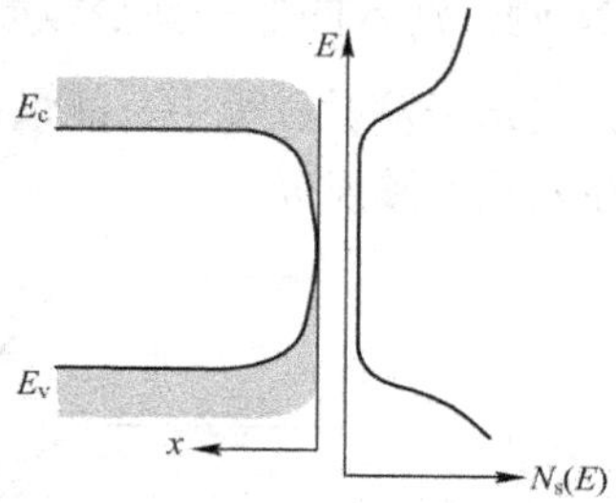

图 9.20 表面处能态连续分布的模型

小结

1．由于实际晶体总是存在着许多杂质和缺陷，因而在禁带中也就自然存在着许多分立的能级。当电子依次落在这些能级时，声子也就接连地产生，这就是多声子跃迁。

2．俄歇复合的特点是需要有第三个载流子参加的非辐射复合过程。

(1) 导带电子和价带空穴复合(自由载流子带内复合)时，把多余的能量传输给带内的第三个载流子，使它在导带或价带内部激发。第三个载流子在能带的连续态中做多声子发射跃迁，来耗散它多余的能量而回到初始的状态。

(2) 电子在晶体缺陷形成的能级中跃迁时，多余能量也可被其他的电子和空穴获得，从而产生另一种类型的俄歇过程。俄歇复合是非辐射的，这限制了发光管 PN 结的掺杂浓度不能太高。

3．晶体表面处晶格的中断，产生能从周围吸附杂质的悬挂键，从而能够产生高浓度的深能级和浅能级，它们可以充当复合中心。

9.8 发光二极管（LED）

教学要求

1．了解发光二极管的基本结构。

2．画出能带图说明 LED 的工作原理。

发光二极管(Light Emitting Diode，LED)是利用电致发光效应把电能转换成光能的器件。

发光二极管的基本结构是正向工作的PN结。半导体材料的选择，主要是根据所需发光的光波长，由 $E_g=h\nu$ 或 $E_g(h\nu)=1.24/\lambda(\mu m)$ 决定。直接带隙半导体具有高的发光效率，它们是制造发光二极管的首选材料。图 9.21 所示为典型的平面结构，磷化镓发光二极管的结构示意图。它是用平面工艺制成的。在 N-GaAs 衬底上外延生长 N-$GaAs_{1-x}P_x$，然后在 N-$GaAs_{1-x}P_x$ 上扩散锌形成 P 型层，从而形成 PN 结。氮化硅既作为光刻掩膜，又作为最后器件的保护层。上电极为纯铝，下电极为金–锗–镍，比例为 Au : Ge =88 : 12，Ni : 5%～12%。其中，Ge 是施主掺杂剂。Au 起欧姆接触作用和覆盖作用，以利于键合，Ni 增加粘润性和均匀性。

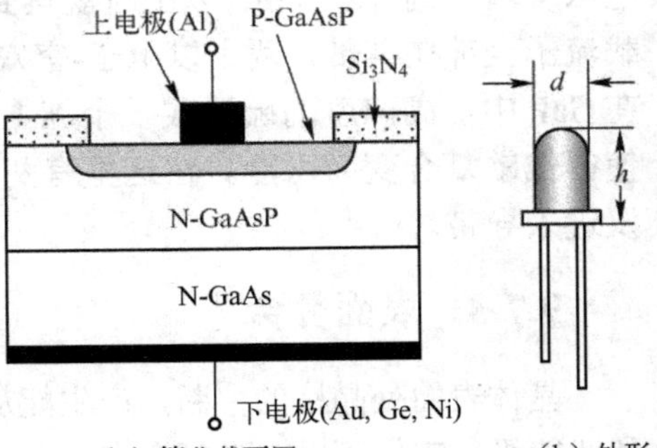

（a）管芯截面图　（b）外形

图 9.21　磷化镓发光二极管

图 9.22 以带间辐射复合为例说明了 LED 的工作原理。当正向偏压加于 PN 结的两端时，载流子注入穿越 PN 结，使得载流子浓度超过热平衡值，形成过量载流子。在 PN 结的 P 侧，注入的非平衡少数载流子电子从导带向下跃迁与价带中的空穴复合。在 PN 结的 N 侧，注入的非平衡少数载流子空穴与导带电子复合。非平衡载流子复合发出能量为 E_g 的光子。在光子发射过程中，能量以光(光子)的形式释放，从偏压的电能量得到光能量，这种现象称为注入式电致发光。

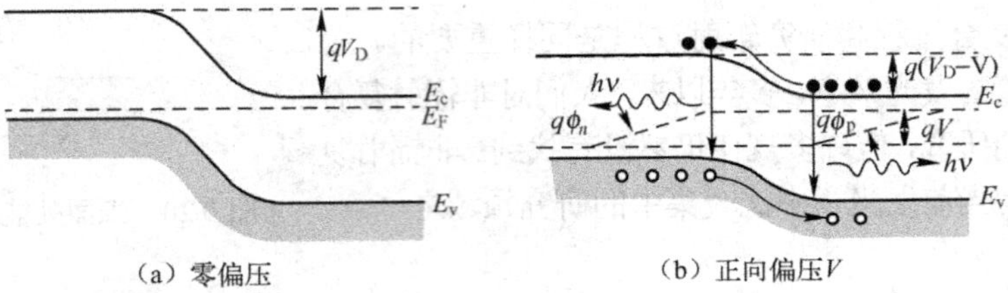

（a）零偏压　（b）正向偏压V

图 9.22　LED 的工作原理示意图

在 3.7 节提到，在掺杂较重的情况下，如$10^{18}cm^{-3}$(这在实际器件中是很可能的)，会形成带尾，带尾对带–带复合的影响如图 9.23 所示。其中，图 9.23(a)表示 N 型半导体的情况，这时导带电子填充到 E_c 以上能级，这些导带电子与价带空穴复合，产生光子的能量要比禁带宽度略大。图 9.23(b)表示 P 型半导体的情况，充满价带尾的空穴与导带电子复合，产生的光子能量比禁带宽度略小。根据带尾效应的影响，P 区的电子与空穴复合发射的光子的能量略小于 E_g，它们在发射过程中不容易被再吸收。因此，往往把发光二极管设计成主要以注入到 P 区的电子与空穴复合的 P 侧发光。

发光二极管的开启电压很低，GaAs 约为 1.0V，$GaAs_{1-x}P_x$、$Ga_{1-x}Al_xAs$ 约 1.5V。GaP (红光)约为 1.8V，GaP (绿光)约为 2.0V。工作电流约为 10mA。由于 LED 的工作电压和工作电流低，所以可以把它们做得很小，以至于看做点光源，这使得 LED 极适宜用于光显示。

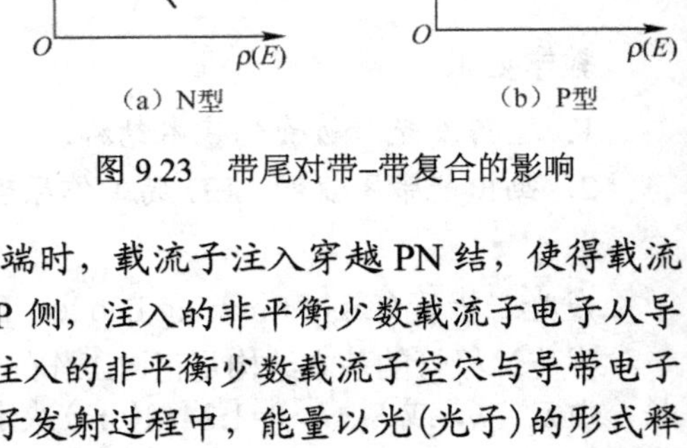

（a）N型　（b）P型

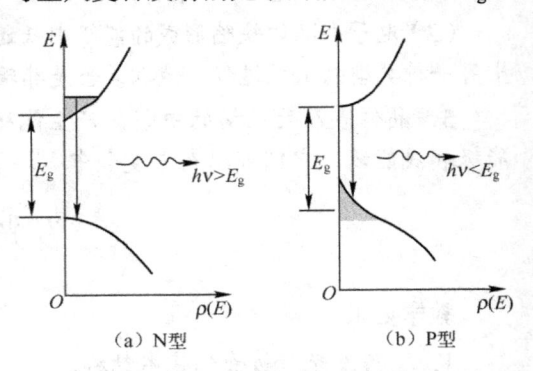

图 9.23　带尾对带–带复合的影响

小结

1. LED 的工作原理：当正向偏压加于 PN 结的两端时，载流子注入穿越 PN 结，使得载流子浓度超过热平衡值，形成过量载流子。在 PN 结的 P 侧，注入的非平衡少数载流子电子从导带向下跃迁与价带中的空穴复合。在 PN 结的 N 侧，注入的非平衡少数载流子空穴与导带电子复合。非平衡载流子复合发出能量为 E_g 的光子。在光子发射过程中，能量以光(光子)的形式释放，从偏压的电能量得到光能量，这种现象称为注入式电致发光。

2. LED 的工作电压和工作电流低，可以把它们做得很小，以至于看做点光源，这使得 LED 极适宜用于光显示。

9.9 高效率的半导体发光材料

适合于制作发光二极管的主要是禁带较宽的和宽禁带的半导体，而直接带隙半导体因其发光效率高又成为优于间接带隙半导体的首选材料。GaAs 和 GaN 是两个最重要的代表。

GaAs 的禁带宽度在 1.43eV 左右，所对应的光波长在 0.85μm 附近，很早就被用于制造红外 LED。

$Ga_xIn_{1-x}P$ 混晶在直接带隙范围内可以从 InP 的 1.33～2.2eV，覆盖从深红外到黄绿的范围。现今最亮的、效率最高的红色发光二极管是由 AlGaInP 系列材料制造的。它们也已经用来制造高效率的黄绿光发光器件。对于 AlGaInP 系列材料的性质的认识和相关的技术也比较成熟。

近年来一个重要的进展是实现了在蓝光范围内发光的 GaN 发光二极管。GaN 的禁带宽度为 3.39eV。N 型 GaN 易于通过掺氧得到。在掺镁的基础上可实现 P 型掺杂。Mg 是 GaN 中最浅的受主，在价带以上 0.14～0.21eV 处产生受主能级。Zn 在 GaN 中可用做蓝光发光中心。GaN 的一个重要优点是，在它和其他两个直接带隙氮化物 AlN 和 InN 之间可形成混合晶体，禁带宽度可以从 InN 的约 0.9eV 延伸到 AlN 的 6.2eV。覆盖了从红外、红、黄、绿、蓝到近紫外的频段。尽管 AlGaInN 系材料的性质，包括其中杂质和缺陷的认识都有许多问题有待解决，但现今效率最高的绿、蓝和紫外发光二极管都是由 AlGaInN 系材料制造的。

到目前为止，基于直接带隙发光的 N 系和 P 系发光二极管已覆盖了整个可见光范围。蓝、绿、红三色显示已经实现。人们期望今后能在 N 系材料基础上得到高效率的红光 LED。这将使得在单一的 N 系材料基础上，通过三色混合得到白色照明光源的方法大大简化。

通过掺硅和掺镁获得了 N 型和 P 型 AlN，从而制成了波长为 210nm 的紫外 AlN LED。

一些Ⅱ-Ⅵ族化合物，如 ZnSe、ZnTe 等，就禁带宽度和禁带性质而言，也是理想的发光材料。近年来在实现双极掺杂方面取得了进展并且分别制造出了蓝光、绿光 LED 和激光二极管。

间接带隙半导体由于带间复合需要有声子协助，具有低得多的发光效率。但是等电子杂质的作用使 GaP 的发光效率升高到可与直接带隙半导体材料相媲美。

思考题与习题

9-1 什么是本征吸收？与本征吸收相关的电子跃迁过程有几种类型？

9-2 什么是吸收限？吸收限与半导体的禁带宽度有什么样的关系？

9-3 什么是直接跃迁？直接跃迁主要发生在具有什么样能带结构的半导体中？

9-4 什么是间接跃迁？间接跃迁发生在具有什么样能带结构的半导体中？间接带隙半导体有无可能发生直接跃迁？

9-5 什么是激子？通常半导体中遇到的是哪种激子？

9-6 什么是束缚激子？半导体中能够束缚激子的因素有哪些？

9-7 $\left|E_{\text{exc}}^{n}\right|$ 和 $E_{\text{g}}-\left|E_{\text{exc}}^{1}\right|$ 分别代表什么意义？

9-8 什么是光生伏打效应？画出示意图，说明 PN 结光生伏打效应的基本过程。

9-9 什么是太阳电池的暗电流？暗电流可否去除？

9-10　什么是辐射复合？辐射复合过程和光吸收过程有何关系？

9-11　什么是带间辐射复合？带间辐射复合又分为哪两种辐射复合？

9-12　为什么直接辐射复合比间接辐射复合发光效率高？

9-13　为什么浅能级和主带之间的复合有利于提高发光二极管的量子效率？

9-14　什么是施主–受主对(D-A 对)复合？施主–受主对复合发光有何特点？

9-15　什么是等电子陷阱复合？为什么等电子陷阱复合有助于提高发光效率？

9-16　激子发光的原理是什么？

9-17　俄歇过程的基本特点是什么？简要分析图 9.19 所示的各种俄歇过程。

9-18　什么是电致发光？画出能带图说明 LED 的电致发光过程。

9-19　写出本征吸收过程中，直接跃迁准动量守恒和能量守恒表达式。

9-20　写出本征吸收过程中，间接跃迁准动量守恒和能量守恒表达式。

9-21　写出直接辐射复合过程中，电子跃迁的准动量守恒和能量守恒表达式。

9-22　写出间接辐射复合过程中，电子跃迁的准动量守恒和能量守恒表达式。

9-23　根据式(9.5-2)导出太阳电池的开路电压和短路电流的表达式。

9-24　(1) 计算在 Ge、Si 和 GaAs 中产生电子空穴对的光源的最大波长 λ；

(2) 计算波长为 5500 nm 和 6800 nm 的光子能量。

9-25　一个厚度为 0.46 μm 的 GaAs 样品，用 $h\nu = 2\text{eV}$ 的单色光源照射，吸收系数为 $\alpha = 5\times10^{-4}\ \text{cm}^{-1}$，样品的入射功率为 10 mW 。

(1) 以 J/s 为单位计算被样品吸收的总能量。

(2) 以 J/s 为单位，电子在复合前传给晶格过剩热能的速率。

(3) 计算每秒钟由于复合发射的光子数。

9-26　在一个小的带宽范围内，平均每秒每平方厘米进入硅内的光子数为 $Q(\lambda)$。

(1) 推导出波长 λ 处的光产生电流损耗 $\Delta J_L(\lambda)$ 的表达式，它是背面接触反射系数 R、电池的总厚度 W 和吸收系数α 的函数。

(2) 估算在 $\lambda = 900\text{nm}$ 处光产生电流的损耗。假设在 ±50nm 的带宽内，$Q(\lambda)$ 等于太阳光谱的 50%，平均吸收系数为 $500\ \text{cm}^{-1}$，在背面接触处的反射系数为 0.8，电池的厚度为 10μm 。

9-27　一 N 型 CdS 正方晶片，边长 1mm，厚度 0.1μm。其波长吸收限为 $5\times10^{-7}\text{m}$ 。今用光强度为 $1\text{mW}/\text{cm}^2$ 的紫色光($\lambda = 4.096\times10^{-7}\text{m}$)照射正方形的表面，假设光照能量全部被晶片吸收。量子产额(光照产生的电子–空穴对数/吸收的光子数) $\beta = 1$ 。设光生空穴全部被陷(即不参加附加光电导)，光生电子的寿命为 $\tau_n = 10^{-5}\text{s}$，电子迁移率 $\mu_n = 100\text{cm}^2/(\text{V}\cdot\text{s})$ 。计算：(1) 样品中每秒钟产生的电子—空穴对数；(2) 样品中增加的电子数；(3) 样品的电导增量；

9-28　光照射半导体，电子–空穴产生率为 G_L 。电子和空穴的寿命分别为 τ_p 和 τ_n 。试证明光照产生的附加电导率为 $\Delta\sigma = qG_L(\mu_n\tau_n + \mu_p\tau_p)$ 。

9-29　假设太阳电池的暗电流为 1.5mA，光产生的短路电流为 100mA。(1) 求出 *I-V* 特性表达式.；(2) 求出开路电压；(3) 求出短路电流。

9-30　假设 P^+N 二极管受到光源的均匀照射，电子–空穴产生率为 G_L ，解扩散方程证明

$$\Delta p_n = \left[p_{n0}(e^{V/V_T} - 1) - G_L\frac{L_p^2}{D_p}\right]e^{-(x-x_n)/L_p} + \frac{G_L L_p^2}{D_p}$$

9-31　利用习题 9-30 的结果推导 $I_L = qAG_L(L_n + L_p)$ 。

模拟试卷（一）

（难度系数：A）

一、选择题（共 10 题，每小题 2 分，共 20 分）

1．硅晶体的晶体结构是（　　）。

A．纤锌矿型结构　　B．闪锌矿型结构　　C．金刚石型结构　　D．离子键结构

2．电离的施主杂质带（　　）电荷。

A．负　　B．正

C．在 N 型半导体中为正，在 P 型半导体中为负

D．在 N 型半导体中为负，在 p 型半导体中为正

3．本征半导体中，电子浓度 n 和空穴浓度 p 关系是（　　）。

A．$n=p$　　B．$n>p$　　C．$n<p$　　D．都不是

4．简并半导体是指（　　）的半导体。

A．(E_C-E_F)或$(E_F-E_V)<0$　　B．(E_C-E_F)或$(E_F-E_V)>0$

C．能使用玻耳兹曼近似计算载流子浓度　　D．导带底和价带顶能容纳多个状态相同的电子

5．（　　）作用使载流子的运动方向不断改变。

A．扩散　　B．漂移　　C．散射　　D．A、B、C 均不是

6．下面满足非平衡载流子小注入条件的是（　　）。

A．对于 N 型半导体，$\Delta n=\Delta p \ll n_0$，$\Delta n=\Delta p \gg p_0$

B．对于 P 型半导体，$\Delta n=\Delta p \ll n_0$，$\Delta n=\Delta p \ll p_0$

C．对于 P 型半导体，$\Delta n=\Delta p \gg n_0$，$\Delta n=\Delta p \gg p_0$

D．都不是

7．当 $q\phi_m < q\phi_s$ 时，实际 MIS 结构的 C-V 曲线相对于理想 MIS 结构的 C-V 曲线（　　）移动。

A．向上　　B．向下　　C．向左　　D．向右

8．耗尽近似是指______。

A．$n=0$，$p\neq 0$　　B．自由载流子浓度≪电离杂质浓度

C．$n\neq 0$，$p=0$　　D．自由载流子浓度≫电离杂质浓度

9．用 E_0 表示真空中静止电子的能量，半导体中电子亲合能为（　　）。

A．E_0 与半导体费米能级之差　　B．E_0 与半导体本征费米能级之差

C．E_0 与半导体价带顶之差　　D．E_0 与半导体导带底之差

10．半导体的本征吸收长波限公式为（　　）。

A．$\lambda_0=\dfrac{1.24}{E_g(\text{eV})}(\mu\text{m})$　　B．$\lambda_0=\dfrac{1.26}{E_g(\text{eV})}(\mu\text{m})$

C．$\lambda_0=\dfrac{1.24}{E_g(\text{eV})}(\text{nm})$　　D．$\lambda_0=\dfrac{1.26}{E_g(\text{eV})}(\text{nm})$

二、填空题（共 10 空，每空 2 分，共 20 分）

1．按照构成固体的粒子在空间的排列情况，固体主要分为_____和_____两类。

2．金(Au)原子掺入半导体硅中，位于禁带中央附近的深能级是有效的_____，主要用于制造高频器件。

3．不同的半导体材料，在同一温度 T 时，禁带宽度 E_g 越大，本征载流子浓度 n_i 就越_____。

4．电离杂质散射概率与_____成正比。

5．爱因斯坦关系式表明了非简并情况下载流子_____和_____之间的关系。

6．由 P 型半导体构成的理想 MIS 结构中，在外加偏压下，当半导体表面处电子浓度刚刚超过空穴浓度时，这种现象叫做_____。

7．在半导体本征吸收过程中，电子由价带跃迁到_____带。

8．非平衡载流子复合分为两种：_____和间接复合。

三、（简答题）回答下列问题（共 4 小题，每小题 5 分，共 20 分）

1．根据能带论的观点，定性画出绝缘体、半导体和金属的能带图。

2．晶格和晶体结构有什么区别？

3．简述引进有效质量的意义。

4．什么是施主杂质？什么是 N 型半导体？

四、推导与计算（共 2 小题，每小题 15 分，共 30 分）

1．证明 N 型半导体的费米能级在本征费米能级之上。

2．$T=300\text{K}$ 时，硅均匀掺杂了砷原子和硼原子，浓度分别为 $2\times10^{16}\text{cm}^{-3}$ 和 $1\times10^{16}\text{cm}^{-3}$。$T=300\text{K}$ 时，取 $n_i=1.5\times10^{10}\text{cm}^{-3}$。

（1）该材料是 N 型半导体还是 P 型半导体？

（2）试计算热平衡状态下的多数载流子浓度和少数载流子浓度。

（3）确定该半导体的费米能级 E_F-E_i。

五、（综合题 10 分）

1．说明迁移率的物理意义，并论述迁移率对温度和杂质浓度的依赖关系。

模拟试卷（二）

（难度系数：A+）

一、选择题（共 10 题，每小题 2 分，共 20 分）

1．金刚石型结构中的原子通过（　　）结合在一起。

A．离子键　　B．金属键　　C．共价键　　D．范德瓦耳斯键

2．导带底电子的有效质量是（　　）。

A．负值　　B．正值　　C．最小　　D．最大

3．轻掺杂半导体的禁带宽度（　　）。

A．与温度有关，与所掺杂质浓度无关　　B．与温度有关，与所掺杂质浓度有关

C．与温度无关，与所掺杂质浓度有关　　D．与温度无关，与所掺杂质浓度无关

4．半导体中的电离的受主杂质（　　）。

A．带负电　　B．带正电

C．在 N 型半导体中为正，在 P 型半导体中为负

D．在 N 型半导体中为负，在 P 型半导体中为正

5．对一定的半导体，其本征载流子浓度（　　）。

A．与温度无关，与杂质浓度无关　　B．与温度有关，与杂质浓度有关

C．与温度无关，与杂质浓度有关　　D．与温度有关，与杂质浓度无关

6．在室温下，低掺杂硅的载流子散射机制主要是（　　）。

A．载流子-载流子散射　　B．晶格散射　　C．电离杂质散射　　D．合金散射

7．下列哪种情况是大注入（　　）。

A．对于 N 型半导体，$\Delta n = \Delta p \gg n_0, \Delta n = \Delta p \gg p_0$

B．对于 P 型半导体，$\Delta n = \Delta p \gg n_0, \Delta n = \Delta p \ll p_0$

C．对于 N 型半导体，$\Delta n = \Delta p \ll n_0, \Delta n = \Delta p \gg p_0$

D．对于 P 型半导体，$\Delta n = \Delta p \ll n_0, \Delta n = \Delta p \ll p_0$

8．由 P 型半导体构成的理想 MIS 结构，半导体表面强反型的条件（　　）。

A．$V_{\mathrm{si}} > V_{\mathrm{T}} \ln\left(\frac{N_{\mathrm{A}}}{n_{\mathrm{i}}}\right)$　　B．$V_{\mathrm{si}} < V_{\mathrm{T}} \ln\left(\frac{N_{\mathrm{A}}}{n_{\mathrm{i}}}\right)$　　C．$V_{\mathrm{si}} \leqslant 2V_{\mathrm{T}} \ln\left(\frac{N_{\mathrm{A}}}{n_{\mathrm{i}}}\right)$　　D．$V_{\mathrm{si}} = 2V_{\mathrm{T}} \ln\left(\frac{N_{\mathrm{A}}}{n_{\mathrm{i}}}\right)$

9．制造欧姆接触最常用的方法是（　　）。

A．选择金属材料的功函数大于半导体材料的功函数

B．选择金属材料的功函数小于半导体材料的功函数

C．选择用重掺杂的半导体与金属材料接触

D．选择用轻掺杂的半导体与金属材料接触

10．下图为 PN 结伏安特性曲线，太阳能电池工作于哪一段曲线（　　）。

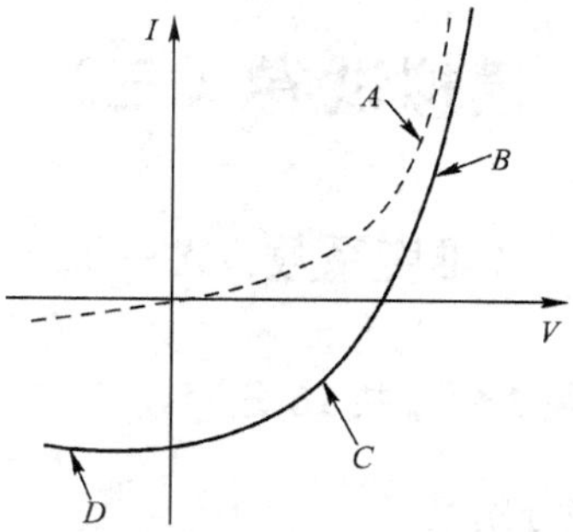

二、填空题（共 10 空，每空 2 分，共 20 分）

1．非平衡载流子最常用的两种注入方法是_____和_____。

2．当一种半导体同时掺入施主杂质和受主杂质时，施主杂质和受主杂质之间有相互抵消作用，这种现象称为_____。

3．当半导体中载流子浓度存在浓度梯度时，载流子将做_____运动；半导体存在电势差时，载流子将做_____运动。

4．金属和 P 型半导体接触，当 $q\phi_{\mathrm{m}} > q\phi_{\mathrm{s}}$ 时，能带向_____（填“上”或“下”）弯曲，形成

空穴的_____（填“阻挡层”或“反阻挡层”）。

5．根据费米能级的位置填写下面空白（大于、等于或小于）。

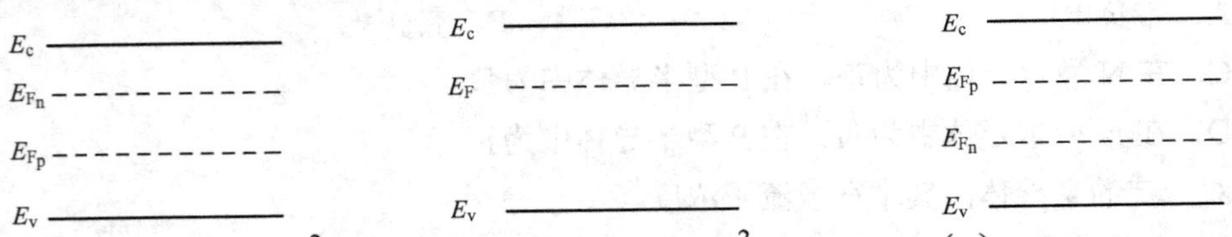

（a）　np_____n_i^2　　（b）　np_____n_i^2　　（c）　np_____n_i^2

三、（问答题）回答下列问题（共 4 小题，每小题 5 分，共 20 分）

1．用能带图表示半导体中的受主杂质在 $T\to 0$、低温弱电离区和室温强电离区的电离示意图。

2．利用能带论分析讨论为什么金属和半导体电导率具有不同的温度依赖性。

3．在简化能带图上，画出直接复合和通过复合中心复合的电子跃迁过程。

4．对于 $q\phi_m < q\phi_s$，画出理想金属–P 型半导体接触能带图。

四、推导与计算（共 2 小题，每小题 15 分，共 30 分）

1．根据热平衡情况下电流为零的条件，导出爱因斯坦关系式：$\dfrac{D_p}{\mu_p}=V_T$。

2．单晶硅中均匀地掺入两种杂质，硼 $1.5\times10^{16}\text{cm}^{-3}$ 和磷 $5.0\times10^{15}\text{cm}^{-3}$。试计算：（1）室温下载流子浓度；（2）室温下费米能级位置；（3）室温下电导率；（4）600K 下载流子浓度。

已知：室温下 $n_i=1.5\times10^{10}\text{cm}^{-3}$，$KT=0.026\text{eV}$，$\mu_n=1300(\text{cm}^2/\text{V}\cdot\text{s})$，600K 时 $n_i=6\times10^{15}\text{cm}^{-3}$。

五、（综合题 10 分）设二维能带具有以下 E-k 关系：$E=\dfrac{\hbar^2k^2}{2m_n}$，求能态密度 $N(E)$。

模拟试卷（三）

（难度系数：A++）

一、选择题（共 8 题，每小题 2 分，共 16 分）

1．锗的晶格结构和能带结构分别是（　　）。

A．金刚石型和直接禁带型　　B．闪锌矿型和直接禁带型

C．金刚石型和间接禁带型　　D．闪锌矿型和间接禁带型

2．电子在晶体中的共有化运动指的是电子在晶体（　　）。

A．各处出现的概率相同　　B．各处的相位相同

C．各原胞对应点出现的几率相同　　D．各原胞对应点的相位相同

3．当施主能级 E_D 与费米能级 E_F 相等时，电离施主的浓度为施主浓度的（　　）倍。

A．1　　B．1/2　　C．1/3　　D．2/3

4．在低温下，掺杂硅的载流子散射机制主要是（　　）。

A．载流子-载流子散射　B．晶格散射　C．电离杂质散射　D．合金散射

5．MIS 结构的表面发生强反型时，若增加掺杂浓度，其阈值电压将（　　）。

A．相同　B．不同　C．增加　D．减少

6．反向偏压增大时，PN 结势垒电容将（　　）。

A．增大　B．减小　C．不变　D．不确定

7．下图是金属和 N 型半导体接触能带图，图中半导体靠近金属的表面形成了（　　）。

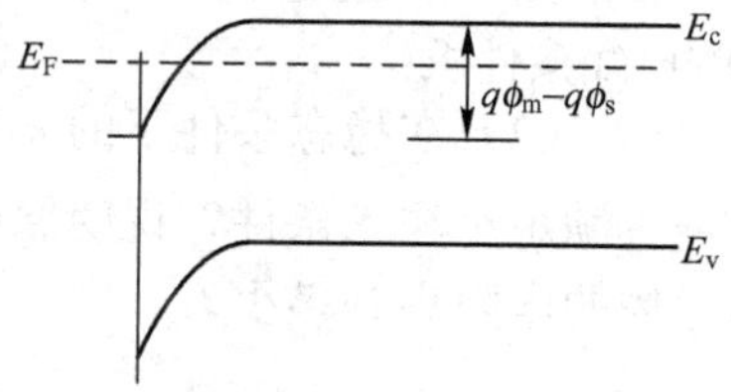

A．N 型阻挡层　B．P 型阻挡层　C．P 型反阻挡层　D．N 型反阻挡层

8．稳定光照下，半导体中的载流子处于以下状态（　　）。

A．电子和空穴浓度一直变化，半导体处于非平衡状态；

B．电子和空穴浓度一直变化，半导体处于平衡状态；

C．电子和空穴浓度保持不变，半导体处于稳态也即是平衡态；

D．电子和空穴浓度保持不变，半导体处于稳态但仍然是非平衡态。

二、填空题（共 7 题，每小题 2 分，共 14 分）

1．下图所示 E-k 关系曲线表示出了两种可能的导带，导带_______对应的电子有效质量较大。

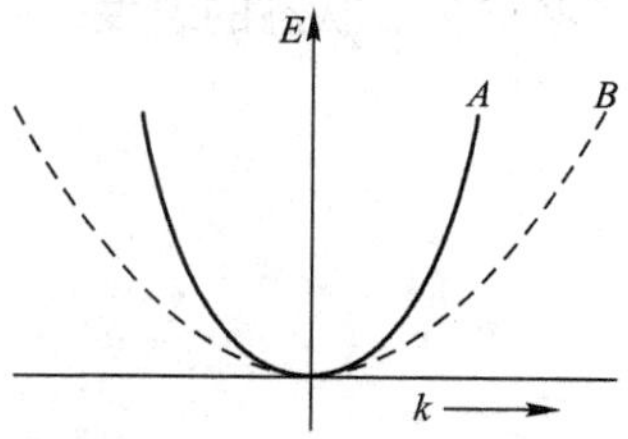

2．在温度 $T = 300\text{K}$，比费米能级高 $3KT$ 的能级被电子占据的几率为_____。

3．$np > n_i^2$ 意味着半导体处于_____状态。

4．P 型半导体 MIS 结构出现强反型的判断依据是_____。

5．PN 结电容包括_____电容和_____电容，在正向偏压下，_____电容起主要作用。

三、（简答题）回答下列问题（共 3 题，每小题 5 分，共 15 分）

1．说明金刚石型结构的主要特征。

2．下图为 N 型 Si 材料的电阻率随温度变化的示意图，请解释图中各段电阻率随温度变化的原因。

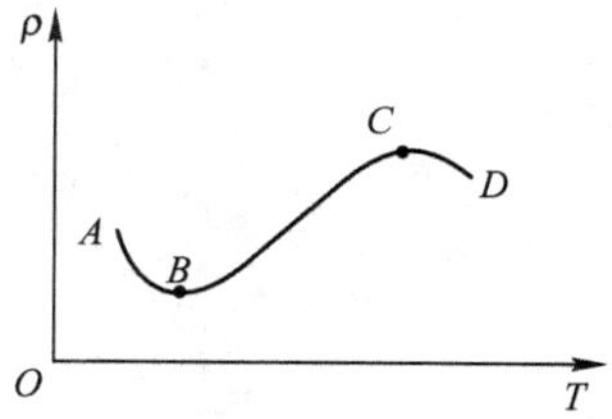

3．简述 PN 结光生伏打效应。

四、推导与计算（共 3 小题，每小题 15 分，共 45 分）

1．对于 N 型半导体，在杂质饱和电离和本征激发共存温度范围：

（1）写出电中性条件；

（2）导出电子浓度表达式。

2．半导体光照前和光照后的能带图如下。温度 $T = 300\text{K}$，$n_i = 1.5\times10^{10}\text{cm}^{-3}$，$\mu_n = 1345\text{cm}^2/\text{V}\cdot\text{s}$，$\mu_p = 458\text{cm}^2/\text{V}\cdot\text{s}$。根据这些已知条件求：

（1）平衡载流子浓度 n_0 和 p_0；　（2）在稳态条件下的 n 和 p；　（3）掺杂浓度 N_D；

（4）当半导体被光照射时，是否满足小注入条件？说明原因。

（5）在光照前和光照后，半导体的电阻率是多少？

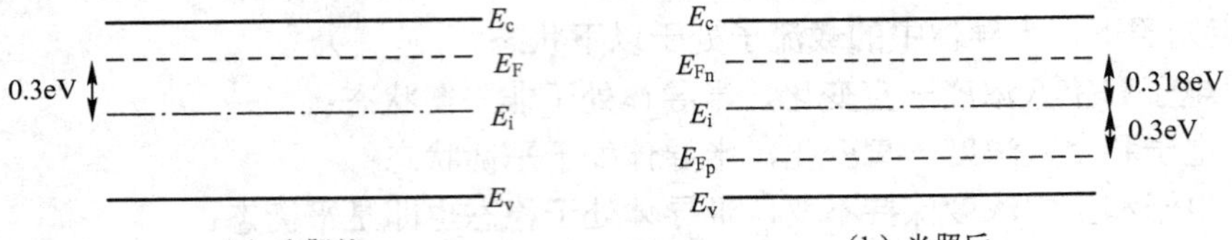

3．画出 N 型半导体 MIS 结构载流子耗尽状态下的能带图。

五、（综合题 10 分）一维晶体的电子能带可以写成

$$E(k)=\frac{\hbar^2}{ma^2}\left(\frac{7}{8}-\cos ka+\frac{1}{8}\cos 2ka\right)$$

其中 a 是晶格常数，试求：（1）电子在波矢 k 状态的速度；（2）能带底部和顶部的有效质量。

模拟试卷（一）参考答案

一、选择题（共 10 题，每小题 2 分，共 20 分）

1. C　2. B　3. A　4. A　5. C　6. A　7. C　8. B　9. D　10. A

二、填空题（共 10 空，每空 2 分，共 20 分）

1. 晶体、非晶体　2. 复合中心　3. 小　4. 电离杂质浓度　5. 迁移率、扩散系数　6. 反型　7. 价带　8. 直接复合

三、（简答题）回答下列问题（共 4 小题，每小题 5 分，共 20 分）

1. 答：

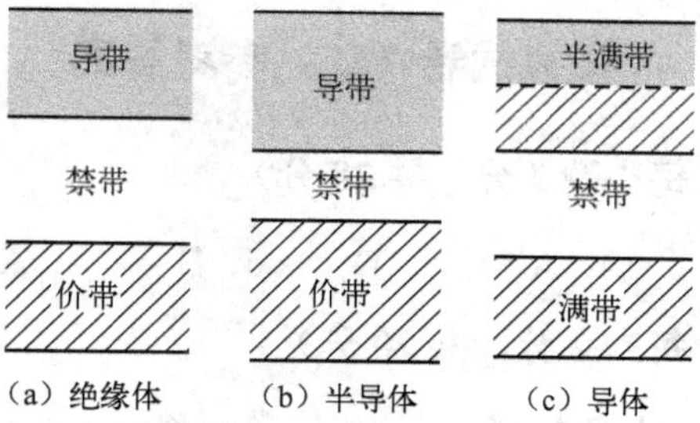

绝缘体、半导体和导体的能带示意图

2. 答：晶格和晶体结构是两个不同的概念。晶体结构是指晶体中的原子排列，而晶格则是指基元的代表点在空间的分布。

3. 答：引入有效质量的意义在于它包括了周期性势场对电子的作用，使我们能简单地由外力直接写出加速度的表示式，为分析电子在外力场中的运动带来方便。

4. 答：V 族杂质在硅、锗中电离时，能够释放电子而产生导电电子并形成正电中心，称它们为施主杂质或 N 型杂质。

通常把主要依靠导带电子导电的半导体，称为 N 型半导体。

四、推导与计算（共 2 小题，每小题 15 分，共 30 分）

1. 证明：对于 N 型半导体　$n = N_c \exp\left(-\dfrac{E_c - E_F}{KT}\right)$

对于本征半导体

$$n = n_i,\ E_F = E_i$$

$$n_i = N_c \exp\left(-\frac{E_c - E_i}{KT}\right)$$

两式相比得

$$\frac{n_i}{n} = \frac{N_c \exp\left(-\dfrac{E_c - E_i}{KT}\right)}{N_c \exp\left(-\dfrac{E_c - E_F}{KT}\right)} = \exp\left(\frac{E_i - E_F}{KT}\right)$$

因为 $n_i < n$，所以　$\dfrac{n_i}{n} < 1$，$\dfrac{E_i - E_F}{KT} < 0$，$E_F - E_i > 0$

所以，N 型半导体的费米能级在本征费米能级之上。

2. 解：(1) $N_D > N_A$,所以是N型半导体。

（2）$T = 300\text{K}$，$n_i = 1.5\times10^{10}\left(\text{cm}^{-3}\right)$，饱和电离区

$$n = N_D - N_A = 2\times10^{16} - 1\times10^{16} = 1\times10^{16}\left(\text{cm}^{-3}\right),\quad p = \frac{n_i^2}{n} = \frac{(1.5\times10^{10})^2}{1\times10^{16}} = 2.25\times10^4\left(\text{cm}^{-3}\right)$$

（3）$E_F - E_i = KT\ln\dfrac{n}{n_i} = 0.026\times\ln\dfrac{1\times10^{16}}{1.5\times10^{10}} = 0.349(\text{eV})$

五、（综合题 10 分）

答：迁移率是单位电场作用下载流子获得平均漂移速度的绝对值。它反映了载流子在电场作用下的输运能力。

迁移率与杂质浓度和温度有关，温度增加时，晶格散射增强，迁移率减小；杂质浓度增加时，电离杂质散射作用加强，迁移率减小。

模拟试卷（二）参考答案

一、选择题（共 10 题，每小题 2 分，共 20 分）

1. C　2. B　3. A　4. A　5. D　6. B　7. A　8. D　9. C　10. C

二、填空题（共 10 空，每空 2 分，共 20 分）

1. 光注入电注入　2. 杂质补偿　3. 扩散漂移　4. 上、反阻挡层　5. 大于、等于、小于

三、（问答题）回答下列问题（共 4 小题，每小题 5 分，共 20 分）

1. 答：

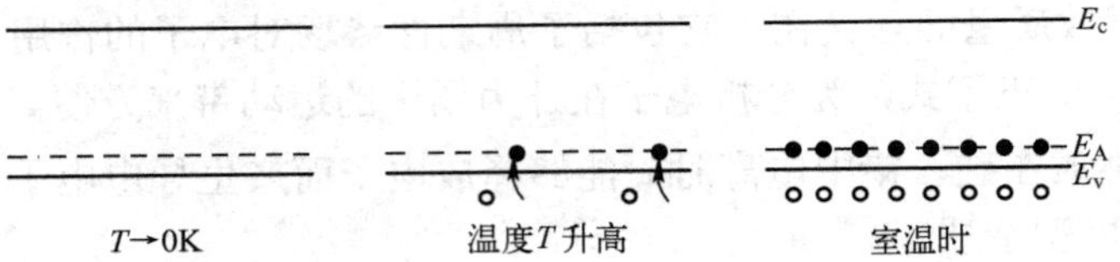

2. 答：根据能带理论，晶体中电子的能量允许值形成能带，能带间存在禁带。全满和全空的能带对晶体的导电性没有贡献。对于半导体，在 0K 时，各能带被电子填充的状况是，价带完全被电子填满，价带上面的能带完全空着。而对于金属，在 0K 时，被电子填充的能量最高的能带是部分填充的。因此，在 0K 时，金属具有导电性，半导体不具有导电性。

在 $T>0$K 时，半导体中的电子因热运动而具有能量，由于能量的涨落，部分价带电子能跃迁到导带中，这样就出现了导带不全空，价带不全满的情形，从而使得半导体具有导电能力，温度越高，电子的平均热运动能量就越高，能跃迁至导带的电子也越多，半导体的导电能力越强。温度升高，金属中自由电子数目没有多大变化，而金属离子振动加强，导致电子散射加强，因而电阻率增大，导电能力减弱。

3. 答：

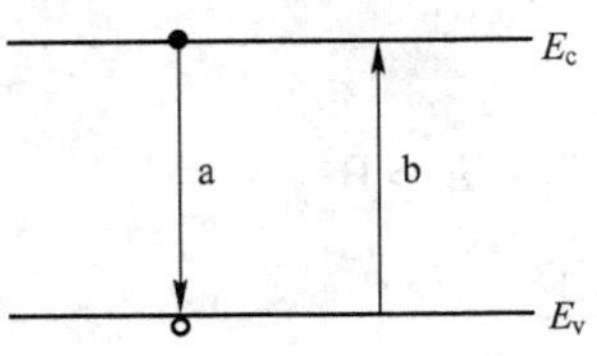

直接复合

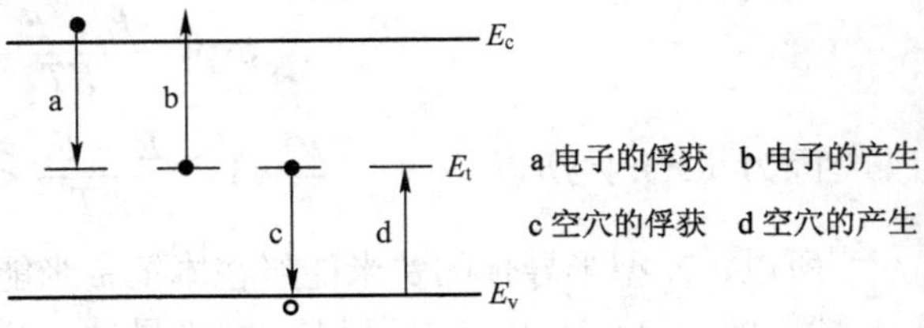

通过复合中心的复合

4．答：

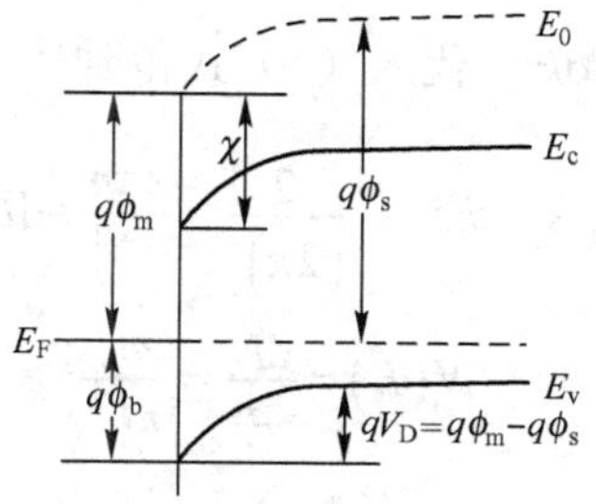

四、推导与计算（共 2 小题，每小题 15 分，共 30 分）

1．证明：由于掺杂浓度不均匀，空穴浓度也不均匀，形成扩散电流：

$$j_{\text{pdif}}=-qD_{\text{p}}\frac{\mathrm{d}p}{\mathrm{d}x}$$

空穴向右扩散的结果，使得左边带负电，右边带正电，形成反 x 方向的自建电场$\mathscr{E}$，产生漂移电流：

$$j_{\text{pdrf}}=q\mu_{\text{p}}p\mathscr{E}$$

稳定时两者之和为零，即 $-qD_{\text{p}}\frac{\mathrm{d}p}{\mathrm{d}x}+q\mu_{\text{p}}p\mathscr{E}=0$

空穴浓度 $p=n_{\text{i}}\mathrm{e}^{-V/V_{\text{T}}}$，有 $\frac{\mathrm{d}p}{\mathrm{d}x}=-\frac{p}{V_{\text{T}}}\frac{\mathrm{d}V}{\mathrm{d}x}$。代入电流方程，且利用$\mathscr{E}=-\frac{\mathrm{d}V}{\mathrm{d}x}$，得到$\frac{D_{\text{p}}}{\mu_{\text{p}}}=V_{\text{T}}$。

2．解：(1) 对于硅材料：$N_{\text{D}}=5\times10^{15}\text{cm}^{-3}$；$N_{\text{A}}=1.5\times10^{16}\text{cm}^{-3}$；$T=300\text{K}$, $n_{\text{i}}=1.5\times10^{10}\text{cm}^{-3}$，在饱和电离区，因为 $N_{\text{A}}>N_{\text{D}}$，所以 $p=N_{\text{A}}-N_{\text{D}}=1.5\times10^{16}-5\times10^{15}=1\times10^{16}\left(\text{cm}^{-3}\right)$

$$n=\frac{n_{\text{i}}^2}{p}=\frac{(1.5\times10^{10})^2}{1\times10^{16}}=2.25\times10^4\left(\text{cm}^{-3}\right)$$

(2) $E_{\text{i}}-E_{\text{F}}=KT\ln\frac{p}{n_{\text{i}}}=0.026\times\ln\frac{1\times10^{16}}{1.5\times10^{10}}=0.349(\text{eV})$

费米能级位于本征费米能级下方 0.349eV 处。

(3) 对于 P 型半导体，$p\gg n$，电导率为

$$\sigma=pq\mu_{\text{p}}=1\times10^{16}\times1.6\times10^{-19}\times500=0.8(\text{s/cm})$$

(4) $T=600\text{K}, n_{\text{i}}=6\times10^{15}\text{cm}^{-3}$，半导体处于饱和电离和本征激发共存区

$$p=\frac{N_{\text{A}}-N_{\text{D}}}{2}\left[1+\sqrt{1+\frac{4n_{\text{i}}^2}{(N_{\text{A}}-N_{\text{D}})^2}}\right]=\frac{1\times10^{16}}{2}\times\left[1+\sqrt{1+\frac{4\times\left(6\times10^{15}\right)^2}{\left(1\times10^{16}\right)^2}}\right]=1.28\times10^{16}\left(\text{cm}^{-3}\right)$$

$$n=\frac{n_{\text{i}}^2}{p}=\frac{(6\times10^{15})^2}{1.28\times10^{16}}=2.81\times10^{15}\left(\text{cm}^{-3}\right)$$

五、（综合题 10 分）

答：考虑到电子的自旋可以有两种不同的取向，因而，在单位面积的晶体中，k 空间的状态密度为$2/(2\pi)^2$；在二维 k 空间中，以 k 为半径作一个圆，它就是能量为 $E(k)$ 的等能线；再以 $k+\mathrm{d}k$ 为半径作圆，它是能量为 $(E+\mathrm{d}E)$ 的等能线；这两个等能线之间的面积是 $2\pi k\mathrm{d}k$，所以，在能量 $E\sim(E+\mathrm{d}E)$之间的量子态数为

$$\mathrm{d}N=\frac{2}{(2\pi)^2}\times2\pi k\mathrm{d}k \qquad (1)$$

由 $E=\dfrac{\hbar^2k^2}{2m_{\mathrm{n}}}$ 可以求得 $\mathrm{d}E=\dfrac{\hbar^2k}{m_{\mathrm{n}}}\mathrm{d}k$，代入（1）式得到

$$\mathrm{d}N=\frac{2}{(2\pi)^2}\times2\pi k\mathrm{d}k=\frac{2}{(2\pi)^2}\times\frac{2\pi m_{\mathrm{n}}}{\hbar^2}\mathrm{d}E=\frac{m_{\mathrm{n}}}{\pi\hbar^2}\mathrm{d}E$$

所以能态密度为

$$N(E)=\frac{\mathrm{d}N}{\mathrm{d}E}=\frac{m_{\mathrm{n}}}{\pi\hbar^2}$$

模拟试卷（三）参考答案

一、选择题（共 8 题，每小题 2 分，共 16 分）

1．C　2．C　3．C　4．C　5．C　6．B　7．D　8．D

二、填空题（共 7 题，每小题 2 分，共 14 分）

1．B　2．4.74%　3．非平衡　4．$V_{\mathrm{si}}=2\phi_f$　5．势垒、扩散、扩散

三、（简答题）回答下列问题（共 3 题，每小题 5 分，共 15 分）

1．答：金刚石型结构的特点是每个原子周围都有四个最近邻的原子，组成一个正四面体结构，原子和原子之间通过共价键结合；金刚石型结构的晶胞可看成是由两套基本面心立方布拉维格子套构而成的，套构的方式是沿着基本面心立方晶胞立方体对角线的方向移动 1/4 距离；金刚石型结构也可以看成是由许多（111）的原子密排面，沿着[111]方向，按照双原子层的形式以 ABCABCA…顺序堆积起来的。

2．答：对于 N 型半导体，有 $\rho=\dfrac{1}{nq\mu_n}$。

AB：本征激发可忽略。温度升高，载流子浓度增加，杂质散射导致迁移率也升高，故电阻率 ρ 随温度 T 升高下降。

BC：杂质全部电离，以晶格振动散射为主。温度升高，载流子浓度基本不变。晶格振动散射导致迁移率下降，故电阻率 ρ 随温度 T 升高而上升。

CD：本征激发为主。晶格振动散射导致迁移率下降，但载流子浓度升高很快，故电阻率 ρ 随温度 T 升高而下降。

3．答：光生伏打效应是半导体吸收光产生的一种效应。用光照射半导体，如果入射光子的能量等于或大于半导体的禁带宽度，半导体会吸收光子产生电子-空穴对，在 PN 结的两边产生电势差。这种把光能转换成电能的机制就叫做光生伏打效应。PN 结的光生伏打效应涉及以下三个主要物理过程：

（1）半导体材料吸收光能在半导体中产生非平衡的电子-空穴对；

（2）产生的非平衡电子和空穴以扩散或漂移的方式进入 PN 结的空间电荷区；

（3）进入空间电荷区的非平衡电子-空穴对连同在空间电荷中区产生的电子-空穴对，在空间电荷区强电场的作用下向相反方向运动而分离，于是在 P 侧积累了空穴，在 N 侧积累了电子，建立起电势差。

四、推导与计算（共 3 小题，每小题 15 分，共 45 分）

1．答：在杂质饱和电离和本征激发共存温度范围，本征载流子浓度迅速增大，以至于不可忽略，这时电中性条件为

$$n=N_{\mathrm{D}}+p \tag{1}$$

根据质量作用定律 $np = n_i^2$，与（1）式联合可得

$$n^2 - N_D n - n_i^2 = 0$$

解得

$$n = \frac{N_D}{2}\left[1+\sqrt{1+(4n_i^2/N_D^2)}\right] \quad （舍去负值）$$

2．答：（1）$n_0 = n_i \exp\left(\frac{E_F - E_i}{KT}\right) = 1.5\times10^{10}\times\exp\left(\frac{0.3}{0.026}\right) = 1.54\times10^{15}\left(\text{cm}^{-3}\right)$

$$p_0 = n_i \exp\left(\frac{E_i - E_F}{KT}\right) = 1.5\times10^{10}\times\exp\left(\frac{-0.3}{0.026}\right) = 1.46\times10^{15}\left(\text{cm}^{-3}\right)$$

（2）
$$n = n_i \exp\left(\frac{E_{Fn} - E_i}{KT}\right) = 1.5\times10^{10}\times\exp\left(\frac{0.318}{0.026}\right) = 3.08\times10^{15}\left(\text{cm}^{-3}\right)$$

$$p = n_i \exp\left(\frac{E_i - E_{Fp}}{KT}\right) = 1.5\times10^{10}\times\exp\left(\frac{0.3}{0.026}\right) = 1.54\times10^{15}\left(\text{cm}^{-3}\right)$$

（3）$N_D \cong n_0 = 1.54\times10^{15}\left(\text{cm}^{-3}\right)$

（4）小注入条件不满足，因为非平衡少子$\Delta p \approx n_0$，不满足低浓度注入的条件$\Delta p \ll n_0$。

$$\rho_{光照前} = \frac{1}{q\mu_n N_D} = \frac{1}{\left(1.6\times10^{-19}\right)\times1345\times\left(1.54\times10^{15}\right)} = 3.02(\Omega\cdot\text{cm})$$

$$\rho_{光照后} = \frac{1}{q\left(\mu_n n + \mu_p p\right)} = \frac{1}{\left(1.6\times10^{-19}\right)\times\left[1345\times\left(3.08\times10^{15}\right)+458\times\left(1.54\times10^{15}\right)\right]}$$
$$= 1.29(\Omega\cdot\text{cm})$$

3．答：

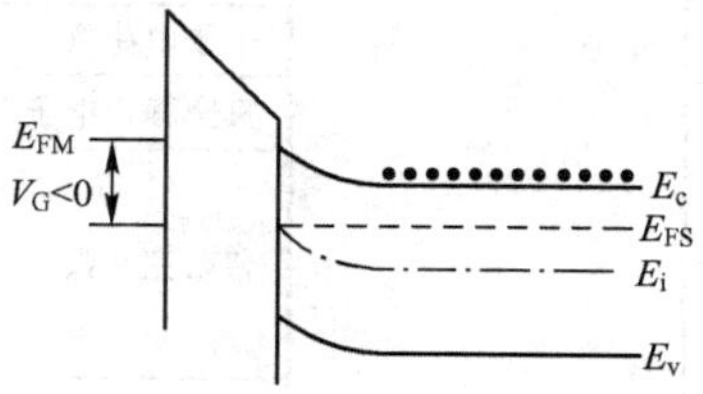

五、（综合题 10 分）

答：（1）由题中所给 $E(k)$ 关系可得，电子在波失 k 状态时的速度为

$$v(k) = \frac{1}{\hbar}\frac{dE}{dk} = \frac{1}{\hbar}\frac{\hbar^2}{ma^2}\left[a\sin(ka) - \frac{a}{4}\sin(2ka)\right] = \frac{\hbar}{ma}\left[\sin(ka) - \frac{1}{4}\sin(2ka)\right]$$

（2）$\frac{dE}{dk} = \frac{\hbar^2}{ma}\left[\sin(ka) - \frac{1}{4}\sin(2ka)\right]$

$$\frac{d^2E}{dk^2} = \frac{\hbar^2}{m}\left[\cos(ka) - \frac{1}{2}\cos(2ka)\right]$$

令 $\frac{dE}{dk} = 0$，得 $\sin(ka) = 0$，所以 $\cos(ka) = \pm1$。

当 $\cos(ka) = 1$ 时，能带底部电子有效质量

$$\left(m_n\right)_{带底} = \left[\frac{1}{\hbar^2}\left(\frac{d^2E}{dk^2}\right)_{底}\right]^{-1} = \left[\frac{1}{\hbar^2}\frac{\hbar^2}{m}\left(1-\frac{1}{2}\right)\right]^{-1} = 2m$$

当 $\cos(ka) = -1$ 时，能带顶部电子有效质量

$$\left(m_n\right)_{带顶} = \left[\frac{1}{\hbar^2}\left(\frac{d^2E}{dk^2}\right)_{底}\right]^{-1} = \left[\frac{1}{\hbar^2}\frac{\hbar^2}{m}\left(-1-\frac{1}{2}\right)\right]^{-1} = -\frac{2}{3}m$$

附录A 单位制、单位换算和通用常数

A.1 国际单位制*

量	单位	符号	量纲
长度	米	m	
质量	千克	kg	
时间	秒	s 或 sec	
温度	卡尔文	K	
电流	安培	A	
频率	赫兹	Hz	1/s
力	牛顿	N	kg-m/s^2
压强	帕斯卡	Pa	N/m^2
能量	焦耳	J	N-m
功率	瓦特	W	J/s
电荷	库仑	C	A-s
电势	伏特	V	J/C
电导	西门子	S	A/V
电阻	欧姆	Ω	V/A
电容	法拉	F	C/V
磁通量	韦伯	Wb	V-s
磁密度	特斯拉	T	Wb/m^2
电感	亨利	H	Wb/A

* 在半导体物理中，厘米是常用的长度单位，而电子伏特则是能量的常用单位。然而。焦耳和米有时在很多公式中需要使用。

A.2 单位换算

量级			
1 Å（埃）=10^{-8}cm=10^{-10}m	10^{-15}	femto-	= f
1 μm（微米）=10^{-4}cm	10^{-12}	pico-	= p
1 mil（密耳）=10^{-3}in.=25.4μm	10^{-9}	nano-	= n
1 in（英寸）=2.54 cm	10^{-6}	micro-	= μ
1 eV=1.6×10^{-19} J	10^{-3}	milli-	= m
1 J=10^{7} erg	10^{+3}	kilo-	= k
	10^{+6}	mega-	= M
	10^{+9}	giga-	= G
	10^{+12}	tera-	= T

A.3 常用物理学常数

阿伏加德罗常数	$N_A = 6.02\times10^{23}\,\text{mol}^{-1}$
玻耳半径	$a_B = 0.052917\text{nm} = 0.52917\,\text{Å}$
玻耳能	$E_B = 13.6060\text{eV}$
玻耳兹曼常数	$K = 1.38\times10^{-23}\,\text{J/K}$ $= 8.62\times10^{-5}\,\text{eV/K}$
电子电荷量	$e = 1.60\times10^{-19}\,\text{C}$
真空静止电子质量	$m = 9.11\times10^{-31}\,\text{kg}$
普朗克常数	$h = 6.625\times10^{-34}\,\text{J}\cdot\text{s}$ $= 4.135\times10^{-15}\,\text{eV}\cdot\text{s}$ $\frac{h}{2\pi} = \hbar = 1.054\times10^{-34}\,\text{J}\cdot\text{s}$
热电压（T=300K）	$V_T = \frac{kT}{q} = 0.026\text{V}$ $KT = 0.026\text{eV}$
真空磁导率	$\mu_0 = 4\pi\times10^{-7}\,\text{H/m}$
真空光速	$c = 2.998\times10^{10}\,\text{cm/s}$
真空介电常数	$\varepsilon_0 = 8.85\times10^{-14}\,\text{F/cm}$ $= 8.85\times10^{-12}\,\text{F/m}$
静止质子质量	$M_p = 1.67\times10^{-27}\,\text{kg}$

附录B 半导体材料物理性质表

B.1 IV族半导体材料的性质

性质		材料			
		Si	Ge	SiC	
密度（g/cm^3）		2.329	5.3234	3.166	3.211
晶体结构		金刚石	金刚石	闪锌矿	纤锌矿
晶格常数（nm）		0.543102	0.565791	0.43596	a 0.308065 c 1.511738
熔点（K）		1685	1210.4	3103	
热导率[W/(cm·K)]		1.56	0.65	0.2	4.9
热膨胀系数($10^{-6}K^{-1}$)		2.59	5.5	2.9	
折射率		3.4223（5.0μm）	3.4223（4.87.0μm）	3.4223（0.6μm）	3.4223（0.5895μm）
相对介电常数		11.9	16.2	9.72	10.32
本征载流子浓度（cm^{-3}）		1.45×10^{10}	2.33×10^{-13}		
本征电导率（$\Omega^{-1}\cdot cm^{-1}$）		3.16×10^{-6}	2.1×10^{-2}		
迁移率（$cm^2/V\cdot s$）	电子	1450	3800	510	480
	空穴	500	1800	15～21	50
有效质量（m）	电子	m_l 0.9163 m_t 0.1905	m_l 1.59 m_t 0.0823	m_l 0.677 m_t 0.247	m_l 1.5 m_t 0.25
	空穴	m_{pl} 0.153 m_{ph} 0.537	m_{pl} 0.044 m_{ph} 0.28		
能态密度有效质量（m）	电子	1.062	0.55		
	空穴	0.591	0.29		
少数载流子寿命（μs）		≈130	$\approx10^4$	<1	
禁带宽度（eV）（300K）		1.1242	0.6643	2.2	2.86
电子亲和能（eV）		4.05	4.13		
功函数（eV）		4.6	4.80		

B.2 III-V族化合物半导体材料的性质

性质		材料			
		AlN	AlP	AlAs	AlSb
密度（g/cm^3）		3.255	2.40	3.760	4.26
晶体结构		纤锌矿	闪锌矿	闪锌矿	闪锌矿
晶格常数（nm）		a 0.311 c 0.498	0.54635	0.566139	0.61355
熔点（K）		3025	2823	2013	1338
热导率[W/(cm·K)]		3.19	0.9	0.91	0.56
热膨胀系数($10^{-6}K^{-1}$)		$\alpha_\perp$ 5.27 $\alpha_{//}$ 4.15		5.2	4.88 4.88
折射率			3.0（0.5μm）	3.3（0.5μm）	3.4（0.78μm）
相对介电常数		9.14	9.8	10.1	12.04
本征载流子浓度（cm^{-3}）					10^{17}
电导率（$\Omega^{-1}\cdot cm^{-1}$）		10^{-3}～10^{-5}doped 10^{-11}～10^{-13} undoped	5×10^4 p 型 0.4～300 n 型	9.5	1.12×10^4
迁移率（$cm^2/V\cdot s$）	电子		10～80	294～75	200
	空穴	14		105	400
有效质量（m）	电子	m_l 0.33 m_t 0.25	m_l 3.67 m_t 0.212	m_l 1.1 m_t 0.19	m_l 1.8 m_t 0.259
	空穴		m_{pl} 0.211 ‖ [100] 0.145 ‖ [111] m_{ph} 0.513 ‖ [100] 1.372 ‖ [111]	m_{pl} 0.153 ‖ [100] 0.109 ‖ [111] m_{ph} 0.409 ‖ [100] 1.022 ‖ [111]	m_{pl} 0.123 ‖ [100] 0.096 ‖ [111] m_{ph} 0.336 ‖ [100] 0.872 ‖ [111]
能态密度有效质量（m）	电子			0.71	1.2
	空穴				
少数载流子寿命（μs）					2.6×10^{-3}
禁带宽度（eV）（300K）		6.13	2.45	2.153（I）① 3.03（D）	2.86
电子亲和能（eV）					
功函数（eV）					

① I 表示间接带隙，D 表示直接带隙。

B.2 III-V族化合物半导体材料的性质

（续表一）

性　质		材　料			
		GaN	GaP	GaAs	GaSb
密度（g/cm^3）		6.07	4.138	5.3176	5.6137
晶体结构		纤锌矿	闪锌矿	闪锌矿	闪锌矿
晶格常数（nm）		a 0.3190 c 0.5189	0.54506	0.565325	0.609593
熔点（K）		2791	1749	1513	991
热导率[W/(cm·K)]		1.3	0.77	0.455	0.35
热膨胀系数($10^{-6}K^{-1}$)		$\alpha_\perp$ 3.17 $\alpha_{//}$ 5.59	465（X） 5.3	5.75	7.75
折射率		2.29（0.5μm）	3.452（0.545μm）	4.025（0.546μm）	3.82（1.8μm）
相对介电常数		10.4	11.11	12.9	15.69
本征载流子浓度（cm^{-3}）				1.8×10^6	10^{17}
电导率（$\Omega^{-1}\cdot cm^{-1}$）		6～12	0.15～0.9	2.38×10^{-9}	
迁移率（$cm^2/V\cdot s$）	电子	900	160	8000	3760
	空穴	350	135	400	680
有效质量（m）	电子	m_l 0.20 m_t 0.20	m_l 0.91 m_t 0.25	0.063	0.039
	空穴	1.1	m_{pl} 0.17 m_{ph} 0.67	m_{pl} 0.067 m_{ph} 0.50	m_{pl} 0.042 m_{ph} 0.29
能态密度有效质量（m）	电子		1.03		
	空穴		0.6	0.53	0.82
少数载流子寿命（μs）			$\approx10^{-4}$	$\approx10^{-3}$	≈1
禁带宽度（eV）（300K）		3.44	2.272（I）	1.424（D）	0.75（D）
电子亲和能（eV）			4.0	4.07	4.06
功函数（eV）			1.31	4.71	4.76

B.2 III-V族化合物半导体材料的性质

（续表二）

性　质		材　料			
		InN	InP	InAs	InSb
密度（g/cm^3）		6.78	4.81	5.667	5.7747
晶体结构		纤锌矿	闪锌矿	闪锌矿	闪锌矿
晶格常数（nm）		a 0.35446 c 0.57034	0.58687	0.60583	0.647937
熔点（K）		1900	1327	1221	800
热导率[W/(cm·K)]		38.4	0.7	0.26	0.18
热膨胀系数（$10^{-6}K^{-1}$）		$\alpha_{\perp}$ 2.6 $\alpha_{//}$ 3.6	4.75	4.52	5.37
折射率		2.56（1.0μm）	3.45（0.59μm）	4.558（0.517μm）	5.13（0.689μm）
相对介电常数		9.3	12.56	15.15	15.3～18.0
本征载流子浓度（cm^{-3}）			3.3×10^{7}	1.3×10^{15}	1.89×10^{16}
电导率（$\Omega^{-1}\cdot cm^{-1}$）		$2\sim3\times10^{2}$		50	220
迁移率（$cm^2/V\cdot s$）	电子	250	$4.2\sim5.4\times10^{3}$	$2\sim3.3\times10^{4}$	5.25×10^{5}
	空穴		190	100～450	$(\mu_p)_l\ 3\times10^{4}$ $(\mu_p)_h$ 850
有效质量（m）	电子		0.073	0.023	0.0118
	空穴	1.1	m_{pl} 0.12 m_{ph} 0.45	m_{pl} 0.026 m_{ph} 0.57	m_{pl} 0.016 m_{ph} 0.44
态密度有效质量（m）	电子				
	空穴				
少数载流子寿命（μs）				$\approx10^{-3}$	2×10^{-2}
禁带宽度（eV）（300K）		19.5	1.344（I）	0.354（D）	0.18（D）
电子亲和能（eV）			4.40	4.90	4.59
功函数（eV）			4.65	4.55	4.77

B.3 II-VI族化合物半导体材料的性质

性质		材料												
		ZnO	ZnS		ZnSe		ZnTe	CdS		CdSe		CdTe	HgSe	HgTe
密度（g/cm3）		5.675	4.087	4.075		5.27	5.636	4.82		5.81		5.87	8.25	8.070
晶体结构		纤锌矿	纤锌矿	闪锌矿	纤锌矿	闪锌矿	闪锌矿	纤锌矿	闪锌矿	纤锌矿	闪锌矿	闪锌矿	闪锌矿	闪锌矿
晶格常数（nm）		a 0.3253 c 0.5213	a 0.3822 c 0.6260	0.5410	a 0.4403 c 0.6540	0.5668	0.6101	a 0.4136 c 0.6714	0.5825	a 0.4300 c 0.7011	0.6052	0.6482	0.6085	0.646
熔点（K）		2300		2103		1793	1568	1750		1541		1365	1072	943
折射率		2.2	2.4	2.4		2.89	3.56	2.5				2.75		3.7
相对介电常数		7.9	9.6	8.0～8.9		7.6	9.67	8.9		10.6		10.2	25.6	21.0
迁移率（cm^2/V·s）	电子	200		165		400～600	330	300		450～900			≈1.5	35
	空穴		100～800	5		28	900	6～48		10～50		60		
有效质量（m）	电子	0.24～0.28	0.28	0.34		0.13～0.17	0.13	0.20～0.25	0.14	0.12	0.11	0.070		0.03
	空穴	0.31（// c） 0.55(⊥c)	>1(// c) 0.5(⊥c)	m_{pl} 0.23 m_{ph} 1.76		0.57～ 0.75	0.6	5（// c） 0.7（⊥c）	0.51	2.5（// c） 0.4（⊥c）	0.44	m_{pl} 0.12 m_{ph} 0.72～ 0.84	0.78	0.42
禁带宽度（eV）		3.4	3.78	3.68	2.834	2.70	2.28	2.485	2.50～ 2.55	1.751	1.9	1.49	-0.061	-0.14

B.4 IV-VI族化合物半导体材料的性质

性质			材料		
			PbS	PbSe	PbTe
密度（g/cm^3）			7.60	8.26	8.219
晶体结构			氯化钠型	氯化钠型	氯化钠型
晶格常数（nm）			0.5936	0.6117	0.6462
熔点（K）			1383	1355	1197
热导率[W/(cm·K)]			0.03	0.017	0.017
折射率			4.19（6μm）	4.54（6μm）	5.48（6μm）
相对介电常数			169	210	414
迁移率（cm^2/V·s）		电子	700	300	1730
		空穴	6000	300	780
有效质量（m）	电子	m_l	0.105	0.070	0.185
		m_t	0.080	0.040	0.0223
	空穴	m_l	0.105	0.068	0.236
		m_t	0.075	0.034	0.0246
能态密度有效质量（m）		电子	0.088	0.048	0.052
		空穴	0.084	0.043	0.053
禁带宽度（eV）			19.5	1.344（I）	0.310

参 考 文 献

[1] 黄昆，谢希德．半导体物理学．北京：科学出版社，1958

[2] [美]R.A.Smith 著．高鼎山等译．半导体（第二版）．北京：科学出版社，1987

[3] Kireev,P.S.Semiconductor physics．English Translation,MirPublisher,1978

[4] [美]S.M.Sze.Semiconductor Devices.Published in Canada.1982

[5] 叶良修．半导体物理学（上）（第 2 版）．北京：高等教育出版社，2007

[6] 黄昆，韩汝琦．半导体物理基础．北京：科学出版社，1970

[7] [美]Donald A. Neamen 著．赵毅强等译．半导体物理与器件．北京：电子工业出版社，2010

[8] 刘文明．半导体物理学．长春：吉林人民出版社，1982

[9] 刘恩科，朱秉升，罗晋生．半导体物理学（第 7 版）．北京：电子工业出版社，2011

[10] 孟宪章，康昌鹤．半导体物理学．长春：吉林大学出版社，1993

[11] 王家华，李长健，牛文成．半导体器件物理．北京：科学出版社，1983

[12] [美]爱德华・S・扬著．卢纪译．半导体器件基础．北京：人民教育出版社，1981

[13] 冯文修．半导体物理学基础教程．北京：国防工业出版社，2006

[14] 曹培栋．微电子技术基础．北京：电子工业出版社，2001

[15] 张兴，黄如，刘晓彦．微电子学概论．北京：北京大学出版社，2000

[16] 曾树荣．半导体器件物理基础．北京：北京大学出版社，2002

[17] 余秉才，姚杰．半导体器件物理．广州：中山大学出版社，1989

[18] [美] Casey,H.C,Panish,Jr.M.B．Heterostructure lasers．Academic Press,New York,1978

[19] [美]Anderson,B.L,Anderson,R.L 邓宁，田立林，任敏译．半导体器件基础．清华大学出版社，2008

[20] 孟宪章，康昌鹤．半导体物理习题及解答．长春：吉林大学出版社，1986

[21] 田敬民．半导体物理问题与习题（第二版）．北京：国防工业出版社，2005

[22] 孟庆巨，孙彦峰．半导体器件物理学习与考研指导．北京：科学出版社，2010

[23] 孟庆巨，刘海波，孟庆辉．半导体器件物理（第二版）．北京：科学出版社，2009